T0219850

Springer-Lehrbuch

Robert Schaback
Holger Wendland

Numerische Mathematik

Fünfte, vollständig neu bearbeitete Auflage
Mit 35 Abbildungen

 Springer

Robert Schaback
Holger Wendland

Universität Göttingen
Institut für Numerische und Angewandte Mathematik
Lotzestraße 16–18
37083 Göttingen, Deutschland
e-mail: schaback@math.uni-goettingen.de
e-mail: wendland@math.uni-goettingen.de

Bis zur 4. Auflage (1993) erschien das Werk in der Reihe *Hochschultext*. Die 4. Auflage war eine vollständig überarbeitete Zusammenfassung des zweibändigen Lehrbuchs „Praktische Mathematik" erschienen als Band 1 (1982) und Band 2 (1979) der Reihe *Hochschultext*.

Band 1: H. Werner: Methoden der linearen Algebra
ISBN 3-540-11073-9   3. Auflage   Springer-Verlag Berlin Heidelberg New York

Band 2: H. Werner, R. Schaback: Methoden der Analysis
ISBN 3-540-09193-9   2. Auflage   Springer-Verlag Berlin Heidelberg New York

Mathematics Subject Classification (2000): 65-XX, 41-XX, 49-XX, 15-XX, 42-XX, 46-XX, 26Cxx

Bibliografische Information Der Deutschen Bibliothek
Die Deutsche Bibliothek verzeichnet diese Publikation in der Deutschen Nationalbibliografie; detaillierte bibliografische Daten sind im Internet über http://dnb.ddb.de abrufbar.

ISBN 3-540-21394-5   Springer Berlin Heidelberg New York
ISBN 3-540-54738-X   4. Aufl. Springer-Verlag Berlin Heidelberg New York

Springer ist ein Unternehmen von Springer Science+Business Media
springer.de
© Springer-Verlag Berlin Heidelberg 2005
Printed in Germany

Satz: Reproduktionsfertige Vorlage von Autoren
Herstellung: LE-TeX Jelonek, Schmidt & Vöckler GbR, Leipzig
Einbandgestaltung: *design & production* GmbH, Heidelberg
Gedruckt auf säurefreiem Papier   SPIN: 10989630   44/3142YL - 5 4 3 2 1 0

Für Helmut Werner (22.3.1931–22.11.1985)

Vorwort

Seit der Erstauflage im Jahre 1970 sind nun schon mehr als dreißig Jahre vergangen, und deshalb ist es Zeit für einen Generationswechsel. Weil aber die Mathematik wesentlich langsamer altert als die Mathematiker, wechseln die Autoren schneller als die Inhalte. Deshalb haben wir vom Text der 4. Auflage manches Bewährte beibehalten, wobei vieles noch auf die früheren Versionen zurückgeht, die Helmut Werners Handschrift tragen. Aber an vielen Stellen haben wir wesentliche Änderungen und Ergänzungen vorgenommen, wenn diese entweder durch die Entwicklung des Faches oder durch schlechte Erfahrungen bei der Verwendung des Textes in der Lehre begründet waren.

Das Kapitel über *Wavelets* ist neu, die *Splines* haben ein eigenes Kapitel bekommen. Die übrigen Kapitel wurden gründlich revidiert. Infolge der Seitenzahlbegrenzung der 4. Auflage war damals etliches zu knapp geraten, und wir haben die Gelegenheit ergriffen, die Verdaulichkeit des Textes für Studierende weiter zu verbessern. Die Aufnahme der linearen und nichtlinearen Optimierung sowie der Grundlagen des Computer-Aided Design haben sich bewährt, ebenfalls die Weglassung der numerischen Verfahren zur Lösung von Differentialgleichungen. Auf Vektor- und Parallelrechner gehen wir in dieser Auflage nicht mehr ein, weil es in Göttingen und anderswo keine Möglichkeit gab, die Inhalte durch Übungen und Demonstrationen für Drittsemester zu untermauern.

Die Aufgaben der letzten Auflage wurden ebenfalls überarbeitet, weil sie damals aus Platzgründen teilweise der Stoffergänzung dienten. Die Erfahrung zeigt aber auch, dass die in der Praxis verwendeten Aufgaben sehr dozentenabhängig sind, insbesondere was die Gewichtung zwischen Beweis-, Rechen- und Programmieraufgaben betrifft. Eine allen Anwenderinnen und Anwendern gerecht werdende Aufgabensammlung würde einen getrennten Band erfordern. Deshalb sind die im Text knapp gehaltenen Aufgaben unbedingt durch Übungen lokalen Kolorits zu ergänzen.

Numerische Demonstrationen sprengen den Umfang jedes mathematischen Lehrbuchs. Deshalb gibt es schon seit den frühen Anfängen eine immer wieder modifizierte Sammlung von Beispielprogrammen, die heutzutage in der Vorlesung per Beamer vorgeführt werden können, und die wir auf der *website*

http://www.num.math.uni-goettingen.de/RSHW/NuMath

weiter ausbauen und pflegen. Man kann diese Programme gut in den Übungs-betrieb einbinden, wenn man auf Rechenpraxis großen Wert legt.

Die Reihenfolge der Kapitel wurde im Großen und Ganzen beibehalten, weil sie sich sehr bewährt hat. Dies betrifft insbesondere die Auslagerung der Fehlertheorie in das Einführungskapitel und den Beginn mit der Gauß-Elimination, die bei den Studierenden in der Regel schon aus den Anfänger-vorlesungen bekannt ist. Diese Erleichterung ist auch vor dem Hintergrund zu sehen, dass sich die Vorbildung der Studierenden im Mittel verschlech-tert hat. Die Einführung neuer Studiengänge, die im Verlauf des Bologna-Prozesses eher kürzer und praxisnäher als mathematisch tiefer werden, wird diese Entwicklung noch verstärken. Dennoch bleibt es unser Ziel, diesen Text im dritten Semester eines Bachelor-Studiengangs verwenden zu können, auch wenn es sich um einen informatiknahen Studiengang handelt. Ob dieses Ziel erreicht werden kann, wird erst die Zukunft zeigen.

Aber gerade wegen der sich abzeichnenden Schwächen in der Vorbildung der Studierenden erscheint es uns notwendig, die wichtigsten Grundbegriffe der Funktionalanalysis (u.a. Normen, Banach-Räume, Fréchet-Ableitung und metrische Räume) in der erforderlichen Breite und Tiefe darzustellen. Es ist zu hoffen, dass die berufspraktische Ausrichtung der zukünftigen Bachelor-Studiengänge dafür sorgt, dass nachfolgende Pflichtvorlesungen über ange-wandte Mathematik von diesen Grundlagen profitieren können.

Dem Springer-Verlag danken wir für sein Entgegenkommen bei der Ge-staltung des Buches und den notwendigen Formalitäten. Frau Ingrid Werner danken wir für die Ermöglichung und Unterstützung des Generationswechsels der Autoren.

Göttingen, den 26. Juli 2004
R. Schaback, H. Wendland

Inhaltsverzeichnis

1 Einleitung

Dieses Buch soll die Kunst des Rechnens auf Rechnern lehren.

Aber weil die Rechenergebnisse verlässlich sein sollen und die Mathematik die einzig verlässliche Wissenschaft ist, braucht man Mathematik, um verlässlich zu rechnen. Die erforderlichen Rechenverfahren (Algorithmen) laufen zwar auf Computern ab und könnten der Informatik zugeordnet werden, ihr Verständnis erfordert aber wesentlich mehr Mathematik als Informatik, und deshalb ist dieses Buch ein *Mathematik*buch, das von Rechenverfahren auf Rechnern handelt. Es sollte aber auch für Studierende der Informatik verständlich sein, wenn die mathematischen Grundkenntnisse nicht allzu lückenhaft sind.

Bevor das Rechnen überhaupt beginnt, muss erst einmal ein mathematisch sauber definiertes Problem vorliegen. Dieses stammt normalerweise gar nicht aus der Mathematik, sondern aus einer Anwendung in Wirtschaft, Technik oder Wissenschaft. Deshalb spricht man auch vom "Wissenschaftlichen Rechnen" als Grenzgebiet von Mathematik und Informatik, wobei Anwendungen in der Ökonomie und im Ingenieurwesen einbezogen werden. Der Weg von einem Anwendungsproblem zu einem rechnerisch lösbaren mathematischen Problem wird auch als *Mathematisierung* bezeichnet. Er erfordert spezifische Kenntnisse aus dem jeweiligen Anwendungsbereich und kann hier nur in einem Beispiel im folgenden Abschnitt 1.1 behandelt werden. Die aus der Mathematisierung entstehenden mathematischen Probleme erfordern Lösungsverfahren, die aus gewissen Standardbausteinen zusammengesetzt sind. Diese Standardbausteine und ihr mathematischer Hintergrund bilden den Kern dieses Buches. Die Lösungsverfahren liefern aber in der Regel keine exakten oder wahren Lösungen, sondern fehlerbehaftete Näherungslösungen. Deshalb gehen wir in Abschnitt 1.2 auf Fehler ein. Das schließt die Fehler ein, die durch die begrenzte Stellenzahl heutiger Rechner verursacht sind.

Der Rest dieser Einleitung enthält notwendige Dinge, die für alle nachfolgenden Kapitel wichtig sind: die Landau-Symbole in Abschnitt 1.3, die leider nicht überall zum Standardstoff der Mathematik-Grundausbildung gehören, und schließlich in Abschnitt 1.4 einiges zur Praxis des Rechnens auf Rechnern.

1.1 Vom Problem zum Programm

Der erste Schritt auf dem Weg zur Lösung eines Problems aus den Anwendungen erfordert eine *Mathematisierung*. Dadurch wird ein beispielsweise aus der Physik, der Wirtschaft oder der Technik stammendes *Anwendungsproblem* in ein (*primäres*) mathematisches Problem umgewandelt.

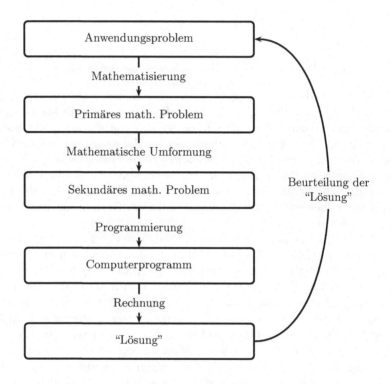

Abb. 1.1. Vom Anwendungsproblem zur Lösung

Beispiel 1.1. Wie ist das zeitliche Verhalten der Temperatur in einem Metallstab zu beschreiben, der zu einer bekannten Anfangszeit eine bestimmte Temperaturverteilung hat und an beiden Enden auf konstanter Temperatur gehalten wird? Dieses typische Anwendungsproblem soll im folgenden genauer untersucht werden.

Durch Einführung *mathematischer Objekte* (Variablen, Konstanten, Gleichungen, Abbildungen etc.), die als idealisierte Surrogate für die Bestandteile des Anwendungsproblems dienen, wird das ursprüngliche Problem in ein rein mathematisches transformiert. Gleichzeitig wird dabei eine *Interpretation* der neu eingeführten mathematischen Objekte festgelegt, die jedem Objekt eine

Bedeutung oder einen *Sinn* im Bereich der jeweiligen Anwendung zuweist. Oft werden dabei zusätzliche Annahmen eingebracht, die es fraglich sein lassen, ob die mathematischen Objekte noch die volle Wirklichkeit des Anwendungsproblems widerspiegeln.

Beispiel 1.2. Der Metallstab des Beispiels 1.1 wird als unendlich dünn und (abgesehen von den Enden) als vollständig isoliert angesehen. Seine Länge sei L, eine positive reelle Zahl. Jeder seiner Zwischenpunkte hat dann eine reelle "Koordinate" $x \in [0, L] \subseteq \mathbb{R}$. Die Temperatur zur Zeit t an der Stelle x sei $u(t, x)$. Ferner wird angenommen, das physikalische Phänomen der Wärmeleitung sei adäquat beschrieben durch die Differentialgleichung

$$\gamma \frac{\partial^2 u(t, x)}{\partial x^2} = \frac{\partial u(t, x)}{\partial t} \tag{1.1}$$

mit einer Konstanten γ, die ein Maß für die Wärmeleitfähigkeit des Materials ist. Zur Anfangszeit t_0, die ohne Einschränkung als Null angenommen wird, sei die Temperaturverteilung im Stab durch eine reellwertige stetige Funktion u_0 auf $[0, L]$ gegeben. Die Funktion u_0 sei, so teilt der Anwender mit, nicht überall bekannt; neben den Werten $u_0(0)$ und $u_0(L)$ an den Enden kenne man nur ihre Werte an gewissen Zwischenstellen $u_0(jL/9)$, $1 \leq j \leq 8$. Gesucht ist dann eine in x zweimal und in t einmal stetig differenzierbare Funktion $u(t, x)$, die für alle $x \in [0, L]$ und alle $t \geq 0$ der Differentialgleichung (1.1) genügt und die Zusatzbedingungen

$$u(0, x) = u_0(x) \text{ für alle } x \in [0, L],$$

$$u(t, 0) = u_0(0) \text{ für alle } t \geq 0,$$

$$u(t, L) = u_0(L) \text{ für alle } t \geq 0$$

erfüllt. Dies ist das durch Mathematisierung des Anwendungsproblems aus Beispiel 1.1 entstandene (primäre) mathematische Problem.

Es muss festgehalten werden, dass das mathematische Problem in der Regel nur ein stark idealisiertes Abbild des Anwendungsproblems ist. Selbst dann, wenn die Lösung des mathematischen Problems existiert und berechnet werden kann, ist durch zusätzliche Überlegungen, die spezielle Methoden des jeweiligen Anwendungsbereichs erfordern und der Verantwortung des Anwenders überlassen bleiben müssen, im Einzelfall nachzuprüfen, ob die Lösung des mathematischen Problems bei entsprechender Rückinterpretation (*Ent*mathematisierung) auch eine praktisch brauchbare Lösung des Anwendungsproblems liefert. Weil die Mathematisierung fundierte Kenntnisse des jeweiligen Anwendungsproblems erfordert, kann sie in diesem Buch nicht adäquat behandelt werden.

Das aus einem Anwendungsproblem entstandene (primäre) mathematische Problem ist oft einer praktischen Behandlung unzugänglich. In vielen

Fällen kann man Existenz und Eindeutigkeit einer Lösung theoretisch untersuchen und exakt beweisen; eine konstruktive Methode zur Berechnung einer Lösung ist damit noch nicht gegeben.

Deshalb nimmt man an dem gegebenen mathematischen Problem noch weitere Umformungen vor (oft unter Informationsverlust infolge von Vereinfachungen), bis ein konstruktiv lösbares (*sekundäres*) mathematisches Problem entsteht. Dessen Form ist von den zur Verfügung stehenden Rechenhilfsmitteln abhängig, weil letztere zur praktischen Lösung des Problems herangezogen werden müssen. Für Mathematiker, die an Problemen aus den Anwendungen arbeiten, ist deshalb die Kenntnis möglichst vieler konstruktiver *Lösungsverfahren* erforderlich. Diese Lösungsverfahren bestehen oft aus gewissen Standardbausteinen, und diese werden den Kern dieses Buches bilden.

Beispiel 1.3. Das Problem aus Beispiel 1.2 ist nach klassischen Sätzen der reellen Analysis eindeutig lösbar, wenn die Funktion u_0 vorgegeben ist. Da u_0 zunächst nur punktweise bekannt ist, hat man eine mehr oder weniger willkürliche Festlegung in den Zwischenpunkten zu treffen. Das kann durch eines der in diesem Buch behandelten *Interpolationsverfahren* geschehen. Der Fehler zwischen der "wahren" Funktion u_0 und der durch Interpolation konstruierten Funktion $\tilde{u}_0$ beeinflusst das Ergebnis. Ist $\tilde{u}(t, x)$ die Lösung zur Anfangsfunktion $\tilde{u}_0$, so gilt (nach dem Maximumprinzip aus der Theorie parabolischer Anfangsrandwertprobleme) die Fehlerabschätzung

$$|u(t,x) - \tilde{u}(t,x)| \leq \max\{|u_0(y) - \tilde{u}_0(y)| \mid y \in [0, L]\}$$

für alle $t \geq 0$ und alle $x \in [0, L]$. Dies erlaubt, den beim Übergang zum Ersatzproblem entstehenden Fehler zu kontrollieren, wenn man den Interpolationsfehler kennt. Man sieht hier, dass Interpolation als Standardbaustein auftritt und dass Fehler und ihre Abschätzungen eine zentrale Rolle spielen.

Aber es sind noch weitere Möglichkeiten vorhanden, das Problem umzuformen. Geht man von $u(t, x)$ zu

$$v(t,x) := u\left(t\frac{L^2}{\pi^2\gamma}, x\frac{L}{\pi}\right) - \frac{x}{\pi}u_0(L) - \frac{\pi - x}{\pi}u_0(0)$$

über, so löst v das analoge Problem mit $L = \pi$, $\gamma = 1$ und der Startfunktion

$$v_0(x) := u_0\left(x\frac{L}{\pi}\right) - \frac{x}{\pi}u_0(L) - \frac{\pi - x}{\pi}u_0(0)$$

mit $v_0(0) = v_0(\pi) = 0$. Man kommt auch leicht von v zu u zurück, sodass man durch die Spezialisierung nichts verloren hat. Die vorübergehend eingeführte neue Funktion v kann man dann wieder ignorieren und das Ausgangsproblem auf $L = \pi$, $\gamma = 1$ und $u_0(0) = u_0(\pi) = 0$ eingeschränkt ansehen.

Je nachdem, welche Rechenhilfsmittel bzw. welche Standardrechenverfahren man anstrebt, lassen sich nun verschiedene Ersatzprobleme formulieren:

Beispiel 1.4. Das im obigen Sinn eingeschränkte Problem hat für die spezielle Randfunktion $u_k(x) := \sin(kx)$ für $k \in \mathbb{N}$ die Lösung $\exp(-k^2 t) \sin(kx)$. Setzt man die Randfunktion $u_0(x)$ an als Linearkombination

$$u_0(x) = \sum_{k=1}^{8} a_k \sin(kx),$$

so ist eine Lösung der Differentialgleichung gegeben durch

$$u(t,x) = \sum_{k=1}^{8} a_k \exp(-k^2 t) \sin(kx),$$

und die noch unbekannten Koeffizienten a_k kann man aus den gegebenen Daten $u_0(j\pi/9)$, $1 \le j \le 8$, zu berechnen versuchen, indem man das lineare Gleichungssystem

$$\sum_{k=1}^{8} a_k \sin(kj\pi/9) = u_0(j\pi/9), \qquad 1 \le j \le 8, \tag{1.2}$$

aufstellt.

Diese Strategie ist für die Transformation eines mathematischen Problems in ein praktisch behandelbares Ersatzproblem typisch: durch *Diskretisierung* macht man das Problem finit. In diesem speziellen Fall wird statt der allgemeinen gesuchten Funktion aus einem unendlichdimensionalen Raum eine speziell angesetzte Linearkombination aus einem endlichdimensionalen Teilraum als Näherungslösung gesucht; das Problem kann dann auf ein lineares Gleichungssystem reduziert werden.

Beispiel 1.5. Eine andere Diskretisierung ergibt sich, wenn man ausnutzt, dass die zweite Ableitung einer Funktion $f \in C^2(\mathbb{R})$ an einer Stelle x näherungsweise durch den *Differenzenquotienten* (vgl. Definition 8.13)

$$f''(x) \approx (f(x+h) - 2f(x) + f(x-h))/h^2$$

bei kleinem $h \neq 0$ gegeben ist (Beweis durch *Taylor*-Entwicklung von f um x). Dann kann man statt $u(t,x)$ die Funktionen

$$v_j(t) \approx u(t, j\pi/9), \qquad 0 \le j \le 9,$$

konstruieren mit $v_0(t) = v_9(t) = 0$ und

$$v_j(0) = u_0(j\pi/9)$$
$$v_j'(t) = \frac{81}{\pi^2} \left(v_{j+1}(t) - 2v_j(t) + v_{j+1}(t) \right) \tag{1.3}$$

für $1 \le j \le 8$, denn man hat

$$v_j'(t) \approx \frac{\partial u}{\partial t}(t, j\pi/9) = \frac{\partial^2 u}{\partial x^2}(t, j\pi/9)$$

$$\approx \left(\frac{\pi}{9}\right)^{-2} (u(t, (j+1)\pi/9) - 2u(t, j\pi/9) + u(t, (j-1)\pi/9))$$

$$\approx \frac{81}{\pi^2} (v_{j+1}(t) - 2v_j(t) + v_{j-1}(t)).$$

Dieses Ersatzproblem *(Linienmethode)* ist leicht lösbar, wenn man geeignete Hilfsmittel zur Lösung der gewöhnlichen Differentialgleichungen (1.3) hat. Die Diskretisierung erfolgt hier durch Übergang zu endlich vielen x-Koordinaten; dann hat man aber immer noch das System (1.3) zu lösen, was eventuell zu einer weiteren Diskretisierung in der t-Richtung führt. Ferner liefert die Lösung des Ersatzproblems (1.3) keine Lösung des ursprünglichen Problems; man muss $u(x, t)$ aus den $v_j(t)$ näherungsweise (z.B. durch Interpolation in x-Richtung bei festem t) berechnen und eine gründliche Fehleranalyse durchführen.

Beispiel 1.6. Ersetzt man auch noch die t-Ableitung von u durch eine geeignete Differenz

$$\frac{\partial u}{\partial t}(t, x) \approx (u(t + \Delta t, x) - u(t, x))/\Delta t$$

für ein kleines $\Delta t > 0$, so kann man die Unbekannten

$$v_{j,k} \approx u(k\Delta t, j\pi/9)$$

für $k \geq 1$, $j = 1, 2, \ldots, 8$ einführen und die Differentialgleichung (1.3) durch

$$\frac{81}{\pi^2}(v_{j+1,k} - 2v_{j,k} + v_{j-1,k}) = (v_{j,k+1} - v_{j,k})/\Delta t$$

ersetzen, wobei man die Randwerte als

$$v_{0,k} = v_{9,k} = 0, \quad k \geq 0,$$
$$v_{j,0} = u_0(j\pi/9), j = 1, 2 \ldots, 8,$$

vorgibt. Umgeformt als

$$v_{j,k+1} = v_{j,k} + 81\Delta t(v_{j+1,k} - 2v_{j,k} + v_{j-1,k})/\pi^2 \qquad (1.4)$$

erhält man eine simple Rekursionsformel, mit der man schrittweise für $k = 0, 1, 2, \ldots$ arbeiten kann. Dieser Ansatz sieht bestechend einfach aus, hat aber schwerwiegende Nachteile:

– er liefert nur Näherungswerte auf den Gitterpunkten $x = j\pi/9$, $t = k\Delta t$, und man hat eine komplizierte Fehlerabschätzung zu machen;
– führt man die Rechnung bei festem $t = T$ aus mit verschiedenen Werten von k und Δt mit $k\Delta t = T$, so erhält man nur für sehr kleine Δt (und entsprechend große k) einigermaßen brauchbare Ergebnisse.

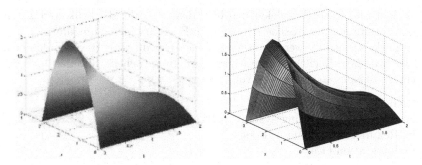

Abb. 1.2. Sinusansatz und Linienmethode

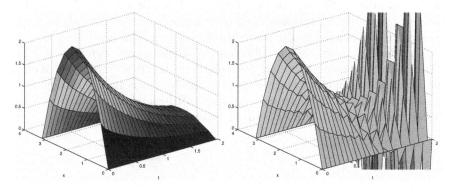

Abb. 1.3. Differenzengleichung mit $\Delta t = 0.07$ und $\Delta t = 0.08$

In Abbildung 1.2 ist für die Anfangsfunktion $u_0(x) := x(\pi - x)$ und alle $t \in [0, 2]$ ein Vergleich des Sinusansatzes (1.2) und des Differentialgleichungssystems (1.3) zu sehen, während Abbildung 1.3 die Ergebnisse der Differenzenmethode (1.4) mit $\Delta t = 0.07$ bzw. 0.08 zeigt.

Beispiel 1.7. Setzt man die Anfangsfunktion $u_0(x)$ auf ganz $\mathbb{R}$ so fort, dass eine ungerade Funktion der Periode 2π entsteht, so ist nach Standardergebnissen der mathematischen Physik die Funktion

$$u(t, x) = \sqrt{\pi/(2t)} \int_{-\infty}^{+\infty} u_0(s) \, \exp\left(-(x - s)^2/4t\right) ds \qquad (1.5)$$

für alle $x \in \mathbb{R}$ und $t > 0$ eine in x periodische Lösung der Differentialgleichung (1.1), die für $t \to 0$ die Anfangswerte

$$\lim_{t \to 0} u(t, x) = u_0(x) \qquad \text{für alle } x \in \mathbb{R}$$

annimmt und $u(t, k\pi) = 0$ für alle $k \in \mathbb{Z}$ erfüllt. Mit einer hypothetischen Standardmethode, das Integral in (1.5) effizient auszuwerten, hat man ein weiteres Verfahren zur Lösung des primären mathematischen Problems.

Man sieht an diesen Beispielen deutlich, dass es viele Möglichkeiten geben kann, primäre mathematische Probleme in Ersatzprobleme umzuformen, die dann praktisch gelöst werden können. Die Auswahl wird davon abhängen, welche Standard-Rechenverfahren zur Verfügung stehen. Für das hier betrachtete Beispiel hat man die Wahl,

- das lineare Gleichungssystem (1.2),
- das Differentialgleichungssystem (1.3),
- die Rekursionsformel (1.4) oder
- die Integration (1.5)

mit den zur Verfügung stehenden Hilfsmitteln zu behandeln. Dieses Buch enthält Standardverfahren, die es erlauben, solche (Ersatz-)Probleme praktisch zu lösen; die eigentlichen Anwendungsprobleme und die zugehörigen primären mathematischen Probleme bleiben unberücksichtigt.

Man muss für jedes Ersatzproblem in Abhängigkeit von den verfügbaren Standardmethoden den *Rechenaufwand* ermitteln und den *Fehler* abschätzen; erst dann kann man eine sachgerechte Entscheidung zwischen den möglichen Standardverfahren fällen. Der nächste Abschnitt behandelt deshalb die wichtigsten Fehlerquellen bei der Lösung konkreter Probleme.

1.2 Fehler

Bei der Konstruktion praktischer Verfahren und bei der Vereinfachung von mathematischen Problemen treten zwei Arten von *Verfahrensfehlern* auf:

- *Abbruchfehler* entstehen beim Ersetzen eines infiniten Prozesses durch ein finites Verfahren (z.B. Partialsumme einer unendlichen Reihe) und
- *Diskretisierungsfehler* entstehen beim Ersetzen einer Funktion f durch endlich viele Zahlen, z.B. durch Funktionswerte $f(x_0), \ldots, f(x_n)$ oder Koeffizienten a_0, a_1, a_2 in $f(x) \approx a_0 + a_1 x + a_2 x^2$.

Sowohl die gegebenen (Ersatz-)Probleme als auch die Verfahren zu deren Lösung sind als Abbildungen zu verstehen, die zu jedem Satz möglicher *Eingangsdaten* eine Lösung des Problems angeben. Ungenaue Messwerte oder statistische Schwankungen ergeben oft Fehler in den Eingangsdaten (*Eingangsfehler*), die bei der weiteren Bearbeitung in Kauf genommen werden müssen; sie führen notwendig zu "falschen" Lösungen, aber es ist wünschenswert, dass kleine Eingangsfehler nur kleine Fehler im Ergebnis bewirken. Deshalb bezeichnet man ein (Ersatz-)Problem als *schlecht gestellt*, wenn die Lösung nicht stetig von den Eingangsdaten abhängt. Die *Störungstheorie* untersucht die Abhängigkeit der Lösung von Störungen in den Eingangsdaten; unter *Regularisierung* versteht man die Ersetzung eines schlecht gestellten Problems durch ein "gut gestelltes" Ersatzproblem, wobei ein zusätzlicher Verfahrensfehler in Kauf genommen werden muss.

Die bisher genannten Fehlerquellen sind *unabhängig* von der Rechenmethode, mit der das Ersatzproblem gelöst werden soll. Zusätzlich entstehen beim praktischen Rechnen mit reellen Zahlen weitere Fehler, die vom Lösungsverfahren und vom Rechenhilfsmittel abhängen:

- *Eingabefehler* entstehen bei der Rundung der (eventuell schon mit Eingangsfehlern behafteten) Eingabedaten auf maschinenkonforme Zahlen; selbst bei verschwindenden Eingangsfehlern und nachfolgender mathematisch exakter Rechnung bewirken sie im Endergebnis den
- *unvermeidbaren Fehler*, der aus dem Einfluss der Eingabefehler auf das Resultat besteht.
- *Rundungsfehler* können bei allen Rechenoperationen entstehen, sofern mit fester endlicher Stellenzahl und irgendeiner Rundung gerechnet wird.

In der hier verwendeten Terminologie sind Ein*gabe*fehler spezielle und maschinenabhängige Formen der Ein*gangs*fehler. Letztere umfassen auch die durch das Anwendungsproblem bedingten Fehler (z.B. Messfehler, statistische Unsicherheiten).

Definition 1.8. *Ist $\tilde{x} \in \mathbb{R}$ eine Näherung für $x \in \mathbb{R}$, so ist $|\tilde{x}-x|$ der absolute und $|(\tilde{x} - x)/x|$ im Falle $x \neq 0$ der relative Fehler.*

Beispiel 1.9. Die Exponentialfunktion

$$\exp(x) = \sum_{j=0}^{\infty} \frac{x^j}{j!}, \qquad x \in \mathbb{R}, \tag{1.6}$$

kann näherungsweise durch Auswerten der Partialsumme $P_n(x) = \sum_{j=0}^{n} x^j/j!$ berechnet werden. Für $x \leq 0$ erhält man den absoluten Abbruchfehler

$$|\exp(x) - P_n(x)| \leq |x|^{n+1}/(n+1)! \tag{1.7}$$

und für $x \geq 0$ beispielsweise

$$|\exp(x) - P_n(x)| \leq \exp(x)|x|^{n+1}/(n+1)! \tag{1.8}$$

In einer kleinen Umgebung der Null hat man also kleine absolute und relative Fehler.

Beispiel 1.10. Die *Taylor*-Formel

$$f(x) = \sum_{j=0}^{n} \frac{f^{(j)}(a)}{j!}(x - a)^j + \int_{a}^{x} \frac{(x - t)^n}{n!} f^{(n+1)}(t)dt$$

für eine $(n + 1)$-mal stetig differenzierbare reelle Funktion f auf einer Umgebung von $a \in \mathbb{R}$ liefert bei Ersatz von f durch das nur von $n+1$ Koeffizienten abhängige Polynom

$$P_n(x) = \sum_{j=0}^{n} \frac{f^{(j)}(a)}{j!} (x - a)^j$$

eine Schranke für den zu erwartenden absoluten Diskretisierungsfehler

$$|f(x) - P_n(x)| \leq \frac{|x - a|^{n+1}}{(n + 1)!} |f^{(n+1)}(\xi)|$$

mit einem ξ zwischen a und x.

Die *reellen* Zahlen, in der Mathematik durch infinite Dezimalbrüche beschrieben, müssen in digitalen Rechenanlagen durch eine *endliche* Zahlenmenge ersetzt werden. Der entsprechende Datentyp heißt je nach Progammiersprache und Genauigkeit REAL, *float* oder *double* und besteht aus Gleitkommazahlen.

Definition 1.11. *Eine B-adische und m-stellige normalisierte* Gleitkommazahl *hat die Form $x = 0$ oder*

$$x = \pm B^e \sum_{k=-m}^{-1} x_k B^k, \qquad x_{-1} \neq 0, \ x_k \in \{0, 1, \ldots, B - 1\}.$$

Man bezeichnet $e \in \mathbb{Z}$ als Exponent, *$B \geq 2$ als* Basis, *die x_k als* Ziffern *und $\sum_{k=-m}^{-1} x_k B^k$ als* Mantisse.

In Rechnern verwendet man in der Regel die Basis $B = 2$ und die Stellenzahl $m = 52$, um mit einem weiteren Vorzeichenbit und 11 Bits für die Exponentendarstellung insgesamt mit 64 Bits pro Zahl auszukommen. Dabei befolgt man die Norm IEEE754, die noch Raum für einige Sonderfälle hat:

- $\pm Inf$ für $\pm\infty$ z.B. als Resultat der Division positiver oder negativer Zahlen durch Null, bei der Auswertung von $\log(0)$ oder bei Überschreitung des begrenzten Darstellungsbereichs für den Exponenten (*overflow*)
- NaN (*not a number*) für undefinierte Zahlen, z.B. bei Division von Null durch Null oder bei Aufruf der Logarithmusfunktion auf negativen Zahlen.

Aber die bei weitem wichtigste Eigenschaft von Gleitkommazahlen ist, eine feste *relative* Genauigkeit der Zahldarstellung zu garantieren. Zu jedem $x \in \mathbb{R}$ will man nämlich eine in der Maschine darstellbare "gerundete" Gleitkommazahl $\mathbf{rd}(x)$ haben, sodass der *relative Fehler* $|x - \mathbf{rd}(x)|/|x|$ für $x \neq 0$ durch eine feste Konstante $\mathbf{eps} > 0$ beschränkt ist. Das schreibt man auch als *Rundungsgesetz*

$$|x - \mathbf{rd}(x)| \leq |x|\mathbf{eps} \qquad \text{für alle} \quad x \in \mathbb{R} \tag{1.9}$$

und unterstellt $\mathbf{rd}(0) = 0$, d.h. die Null muss exakt darstellbar sein.

Setzt man für $x \in \mathbb{R}$, $x > 0$ eine infinite *B-adische Darstellung* der Form

$$x = \sum_{k=-\infty}^{n(x)} b_k B^k \qquad (1.10)$$

mit Ziffern $b_k \in \{0, \ldots, B-1\}$ und einer Basis $B \geq 2$, $B \in \mathbb{N}$ und einer *führenden* Ziffer $b_{n(x)} \neq 0$ mit $n(x) \in \mathbb{Z}$ voraus, wobei ausgeschlossen wird, dass $b_k = B-1$ für alle $k \leq k_0$ mit irgendeinem $k_0 \in \mathbb{Z}$ gilt, so kann man x schreiben als

$$
\begin{aligned}
x &= B^{1+n(x)} \sum_{k=-\infty}^{-1} b_{n(x)+1+k} B^k \\
&= B^{1+n(x)} \sum_{k=-m}^{-1} b_{n(x)+1+k} B^k + B^{1+n(x)} \sum_{k=-\infty}^{-m-1} b_{n(x)+1+k} B^k \\
&= \qquad \mathbf{rd}(x) \qquad\qquad + \qquad x - \mathbf{rd}(x),
\end{aligned} \qquad (1.11)
$$

wenn man nur die ersten m Ziffern von x als $\mathbf{rd}(x)$ beibehält.

Satz 1.12. *Definiert man zu jeder Zahl $x \in \mathbb{R} \backslash \{0\}$ eine gerundete Zahl $\mathbf{rd}(x)$ durch die Vorschrift, die führenden m Stellen der B-adischen Darstellung zu verwenden, so gilt das Rundungsgesetz (1.9) mit $\mathtt{eps} = B^{1-m}$.*

Beweis. Für $x > 0$ folgt aus (1.11) sofort

$$|x - \mathbf{rd}(x)| \leq B^{1+n(x)} \sum_{k=-\infty}^{-m-1} (B-1) B^k = B^{1+n(x)-m}.$$

Dies liefert mit $x \geq b_{n(x)} B^{n(x)} \geq B^{n(x)}$ dann

$$|x - \mathbf{rd}(x)| \leq |x| B^{1-m}.$$

Der analog zu behandelnde Fall negativer Zahlen ergibt schließlich die Behauptung. $\square$

Folgerung 1.13. *Die in 64 Bit gespeicherten Gleitkommazahlen heutiger Rechner stellen wegen $B = 2$ und $m = 52$ alle reellen Zahlen mit einem maximalen relativen Fehler $\mathtt{eps} = 2^{-51} \approx 4.4409 \cdot 10^{-16}$ dar. Die sechzehnte Dezimalstelle ist also bis auf 5 Einheiten genau.*

Beispiel 1.14. Die obige Situation besteht für $B = 10$ und $m = 3$ darin, von jedem $x \in \mathbb{R}$ nur die führenden drei Dezimalstellen als $\mathbf{rd}(x)$ beizubehalten. Das bedeutet

$$
\begin{aligned}
\pi = 3.141592 \ldots &= 10^1 \cdot 0.3141592 \ldots \\
&= 10^1 \cdot 0.314 + 10^1 \cdot 0.0001592 \ldots \\
&= \mathbf{rd}(\pi) + \pi - \mathbf{rd}(\pi)
\end{aligned}
$$

mit $n(\pi) = 1$.

Die Eingabe von Zahlen in Rechenanlagen erfolgt in der Regel durch die übliche dezimale Darstellung. Diese wird intern konvertiert in eine B-adische Gleitkommazahl. Der dabei auftretende Fehler (*Eingabefehler*) bewirkt, dass selbst dann, wenn absolut korrekt weitergerechnet wird, das wahre Ergebnis nicht berechnet werden kann, weil schon die internen Anfangsdaten verfälscht sind. Man hat daher *jedes* numerische Verfahren darauf zu untersuchen, wie stark sich die Eingabefehler auswirken.

Die Begrenztheit der Gleitkommazahlen hat zur Folge, dass die üblichen arithmetischen Operationen $+$, $-$, $\cdot$ und $/$ nicht immer exakt ausgeführt werden können. Ist $\circ$ eine der vier Standardoperationen, und sind x und y bereits Gleitkommazahlen, so kann man bestenfalls das Ergebnis $\mathrm{rd}(x \circ y)$ erwarten, d.h. die durch Runden des exakten Ergebnisses entstehende neue Gleitkommazahl. Dies halten die nach IEEE754 konstruierten Rechnerarithmetiken ein, und zwar auch bei der Auswertung von Standardfunktionen wie $\sin(x)$, $\mathrm{sqrt}(x) := \sqrt{x}$ oder $\exp(x)$.

Folgerung 1.15. *Die mit mindestens 64 Bit arbeitenden und nach IEEE754 konstruierten Rechnerarithmetiken führen* alle *Einzeloperationen* auf Gleitkommazahlen *mit einem maximalen relativen Fehler* $\mathrm{eps} = 2^{-51} \approx 4.4409 \cdot 10^{-16}$ *aus. Deshalb bezeichnet man* eps *auch als* Maschinengenauigkeit.

An dieser Stelle kann leicht der Fehlschluss entstehen, dass alle Ergebnisse von Rechenverfahren auf heutigen Computern die relative Genauigkeit eps hätten. Es ist in Folgerung 1.15 aber nur von *einzelnen* Operationen auf *Gleitkommazahlen* die Rede, keinesfalls von der Genauigkeit eines Endergebnisses nach 100 000 Rechenschritten. Bei jedem Einzelschritt kann nur ein maximaler relativer Fehler eps entstehen, aber bei 100 000 Rechenschritten wäre ja auch ein relativer Fehler der Größenordnung $100\,000\mathrm{eps}$ denkbar. Die Weiterverarbeitung fehlerhafter Daten führt im allgemeinen zur Vergrößerung der bisherigen Fehler, und das werden wir genauer zu untersuchen haben.

Definition 1.16. *Der* Rundungsfehler *eines numerischen* Verfahrens *ist der durch Gleitkommarechnung bewirkte Fehler des Endergebnisses bei exakten reellen Eingabedaten.*

Der gesamte Rundungsfehler eines Verfahrens entsteht zunächst durch Rundung der Eingabedaten auf Gleitkommazahlen. Hinzu kommen die Rundungsfehler der einzelnen Gleitkommaoperationen, aber der wichtigste Anteil entsteht durch die Fortpflanzung der Eingabefehler und der einzelnen Rundungsfehler durch alle nachfolgenden Operationen.

Deshalb betrachten wir die *Fehlerfortpflanzung* von Störungen $\Delta x = ((\Delta x)_1, \ldots, (\Delta x)_n)^T \in \mathbb{R}^n$ des Arguments $x = (x_1, \ldots, x_n)^T$ einer Abbildung $F : \mathbb{R}^n \to \mathbb{R}$ auf das Ergebnis $F(x + \Delta x)$ genauer. Ist F stetig differenzierbar, so folgt sofort durch Anwendung des Mittelwertsatzes auf die skalare Funktion $t \mapsto F(x + t\Delta x)$ die Abschätzung

$$|F(x + \Delta x) - F(x)| = \left| \sum_{j=1}^{n} \frac{\partial F(x + \tilde{\tau} \Delta x)}{\partial x_j} (\Delta x)_j \right|$$

$$\leq \max_{1 \leq j \leq n} |(\Delta x)_j| \cdot \max_{0 \leq \tau \leq 1} \sum_{j=1}^{n} \left| \frac{\partial F(x + \tau \Delta x)}{\partial x_j} \right|,$$

mit einem $\tilde{\tau} \in (0, 1)$, d.h. der Vergrößerungsfaktor des *absoluten* Fehlers ist im Wesentlichen durch die Ableitung bestimmt. Der *relative* Fehler pflanzt sich für $F(x) \neq 0$ und $x \neq 0$ gemäß

$$\frac{|F(x + \Delta x) - F(x)|}{|F(x)|} \leq \frac{\max_j |(\Delta x)_j|}{\max_j |x_j|} \cdot \max_{0 \leq \tau \leq 1} \sum_{j=1}^{n} \left| \frac{\partial F(x + \tau \Delta x)}{\partial x_j} \right| \cdot \frac{\max_k |x_k|}{|F(x)|}$$

$$(1.12)$$

fort.

Definition 1.17. *Die* Kondition *eines Problems ist der im ungünstigsten Fall auftretende Vergrößerungsfaktor für den Einfluss von relativen Eingangsfehlern auf relative Resultatfehler.*

Deshalb ist der relative unvermeidbare Fehler abschätzbar durch die Kondition mal dem relativen Eingabefehler. Kennt man die Kondition eines Problems und eine Schranke für die relativen Eingangsfehler, so kann man den relativen Fehler des Ergebnisses abschätzen. In die Kondition von F geht nach (1.12) neben der Ableitung von F auch das Verhältnis von betragsmäßig größtem Eingabedatum zum Betrag des Resultats ein; man sollte deshalb stets vermeiden, kleine Ergebnisse aus großen Eingabedaten zu berechnen.

Definition 1.18. *Ist die Kondition eines Problems groß (i.Allg. diverse Zehnerpotenzen), so spricht man von einem* schlecht konditionierten *Problem.*

Bei gut konditionierten Problemen liegt der relative unvermeidbare Fehler in der Größenordnung des relativen Eingabefehlers, der wiederum nur von der relativen Genauigkeit des verwendeten Rechenhilfsmittels abhängt.

Bis hier ist stets von mathematischen (Ersatz-)Problemen gesprochen worden, ohne zu berücksichtigen, wie deren rechnerische Lösung erfolgt. Es wird sich im Beispiel 1.27 herausstellen, dass es keineswegs gleichgültig ist, wie eine Rechnung organisiert ist; bei gleichem Problem und theoretisch gleichen Resultaten bei gleichen Eingangsdaten können zwei verschiedene Verfahren völlig verschiedene Ergebnisse liefern, weil sie ein unterschiedliches Fehlerverhalten haben.

Zunächst wird das Fehlerverhalten einzelner Operationen studiert.

Satz 1.19. *Es seien $x, y \in \mathbb{R} \setminus \{0\}$ und φ sei eine der arithmetischen Operationen $+, \cdot$ und $/$. Die relativen Fehler*

$$\varepsilon_x := (\tilde{x} - x)/x, \quad \varepsilon_y := (\tilde{y} - y)/y \qquad und$$

$$\varepsilon_\varphi := (\varphi(\tilde{x}, \tilde{y}) - \varphi(x, y))/\varphi(x, y)$$

bezüglich zweier Näherungen $\tilde{x}$ von x und $\tilde{y}$ von y genügen den Formeln

$$\varepsilon_\varphi \doteq \varepsilon_x + \varepsilon_y \qquad\qquad \text{für } \varphi(x,y) = x \cdot y,$$

$$\varepsilon_\varphi \doteq \varepsilon_x - \varepsilon_y \qquad\qquad \text{für } \varphi(x,y) = x/y, \qquad (1.13)$$

$$\varepsilon_\varphi = \frac{x}{x+y}\varepsilon_x + \frac{y}{x+y}\varepsilon_y \text{ für } \varphi(x,y) = x+y \neq 0,$$

wobei $\doteq$ bedeute, dass Produkte von Fehlern ignoriert werden.

Beweis. Wir beweisen von (1.13) nur die Fälle der Multiplikation und der Addition/Subtraktion, und zwar durch direkte Rechnung statt durch Anwendung von (1.12). Bei der Multiplikation folgt

$$\varepsilon_\varphi = \frac{\tilde{x}\tilde{y} - xy}{xy} = \frac{(\tilde{x}-x)\tilde{y} + x(\tilde{y}-y)}{xy} = \varepsilon_x \frac{\tilde{y}-y+y}{y} + \varepsilon_y = \varepsilon_x\varepsilon_y + \varepsilon_x + \varepsilon_y,$$

während bei der Addition

$$\varepsilon_\varphi = \frac{\tilde{x}+\tilde{y}-(x+y)}{x+y} = \frac{x\varepsilon_x + y\varepsilon_y}{x+y} = \frac{x}{x+y}\varepsilon_x + \frac{y}{x+y}\varepsilon_y$$

gilt. Die Division wird analog zur Multiplikation behandelt. $\square$

Das Weglassen von Produkten von Fehlern ist eine Standardtechnik, die es erlaubt, komplizierte Fehlerausdrücke drastisch zu vereinfachen. Sind ε_i gewisse relative Fehler mit einer gemeinsamen Schranke $|\varepsilon_i| \leq \varepsilon$, so hat man oft Ausdrücke der Form

$$\prod_{i=1}^{n}(1 + \varepsilon_i) \leq (1+\varepsilon)^n$$

abzuschätzen. Ist $n\varepsilon \leq 1/10$, so folgt

$$(1+\varepsilon)^n \leq (\exp(\varepsilon))^n = \exp(n\varepsilon)$$

$$\leq 1 + n\varepsilon + \frac{n^2\varepsilon^2}{2}(1 + n\varepsilon + n^2\varepsilon^2 + \ldots)$$

$$\leq 1 + n\varepsilon + n\varepsilon \cdot \frac{0.1}{2}\frac{1}{1-0.1}$$

$$\leq 1 + 1.06 \cdot n\varepsilon.$$

In der Regel ist ε sehr klein und die Bedingung $n\varepsilon \leq 1/10$ unproblematisch. Dann kann man mit 1.06ε statt ε arbeiten und seelenruhig alle Ausdrücke der Form $\prod_{i=1}^{n}(1 + \varepsilon_i)$ durch $1 + n\varepsilon$ abschätzen, d.h. man ignoriert Produkte von Fehlern.

Folgerung 1.20. *Multiplikation und Division sowie die Addition von Zahlen gleichen Vorzeichens sind* gut konditioniert, *weil sie schlimmstenfalls eine Addition der Beträge der relativen Fehler der Eingabedaten bewirken. Dagegen ist die Subtraktion zweier fast gleicher Zahlen (d.h. die Addition $x + y$ im Falle $y \approx -x$)* schlecht konditioniert, *weil die Faktoren $x/(x+y)$ und $y/(x+y)$ nicht durch Eins beschränkt bleiben, sondern* sehr groß *werden können.*

Folgerung 1.21. *Der Verlust an relativer Genauigkeit bei der Differenzbildung fast gleicher Zahlen ist das schlimmste Fehlerphänomen im numerischen Rechnen. Es ist eine Konsequenz der* Fehlerfortpflanzung *und lässt sich nicht durch exakteres Ausführen der Differenzbildung beheben, wenn die Eingabedaten schon fehlerbehaftet sind. Es kann nur dringend empfohlen werden, die Bildung von Differenzen fast gleich großer Zahlen* (Auslöschung) *soweit wie möglich zu vermeiden.*

Beispiel 1.22. Subtrahiert man die sechsstelligen Zahlen

$$x = 0.344152 \quad \text{und} \quad y = 0.344135$$

voneinander, so folgt

$$x - y = 0.000017 = 0.17 \cdot 10^{-4}$$

mit nur zweistelliger Genauigkeit, weil sich die übereinstimmenden Ziffern "auslöschen". Enthält x einen (versteckten) relativen Fehler von nur 0.01 %, so bekommt $x - y$ einen relativen Fehler von 200 %. Dabei haben wir *exakt* gerechnet, in der Praxis können noch Rundungsfehler hinzukommen.

Beispiel 1.23. Bei der näherungsweisen Berechnung von Ableitungswerten

$$f'(x) \approx \frac{f(x+h) - f(x)}{h}, \tag{1.14}$$

einer Funktion $f \in C^2(\mathbb{R})$ tritt für kleine h immer Auslöschung auf, wobei die Differenzbildung nach Satz 1.19 einen Fehlerfaktor

$$\frac{f(x)}{f(x+h) - f(x)} \approx \frac{f(x)}{h f'(x)}$$

bewirkt und man deshalb damit rechnen muss, dass ein relativer Fehler ε in der Berechnung der f-Werte schlimmstenfalls einen relativen Fehler

$$\frac{2\varepsilon f(x)}{h f'(x)}$$

zur Folge hat. Für kleine Werte von h oder $f'(x)$ liegt also ein schlecht konditioniertes Problem vor. Aus der *Taylor*-Formel folgt der Diskretisierungsfehler

$$|(f(x+h) - f(x))/h - f'(x)| \leq \frac{1}{2} h \max_{\xi} |f''(\xi)|,$$

sodass man (ohne Rundungseffekte und Eingabefehler für x und h) den relativen Gesamtfehler

$$\frac{2\varepsilon f(x)}{hf'(x)} + \frac{hf''(x)}{2f'(x)}$$

erwarten muss. Man ist in einer Zwickmühle: für kleine h ist die Auslöschung groß, und für große h ist der Diskretisierungsfehler groß. Minimiert man den Gesamtfehler als Funktion von h durch Nullsetzen der Ableitung nach h, so ergibt sich der günstigste h-Wert aus der Gleichung

$$h^2 = \varepsilon \frac{4f(x)}{f''(x)}.$$

Man sieht, dass bei Unkenntnis der Werte von f und f'' als Faustregel $h \approx \sqrt{\varepsilon}$ zu wählen ist, d.h. man sollte h keinesfalls kleiner als die *Wurzel* aus der relativen Genauigkeit der Funktionswerte wählen. Das Ergebnis hat bestenfalls die relative Genauigkeit

$$\sqrt{\varepsilon} \cdot 2\sqrt{|f(x)f''(x)|}/|f'(x)|.$$

Die Situation ist etwas günstiger, wenn man die symmetrische Form

$$f'(x) \approx (f(x+h) - f(x-h))/(2h) \tag{1.15}$$

verwendet, aber das ist Aufgabe 1.2 vorbehalten.

Beispiel 1.24. Für die Ableitung der Funktion $f(x) = \exp(x)$ im Punkt $x = 0$ ergeben die Formeln (1.14) und (1.15) die Werte aus Tabelle 1.1 bei einer relativen Rechengenauigkeit von 52 Binärstellen. Rechnet man mit unvernünftig kleinem h, so haben alle Funktionen scheinbar die Ableitung Null, weil $f(x+h)$ und $f(x)$ rechnerisch gleich werden! Es gehört zur Kunst des Rechnens auf Rechnern, solche katastrophalen Auslöschungsfehler zu vermeiden.

Beispiel 1.25. Es sei die Summe $s = \sum_{i=1}^{n} x_i$ von n reellen Zahlen $x_1, \ldots, x_n$ zu bilden. Führt man relative Fehler $\varepsilon_s, \varepsilon_1, \ldots, \varepsilon_n$ aus $[-\varepsilon, \varepsilon]$ von $s, x_1, \ldots, x_n$ ein, so ist der gestörte Wert $s(1+\varepsilon_s) \approx s$ das Ergebnis der Addition gestörter Werte $x_i(1 + \varepsilon_i) \approx x_i$, was man auch als *Störungsgleichung*

$$s(1 + \varepsilon_s) = \sum_{i=1}^{n} x_i(1 + \varepsilon_i)$$

schreiben kann. Dann lässt sich die Kondition κ des Problems aus

$$\kappa = |\varepsilon_s|/|\varepsilon| = \left|\frac{1}{s}\sum_{i=1}^{n}\varepsilon_i x_i\right|/|\varepsilon| \le \frac{|\varepsilon|}{|s|}\sum_{i=1}^{n}|x_i|/|\varepsilon| = \frac{\sum_{i=1}^{n}|x_i|}{|s|}$$

ablesen; sie ist immer dann groß, wenn das Ergebnis s (durch Auslöschung) wesentlich kleiner ist als die Summe der Beträge der Summanden. Es gibt keine Probleme, wenn alle x_i gleiches Vorzeichen haben.

Tabelle 1.1. Numerische Differentiation

h	(1.14)	(1.15)
0.10000000000000000	1.051709180756477	1.001667500198441
0.01000000000000000	1.005016708416795	1.000016666749992
0.00100000000000000	1.000500166708385	1.000000166666681
0.00010000000000000	1.000050001667141	1.000000001666890
0.00001000000000000	1.000005000006965	1.000000000012102
0.00000100000000000	1.000000499962184	0.999999999973245
0.00000010000000000	1.000000049433680	0.999999999473644
0.00000001000000000	0.999999993922529	0.999999993922529
0.00000000100000000	1.000000082740371	1.000000027229220
0.00000000010000000	1.000000082740371	1.000000082740371
0.00000000001000000	1.000000082740371	1.000000082740371
0.00000000000100000	1.000088900582341	1.000033389431110
0.00000000000010000	0.999200722162641	0.999755833674953
0.00000000000001000	0.999200722162641	0.999200722162641
0.00000000000000100	1.110223024625157	1.054711873393899
0.00000000000000010	0.000000000000000	0.555111512312578
0.00000000000000001	0.000000000000000	0.000000000000000

Bei schlecht konditionierten Problemen wie der numerischen Differentiation (Beispiel 1.23) oder der Summierung großer Zahlen mit kleinem Ergebnis (Beispiel 1.25) kann kein *Verfahren* diesen Nachteil des *Problems* wettmachen. Dagegen kann die Lösung eines gut konditionierten *Problems* durch ein schlechtes *Verfahren* miserable Ergebnisse liefern.

Definition 1.26. *Ein Verfahren zur Lösung eines numerischen Problems heißt* gutartig, *wenn seine Kondition in der Größenordnung der Kondition des Problems liegt.*

Beispiel 1.27. Die Lösung $x = -p + \sqrt{p^2 + q}$ der quadratischen Gleichung

$$x^2 + 2px - q = 0 \quad \text{mit} \quad p > 0 \quad \text{und} \quad q > 0 \qquad (1.16)$$

besitzt einen relativen Fehler ε_x, der von den relativen Fehlern ε_p und ε_q der Eingangsdaten abhängt. Die Gleichung (1.16) liefert

$$x^2(1 + \varepsilon_x)^2 + 2px(1 + \varepsilon_p)(1 + \varepsilon_x) - q(1 + \varepsilon_q) = 0,$$

und wenn man Produkte von Fehlern ignoriert, ergibt sich

$$2x^2\varepsilon_x + 2px(\varepsilon_p + \varepsilon_x) - q\varepsilon_q \doteq 0,$$

was sich nach ε_x auflösen lässt zu

$$\varepsilon_x \doteq \frac{1}{2} \frac{q\varepsilon_q - 2px\varepsilon_p}{x^2 + 2px} = \frac{q\varepsilon_q - 2px\varepsilon_p}{2q}$$

$$= \frac{1}{2}\varepsilon_q - \frac{px}{q}\varepsilon_p = \frac{1}{2}\varepsilon_q - \frac{p}{q}\frac{q}{p + \sqrt{p^2 + q}}\varepsilon_p$$

$$= \frac{1}{2}\varepsilon_q - \frac{p}{p + \sqrt{p^2 + q}}\varepsilon_p.$$

Falls $|\varepsilon_q| \le \varepsilon$ und $|\varepsilon_p| \le \varepsilon$ gilt, folgt die Abschätzung

$$|\varepsilon_x| \le \frac{1}{2}\,\varepsilon + \frac{1}{2}\,\varepsilon = \varepsilon$$

unabhängig von p und q. Das *Problem* ist also gut konditioniert.

Schlecht ist hingegen das Fehlerfortpflanzungsverhalten der üblichen Lösungsformel

$$x = -p + \sqrt{p^2 + q}, \tag{1.17}$$

weil im Falle $p > 0$ und $q \approx 0$ starke Auslöschung eintritt. Die alternative Schreibweise

$$x = (-p + \sqrt{p^2 + q})\frac{p + \sqrt{p^2 + q}}{p + \sqrt{p^2 + q}} = \frac{q}{p + \sqrt{p^2 + q}} \tag{1.18}$$

bewirkt bei entsprechender Rechnung eine Vermeidung der Auslöschung. Auch ohne genaue Analyse ist schon klar, dass die zweite Form der ersten vorzuziehen ist.

Mit der relativen Genauigkeit ε_y des Zwischenergebnisses $y := \sqrt{p^2 + q}$ führt die Formel (1.17) zu

$$\varepsilon_x \doteq \frac{y}{y - p}\varepsilon_y - \frac{p}{y - p}\varepsilon_p,$$

$$|\varepsilon_x| \le \frac{y + p}{y - p}\max(|\varepsilon_y|, |\varepsilon_p|)$$

und hat erwartungsgemäß schlechte Kondition, wenn

$$x = y - p = \sqrt{p^2 + q} - p = q/(p + \sqrt{p^2 + q})$$

klein wird. Die alternative Form (1.18) liefert bei schrittweiser Anwendung des Satzes 1.19 auf relative Eingangsfehler ε_p, $\varepsilon_q \in [-\varepsilon, \varepsilon]$ die Ergebnisse

$$|\varepsilon_{p^2}| \doteq |\varepsilon_p + \varepsilon_p| \le 2\varepsilon,$$

$$|\varepsilon_{p^2 + q}| = |p^2\varepsilon_{p^2}/(p^2 + q) + q\varepsilon_q/(p^2 + q)| \le 2\varepsilon,$$

$$|\varepsilon_y| = \frac{1}{2}|\varepsilon_{p^2 + q}| \le \varepsilon, \qquad \text{siehe Aufgabe 1.3,}$$

$$|\varepsilon_z| = |p\varepsilon_p/(p + y) + y\varepsilon_y/(p + y)| \le \varepsilon,$$

$$|\varepsilon_x| \doteq |\varepsilon_q - \varepsilon_z| \le 2\varepsilon.$$

Deshalb ist dieses Verfahren gutartig.

Es zeigt sich somit, dass man auf jeden Fall die Kondition des *Problems* und des *Verfahrens* abschätzen muss, wenn man Aussagen über die Brauchbarkeit eines Verfahrens machen will. Wir fassen zusammen:

In einer Rechnerarithmetik nach IEEE754 mit 64 Speicherbits gilt das Rundungsgesetz (1.9) mit $\mathtt{eps} = 2^{-51} \approx 4.4409 \cdot 10^{-16}$ für jede arithmetische Einzeloperation auf Gleitkommazahlen. Bei jedem Rechenschritt entsteht also schlimmstenfalls ein neuer relativer Fehler der Größenordnung $\mathtt{eps}$, der danach der Fehlerfortpflanzung unterliegt. Ignoriert man die Fehlerfortpflanzung, so entstehen durch k Eingangsfehler und die Rundungsfehler bei N Operationen insgesamt relative Fehler der Größenordnung $(N + k)\,\mathtt{eps}$, was bei moderaten Werten von N und k nicht allzu problematisch wäre. Große Zwischenergebnisse liefern aber auch große absolute Fehler, die sich dann bei kleinen Endergebnissen infolge der Auslöschung zu großen relativen Fehlern fortpflanzen, sofern Additionen oder Subtraktionen mit kleinen Endergebnissen auftreten. Um Fortpflanzung dieser Fehler zu vermeiden, sollten Zwischenergebnisse, die erheblich größer als die Endergebnisse sind, vermieden oder an das Ende des Verfahrens verschoben werden.

Folgerung 1.28. *Beim praktischen Rechnen auf Rechnern gilt:*

- *Man vermeide Auslöschungen.*
- *Betragsmäßig große Zwischenergebnisse sollten umgangen bzw. möglichst an den Schluss der Rechnung verschoben werden.*
- *Soweit möglich, untersuche man die Kondition des Problems und des Verfahrens. Stellt sich heraus, dass das Problem schlecht konditioniert ist, informiere man den Auftraggeber und versuche, ein anderes, besser konditioniertes Ersatzproblem zu finden. Stellt sich heraus, dass das Verfahren nicht gutartig ist, überlege man sich ein besseres durch Befolgung der beiden vorigen Regeln.*

Die dritte Regel ist oft nicht erfüllbar, weil die Konditionsanalyse schwieriger als die eigentliche Problemlösung sein kann. Dann sollte man eine Reihe von Testläufen des Verfahrens mit gestörten Eingabedaten machen. Wenn die Resultate unerwartet stark schwanken, liegt der Verdacht nahe, dass entweder das Problem schlecht konditioniert oder das Verfahren nicht gutartig ist.

Wenn weder eine Konditionsuntersuchung für Problem und Verfahren noch eine solche experimentelle *Sensitivitätsanalyse* gemacht wird, liegt ein Kunstfehler beim Rechnen auf Rechnern vor.

1.3 Landau-Symbole

Diese sind ein wichtiges Hilfsmittel zur quantitativen Beschreibung von Grenzprozessen.

Definition 1.29. *Für Abbildungen $f, g : \mathbb{R} \to \mathbb{R}$ oder $\mathbb{C}$ schreibt man*

$$f = \mathcal{O}(g) \qquad \text{für } x \to x_0,$$

falls es eine reelle Zahl $C > 0$ und eine Umgebung U von x_0 gibt, sodass

$$|f(x)| \leq C|g(x)|$$

für alle $x \in U$ gilt. Entsprechend schreibt man $f = o(g)$ für $x \to x_0$, falls es zu jedem $\varepsilon > 0$ eine Umgebung U von x_0 gibt, sodass $|f(x)| \leq \varepsilon|g(x)|$ für alle $x \in U$ gilt.

Im Falle von Folgen hat man als Umgebungen von $x_0 = \infty$ Mengen der Form $\{n \in \mathbb{N} : n \geq N\}$ zu nehmen:

Definition 1.30. *Für Folgen $\{a_n\}_{n \in \mathbb{N}}$ und $\{b_n\}_{n \in \mathbb{N}}$ in $\mathbb{R}$ oder $\mathbb{C}$ schreibt man $a_n = \mathcal{O}(b_n)$ für $n \to \infty$, falls es eine reelle Zahl $C > 0$ und eine natürliche Zahl N gibt, sodass $|a_n| \leq C|b_n|$ für alle $n \geq N$ gilt. Man schreibt $a_n = o(b_n)$ für $n \to \infty$, falls es zu jedem $\varepsilon > 0$ eine natürliche Zahl N gibt, sodass $|a_n| \leq \varepsilon|b_n|$ für alle $n \geq N$ gilt.*

Von großer praktischer Bedeutung ist, dass

– logarithmisches Wachstum schwächer ist als polynomiales,
– polynomiales Wachstum schwächer ist als exponentielles,
– exponentielles Wachstum schwächer ist als fakultatives.

Dies besagt der erste Teil des folgenden Satzes.

Satz 1.31. *(1) Für reelle Zahlen α, β, γ gilt für $n \to \infty$:*

$$(\log_\gamma n)^\beta = o(n^\alpha) \qquad \text{für alle } \alpha, \beta > 0, \ \gamma > 1,$$
$$n^\alpha = o(\beta^n) \qquad \text{für alle } \alpha > 0, \beta > 1,$$
$$\beta^n = o(n!) \qquad \text{für alle } \beta > 1.$$

(2) Es gilt $e^{\frac{1}{x}} = o(x^n)$ für $x \to 0$ für jedes $n \in \mathbb{N}$.
(3) Die Aussage $f = o(1)$ für $x \to x_0$ ist gleichbedeutend mit der Aussage "f konvergiert gegen 0 für $x \to x_0$".
(4) Die Aussage $f = \mathcal{O}(1)$ für $x \to x_0$ ist gleichbedeutend mit der Aussage "f ist in einer Umgebung von x_0 beschränkt".
(5) Die Aussage $a_n = o(1)$ für $n \to \infty$ ist gleichbedeutend mit der Aussage "Die Folge $\{a_n\}$ ist eine Nullfolge".
(6) Die Aussage $a_n = \mathcal{O}(1)$ für $n \to \infty$ ist gleichbedeutend mit der Aussage "Die Folge $\{a_n\}$ ist beschränkt".

1.4 Elementare Rechentechniken

Die meisten Rechnungen werden wir, mathematisch gesehen, in den reellen Zahlen $\mathbb{R}$ ausführen, wobei es stets klar ist, dass in der Praxis Gleitkommazahlen nach IEEE754 benutzt werden. Komplexe Zahlen $z = x + iy$ kann man rechentechnisch immer als Paare $(x, y) \in \mathbb{R}^2$ behandeln, und wenn es nicht nötig ist, zwischen $\mathbb{R}$ und $\mathbb{C}$ zu unterscheiden, benutzen wir das Symbol $\mathbb{K}$ für einen skalaren Grundkörper, der für $\mathbb{R}$ oder $\mathbb{C}$ steht. Vektoren aus dem $\mathbb{K}^n$ werden in diesem Buch stets als *Spaltenvektoren* oder $(n \times 1)$-Matrizen verstanden; das hochgestellte Symbol "T" steht für die Transposition von Matrizen und Vektoren. Für $x \in \mathbb{K}^n$ ist daher $x^T = (x_1, \ldots, x_n)$ ein Zeilenvektor und $x = (x_1, \ldots, x_n)^T$ ein Spaltenvektor. Die *Komponenten* von Vektoren werden stets durch tiefgestellte Indizes angedeutet. Allerdings können tiefgestellte Indizes auch eine andere Bedeutung haben. Zum Beispiel werden wir die *Einheitsvektoren* mit $e_i \in \mathbb{K}^n$ bezeichnen; sie sind mit dem *Kronecker*-Symbol δ_{ij} durch

$$e_i^T e_j := \delta_{ij} := \left\{ \begin{array}{ll} 1, & \text{falls} \quad i = j \\ 0, & \text{sonst} \end{array} \right\}, \quad 1 \le i, j \le n,$$

definiert. Die Notation $A = (a_{ij}) \in \mathbb{K}^{m \times n}$ definiert eine $(m \times n)$-Matrix A mit Elementen a_{ij}, $1 \le i \le m$, $1 \le j \le n$, über $\mathbb{K}$. Dabei steht stets der Zeilenindex vorn. Das *Matrizenprodukt* wird sinngemäß auch auf Spaltenvektoren als $(n \times 1)$-Matrizen und auf Zeilenvektoren als $(1 \times n)$-Matrizen angewendet. Beispielsweise kann man die j-te Spalte einer Matrix A als Produkt Ae_j schreiben. Die i-te Zeile von A ist $e_i^T A$, und das Element a_{ij} ist als $e_i^T A e_j$ darstellbar. Für zwei Vektoren $u \in \mathbb{K}^m$, $v \in \mathbb{K}^n$ ist $uv^T := (u_i v_j) \in \mathbb{K}^{m \times n}$ eine $(m \times n)$-Matrix mit Elementen $u_i v_j$, das *dyadische* oder *äußere Produkt*. Die $(n \times n)$-Einheitsmatrix $E := E_n$ ist als die Summe der dyadischen Produkte $e_k e_k^T$ für $k = 1, \ldots, n$ zu schreiben. Aus $A = AE$ folgt dann auch die Darstellung

$$A = AE = A \sum_{k=1}^{n} e_k e_k^T = \sum_{k=1}^{n} (Ae_k) e_k^T \tag{1.19}$$

der Matrix A als "Summe ihrer Spalten".

Das praktische Rechnen mit reellen Zahlen wird normalerweise in Programmiersprachen wie C oder JAVA durch den Datentyp *double* und seine Standardoperationen ausgeführt. Aber wie arbeitet man mit Vektoren und Matrizen? Das wird einige Überlegungen aus der Informatik erfordern.

Seit den Anfängen der elektronischen Rechenanlagen verwendet man für Vektoren intern den indizierten Speicherzugriff und nutzt die wortweise linear adressierbare Struktur des Speichers des von Neumann-Rechners aus. Vektoren werden im effizientesten Idealfall also im Speicher durch lückenlos aneinandergereihte *double*-Zahlen dargestellt. Man nennt diese indizierten Datentypen *arrays*, während der Begriff *Vektor* in objektorientierten Sprachen wie JAVA für eine abstrahierte Klasse steht, die es erlaubt, mit Indexzugriff und dynamischer Speicherverwaltung auf geordnete Listen von Objekten zuzugreifen. Im numerischen Rechnen sind *arrays* immer vorzuziehen, weil Vektor-Klassen eine zusätzliche Dereferenzierung erfordern. Wir gehen im Folgenden immer davon aus, dass Vektoren als *arrays* gespeichert sind.

Weil bei heutigen Rechnern komplizierte hierarchische Speicherzugriffs- und Verarbeitungsmethoden (*Paging, Cache, Prefetch, Pipelining*) fest implementiert sind, sollten alle Zugriffe auf Vektoren oder *arrays datenlokal* ablaufen, d.h. immer auf im Speicher unmittelbar benachbarte Zahlen zugreifen.

Das lässt sich bei Vektoren relativ einfach machen, bei Matrizen aber nicht, denn der von-Neumann-Rechner hat keinen zweidimensionalen Speicher. Man muss Matrizen intern als Vektoren speichern, und das kann man entweder zeilen- oder spaltenweise tun. Eine Matrix $A = (a_{jk}) \in \mathbb{R}^{m \times n}$ kann man vektoriell entweder zeilenweise als

$$(a_{11}, a_{12}, \ldots, a_{1n}, a_{21}, a_{22}, \ldots, a_{2n}, \ldots, a_{m1}, a_{m2}, \ldots, a_{mn})$$

oder spaltenweise als

$$(a_{11}, a_{21}, \ldots, a_{m1}, a_{12}, a_{22}, \ldots, a_{m2}, \ldots, a_{1n}, a_{2n}, \ldots, a_{mn})$$

speichern. Aber schon bei der Matrixmultiplikation $C = A \cdot B$ sieht man das hier versteckte Problem: man muss die Zeilen von A mit den Spalten von B skalar multiplizieren, und das geht nur dann datenlokal und ohne Tricks, wenn man A zeilenweise und B spaltenweise speichert. Weil die einzelnen Programmierumgebungen aber die Speichertechnik für Matrizen fest definieren (in FORTRAN und MATLAB wird spaltenweise gespeichert, in C und JAVA zeilenweise), muss man zu mathematisch-informatischen Tricks greifen, die hier kurz erwähnt werden sollen. Dabei gehen wir davon aus, dass Vektoradditionen und Skalarprodukte $x^T y = y^T x = (x, y)_2$ sich problemlos berechnen lassen.

Zu berechnen sei der Vektor $z = Ax \in \mathbb{R}^m$ als Produkt einer $(m \times n)$-Matrix A mit einem Vektor $x \in \mathbb{R}^n$. Bei zeilenweiser Speicherung von A gibt es keine Probleme, weil man die Komponenten von Ax gemäß $e_k^T Ax = (e_k^T A)x$, $1 \leq k \leq m$, als Folge von Skalarprodukten von x mit den Zeilen $e_k^T A$ von A ausrechnen kann. Bei spaltenweiser Speicherung von A verwendet man (1.19), um die *column-sweep-Methode*

$$z = Ax = \sum_{k=1}^{n} (A e_k e_k^T) x = \sum_{k=1}^{n} e_k^T x \cdot A e_k = \sum_{k=1}^{n} x_k \cdot A e_k$$

zu definieren, d.h. man summiert die Spalten von A auf, nachdem man sie jeweils mit den Faktoren $x_1, x_2, \ldots, x_n$ multipliziert hat. Vom theoretischen Aufwand her sind die beiden Formen gleich, auf konkreten Rechnern kann das Laufzeitverhalten aber sehr unterschiedlich sein, insbesondere dann, wenn der Speicherbedarf der Matrix den Umfang des Cache oder des physikalischen Hauptspeichers übersteigt.

Will man eine $(\ell \times m)$-Matrix $A = (a_{ik})$ mit einer $(m \times n)$-Matrix $B = (b_{kj})$ multiplizieren, so erfordert die naive Vorgehensweise eine zeilenweise

Speicherung von A und eine spaltenweise Speicherung von B. Man kann das Matrizenprodukt aber bei zeilenweiser Speicherung umschreiben in

$$e_i^T C = e_i^T AB = e_i^T A \sum_{k=1}^{m} e_k e_k^T B = \sum_{k=1}^{m} \underbrace{e_i^T A e_k}_{=a_{ik}} \cdot e_k^T B, \qquad (1.20)$$

weil man B als Summe seiner Zeilen

$$B = \sum_{k=1}^{m} e_k e_k^T B$$

analog zu (1.19) darstellen kann. In (1.20) hat man dann eine Summation von skalierten Zeilen von B, um die Zeilen von C auszurechnen. Ganz analog geht das bei spaltenweiser Organisation:

$$Ce_j = ABe_j = \left(\sum_{k=1}^{m} A e_k e_k^T \right) Be_j = \sum_{k=1}^{m} \underbrace{e_k^T Be_j}_{=b_{kj}} \cdot A e_k,$$

d.h. die Spalten von C sind gewichtete Summen der Spalten von A.

In praktischen Anwendungen treten nicht selten gigantische Matrizen auf, die allerdings sehr viele Nullen enthalten. Man nennt solche Matrizen *dünn besetzt* oder engl. *sparse*. Man speichert dann die einzelnen Spalten oder Zeilen als dünn besetzte Vektoren, je nach zeilen- oder spaltenweiser Speichertechnik der Matrizen. Und von einem dünn besetzten Vektor $V \in double^N$ speichert man in einem *double-array* $v \in double^n$ nur die $n \ll N$ von Null verschiedenen Komponenten. Deren Indizes hat man dann anderswo zu speichern. Man könnte einfach die Indizes in ein weiteres *int-array* $I \in int^n$ der Länge n setzen und dann mit $v_j = V_{I(j)}$, $1 \le j \le n$, die von Null verschiedenen Komponenten von V durchlaufen. Der Zugriff auf eine einzelne Komponente V_k ist dann zwar nicht so einfach, tritt aber viel seltener auf als das Durchlaufen des ganzen Vektors. Um bei den Indizes Speicherplatz zu sparen, speichert man statt der Indizes in der Regel nur die *offsets* oder Indexsprünge $J(j) := I(j+1) - I(j)$ bis zum nächsten nicht verschwindenden Element. Wenn man den Index des ersten nicht verschwindenden Elements hat, kann man sich damit leicht durch den Vektor "durchhangeln" und hat stets Datenlokalität.

Es sollte nach diesen Bemerkungen klar sein, dass hocheffiziente Verfahren zum Rechnen mit großen Vektoren und Matrizen sehr sorgfältig konzipiert und implementiert sein müssen. Anfänger sollten die Finger davon lassen und sich auf bewährte Programmpakete[1] stützen. Grundlage ist BLAS (Basic Linear Algebra Subprograms)[2] in FORTRAN mit einem C-Interface. Das Projekt

---

[1] Siehe z.B. http://www.netlib.org
[2] http://www.netlib.org/blas/faq.html

ATLAS (Automatically Tuned Linear Algebra Software)[3] liefert optimierte Versionen für spezielle Architekturen. Programmpakete, die über die lineare Algebra hinausgehen, sind ohne Anspruch auf Vollständigkeit

- GSL (GNU Scientific Library)[4]: Eine numerische Freeware-Bibliothek in C und C++ unter der *GNU General Public License.*
- IMSL: Eine umfassende FORTRAN-Programmbibliothek mit vielen numerischen Verfahren in den Bereichen Algebra und Analysis.
- IMSL-C/MATH: Eine umfangreiche C-Funktionsbibliothek mit Verfahren in den Bereichen Algebra und Analysis.
- NAG: Eine umfassende Unterprogrammbibliothek für FORTRAN77, FORTRAN90 und C mit vielen numerischen Verfahren in den Bereichen Algebra und Analysis.
- Numerical Recipes: Eine Sammlung von Routinen aus Algebra und Analysis als C- und FORTRAN-Unterprogrammbibliothek.

Diese und andere kann man in Göttingen[5] und über die Rechenzentren vieler anderer Hochschulen abrufen.

Der Umgang mit den obigen Programmpaketen setzt aber das Verständnis ihrer mathematischen Grundlagen voraus, und dazu dient dieses Buch.

Für Projekte, die nicht an die Grenze der Leistungsfähigkeit von Computersystemen gehen, braucht man keine eigene Programmierung auf Ebene der Elemente von Vektoren und Matrizen. Man kann sich auf Programmsysteme wie MAPLE, MATHEMATICA, MATLAB oder MUPAD stützen, die eine eigene Kommandosprache haben, in der man mit Matrizen und Vektoren rechnen kann.

1.5 Aufgaben

1.1 Man schreibe in einer beliebigen Programmiersprache ein kleines Programm, das zu gegebenen Werten x und n die Partialsumme $P_n(x)$ von (1.6) berechnet und ausgibt. Dieses lasse man für verschiedene n und einige betragsmäßig große positive und negative x laufen und vergleiche die Ergebnisse mit den Fehlerabschätzungen (1.7) und (1.8).

1.2 Wie in Beispiel 1.23 untersuche man die Näherungsformel (1.15).

1.3 Man zeige, dass $\varphi(x) = \sqrt{x}$ die Kondition $1/2$ hat (bei Weglassen von Produkten von Fehlern).

1.4 Wie kann man

$$\tanh x = \frac{e^x - e^{-x}}{e^x + e^{-x}}$$

---

[3] http://sourceforge.net/projects/math-atlas/
[4] http://www.gnu.org/software/gsl/
[5] http://www.gwdg.de/service/software/software-rz/sw_numerisch.html

für $x \approx 0$ unter Vermeidung von Auslöschungen berechnen?

1.5 Man zeige, dass $\varepsilon = \frac{1}{2}B^{1-m}$ erreichbar ist, wenn man die letzte der m B-adischen Stellen geeignet auf- oder abrundet. Man gebe eine präzise Formulierung dieser Rundungsstrategie an!

1.6 Man gebe eine im Dezimal-Gleitkommasystem ($B = 10$, $m \geq 1$) exakt darstellbare Zahl an, die in keinem binären Gleitkommasystem ($B = 2^k, m \geq 1$) exakt darstellbar ist.

1.7 Berechnen Sie die Darstellung von $(3417)_{10}$ im Binär-, im Oktal- und im Hexadezimalsystem. Verwenden Sie für das Hexadezimalsystem die Zeichen: $0, 1, 2, 3, 4, 5, 6, 7, 8, 9, A, B, C, D, E, F$.

1.8 Berechnen Sie

$$f(x) = \frac{1}{x} - \frac{1}{x+1}$$

und

$$f(x) = \frac{1}{x(x+1)}$$

für $x = 20, x = 50$ und $x = 100$ in dreistelliger dezimaler Gleitkommaarithmetik. Geben Sie jeweils den relativen Fehler an.

1.9 Durch Umformung der entsprechenden Ausdrücke beseitige man die subtraktive Auslöschung bei

a)$\sqrt{1 + x^2} - \sqrt{1 - x^2}$, x nahe bei 0

b) $\frac{1}{\sqrt{1+x} - \sqrt{1-x}}$, für große x

c) $(1 + x^2)^2 - (1 - x^2)^2$, x nahe bei 0.

1.10 Sei $A \in \mathbb{R}^{n \times n}$ eine Matrix und $x \in \mathbb{R}^n$ ein Vektor. Welche Komplexitäten, gemessen als Anzahl der arithmetischen Operationen, haben folgende Operationen?

– Vektor-Vektor Multiplikation: $x^T x$
– Vektor-Matrix Multiplikation: Ax
– p-te Potenz einer Matrix: A^p wobei $p \in \mathbb{N}$.

Man drücke das Ergebnis in Abhängigkeit von n durch Landau–Symbole aus.

1.11 Seien $\{a_n\}, \{b_n\}$ zwei Folgen reeller Zahlen. Beweisen Sie folgende Aussagen:

– Ist $a_n = o(b_n)$ für $n \to \infty$, so gilt auch $a_n = \mathcal{O}(b_n)$ für $n \to \infty$.
– Eine Folge $\{a_n\}$ ist genau dann beschränkt, wenn $a_n = \mathcal{O}(1)$ für $n \to \infty$.
– Die Folge $\{a_n\}$ konvergiert genau dann gegen Null, wenn $a_n = o(1)$ für $n \to \infty$.

1.12 Man zeige durch ein Beispiel: Aus $f(x) = o(x^\alpha)$ für $x \to 0$ und ein $\alpha \in \mathbb{R}$ folgt nicht $f(x) = \mathcal{O}(x^{\alpha+1})$ für $x \to 0$.

2 Eliminationsverfahren

Lineare Gleichungssysteme treten bei vielen numerischen Verfahren auf, da diese oft auf der Diskretisierung eines kontinuierlichen linearen Problems beruhen. Ein lineares Gleichungssystem hat die Form

$$
\begin{aligned}
a_{11}x_1 + a_{12}x_2 + \ldots + a_{1n}x_n &= b_1 \\
a_{21}x_1 + a_{22}x_2 + \ldots + a_{2n}x_n &= b_2 \\
\vdots \qquad\qquad\qquad\quad &\;\;\;\vdots \\
a_{n1}x_1 + a_{n2}x_2 + \ldots + a_{nn}x_n &= b_n,
\end{aligned}
\tag{2.1}
$$

wobei die Koeffizienten $a_{ij} \in \mathbb{K}$ und die rechten Seiten $b_i \in \mathbb{K}$ gegeben und die Unbekannten $x_j \in \mathbb{K}$ gesucht sind. Führt man die Matrix $A = (a_{ij}) \in \mathbb{K}^{n \times n}$ und die Vektoren $b = (b_1, \ldots, b_n)^T \in \mathbb{K}^n$ und $x = (x_1, \ldots, x_n)^T \in \mathbb{K}^n$ ein, so lässt sich das lineare Gleichungssystem kompakt schreiben als

$$
Ax = b. \tag{2.2}
$$

Es geht nun nicht nur darum, ob dieses Gleichungssystem (theoretisch) eindeutig lösbar ist. Vielmehr müssen auch numerische Verfahren zur konkreten Berechnung von x hergeleitet werden. Ferner muss man berücksichtigen, dass das Gleichungssystem (2.2) in der Regel auf einem Computer gelöst werden soll, sodass nur ein endlicher Ausschnitt der reellen Zahlen exakt dargestellt werden kann. Es stellen sich also weiter die Fragen, ob das Gleichungssystem *numerisch* invertierbar ist und wie ein Lösungsverfahren mit auftretenden Fehlern umgeht.

Die praktischen Methoden zur Lösung linearer Gleichungssysteme gliedern sich in *direkte* und *iterative* Verfahren. Die Lösung eines linearen Systems wird bei *direkten* Verfahren prinzipiell in endlich vielen Schritten erreicht; *iterative* Verfahren gehen von einem Näherungswert für die Lösung aus und verbessern diesen schrittweise. Iterative Verfahren werden insbesondere bei sehr großen und speziell strukturierten Gleichungssystemen benutzt, da direkte Verfahren dann zu aufwendig sind. Man mache sich z.B. nur klar, dass man für eine $(n \times n)$-Matrix n^2 Zahlen speichern muss und eine Matrix-Vektor Multiplikation $\mathcal{O}(n^2)$ Operationen benötigt, was beispielsweise bei noch moderatem $n = 10^6$ schon zu $n^2 = 10^{12}$ führt.

So große Matrizen sind in der Regel allerdings dünn besetzt und haben nur $\mathcal{O}(n)$ von Null verschiedene Elemente. Die Multiplikation mit einem Vektor

$x \in \mathbb{R}^n$ erfordert dann nur $\mathcal{O}(n)$ Operationen. Daher arbeiten die iterativen Methoden, die wir in Kapitel 6 behandeln werden, nur mit Matrix-Vektor Multiplikationen.

Dieses Kapitel beschränkt sich auf direkte Verfahren, die mit Hilfe elementarer Zeilen- oder Spaltentransformationen die Unbekannten schrittweise eliminieren: die Verfahren von Gauß, Cholesky und Gauß-Jordan. Das nächste Kapitel untersucht dann die Abhängigkeit der Lösungen linearer Gleichungssysteme von auftretenden Fehlern, und Kapitel 4 bringt die auf dieser Fehleranalyse basierende QR–Zerlegung nach Householder. Diese wird auch im Kapitel 15 über Eigenwertprobleme benötigt und bildet dort die Grundlage einer der effizientesten Rechenverfahren. Einfache *iterative* Verfahren folgen in Kapitel 6. Die ausgefeiltesten Verfahren zur Lösung sehr großer linearer Gleichungssysteme sind ebenfalls iterativ und erfordern Ergebnisse aus den Kapiteln 12 und 15 über Approximationen und Eigenwerte. Deshalb kommen sie erst in Kapitel 16 vor.

2.1 Das Eliminationsverfahren von Gauß

Aus der linearen Algebra sollte bekannt sein, dass ein Gleichungssystem (2.2) genau dann eindeutig lösbar ist, wenn A *nichtsingulär* ist, d.h. wenn die Matrix A invertierbar ist. Dann gilt offensichtlich $x = A^{-1}b$. Ist dagegen A singulär, so bleibt (2.2) bei fest vorgegebener rechten Seite b immer noch lösbar, sofern b im von den Spalten von A aufgespannten Raum liegt. Allerdings ist die zugehörige Lösung dann nicht eindeutig, da man ja jeden Vektor $\tilde{x}$ mit $A\tilde{x} = 0$ zur Lösung hinzuaddieren kann. Man sagt daher in diesem Fall auch, dass das Problem *schlecht gestellt* ist. Im Folgenden wollen wir davon ausgehen, dass die Matrix A invertierbar ist, sodass das System (2.2) eindeutig lösbar ist.

Wie kann man nun die Lösung x praktisch errechnen bzw. bei vorgegebener Matrix A und vorgegebener "rechter Seite" b Aussagen über die Lösbarkeit machen? Im Falle einer Diagonalmatrix A ist dies natürlich sehr einfach möglich. Der nächste, nicht ganz so triviale, aber immer noch leicht zu handhabende Fall ist der, in dem eine Dreiecksmatrix vorliegt.

Definition 2.1. *Eine Matrix* $A \in \mathbb{K}^{n \times n}$ *heißt obere Dreiecksmatrix, falls* $a_{ij} = 0$ *für alle* $i > j$ *gilt, d.h. falls* A *die Form*

$$A = \begin{pmatrix} * & \cdots & * \\ & \ddots & \vdots \\ 0 & & * \end{pmatrix}$$

hat. Entsprechend heißt A *untere Dreiecksmatrix, falls* $a_{ij} = 0$ *für alle* $i < j$ *gilt. Schließlich nennen wir eine Dreiecksmatrix (obere oder untere) normiert, falls zusätzlich alle Diagonalelemente Eins sind, d.h. falls* $a_{ii} = 1$ *für alle* $1 \leq i \leq n$ *gilt.*

Im Fall einer Dreiecksmatrix handelt es sich also um ein *gestaffeltes Gleichungssystem*. Da beide Fälle gleichbehandelt werden, konzentrieren wir uns auf den einer oberen Dreiecksmatrix. In diesem Fall lautet die unterste Gleichung einfach $a_{nn}x_n = b_n$ und a_{nn} muss wegen der Nichtsingularität von A ungleich Null sein, sodass wir daraus sofort x_n bestimmen können. Die vorletzte Gleichung lautet

$$a_{n-1,n-1}x_{n-1} + a_{n-1,n}x_n = b_{n-1},$$

und da wir jetzt x_n bereits kennen, können wir daraus sofort x_{n-1} bestimmen. So fortfahrend erhält man das sogenannte *Lösen durch Rückwärtseinsetzen*:

Proposition 2.2. *Sei $A \in \mathbb{K}^{n \times n}$ eine obere Dreiecksmatrix mit nicht verschwindenden Diagonalelementen. Dann lässt sich die Lösung $x \in \mathbb{K}^n$ von $Ax = b$ bei gegebenem $b \in \mathbb{K}^n$ sukzessiv durch*

$$x_j = \frac{1}{a_{jj}} \left(b_j - \sum_{k=j+1}^{n} a_{jk}x_k \right), \qquad j = n, \ldots, 1, \tag{2.3}$$

berechnen.

Zur Berechnung der Lösung braucht man in diesem Fall also n Divisionen und $n(n-1)/2$ Multiplikationen bzw. Subtraktionen, d.h. insgesamt $n(n+1)/2 = \mathcal{O}(n^2)$ Punktoperationen.

Man spricht vom Rückwärtseinsetzen, da mit der letzten Gleichung und x_n begonnen wird. Das analoge Verfahren für untere Dreiecksmatrizen beginnt dementsprechend mit der ersten Zeile und x_1 und wird auch *Lösen durch Vorwärtseinsetzen* genannt.

Satz 2.3. *Die Menge der (normierten) oberen (bzw. unteren) nichtsingulären Dreiecksmatrizen bildet eine Gruppe.*

Beweis. Wir müssen zeigen, dass die jeweilige Menge mit A und B auch A^{-1} und AB enthält. Sei also A eine nichtsinguläre obere Dreiecksmatrix und e_k der k-te Einheitsvektor im $\mathbb{K}^n$. Ist $z^{(k)}$ die Lösung von $Az^{(k)} = e_k$, so bilden die $z^{(k)}$ gerade die Spalten von A^{-1}. Aus (2.3) liest man nun aber induktiv ab, dass die Komponenten $z_{k+1}^{(k)}, \ldots, z_n^{(k)}$ verschwinden und dass $z_k^{(k)} = 1/a_{kk}$ gilt. Also ist A^{-1} eine obere Dreiecksmatrix. Ferner ist sie normiert, falls A normiert war. Ist B ebenfalls eine nichtsinguläre obere Dreicksmatrix, so folgt aus $a_{ij} = b_{ij} = 0$ für $i > j$ zunächst

$$(AB)_{ij} = \sum_{k=i}^{j} a_{ik}b_{kj}, \qquad 1 \le i, j \le n,$$

was zeigt, dass AB ebenfalls eine obere Dreiecksmatrix ist. Waren A und B normiert, so gilt dies auch für AB. Der Beweis für untere Dreiecksmatrizen verläuft natürlich ganz genauso. $\square$

Ist A nun eine beliebige nichtsinguläre Matrix, so versucht man beim *Elimi-nationsverfahren von Gauß* eine Rückführung auf den gerade besprochenen Fall einer oberen Dreiecksmatrix. Mit Hilfe einer Gleichung eliminiert man in allen übrigen Gleichungen eine Unbekannte und wiederholt dieses Vorgehen mit der nächsten Gleichung. Soll bei dem $(n \times n)$-Gleichungssystem (2.1) mit $a_{11} \neq 0$ aus der zweiten bis n-ten Gleichung die Unbekannte x_1 eliminiert werden, so wird man nacheinander für $i = 2, ..., n$ von der i-ten Gleichung das a_{i1}/a_{11}-fache der ersten Gleichung abziehen. Dem entspricht eine Multiplikation der Matrix (A, b) von links mit der Matrix

$$L^{(1)} := \begin{pmatrix} 1 & 0 & \cdots & 0 \\ -\frac{a_{21}}{a_{11}} & 1 & \cdots & 0 \\ \vdots & \vdots & & \vdots \\ -\frac{a_{n1}}{a_{11}} & 0 & \cdots & 1 \end{pmatrix},$$

die eine normierte untere Dreiecksmatrix ist und sich schreiben lässt als

$$L^{(1)} := E - m^{(1)} e_1^T$$

mit der $(n \times n)$-Einheitsmatrix E, dem k-ten Einheitsvektor $e_k \in \mathbb{K}^n$ und

$$m^{(1)} := \left(0, \frac{a_{21}}{a_{11}}, \dots \frac{a_{n1}}{a_{11}} \right)^T .$$

In der Praxis wird man natürlich keine Matrizenmultiplikation programmieren, sondern einfach die Gleichungen entsprechend subtrahieren. Das erfordert nur $\mathcal{O}(n^2)$ Operationen pro Eliminationsschritt gegenüber $\mathcal{O}(n^3)$ einer Matrixmultiplikation.

Das dann aus (A, b) entstehende Gleichungssystem werde als $(A^{(2)}, b^{(2)}) :=$ $L^{(1)}(A, b)$ mit $A^{(2)} =: (a_{ij}^{(2)})$ bezeichnet. Es hat die Eigenschaft $A^{(2)} e_1 = a_{11} e_1$, weil die Koeffizienten von x_1 in der zweiten bis n-ten Gleichung durch die angegebene Transformation zum Verschwinden gebracht wurden. Ist ferner $a_{22}^{(2)} \neq 0$, so lässt sich analog zum obigen Vorgehen die Elimination von x_2 aus den Gleichungen 3 bis n erreichen. Das Ganze lässt sich iterativ fortsetzen und man erhält die erste, einfachste Form des *Gaußschen Eliminationsverfahrens*. Dabei sagen wir, dass ein durch das Paar (A, b) beschriebenes Gleichungssystem *äquivalent* zu einem Gleichungssystem $(\tilde{A}, \tilde{b})$ ist, wenn beide dieselbe Lösung besitzen.

Satz 2.4. *Es sei $A \in \mathbb{K}^{n \times n}$ nichtsingulär und $b \in \mathbb{K}^n$ gegeben. Sei $A^{(1)} = A$ und $b^{(1)} = b$ und dann für $1 \leq k \leq n - 1$*

$$m^{(k)} := \left(0, \dots, 0, \frac{a_{k+1,k}^{(k)}}{a_{kk}^{(k)}}, \dots, \frac{a_{nk}^{(k)}}{a_{kk}^{(k)}} \right)^T ,$$

$$L^{(k)} := E - m^{(k)} e_k^T,$$
$$(A^{(k+1)}, b^{(k+1)}) := L^{(k)} (A^{(k)}, b^{(k)})$$

sofern $a_{kk}^{(k)} \neq 0$. *Bricht dieser Prozess nicht vorzeitig ab, so liefert er eine Umformung des allgemeinen Gleichungssystems $Ax = b$ in ein äquivalentes, gestaffeltes Gleichungssssystem $A^{(n)} x = b^{(n)}$ mit einer oberen Dreiecksmatrix $A^{(n)}$.*

Beweis. Es genügt, durch Induktion nachzuweisen, dass für die Matrizen $A^{(k)}$, $2 \leq k \leq n$, die Gleichungen

$$a_{ij}^{(k)} = e_i^T A^{(k)} e_j = 0 \qquad \text{für } 1 \leq j < k,\, j < i \leq n \qquad (2.4)$$

gelten, denn dann verschwinden in $A^{(n)}$ alle Einträge unterhalb der Diagonalen. Für $k = 2$ haben wir uns dies bereits oben überlegt. Die Identität (2.4) gelte nun für ein $k < n$. Für Indizes i und j mit $1 \leq j < k+1$ und $j < i \leq n$ erhält man zunächst

$$a_{ij}^{(k+1)} = e_i^T L^{(k)} A^{(k)} e_j = e_i^T (E - m^{(k)} e_k^T) A^{(k)} e_j$$
$$= e_i^T A^{(k)} e_j - (e_i^T m^{(k)})(e_k^T A^{(k)} e_j).$$

Damit folgt im Fall $j < k$ sofort $a_{ij}^{(k+1)} = 0$, da sowohl $e_i^T A^{(k)} e_j$ als auch $e_k^T A^{(k)} e_j$ nach Voraussetzung verschwinden. Schließlich gilt im verbleibenden Fall $j = k$, $i > j$ wegen

$$e_i^T m^{(k)} = \frac{a_{ik}^{(k)}}{a_{kk}^{(k)}} = \frac{e_i^T A^{(k)} e_k}{e_k^T A^{(k)} e_k}$$

auch

$$a_{ij}^{(k+1)} = e_i^T A^{(k)} e_k - \frac{e_i^T A^{(k)} e_k}{e_k^T A^{(k)} e_k} e_k^T A^{(k)} e_k = 0,$$

was zu zeigen war. $\square$

2.2 *LR*-Zerlegungen

Natürlich realisiert man das Gaußsche Eliminationsverfahren nicht durch Matrix-Multiplikationen, sondern indem man die entsprechenden Operationen direkt programmiert. Dies liefert insgesamt einen Aufwand von $\mathcal{O}(n^3)$ Rechenoperationen. Dazu kommt dann noch der Aufwand von $\mathcal{O}(n^2)$ Operationen, um das äquivalente Gleichungssssystem durch Rückwärtseinsetzen zu lösen. Wir werden gleich aber noch eine bessere Methode kennen lernen. Dazu betrachten wir die durch das Eliminationsverfahren gewonnene Identität

$$R := A^{(n)} = L^{(n-1)} L^{(n-2)} \cdot \ldots \cdot L^{(1)} A.$$

Nach Satz 2.3 ist die Matrix L, die durch $L^{-1} := L^{(n-1)}L^{(n-2)} \cdot \ldots \cdot L^{(1)}$ definiert ist, eine normierte untere Dreiecksmatrix. Damit haben wir den ersten Teil von

Satz 2.5. *Ist das Gaußsche Eliminationsverfahren für $A \in \mathbb{K}^{n \times n}$ durchführbar, so besitzt A genau eine LR-Zerlegung $A = LR$ in das Produkt einer normierten unteren Dreiecksmatrix L und einer oberen Dreicksmatrix R. Die Matrix L hat die Form*

$$L = E + \sum_{k=1}^{n-1} m^{(k)} e_k^T. \tag{2.5}$$

Beweis. Besitzt A eine LR-Zerlegung, so muss diese eindeutig sein. Denn mit einer zweiten Zerlegung $A = \tilde{L}\tilde{R}$ folgt $\tilde{L}^{-1}L = \tilde{R}R^{-1}$. Nach Satz 2.3 ist aber $\tilde{L}^{-1}L$ eine normierte untere Dreiecksmatrix, wogegen $\tilde{R}R^{-1}$ eine obere Dreiecksmatrix ist. Da beide gleich sind, bleibt nur $\tilde{L}^{-1}L = \tilde{R}R^{-1} = E$ übrig. Als nächstes folgt wegen $e_k^T m^{(k)} = 0$ aus

$$(E - m^{(k)}e_k^T)(E + m^{(k)}e_k^T) = E - m^{(k)}e_k^T + m^{(k)}e_k^T - m^{(k)}e_k^T m^{(k)}e_k^T = E,$$

dass

$$L = (E + m^{(1)}e_1^T)(E + m^{(2)}e_2^T) \cdot \ldots \cdot (E + m^{(n-1)}e_{n-1}^T)$$

gilt, woraus sich die angegebene Form durch Induktion herleiten lässt. $\square$

Die Spalten von L sind nach (2.5) durch die bei der Elimination auftretenden Vektoren $m^{(1)}, \ldots, m^{(n-1)}$ explizit gegeben. Man speichert diese Zahlen in der Praxis über die erzeugten Nullen im unteren Teil der Matrix A, während der obere Teil die obere Dreiecksmatrix R enthält.

Hat man $A = LR$ zerlegt, so lässt sich das lineare Gleichungssystem $Ax = b$ wegen $LRx = b$ in zwei Schritten lösen. Zuerst löst man durch Vorwärtseinsetzen $Ly = b$ und dann durch Rückwärtseinsetzen $Rx = y$. Beides kann in $\mathcal{O}(n^2)$ Zeit erledigt werden, sodass die LR Zerlegung gegenüber dem Gaußschen Eliminationsverfahren im Vorteil ist, wenn mehr als eine rechte Seite behandelt werden soll.

Die LR-Zerlegung selbst kann man folgendermaßen direkt berechnen: Aus $A = LR$ folgt

$$a_{ij} = \sum_{k=1}^{n} \ell_{ik} r_{kj}.$$

Da L und R Dreiecksmatrizen sind, erstreckt sich die Summe in Wirklichkeit nur bis zu $\min(i, j)$, was separat

$$a_{ij} = \sum_{k=1}^{j} \ell_{ik} r_{kj}, \qquad 1 \leq j < i \leq n,$$

$$a_{ij} = \sum_{k=1}^{i} \ell_{ik} r_{kj}, \qquad 1 \leq i \leq j \leq n,$$

bedeutet. Nutzen wir nun noch aus, dass $\ell_{jj} = 1$ gilt, so können wir die letzten beiden Gleichungen umsortieren zu

$$\ell_{ij} = \frac{1}{r_{jj}} \left(a_{ij} - \sum_{k=1}^{j-1} \ell_{ik} r_{kj} \right), \qquad 2 \leq i \leq n,\, 1 \leq j \leq i-1,$$

$$r_{ij} = a_{ij} - \sum_{k=1}^{i-1} \ell_{ik} r_{kj}, \qquad 1 \leq i \leq n,\, i \leq j \leq n.$$

Dies lässt sich nun zur Berechnung von L und R heranziehen. Für $i = 1$ hat man in der L-Matrix nur den von Null verschiedenen Wert $\ell_{11} = 1$. In der R-Matrix ergibt sich daher $r_{1j} = a_{1j}$ für $1 \leq j \leq n$. Für $i = 2, \ldots, n$ berechnet man dann zuerst die Einträge von ℓ_{ij} für $1 \leq j \leq i-1$ sukzessiv. Dafür braucht man die Werte r_{kj}, $1 \leq k \leq j \leq i-1$, aus den zuvor berechneten Zeilen und die Werte ℓ_{ik}, $1 \leq k \leq j-1$, aus derselben Zeile, die aber bereits berechnet wurden. Anschließend berechnet man die r_{ij} für $j = i, \ldots, n$, wozu wieder nur bereits berechnete Werte benötigt werden. Eine genauere algorithmische Beschreibung folgt später.

Es bleiben noch die zwei Fragen, für welche Matrizen sich die *LR*-Zerlegung durchführen lässt und was man in den übrigen Fällen machen muss. Eine erste Klasse von Matrizen, für die sich das Gaußsche Eliminationsverfahren durchführen lässt, ist die Klasse der *streng diagonal-dominanten* Matrizen.

Definition 2.6. *Eine Matrix* $A \in \mathbb{K}^{n \times n}$ *heißt* streng diagonal-dominant, *falls für ihre Elemente* a_{ij} *gilt*

$$|a_{ii}| > \sum_{\substack{j=1 \\ j \neq i}}^{n} |a_{ij}|, \qquad 1 \leq i \leq n.$$

Satz 2.7. *Eine streng diagonal-dominante Matrix* $A \in \mathbb{K}^{n \times n}$ *ist invertierbar und besitzt eine LR-Zerlegung.*

Beweis. Wegen $|a_{11}| > \sum_{j=2}^{n} |a_{1j}| \geq 0$ ist der erste Schritt des Gaußschen Eliminationsverfahrens durchführbar. Es reicht offenbar zu zeigen, dass die neue Matrix $A^{(2)} = (E - m^{(1)} e_1^T) A$ ebenfalls streng diagonal-dominant ist, da sich dieses Argument dann iterativ fortsetzen lässt. Dabei müssen wir uns nur noch mit den Zeilen $i = 2, \ldots, n$ befassen. Für diese i gilt $a_{i1}^{(2)} = 0$ und

$$a_{ij}^{(2)} = a_{ij} - \frac{a_{i1}}{a_{11}} a_{1j}, \qquad 2 \leq j \leq n.$$

Damit erhalten wir

$$\sum_{\substack{j=1 \\ j \neq i}}^{n} |a_{ij}^{(2)}| = \sum_{\substack{j=2 \\ j \neq i}}^{n} |a_{ij}^{(2)}| \leq \sum_{\substack{j=2 \\ j \neq i}}^{n} |a_{ij}| + \frac{|a_{i1}|}{|a_{11}|} \sum_{\substack{j=2 \\ j \neq i}}^{n} |a_{1j}|$$

$$< |a_{ii}| - |a_{i1}| + \frac{|a_{i1}|}{|a_{11}|} \{|a_{11}| - |a_{1i}|\}$$

$$= |a_{ii}| - \frac{|a_{i1}|}{|a_{11}|}|a_{1i}| \le |a_{ii}^{(2)}|.$$

Wiederholt man dieses Argument für alle i, so folgt, dass sämtliche Diagonalelemente $a_{kk}^{(k)}$ nicht verschwinden. Daher ist die Matrix $A^{(n)}$ und damit auch A nichtsingulär. $\square$

Eine weitere Klasse von Matrizen, die immer eine LR-Zerlegung erlaubt, bilden die *positiv definiten* Matrizen, doch dazu später mehr.

Definition 2.8. *Eine Matrix $A \in \mathbb{K}^{n \times n}$ heißt* Bandmatrix *der* Bandweite k, *falls $a_{ij} = 0$ für alle i, j mit $|i - j| > k$ gilt. Eine Bandmatrix der Weite Eins heißt auch Tridiagonal-Matrix.*

Eine Tridiagonal-Matrix hat also die Gestalt

$$A = \begin{pmatrix} a_1 & c_1 & & & 0 \\ b_2 & a_2 & c_2 & & \\ & \ddots & \ddots & \ddots & \\ & & \ddots & \ddots & c_{n-1} \\ 0 & & & b_n & a_n \end{pmatrix} \tag{2.6}$$

und erlaubt unter Zusatzannahmen eine LR-Zerlegung, die diese Struktur respektiert.

Satz 2.9. *Sei A eine Tridiagonal-Matrix (2.6) mit*

$$|a_1| > |c_1| > 0,$$
$$|a_i| \ge |b_i| + |c_i|, \quad b_i, c_i \ne 0, \ 2 \le i \le n - 1,$$
$$|a_n| \ge |b_n| > 0.$$

Dann ist A invertierbar und besitzt eine LR-Zerlegung der Form

$$A = \begin{pmatrix} 1 & & & 0 \\ \ell_2 & 1 & & \\ & \ddots & \ddots & \\ 0 & & \ell_n & 1 \end{pmatrix} \begin{pmatrix} r_1 & c_1 & & 0 \\ & r_2 & \ddots & \\ & & \ddots & c_{n-1} \\ 0 & & & r_n \end{pmatrix}.$$

Die Vektoren $\ell \in \mathbb{K}^{n-1}$ und $r \in \mathbb{K}^n$ lassen sich dabei folgendermaßen berechnen: $r_1 = a_1$ und $\ell_i = b_i/r_{i-1}$ und $r_i = a_i - \ell_i c_{i-1}$ für $2 \le i \le n$.

Beweis. Wir zeigen induktiv für $1 \le i \le n - 1$, dass $r_i \ne 0$ und $|c_i/r_i| < 1$ gilt. Damit folgt dann sofort die Wohldefiniertheit von ℓ und r. Für $i = 1$

haben wir nach Annahme $|r_1| = |a_1| > |c_1| > 0$, also den Induktionsanfang. Der Induktionsschritt folgt aus

$$|r_{i+1}| \geq |a_{i+1}| - \frac{|c_i|}{|r_i|}|b_{i+1}| > |a_{i+1}| - |b_{i+1}| \geq |c_{i+1}|.$$

Die gerade gemachte Rechnung zeigt aber auch $r_n \neq 0$, sodass A invertierbar ist, sofern das Verfahren tatsächlich die LR-Zerlegung von A beschreibt. Dies ist der Fall, denn einerseits muss bei dieser Definition von L und R das Produkt LR wieder eine Tridiagonal-Matrix sein, und Nachrechnen liefert zum Beispiel $(LR)_{i,i} = \ell_i c_{i-1} + r_i = a_i$. Die anderen beiden Fälle $(LR)_{i,i+1}$ und $(LR)_{i+1,i}$ ergeben sich genauso. □

Da sich auch das Vorwärts- und Rückwärtseinsetzen entsprechend vereinfacht, kann man also das Gleichungssystem $Ax = b$ bei tridiagonaler Matrix A in $\mathcal{O}(n)$ Operationen lösen.

2.3 Pivotisierung

Bei der Gauß-Elimination in Satz 2.4 treten Probleme auf, wenn ein *Pivotelement* $a_{kk}^{(k)}$ verschwindet. Dies kann aber selbst bei nichtsingulären Matrizen passieren, wie man beispielsweise an der Matrix

$$A = \begin{pmatrix} 0 & 1 \\ 1 & 0 \end{pmatrix}$$

sieht. Zusätzlich ist es möglich, dass die Pivotelemente zwar von Null verschieden sind, aber sehr klein ausfallen; das kann auch durch geringfügige Ungenauigkeiten verursacht sein. Kleine Pivotelemente verursachen große Zwischenergebnisse, und diese sind nach Abschnitt 1.2 zu vermeiden. Um Nullen oder Fast-Nullen als Pivotelemente auszuschließen, benutzt man die Vertauschbarkeit der Zeilen und Spalten der Koeffizientenmatrix (*Pivotisierung*). Hat man etwa in der Rechnung das folgende Schema erreicht:

$$A^{(3)}x = \begin{pmatrix} a_{11} & * & * & \dots & * \\ 0 & a_{22}^{(2)} & * & \dots & * \\ 0 & 0 & a_{33}^{(3)} & \dots & a_{3n}^{(3)} \\ \vdots & \vdots & \vdots & & \vdots \\ 0 & 0 & a_{n3}^{(3)} & \dots & a_{nn}^{(3)} \end{pmatrix} \quad x = \begin{pmatrix} b_1^{(1)} \\ b_2^{(2)} \\ b_3^{(3)} \\ \vdots \\ b_n^{(3)} \end{pmatrix}, \qquad (2.7)$$

so kann man durch Vertauschen der letzten $n - 2$ Zeilen (einschließlich der entsprechenden rechten Seiten) erreichen, dass das Pivotelement $a_{33}^{(3)}$ unter den Zahlen $a_{33}^{(3)}, \ldots, a_{n3}^{(3)}$ den größten Betrag hat. Dieses Vorgehen nennt man *Spaltenpivotsuche* oder *Teilpivotisierung* durch *Zeilenvertauschung*. Die Existenz eines von Null verschiedenen Pivotelementes ist in (2.7) aus Ranggründen gesichert. Würde nämlich $a_{33}^{(3)} = \ldots = a_{n3}^{(3)} = 0$ gelten, so wäre die Matrix

$$\widetilde{A} := \begin{pmatrix} a_{33}^{(3)} & \cdots & a_{3n}^{(3)} \\ \vdots & & \vdots \\ a_{n3}^{(3)} & \cdots & a_{nn}^{(3)} \end{pmatrix}$$

singulär. Weil aber nach (2.7) die Gleichung $\det A = \det A^{(3)} = a_{11} a_{22}^{(2)} \det \widetilde{A}$ gilt und A als nichtsingulär vorausgesetzt war, ist dies nicht möglich.

Ganz analog kann man auch Teilpivotsuche mit *Spaltenvertauschung* durchführen, weil $a_{33}^{(3)}, \ldots, a_{3n}^{(3)}$ nicht alle verschwinden können. Die Vertauschung der Spalten bedeutet eine Umnummerierung der Unbekannten, worüber man Buch führen muss, damit man am Schluss wieder die alte Reihenfolge herstellen kann. In der Praxis findet man diese Form der Pivotisierung eher selten.

Um ein noch größeres Pivotelement zu erhalten, kann man auch die *gesamte* Matrix $\widetilde{A}$ nach ihrem betragsmäßig größten Element durchsuchen *(Totalpivotisierung, vollständige Pivotisierung)* und die entsprechenden Spalten und Zeilen von $(A^{(3)}, b^{(3)})$ vertauschen.

Die einfachste Möglichkeit zur praktischen Implementierung der Pivotisierung ist das reale Vertauschen der Matrix- bzw. Vektorelemente. Bei der Spaltenpivotisierung muss man dabei das Pivotelement in der k-ten Spalte suchen, dann aber Zeilen im Speicher vertauschen. Einer der beiden Arbeitsschritte ist immer speichertechnisch ungünstig. Liegt die Matrix in Zeilenform vor, findet die Suche also "gegen den Strich" statt, während das Vertauschen durch einfaches Umhängen der Zeilenzeiger erreicht werden kann. Dies erweist sich in der Praxis oft als am günstigsten.

Man kann ferner auf das Umspeichern ganz verzichten und stattdessen einen Vektor $p \in \mathbb{N}^n$ mitführen, der die Vertauschungen der Zeilen oder Spalten enthält (*indirekte* Pivotisierung). Statt auf die Zeile bzw. Spalte mit dem Index k greift man einfach auf die mit dem Index p_k zu, wobei man zu Beginn $p_k = k$ für alle k setzt. Das erspart die Umspeicherung der Matrix- und Vektorkomponenten, kann aber zu nichtsequentiellen Speicherzugriffen führen.

Die Vertauschung von Komponenten von Vektoren lässt sich formal beschreiben durch *Permutationsmatrizen*.

Definition 2.10. *Eine bijektive Abbildung $p : \{1, \ldots, n\} \to \{1, \ldots, n\}$ heißt* Permutation *der Menge $\{1, \ldots, n\}$. Eine Matrix $P \in \mathbb{R}^{n \times n}$ heißt* Permutationsmatrix, *falls es eine Permutation p gibt mit*

$$P e_j = e_{p(j)}, \qquad 1 \leq j \leq n.$$

Permutationsmatrizen entstehen also dadurch, dass man in der Einheitsmatrix Spalten (bzw. Zeilen) vertauscht. Insbesondere sind Permuationsmatrizen natürlich invertierbar.

Satz 2.11. *Sei* $P = P_p \in \mathbb{R}^{n \times n}$ *eine Permutationsmatrix zur Permutation p. Sei* p^{-1} *die zu p inverse Permutation (d.h.* $p^{-1}(p(j)) = j$ *für* $1 \leq j \leq n$). *Dann gilt* $P_{p^{-1}} = P_p^{-1}$. *Ferner ist* P *orthogonal, d.h. es gilt* $P^{-1} = P^T$.

Beweis. Für $1 \leq j \leq n$ gilt $P_{p^{-1}}P_p e_j = P_{p^{-1}} e_{p(j)} = e_{p^{-1}(p(j))} = e_j$, was die erste Behauptung zeigt. Die zweite folgt aus $e_{p^{-1}(j)}^T P_p^T e_k = e_k^T P_p e_{p^{-1}(j)} = e_k^T e_j = \delta_{jk} = e_{p^{-1}(j)}^T e_{p^{-1}(k)} = e_{p^{-1}(j)}^T P_p^{-1} e_k$ für $1 \leq j, k \leq n$. $\square$

Von besonderem Interesse sind hier *Vertauschungsmatrizen* P_{rs}, die aus der Einheitsmatrix entstehen, indem man genau die r-te und s-te Spalte vertauscht. Diese Matrizen sind natürlich auch Permutationsmatrizen. Sie sind darüberhinaus offensichtlich symmetrisch und bei Multiplikation von A mit P von links vertauschen sie in A die r-te und s-te Zeile, während Multiplikation von A mit P von rechts in A die r-te und s-te Spalte vertauscht.

Wir wissen bereits, dass das Gaußsche Eliminationsverfahren mit Spaltenpivotisierung immer durchführbar ist. Es liefert uns jetzt eine Zerlegung der Form

$$R := L^{(n-1)} P^{(n-1)} L^{(n-2)} P^{(n-2)} \cdot \ldots \cdot L^{(2)} P^{(2)} L^{(1)} P^{(1)} A$$

mit den speziellen unteren Dreiecksmatrizen $L^{(j)} = E - m^{(j)} e_j^T$ und Vertauschungsmatrizen $P^{(i)}$, die die Zeilen i und $r_i \geq i$ vertauschen. Die Matrizen $P^{(i)}$ lassen sich jetzt nach rechts "durchreichen", wobei die $L^{(j)}$ sich zwar ändern, nicht aber ihre Struktur. Das ganze beruht auf folgender Tatsache: Ist P eine symmetrische Permutationsmatrix, die nur auf die Zeilen (bzw. Spalten) mit Index $> j$ einwirkt, so gilt

$$PL^{(j)}P = P(E - m^{(j)} e_j^T)P = E - Pm^{(j)}(Pe_j)^T = E - \widetilde{m}^{(j)} e_j^T = \widetilde{L}^{(j)},$$

dabei verschwinden die ersten j Komponenten von $\widetilde{m}^{(j)}$ genauso wie von $m^{(j)}$, da diese ja nicht durch P berührt werden. Damit erhalten wir jetzt

$$R = L^{(n-1)} P^{(n-1)} L^{(n-2)} P^{(n-1)} P^{(n-2)} L^{(n-3)} \cdot \ldots \cdot L^{(2)} P^{(2)} L^{(1)} P^{(1)} A$$
$$= L^{(n-1)} \widetilde{L}^{(n-2)} P^{(n-1)} P^{(n-2)} L^{(n-3)} \cdot \ldots \cdot L^{(2)} P^{(2)} L^{(1)} P^{(1)} A.$$

Als nächstes wird dann $P^{(n-1)} P^{(n-2)}$ auf dieselbe Weise an $L^{(n-3)}$ "vorbeigeschoben". Setzt man dieses fort, so sieht man, dass am Schluss

$$R = L^{(n-1)} \widetilde{L}^{(n-2)} \cdot \ldots \cdot \widetilde{L}^{(1)} P^{(n-1)} P^{(n-2)} \cdot \ldots \cdot P^{(1)} A =: L^{-1} P A$$

übrig bleibt.

Satz 2.12. *Zu jeder nichtsingulären Matrix* $A \in \mathbb{K}^{n \times n}$ *gibt es eine Permutationsmatrix* $P \in \mathbb{R}^{n \times n}$, *sodass* PA *eine LR-Zerlegung* $PA = LR$ *besitzt.*

Algorithmus 1: LR-Zerlegung mit Teilpivotisierung

Input   : $A \in \mathbb{K}^{n \times n}$, $b \in \mathbb{K}^n$.

for $k = 1$ **to** $n - 1$ **do**
   Finde Pivotelement a_{kr} für Zeile k
   Vertausche gegebenenfalls Zeilen k und r in A und b_k und b_r.
   $d = 1.0/a_{kk}$
   for $i = k + 1$ **to** n **do**
      $a_{ik} = a_{ik} * d$
      for $j = k + 1$ **to** n **do**
         $a_{ij} = a_{ij} - a_{ik} * a_{kj}$;

Output   : $PA = LR$ und Pb.

Für die konkrete Durchführung werden die Vertauschungen natürlich *nicht* in Permuationsmatrizen gespeichert, sondern sofort während des Eliminationsverfahrens durchgeführt. Theoretisch löst man statt des Gleichungssytem $Ax = b$ das äquivalente Gleichungssystem $Pb = PAx = LRx$, sodass Vorwärts- und Rückwärtseinsetzen auf den permutierten Vektor Pb angewandt werden.

Algorithmus 1 beschreibt das Gaußsche Eliminationsverfahren mit Spaltenpivotisierung, dabei wird die LR-Zerlegung wieder auf A gespeichert. Die Diagonale von L besteht nur aus Einsen und muss daher nicht gespeichert werden.

2.4 Das Cholesky-Verfahren

Die in der Praxis am häufigsten auftretenden Matrizen sind symmetrisch und oft auch positiv definit. Weil man erwarten kann, dass sich bei symmetrischen Matrizen der Rechenaufwand des Eliminationsverfahrens von Gauß halbiert, lohnt sich ein spezielles Studium des symmetrischen Falls.

Gegeben sei also eine nichtsinguläre symmetrische Matrix $A \in \mathbb{R}^{n \times n}$. Führt man die LR-Zerlegung $A = LR$ für A aus, so ergibt sich die Zerlegung $A^T = A = R^T L^T$, die bis auf die Normierung wieder eine LR-Zerlegung ist. Das lässt vermuten, dass R^T bis auf die Normierung mit L übereinstimmt. Schreibt man $R = D\tilde{R}$ mit einer normierten oberen Dreiecksmatrix $\tilde{R}$, so folgt aus der Eindeutigkeit der LR-Zerlegung nach Satz 2.5 wie erwartet $L = \tilde{R}^T$ und $DL^T = R$, d.h. $A = LDL^T$. Um die Wirkung der Matrix D auf L und R gerechter zu verteilen, setzt man

$$D^{1/2} := \mathrm{diag}(\sqrt{d_{11}}, \ldots, \sqrt{d_{nn}}) = \sum_{i=1}^{n} \sqrt{d_{ii}} e_i e_i^T,$$

falls alle Diagonalelemente d_{ii} von D positiv sind, denn dann gilt $D^{1/2}D^{1/2} = D$ und mit $\tilde{L} := LD^{1/2}$ folgt

$$A = LR = LDL^T = LD^{1/2}D^{1/2}L^T = \widetilde{L}\widetilde{L}^T.$$

Man kann A also unter den obigen Voraussetzungen in das Produkt einer unteren Dreiecksmatrix und ihrer Transponierten zerlegen.

Definition 2.13. *Die Zerlegung* $A = LL^T$ *einer symmetrischen Matrix* $A \in \mathbb{R}^{n\times n}$ *in das Produkt einer unteren Dreiecksmatrix* L *und ihrer Transponierten* L^T *heißt* Cholesky-Zerlegung *von* A.

Es bleibt die Frage, für welche symmetrische Matrizen eine Cholesky-Zerlegung existiert. Die bereits oben erwähnten positiv definiten Matrizen erfüllen alle Voraussetzungen.

Definition 2.14. *Eine symmetrische Matrix* $A \in \mathbb{R}^{n\times n}$ *heißt positiv definit, falls sie* $x^T A x > 0$ *für alle* $x \in \mathbb{R}^n \setminus \{0\}$ *erfüllt[1]. Gilt nur* $x^T A x \geq 0$, *so heißt* A *positiv semi-definit.*

Wenn wir bereits wüssten, dass eine positiv definite Matrix eine LR-Zerlegung ohne Pivotisierung erlaubt, dann folgt die Positivität der Diagonalelemente von D aus $A = LDL^T$ einfach wegen

$$d_{ii} = e_i^T D e_i = e_i^T (L^{-1} A L^{-T}) e_i = (L^{-T} e_i)^T A (L^{-T} e_i) > 0,$$

wobei wir L^{-T} für $(L^{-1})^T = (L^T)^{-1}$ geschrieben haben.

Satz 2.15. *Jede positiv definite Matrix* $A \in \mathbb{R}^{n\times n}$ *besitzt eine LR-Zerlegung, die ohne Pivotisierung berechenbar ist. Insbesondere besitzt sie auch eine Cholesky-Zerlegung* $A = LL^T$.

Beweis. Wir müssen zeigen, dass sich das Gaußsche Eliminationsverfahren ohne Pivotisierung durchführen lässt. Die Definition der positiven Definitheit ergibt bei Wahl von $x = e_i$ speziell $a_{ii} = e_i^T A e_i > 0$ für alle $1 \leq i \leq n$. Der erste Schritt des normalen Eliminationsverfahrens nach Gauß hat also ein positives Pivotelement. Die Restmatrix $\widetilde{A}^{(2)}$ aus

$$A^{(2)} = L^{(1)} A = \begin{pmatrix} * & * & \cdots & * \\ 0 & & & \\ \vdots & & \widetilde{A}^{(2)} & \\ 0 & & & \end{pmatrix}$$

wird durch Multiplikation von $A^{(2)}$ von rechts mit $(L^{(1)})^T$ nicht verändert, weil dadurch die zweite bis n-te Spalte von $A^{(2)}$ nur durch Addition eines Vielfachen der ersten Spalte verändert wird. Es folgt, dass

---

[1] Entsprechend heißt eine hermitesche Matrix $A = \overline{A}^T \in \mathbb{C}^{n\times n}$ positiv definit, falls $\overline{x}^T A x > 0$ für alle $x \in \mathbb{C}^n \setminus \{0\}$ gilt.

$$A^{(2)}(L^{(1)})^T = L^{(1)}A(L^{(1)})^T = \begin{pmatrix} * & 0 & \cdots & 0 \\ 0 & & & \\ \vdots & & \widetilde{A}^{(2)} & \\ 0 & & & \end{pmatrix}$$

gilt, weil diese Matrix dieselbe Form wie $A^{(2)}$ hat und zusätzlich symmetrisch ist. Da $L^{(1)}$ invertierbar ist, hat man wieder $x^T L^{(1)} A(L^{(1)})^T x = ((L^{(1)})^T x)^T A((L^{(1)})^T x) > 0$ für alle $x \neq 0$, und $L^{(1)} A(L^{(1)})^T$ ist somit positiv definit. Für alle $z \in \mathbb{R}^{n-1} \setminus \{0\}$ folgt dann

$$z^T \widetilde{A}^{(2)} z = (0, z^T) L^{(1)} A(L^{(1)})^T (0, z^T)^T > 0,$$

und deshalb ist auch $\widetilde{A}^{(2)}$ positiv definit. Diese Schlussweise ist für jeden Schritt des Eliminationsverfahrens anwendbar. Also sind alle Pivotelemente positiv und die übliche LR-Zerlegung $A = LR$ existiert, wobei R die positiven Pivotelemente in der Diagonalen enthält. $\square$

Zur konkreten Berechnung der Cholesky-Zerlegung schreibt man wieder $A = LL^T$ komponentenweise unter Berücksichtigung der Dreiecksstruktur von L aus. Für $i \geq j$ gilt

$$a_{ij} = \sum_{k=1}^{j} \ell_{ik}\ell_{jk} = \sum_{k=1}^{j-1} \ell_{ik}\ell_{jk} + \ell_{ij}\ell_{jj}.$$

Dies löst man zunächst für $i = j$ auf:

$$\ell_{jj} = \left(a_{jj} - \sum_{k=1}^{j-1} \ell_{jk}^2 \right)^{1/2},$$

und damit kann man dann sukzessiv die übrigen Koeffizienten für $i > j$ berechnen:

$$\ell_{ij} = \frac{1}{\ell_{jj}} \left(a_{ij} - \sum_{k=1}^{j-1} \ell_{ik}\ell_{jk} \right).$$

Der Rechenaufwand für eine Cholesky-Zerlegung ergibt sich als $n^3/6 + \mathcal{O}(n^2)$ Punktoperationen, was in etwa die Hälfte des Aufwands für das Eliminationsverfahren nach Gauß ist; allerdings hat man hier obendrein n-mal eine Wurzel zu ziehen.

Schließlich ist natürlich auch wieder eine Pivotisierung möglich und aus numerischer Sicht auch sinnvoll. Man muss dann immer die Zeilen und Spalten simultan vertauschen, um Symmetrie zu garantieren.

2.5 Das Gauß-Jordan-Verfahren

Die LR-Zerlegung einer Matrix A lässt sich auch zur Berechnung ihrer Inversen benutzen. Hat man nämlich $PA = LR$ mit einer Permutationsmatrix P, so kann man durch Vorwärts- und Rückwärtseinsetzen jeweils n-mal das lineare Gleichungssystem $Ax^{(j)} = e_j$ lösen. Da das Lösen der gestaffelten Systeme jeweils $\mathcal{O}(n^2)$ Operationen benötigt, hat man also zusätzlich zu den $\mathcal{O}(n^3)$ Operationen zur Erstellung der LR-Zerlegung noch einmal einen Aufwand von $\mathcal{O}(n^3)$. Dabei lässt sich die hierin verborgene Konstante noch verbessern, wenn man die spezielle Form der rechten Seite Pe_j berücksichtigt.

Das Gauß-Jordan-Verfahren beschreibt einen anderen Zugang zur Berechnung der Inversen einer Matrix, benötigt aber ebenfalls $\mathcal{O}(n^3)$ Operationen. Wir wollen es hier kurz vorstellen, da es eine wichtige Rolle bei der in linearen Optimierung in Kapitel 5 spielt.

Ist eine Matrix $C \in \mathbb{K}^{n \times n}$ gegeben, die eine affin-lineare Beziehung

$$y + Cx = 0, \quad x = (x_1, \ldots, x_n)^T, \quad y = (y_1, \ldots, y_n)^T \qquad (2.8)$$

zwischen n "abhängigen" Variablen $y_1, \ldots, y_n$ als Funktion von n "unabhängigen" Variablen $x_1, \ldots, x_n$ beschreibt, so kann man nach einer Transformation fragen, die eine unabhängige Variable x_k gegen eine abhängige Variable y_ℓ austauscht. Hat man alle unabhängigen Variablen gegen abhängige ausgetauscht, erhält man die Gleichung $By + x = 0$ und es folgt $B = C^{-1}$. Deshalb liefert die Lösung des obigen Austauschproblems auch eine Methode zur Matrizeninversion.

Aus (2.8) folgt für die auszutauschende Variable y_ℓ die Gleichung

$$y_\ell + c_{\ell k} x_k + \sum_{\substack{j=1 \\ j \neq k}}^{n} c_{\ell j} x_j = 0,$$

mit der man, wenn das *Pivotelement* $c_{\ell k}$ nicht verschwindet, die neue abhängige Variable x_k durch die neuen unabhängigen Variablen ausdrücken kann:

$$x_k + \frac{1}{c_{\ell k}} \left(y_\ell + \sum_{\substack{j=1 \\ j \neq k}}^{n} c_{\ell j} x_j \right) = 0.$$

Das lässt sich in (2.8) einsetzen, und es folgt

$$(y + Cx)_i = y_i + c_{ik} x_k + \sum_{\substack{j=1 \\ j \neq k}}^{n} c_{ij} x_j$$

$$= y_i - \frac{c_{ik} y_\ell}{c_{\ell k}} + \sum_{\substack{j=1 \\ j \neq k}}^{n} \left(c_{ij} - c_{ik} \frac{c_{\ell j}}{c_{\ell k}} \right) x_j$$

für $i \neq \ell$. Die neue Transformationsmatrix $\widetilde{C} = (\widetilde{c}_{ij})$ mit

$$(y_1, \ldots, y_{\ell-1}, x_k, y_{\ell+1}, \ldots, y_n)^T + \widetilde{C}(x_1, \ldots, x_{k-1}, y_\ell, x_{k+1}, \ldots, x_n)^T = 0$$

hat deshalb die Form

$$\tilde{c}_{ij} = \begin{cases} c_{\ell k}^{-1} & \text{für } i = \ell, j = k, \\ c_{\ell j}/c_{\ell k} & \text{für } i = \ell, j \neq k, \\ -c_{ik}/c_{\ell k} & \text{für } i \neq \ell, j = k, \\ c_{ij} - c_{ik}\, c_{\ell j}/c_{\ell k} & \text{sonst.} \end{cases}$$

Wendet man die Transformationsmatrix

$$G = \begin{pmatrix} 1 & \cdots & 0 & -c_{1k}/c_{\ell k} & 0 & \cdots & 0 \\ \vdots & \ddots & \vdots & \vdots & & & \vdots \\ 0 & \cdots & 1 & -c_{\ell-1,k}/c_{\ell k} & 0 & \cdots & 0 \\ 0 & \cdots & 0 & 1/c_{\ell k} & 0 & \cdots & 0 \\ 0 & \cdots & 0 & -c_{\ell+1,k}/c_{\ell k} & 1 & \cdots & 0 \\ \vdots & & \vdots & \vdots & & \ddots & \vdots \\ 0 & \cdots & 0 & -c_{nk}/c_{\ell k} & 0 & \cdots & 1 \end{pmatrix}$$

auf die k-te Spalte $c = (c_{1k}, \ldots, c_{nk})^T = Ce_k$ von C an, so folgt $Gc = e_\ell$. Ferner gilt

$$Ge_j = e_j \qquad \text{für } j \neq \ell,$$

was die Matrix zusammen mit $Gc = e_\ell$ eindeutig festlegt; sie bildet einen bestimmten Vektor (hier: $c = Ce_k$) auf e_ℓ ab und lässt alle anderen Einheitsvektoren fest. Sie hängt mit $\tilde{C}$ dadurch zusammen, dass

$$Ge_\ell = \tilde{C}e_k \qquad \text{und}$$
$$GCe_j = \tilde{C}e_j \qquad \text{für } j \neq k$$

gilt. Das bedeutet, dass $\tilde{C}$ zu erhalten ist, indem man G auf C anwendet und dann die triviale k-te Spalte $GCe_k = e_\ell$ durch die ℓ-te Spalte $Ge_\ell = \tilde{C}e_k$ von G ersetzt. Schreibt man (2.8) als

$$(E_n, C) \begin{pmatrix} y \\ x \end{pmatrix} = 0$$

mit der $(n \times n)$-Einheitsmatrix E_n, so enthält die Koeffizientenmatrix des Systems

$$G(E_n, C) \begin{pmatrix} y \\ x \end{pmatrix} = (G, GC) \begin{pmatrix} y \\ x \end{pmatrix} = 0$$

wieder eine komplette Einheitsmatrix und die Matrix $\tilde{C}$, die bei korrekter Umsortierung in

$$(E_n, \tilde{C})(y_1, \ldots, y_{\ell-1}, x_k, y_{\ell+1}, \ldots y_n, x_1, \ldots, x_{k-1}, y_\ell, x_{k+1}, \ldots, x_n)^T = 0$$

auftritt. Will man zwecks Inversion von C im Falle $\det C \neq 0$ einen weiteren Schritt anschließen, so hat man eine der Spalten $\tilde{C}e_j$ für $j \neq k$ in einen Einheitsvektor $e_m \neq e_\ell$ zu transformieren. Das bedeutet, dass eine von der

k-ten verschiedene Spalte von GC in einen Einheitsvektor $\neq e_\ell$ zu transformieren ist. Da GC nichtsingulär ist und als k-te Spalte e_ℓ enthält, muss eine der übrigen Spalten in einen der anderen Einheitsvektoren mit nicht verschwindenden Pivotelement transformierbar sein. Dieses Argument lässt sich in jedem Schritt wiederholen und es folgt

Satz 2.16. *Ist $C \in \mathbb{K}^{n \times n}$ eine nichtsinguläre Matrix, so ist C^{-1} durch n Austausch-Schritte des Gauß-Jordan-Verfahrens berechenbar.*

Beweis. Nach n Schritten geht (2.8) über in

$$0 = G_n \cdot \ldots \cdot G_1(E_n, C)\begin{pmatrix} y \\ x \end{pmatrix} = (G_n \cdot \ldots \cdot G_1, G_n \cdot \ldots \cdot G_1 C)\begin{pmatrix} y \\ x \end{pmatrix}$$

und in diesem System ist $G_n \cdot \ldots \cdot G_1 C =: P$ eine Permutationsmatrix. Mit $G := G_n \cdot \ldots \cdot G_1$ und (2.8) erhalten wir also

$$0 = Gy + Px = -GCx + Px$$

für alle $x \in \mathbb{K}^n$, woraus sofort $C^{-1} = P^{-1}G$ folgt. Man hat also nur noch die Zeilen von G geeignet umzusortieren, um C^{-1} zu erhalten. $\square$

2.6 Aufgaben

2.1 Sei $A \in \mathbb{R}^{n \times n}$. Zeigen Sie, dass stets

$$A = \sum_{i=1}^{n} \sum_{j=1}^{n} e_i^T A e_j e_i e_j^T$$

gilt, wobei $e_i, 1 \leq i \leq n$, die Einheitsvektoren im $\mathbb{R}^n$ sind.

2.2 Sei $A \in \mathbb{R}^{n \times m}$. Geben Sie ein numerisches Verfahren an, das eine Basis des Kerns von A berechnet.

2.3 Für eine nichtsinguläre Matrix $A \in \mathbb{R}^{n \times n}$ sei eine LR-Zerlegung bekannt. Wie kann man daraus eine LR-Zerlegung einer Matrix

$$B := \begin{pmatrix} A & b \\ c^T & \gamma \end{pmatrix} \text{ mit } \gamma \in \mathbb{R}, \ b, c \in \mathbb{R}^n$$

mit Aufwand $\mathcal{O}(n^2)$ berechnen?

2.4 Es sei L eine normierte untere Dreiecksmatrix, deren Elemente (z.B. dank einer guten Pivotisierung) höchstens den Betrag 1 haben. Ferner sei $b \in \mathbb{R}^n$ ein Vektor, dessen Komponenten dieselbe Eigenschaft haben. Wie groß können die Elemente eines Lösungsvektors x des gestaffelten Systems $Lx = b$ werden? Man gebe eine obere Schranke an und zeige durch ein Beispiel, dass die Schranke optimal ist.

2.5 Zeigen Sie, dass das Produkt AB zweier positiv definiter und symmetrischer Matrizen $A, B \in \mathbb{R}^{n \times n}$ wieder symmetrisch und positiv definit ist.

2.6 Um beim Cholesky-Verfahren die Wurzelfunktion zu vermeiden, kann man die Matrix A in der Form $A = LDL^T$ mit einer normierten unteren Dreiecksmatrix L und einer Diagonalmatrix D zerlegen. Formulieren Sie einen entsprechenden Algorithmus zur Berechnung von L und D.

3 Störungsrechnung

Wir stellen zunächst einige Grundbegriffe aus der Funktionalanalysis zusammen. Danach werden wir diese dann auf den Spezialfall der Matrizen anwenden und uns schließlich um die Fehleranalyse bei der Lösung linearer Gleichungssysteme kümmern.

3.1 Metrische und normierte Räume

Zunächst soll ein möglichst allgemeiner Distanzbegriff formuliert werden.

Definition 3.1. *Sei $\mathcal{R}$ eine nichtleere Menge. Eine Abbildung $d : \mathcal{R} \times \mathcal{R} \to \mathbb{R}$ heißt* Metrik *auf $\mathcal{R}$, falls die folgenden Eigenschaften zutreffen:*

(1) $d(x, y) = 0$ genau dann, wenn $x = y$,
(2) $d(x, y) = d(y, x)$,
(3) $d(x, y) \leq d(x, z) + d(z, y)$ (Dreiecksungleichung).

Ein metrischer Raum *ist eine Menge zusammen mit einer Metrik.*

Aus der Definition einer Metrik ergeben sich sofort einige wichtige Eigenschaften. So ist sie z.B. nichtnegativ, denn aus (3) folgt mit (2) sofort

$$d(x, y) \leq d(x, z) + d(z, y) \leq d(x, y) + d(y, z) + d(z, y) = d(x, y) + 2d(y, z),$$

sodass $d(y, z) \geq 0$ für alle $y, z \in \mathcal{R}$ gelten muss.

Die Definition eines metrischen Raums setzt nicht die Existenz irgendeiner Struktur auf $\mathcal{R}$ voraus (außer der Metrik natürlich). Zum Beispiel braucht $\mathcal{R}$ kein linearer Raum zu sein. Andererseits sind die wichtigsten Fälle einer Metrik durch eine *Norm* auf einem linearen Raum gegeben. Doch bevor wir dazu kommen, erinnern wir an einige klassische Begriffe aus der Analysis, die sich allgemein für metrische Räume definieren lassen.

Definition 3.2. *Sei $\mathcal{R}$ ein metrischer Raum. Ein Folge $\{x_n\}$ konvergiert gegen ein Element $x^* \in \mathcal{R}$, falls es zu jedem $\varepsilon > 0$ ein $n(\varepsilon)$ gibt, sodass $d(x^*, x_n) < \varepsilon$ für alle $n \geq n(\varepsilon)$ gilt. Ein Folge $\{x_n\}$ heißt* Cauchy-Folge, *falls es zu jedem $\varepsilon > 0$ ein $n(\varepsilon) \in \mathbb{N}$ gibt, sodass $d(x_m, x_n) < \varepsilon$ für alle $m, n \geq n(\varepsilon)$ gilt. Der metrische Raum $\mathcal{R}$ heißt* vollständig, *falls jede Cauchy-Folge konvergiert.*

Man mache sich klar, dass jede konvergente Folge automatisch eine Cauchy-Folge ist und dass der Grenzwert einer Folge immer eindeutig bestimmt ist, sofern er existiert. Eine Metrik reicht ebenfalls aus, um zu erklären, was eine offene Menge ist. Insofern wird jeder metrische Raum automatisch zu einem topologischen Raum.

Wie bereits oben erwähnt, ist der wohl wichtigste Spezialfall eines metrischen Raums der *normierte Raum*. Dazu bezeichne V einen linearen Raum (Vektorraum) über $\mathbb{K}$, dessen Dimension nicht notwendig endlich sein muss.

Definition 3.3. *Eine Abbildung $\|\cdot\| : V \to [0, \infty)$ heißt* Norm *auf V, falls die folgenden Gesetze gelten:*

(1) $\|x\| = 0$ für $x \in V$ genau dann, wenn $x = 0$,
(2) $\|x + y\| \le \|x\| + \|y\|$ für alle $x, y \in V$ (Dreiecksungleichung),
(3) $\|\lambda x\| = |\lambda| \|x\|$ für alle $x \in V$ und $\lambda \in \mathbb{K}$.

Der Raum V bildet zusammen mit $\|\cdot\|$ einen normierten Raum.

Der normierte Raum $(V, \|\cdot\|)$ wird in kanonischer Weise zu einem metrischen Raum, indem man

$$d(x, y) := \|x - y\|, \qquad x, y \in V,$$

setzt. Man überzeuge sich, dass die so definierte Abbildung $d : V \times V \to \mathbb{R}$ tatsächlich eine Metrik ist. Ein vollständiger normierter Raum heißt auch *Banach-Raum*.

Bevor wir uns einige Beispiele normierter Räume ansehen, wollen wir eine einfache Tatsache festhalten. Für alle $x, y \in V$ gilt $\|x\| = \|x - y + y\| \le \|x - y\| + \|y\|$, und daher hat man $\|x - y\| \ge \|x\| - \|y\|$. Aus Symmetriegründen gilt auch $\|x - y\| \ge \|y\| - \|x\|$; insgesamt ergibt sich also die Ungleichung

$$\big| \|x\| - \|y\| \big| \le \|x - y\|,$$

die letztlich besagt, dass die Norm eine stetige Abbildung ist.

Kommen wir jetzt zu den ersten Beispielen. Es handelt sich um die bekannten, auf $\mathbb{K}^n$ definierten Normen.

Definition 3.4. *Auf dem $\mathbb{K}^n$ sind die ℓ_p-Normen für $1 \le p < \infty$ definiert als*

$$\|x\|_p := \left(\sum_{i=1}^{n} |x_i|^p \right)^{1/p}, \qquad x \in \mathbb{K}^n,$$

und für $p = \infty$ als

$$\|x\|_\infty := \max_{1 \le i \le n} |x_i|, \qquad x \in \mathbb{K}^n.$$

Im Fall $p = \infty$ spricht man auch von der Tschebyscheff- *oder* Maximumsnorm, *und im Fall $p = 2$ auch von der* Euklidischen Norm.

Satz 3.5. *Die ℓ_p-Normen sind in der Tat Normen auf $\mathbb{K}^n$.*

Beweis. Man sollte sofort sehen, dass die Eigenschaften (1) und (3) einer Norm jeweils erfüllt sind. Für $p = 1$ und $p = \infty$ rechnet man auch die Dreiecksungleichung unmittelbar nach, da sie sofort aus der Dreiecksungleichung für den Betrag folgt. Für $p = 2$ ergibt sich die Dreiecksungleichung aus der Cauchy-Schwarzschen Ungleichung, für allgemeines $1 < p < \infty$ aus der Minkowski-Ungleichung. Beide wollen wir hier nicht beweisen, sondern verweisen lieber auf die Standardwerke in der Analysis. $\square$

Die Notwendigkeit verschiedenartiger Normen ergibt sich aus der Praxis. Bestehen etwa die Komponenten x_i von x aus Kosten, so beschreibt $\|x\|_\infty$ das Maximum der Kostenanteile und $\|x\|_1$ die Gesamtkosten. Treten immer alle Anteile als Kostenfaktoren auf, so ist $\|x\|_1$ das geeignete Maß; sind die x_i aber als n Alternativen zu verstehen, so ist $\|x\|_\infty$ das richtige Maß für den schlimmstmöglichen Fall. Die ℓ_2-Norm stammt natürlich aus der geometrischen Anschauung. Die übrigen ℓ_p-Normen liegen "zwischen" den Fällen $p = 1, 2, \infty$. Sie spielen in der Praxis keine so große Rolle.

Die Wahl der "richtigen" Norm ist auch beim Abschätzen von Summen von Produkten wichtig. Diese lassen sich als Skalarprodukt $x^T y$ von zwei Vektoren $x, y \in \mathbb{K}^n$ schreiben und es gibt verschiedene Alternativen zur Abschätzung:

$$\sum_{j=1}^{n} x_j y_j \leq \sum_{j=1}^{n} |x_j||y_j|$$

$$\leq \begin{cases} \|x\|_2 \cdot \|y\|_2 = \sqrt{\sum_{j=1}^{n} x_j^2} \sqrt{\sum_{j=1}^{n} y_j^2} \\[2mm] \|x\|_1 \cdot \|y\|_\infty = \left(\sum_{j=1}^{n} |x_j|\right) \left(\max_{1 \leq k \leq n} |y_k|\right) \\[2mm] \|x\|_\infty \cdot \|y\|_1 = \left(\max_{1 \leq j \leq n} |x_j|\right) \left(\sum_{k=1}^{n} |y_k|\right) \\[2mm] \|x\|_p \cdot \|y\|_q = \sqrt[p]{\sum_{j=1}^{n} |x_j|^p} \sqrt[q]{\sum_{j=1}^{n} |y_j|^q} \end{cases} \tag{3.1}$$

mit $1/p + 1/q = 1$ und $p, q \in (1, \infty)$. Der Umgang mit diesen Ungleichungen gehört zum Standardrepertoire der reellen Analysis und ist auch in der Numerischen Mathematik unverzichtbar. Der Fall $p = q = 2$ ist die *Cauchy-Schwarzsche Ungleichung*.

Zwar unterscheiden sich die Normen auf $\mathbb{K}^n$ ganz offensichtlich, doch sind diese Unterschiede im folgenden Sinn nicht allzu "wesentlich".

Definition 3.6. *Zwei Normen $\| \cdot \|$ und $\| \cdot \|_*$ auf einem linearen Raum V heißen äquivalent, wenn es positive reelle Zahlen c und C gibt mit*

$$c\|x\| \leq \|x\|_* \leq C\|x\|, \qquad x \in V.$$

Dies besagt, dass die $\| \cdot \|_*$-Einheitskugel in eine "aufgeblasene" $\| \cdot \|$-Einheitskugel passt und eine "eingeschrumpfte" $\| \cdot \|$-Einheitskugel enthält. Man beweist dann leicht, dass die Äquivalenz zwischen Normen eine Äquivalenzrelation im üblichen Sinn ist. Ferner sind die offenen Mengen bzgl. zweier äquivalenter Normen dieselben.

Auf endlichdimensionalen Räumen liegt eine simple Situation vor.

Satz 3.7. *Alle Normen des $\mathbb{K}^n$ sind äquivalent.*

Beweis. Es genügt zu zeigen, dass jede Norm $\| \cdot \|$ des $\mathbb{K}^n$ zur ℓ_1-Norm äquivalent ist. Wir bezeichnen mit e_i den i-ten Einheitsvektor des $\mathbb{K}^n$. Für jeden Vektor $x = (x_1, \ldots, x_n)^T \in \mathbb{K}^n$ gilt wegen (3.1) die Ungleichung

$$\|x\| = \left\| \sum_{i=1}^n x_i e_i \right\| \leq \sum_{i=1}^n |x_i| \|e_i\| \leq \left(\max_{1 \leq i \leq n} \|e_i\| \right) \|x\|_1 =: M\|x\|_1$$

mit $M := \max_{1 \leq i \leq n} \|e_i\|$. Speziell folgt, dass die (beliebige) Norm $\| \cdot \|$ stetig bezüglich der ℓ_1-Norm ist. Denn für $x, y \in \mathbb{K}^n$ gilt jetzt die Abschätzung

$$\big| \|x\| - \|y\| \big| \leq \|x - y\| \leq M\|x - y\|_1,$$

und dieser Ausdruck wird mit $\|x - y\|_1$ beliebig klein.

Die "Einheitssphäre" K der L_1-Norm,

$$K := \{ x \in \mathbb{K}^n : \|x\|_1 = 1 \}$$

ist nach bekannten Sätzen der Infinitesimalrechnung beschränkt und abgeschlossen und daher kompakt. Also nimmt jede stetige reellwertige Funktion auf K ihr Minimum und Maximum an. Somit gibt es positive reelle Zahlen c und C mit

$$c \leq \|x\| \leq C, \qquad x \in K.$$

Damit gilt für alle $y \in \mathbb{K}^n \setminus \{0\}$ wegen $x := y/\|y\|_1 \in K$ und $\|x\| = \|y\|/\|y\|_1$ die Abschätzung

$$c\|y\|_1 \leq \|y\| \leq C\|y\|_1,$$

und trivialerweise auch für $y = 0$. Damit ist die Äquivalenz von $\| \cdot \|$ mit der ℓ_1-Norm nachgewiesen. Entsprechend kann man auch für andere ℓ_p-Normen argumentieren, wenn man die hier zitierten Ergebnisse aus der Infinitesimalrechnung nicht für die ℓ_1-Norm kennt. $\square$

Normen lassen sich auch auf Funktionenräumen einführen. Betrachten wir den Raum $C[a, b]$ der stetigen Funktionen auf dem Intervall $[a, b]$. Dann wird $C[a, b]$ zu einem Vektorraum, indem man für $f, g \in C[a, b]$ und $\lambda \in \mathbb{K}$ definiert

$$(f + g)(x) := f(x) + g(x), \qquad x \in [a, b],$$
$$(\lambda f)(x) := \lambda f(x), \qquad x \in [a, b],$$

da die resultierenden Funktionen wieder stetig sind. Offensichtlich ist diese Vorgehensweise nicht auf stetige Funktionen über einem Intervall beschränkt. Ganz analog zu den diskreten ℓ_p-Normen definiert man jetzt die kontinuierlichen L_p-Normen durch

$$\|f\|_{L_p[a,b]} := \begin{cases} \left(\int_a^b |f(x)|^p dx \right)^{1/p}, & \text{falls } 1 \le p < \infty \\ \max_{x \in [a,b]} |f(x)|, & \text{falls } p = \infty. \end{cases}$$

Man sieht wieder relativ schnell, dass die Eigenschaften (1) und (3) einer Norm erfüllt sind und dass die L_∞- und die L_1-Norm tatsächlich Normen sind. Für die übrigen Fälle benötigt man wie im diskreten Fall die Minkowski-Ungleichung. Eine besondere Rolle spielt noch die L_2-Norm, da diese mit dem Skalarprodukt

$$(f, g)_{L_2[a,b]} := \int_a^b f(t)\overline{g(t)}dt, \qquad f, g \in C[a, b],$$

über $\|f\|_{L_2[a,b]}^2 = (f, f)_{L_2[a,b]}$ zusammenhängt.

Im Gegensatz zum diskreten, endlichdimensionalen Fall $\mathbb{K}^n$ ist $C[a, b]$ nur mit der L_∞-Norm vollständig. Für alle anderen Fälle ist der Raum der stetigen Funktionen nicht groß genug. Man kann diesen aber durch Vervollständigung zu einem vollständigen Raum erweitern, der in der Regel mit $L_p[a, b]$ bezeichnet wird. Daraus ergibt sich unmittelbar, dass im Gegensatz zum endlichdimensionalen Fall hier *nicht* alle Normen äquivalent sind.

Ersetzt man $[a, b]$ durch eine allgemeinere, z.B. unbeschränkte Menge, so muss man noch zusätzlich fordern, dass die Integrale jeweils existieren. Für die L_∞-Norm ersetzt man ferner das Maximum durch ein Supremum.

3.2 Normen für Abbildungen und Matrizen

Schließlich benötigt man noch Normen für Abbildungen zwischen Vektorräumen, denn man will deren "Abstände" messen können. Dazu definiert man genauso wie bei Funktionen die Summe $F + G$ und die Skalarmultiplikation λF für zwei Abbildungen $F, G : V \to W$ und einen Skalar $\lambda \in \mathbb{K}$ jeweils punktweise. Dadurch bekommt man einen Vektorraum von Abbildungen, und es ist zu klären, wann man darauf eine Norm einführen kann.

Definition 3.8. *Es seien* $(V, \| \cdot \|_V)$ *und* $(W, \| \cdot \|_W)$ *zwei normierte Räume und* $F : V \to W$ *eine lineare Abbildung. Dann heißt* F beschränkt, *falls es eine Konstante* $C > 0$ *gibt, sodass* $\|Fv\|_W \le C\|v\|_V$ *für alle* $v \in V$ *gilt. Für* *eine beschränkte Abbildung F ist die zu $\|\cdot\|_V$ und $\|\cdot\|_W$ zugeordnete oder* natürliche Norm $\|\cdot\|_{V,W}$ *definiert als*

$$\|F\|_{V,W} := \sup_{v \in V \setminus \{0\}} \frac{\|Fv\|_W}{\|v\|_V} \qquad (3.2)$$

Natürlich werden wir uns gleich davon überzeugen, dass wir tatsächlich eine Norm definiert haben.

Satz 3.9. *Die durch (3.2) definierte Abbildung ist auf dem linearen Raum* $\mathcal{B}(V,W)$ *der beschränkten, linearen Abbildungen von V nach W eine Norm im Sinn der Definition 3.3.*

Beweis. Offensichtlich bildet die Menge der beschränkten, linearen Abbildungen von V nach W einen Vektorraum. Ist F eine solche Abbildung, dann folgt einerseits $\|F\|_{V,W} \geq 0$ und andererseits aus der Beschränktheit $\|F\|_{V,W} < \infty$. Also ist $\|F\|_{V,W}$ wohldefiniert. Homogenität und die Dreiecksungleichung folgen beide aus den entsprechenden Eigenschaften der Norm auf W. Wir haben zum Beispiel

$$\|F + G\|_{V,W} = \sup_{v \neq 0} \frac{\|(F + G)(v)\|_W}{\|v\|_V} \leq \sup_{v \neq 0} \frac{\|Fv\|_W + \|Gv\|_W}{\|v\|_V}$$

$$\leq \sup_{v \neq 0} \frac{\|Fv\|_W}{\|v\|_V} + \sup_{v \neq 0} \frac{\|Gv\|_W}{\|v\|_V} = \|F\|_{V,W} + \|G\|_{V,W}.$$

Gilt schließlich $\|F\|_{V,W} = 0$, so folgt $Fv = 0$ für alle $v \in V$, was nichts anderes als $F = 0$ bedeutet. $\square$

Um die Abhängigkeit von den Normen auf V und W deutlich zu machen, haben wir die Bezeichnung $\|F\|_{V,W}$ gewählt. Gilt $V = W$ und benutzen wir jeweils dieselbe Norm $\|\cdot\|_V$, so werden wir auch für die Norm der Abbildung einfach nur $\|F\|_V$ schreiben. Die Definition der zugeordneten Norm liefert insbesondere

$$\|Fv\|_W \leq \|F\|_{V,W}\|v\|_V.$$

Ferner ist $\|F\|_{V,W}$ die kleinste Konstante $K > 0$ mit $\|Fv\|_W \leq K\|v\|_V$.

Definition 3.10. *Sei $\mathcal{B}(V,W)$ der Raum der beschränkten, linearen Abbildungen von V nach W. Eine Norm $\|\cdot\|$ auf $\mathcal{B}(V,W)$, die für alle $v \in V$ und alle $F \in \mathcal{B}(V,W)$ die Ungleichung*

$$\|Fv\|_W \leq \|F\|\|v\|_V$$

erfüllt, heißt zu $\|\cdot\|_V$ und $\|\cdot\|_W$ passende oder verträgliche Norm auf $\mathcal{B}(V,W)$.

Offensichtlich ist die natürliche oder zugeordnete Norm immer passend. Denn wegen der Linearität der Abbildung $F : V \to W$ ergibt sich die obige Ungleichung unmittelbar aus der Definition der zugeordneten Norm.

Eine lineare Abbildung zwischen endlichdimensionalen Vektorräumen ist immer beschränkt, denn ist $e_1, \ldots, e_n$ eine Basis für V, so folgt mit $v = \sum v_j e_j$ sofort

$$\|Fv\|_W \leq \sum_{j=1}^{n} |v_j| \|Fe_j\|_W \leq \max_j \|Fe_j\|_W \|v\|_1 \leq C \|v\|_V,$$

da nach Satz 3.7 alle Normen auf V äquivalent sind. Schließlich sind für lineare Abbildungen die Begriffe Stetigkeit und Beschränktheit gleichbedeutend.

Satz 3.11. *Es sei* $F : V \to W$ *eine lineare Abbildung zwischen normierten linearen Räumen. Sie ist genau dann beschränkt, wenn sie stetig ist.*

Beweis. Ist F beschränkt, so folgt sofort aus

$$\|Fv - Fw\|_W = \|F(v - w)\|_W \leq C \|v - w\|_V$$

auch die gleichmäßige Stetigkeit von F. Ist F andererseits stetig, so finden wir zu $\varepsilon = 1$ ein $\delta > 0$, sodass $\|Fv\|_W = \|Fv - F(0)\|_W < 1$ für alle $v \in V$ mit $\|v\|_V \leq \delta$. Daher gilt für beliebiges $v \in V$ die Ungleichung

$$\|Fv\|_W = \frac{\|v\|_V}{\delta} \left\| F\left(\frac{\delta}{\|v\|_V} v \right) \right\|_W \leq \frac{1}{\delta} \|v\|_V,$$

also folgt die Beschränktheit mit $C = 1/\delta$. $\square$

Wir wollen jetzt lineare Abbildungen zwischen endlichdimensionalen Vektorräumen betrachten. Ist $F : \mathbb{K}^n \to \mathbb{K}^m$ eine solche Abbildung, so lässt sie sich bekanntlich durch eine Matrix $A \in \mathbb{K}^{m \times n}$ darstellen. Andererseits definiert jede Matrix $A \in \mathbb{K}^{m \times n}$ auf kanonische Weise eine entsprechende Abbildung. Insbesondere wird durch Definition 3.8 eine natürliche oder zugeordnete Norm einer Matrix definiert, wenn Normen auf $\mathbb{K}^n$ gewählt wurden. Wir sind jetzt daran interessiert, wie diese natürlichen Normen aussehen, wenn man unterschiedliche Normen auf $\mathbb{K}^n$ und $\mathbb{K}^m$ benutzt.

Dazu benötigen wir den auch später noch wichtigen Begriff des Spektralradius einer Matrix.

Definition 3.12. *Der Spektralradius* $\rho(A)$ *einer Matrix* $A \in \mathbb{K}^{n \times n}$ *ist definiert als*

$$\rho(A) = \max \{ |\lambda| : \lambda \in \mathbb{C} \text{ ist Eigenwert von } A \}.$$

Dabei heißt $\lambda \in \mathbb{C}$ *Eigenwert* von A, wenn es einen *Eigenvektor* $x \in \mathbb{C}^n \setminus \{0\}$ gibt mit $Ax = \lambda x$. Der Spektralradius erlaubt es uns, die der Euklidischen Norm zugeordnete Matrixnorm auszudrücken. Dazu benötigen wir Resultate aus der linearen Algebra, die wir hier ohne Beweis zusammenstellen wollen.

Satz 3.13. *Es sei $A \in \mathbb{K}^{n \times n}$ eine symmetrische bzw. hermitesche Matrix, d.h. es gelte $A = A^T$ bzw. $A = \overline{A}^T$. Dann ist A diagonalähnlich, d.h. es gibt eine nichtsinguläre Matrix $T \in \mathbb{K}^{n \times n}$ und eine Diagonalmatrix $D \in \mathbb{K}^{n \times n}$ mit $A = TDT^{-1}$. Die Matrix T kann orthogonal bzw. unitär gewählt werden. Ihre Spalten bilden ein vollständiges System orthonormaler Eigenvektoren von A zu den in der Diagonalen von D stehenden Eigenwerten. Die Eigenwerte sind reell und man kann annehmen, dass sie auf der Diagonalen von D dem Betrage nach geordnet auftreten. Ist A zusätzlich positiv semi-definit, so sind alle Eigenwerte nichtnegativ. Ist A sogar positiv definit, so sind alle Eigenwerte positiv.*

Lemma 3.14. *Sei $A \in \mathbb{K}^{n \times n}$ symmetrisch bzw. hermitesch und positiv semidefinit. Sind $\lambda_1 \geq \lambda_2 \geq \ldots \geq \lambda_n \geq 0$ die Eigenwerte von A, so gilt*

$$\lambda_n \|x\|_2^2 \leq \overline{x}^T A x \leq \lambda_1 \|x\|_2^2$$

für alle $x \in \mathbb{K}^n$.

Beweis. Sei $\{x_1, \ldots, x_n\}$ eine zugehörige orthonormale Basis für $\mathbb{K}^n$, bestehend aus Eigenvektoren von A. Dann lässt sich jedes $x \in \mathbb{K}^n$ schreiben als $x = \sum_j \alpha_j x_j$, und wir erhalten

$$\overline{x}^T A x = \sum_{j,k=1}^n \overline{\alpha_j} \alpha_k \lambda_k \overline{x_j}^T x_k = \sum_{j=1}^n |\alpha_j|^2 \lambda_j$$

aus der Orthonormalität der x_j. Da letztere auch $\|x\|_2^2 = \sum_{j=1}^n |\alpha_j|^2$ ergibt, lässt sich die quadratische Form $\overline{x}^T A x$ also nach unten durch $\lambda_n \|x\|_2^2$ und nach oben durch $\lambda_1 \|x\|_2^2$ abschätzen. $\square$

Der folgende Satz enthält die Ergebnisse über die wichtigsten zugeordneten Matrizennormen. Er zeigt insbesondere, dass diese durch (3.2) allgemein definierten Größen hier explizit ausgerechnet werden können.

Satz 3.15. *Sei $A \in \mathbb{K}^{m \times n}$ gegeben. Dann gilt*

$$\|A\|_\infty = \max_{1 \leq i \leq m} \sum_{j=1}^n |a_{ij}| \quad \text{(Zeilensummennorm)}$$

$$\|A\|_1 = \max_{1 \leq j \leq n} \sum_{i=1}^m |a_{ij}| \quad \text{(Spaltensummennorm)}$$

$$\|A\|_2 = \rho(\overline{A}^T A)^{1/2} \quad \text{(Spektral- oder Hilbertnorm)}$$

Beweis. Wir beginnen mit der der $\| \cdot \|_\infty$-Norm zugeordneten Matrixnorm. Zunächst gilt für jedes $x \in \mathbb{K}^n$ wegen (3.1) die Abschätzung

$$\|Ax\|_\infty = \max_{1 \leq i \leq m} \left| \sum_{j=1}^n a_{ij} x_j \right| \leq \left(\max_{1 \leq i \leq m} \sum_{j=1}^n |a_{ij}| \right) \|x\|_\infty,$$

was sofort zu der Ungleichung

$$\|A\|_\infty \leq \max_{1 \leq i \leq m} \sum_{j=1}^{n} |a_{ij}| =: C$$

führt. Es bleibt also noch $C \leq \|A\|_\infty$ zu zeigen. Ist $A = 0$, so ist dies sicherlich erfüllt. Andererseits sei $1 \leq k \leq m$ so gewählt, dass das Maximum in der k-ten Zeile angenommen wird, d.h. dass $\sum_{j=1}^{n} |a_{kj}| = C$ gilt. Dann definieren wir $x \in \mathbb{K}^n$ durch

$$x_j = \begin{cases} \frac{\overline{a_{kj}}}{|a_{kj}|}, & \text{falls } a_{kj} \neq 0, \\ \\ 0, & \text{sonst.} \end{cases}$$

Für dieses x gilt dann $\|x\|_\infty = 1$ und

$$\max_{1 \leq i \leq m} \sum_{j=1}^{n} |a_{ij}| = \sum_{j=1}^{n} a_{kj} x_j = \left| \sum_{j=1}^{n} a_{kj} x_j \right| \leq \|Ax\|_\infty \leq \|A\|_\infty \|x\|_\infty = \|A\|_\infty.$$

Im Fall der $\| \cdot \|_1$-Norm verfährt man ganz analog. Im Fall der Euklidischen Norm ist zunächst festzustellen, dass $\overline{A}^T A \in \mathbb{K}^{n \times n}$ eine hermitesche und positiv semi-definite Matrix ist. Sie besitzt daher nur nichtnegative Eigenwerte $\rho(\overline{A}^T A) = \lambda_1 \geq \lambda_2 \geq \ldots \geq \lambda_n \geq 0$ und Lemma 3.14 ergibt sofort

$$\|Ax\|_2^2 = \overline{x}^T \overline{A}^T A x \leq \rho(\overline{A}^T A) \|x\|_2^2$$

und damit $\|A\|_2 \leq \rho(\overline{A}^T A)$. Ist andererseits x ein auf $\|x\|_2 = 1$ normierter Eigenvektor zum Eigenwert $\rho(\overline{A}^T A)$, so folgt

$$\|A\|_2^2 \geq \|Ax\|_2^2 = \overline{x}^T \overline{A}^T A x = \rho(\overline{A}^T A) \overline{x}^T x = \rho(\overline{A}^T A),$$

was Gleichheit zeigt. $\square$

Da insbesondere die Spektralnorm für größere Matrizen aufwendig zu berechnen ist, ist es in manchen Fällen hilfreich, statt der zugeordneten eine passende Matrixnorm zu verwenden.

Definition 3.16. *Für $A \in \mathbb{K}^{m \times n}$ ist die* Gesamtnorm *definiert als*

$$\|A\|_G := n \max_{\substack{1 \leq i \leq m \\ 1 \leq j \leq n}} |a_{ij}|$$

und die Frobenius-Norm *als*

$$\|A\|_F = \left(Spur(\overline{A}^T A) \right)^{1/2} = \left(\sum_{i=1}^{m} \sum_{j=1}^{n} |a_{ij}|^2 \right)^{1/2}.$$

In beiden Fällen handelt es sich um Normen, da sie (bis auf den Faktor n bei der Gesamtnorm) mit der Tschebyscheff- bzw. Euklidischen Norm auf dem $\mathbb{K}^{nm}$ übereinstimmen. Wegen

$$\|Ax\|_\infty = \max_{1\leq i\leq m}\left|\sum_{j=1}^n a_{ij}x_j\right| \leq \|x\|_\infty \max_{1\leq i\leq m}\sum_{j=1}^n |a_{ij}| \leq \|x\|_\infty n \max_{\substack{1\leq i\leq m\\1\leq j\leq n}} |a_{ij}|$$

ist die Gesamtnorm mit der Tschebyscheff-Norm verträglich. Genauso folgt aus

$$\|Ax\|_2^2 = \sum_{i=1}^m\left|\sum_{j=1}^n a_{ij}x_j\right|^2 \leq \sum_{i=1}^m\left(\sum_{j=1}^n |a_{ij}|^2 \sum_{j=1}^n |x_j|^2\right) = \|A\|_F^2\|x\|_2^2$$

die Verträglichkeit der Frobenius-Norm mit der Euklidischen Norm.

Betrachtet man die Komposition zweier Abbildungen $F : U \to V$ und $G : V \to W$, gegeben durch $G \circ F : U \to W$, so gilt für die zugeordneten Normen

$$\|G \circ F\|_{U,W} \leq \|F\|_{U,V}\|G\|_{V,W},$$

wovon man sich leicht überzeugt. Man sagt in diesem Zusammenhang, dass die Normen $\|\cdot\|_{U,V}$ und $\|\cdot\|_{V,W}$ *multiplikativ* bzgl. der Norm $\|\cdot\|_{U,W}$ sind. Allgemeiner heißt eine auf allen $\mathbb{K}^{m\times n}$ definierte Matrixnorm $\|\cdot\|$ *multiplikativ*, wenn für alle legitimen Matrizenprodukte die Ungleichung

$$\|B \cdot A\| \leq \|B\| \cdot \|A\|$$

gilt. Für den Rest dieses Buches werden Matrix- und Vektornormen stets als multiplikativ bzw. passend vorausgesetzt. Nach Aufgabe 3.5 ist insbesondere die Frobeniusnorm multiplikativ.

3.3 Kondition

Mit den obigen Hilfsmitteln ist es möglich, den Fehlereinfluss bei der Lösung linearer Gleichungssysteme zu studieren. Es sind also Abschätzungen für eine Norm $\|\Delta x\|$ der Störung Δx der Lösung x eines linearen Gleichungssystems $Ax = b$ herzuleiten, wenn Fehler ΔA und Δb in den Eingangsdaten vorliegen. Es gelte

$$(A + \Delta A)(x + \Delta x) = b + \Delta b. \tag{3.3}$$

Dann folgt aus $Ax = b$ zunächst $(A + \Delta A)\Delta x = \Delta b - (\Delta A)x$. Wenn $A + \Delta A$ invertierbar ist, ergibt sich $\Delta x = (A + \Delta A)^{-1}(\Delta b - (\Delta A)x)$ und damit

$$\|\Delta x\| \leq \|(A + \Delta A)^{-1}\|(\|\Delta b\| + \|\Delta A\|\|x\|).$$

Geht man unter der Voraussetzung $b \neq 0$ zum relativen Fehler über, hat man

$$\frac{\|\Delta x\|}{\|x\|} \leq \|(A + \Delta A)^{-1}\|\|A\| \left(\frac{\|\Delta b\|}{\|A\|\|x\|} + \frac{\|\Delta A\|}{\|A\|} \right)$$

$$\leq \|(A + \Delta A)^{-1}\|\|A\| \left(\frac{\|\Delta b\|}{\|b\|} + \frac{\|\Delta A\|}{\|A\|} \right), \qquad (3.4)$$

da $\|b\| = \|Ax\| \leq \|A\|\|x\|$ gilt. Der relative Fehler der Lösung besteht also aus der Summe der relativen Fehler der Daten A und b, vergrößert um einen gewissen Faktor, der noch näher zu untersuchen ist.

Betrachten wir aber zunächst die Invertierbarkeit der Matrix $A + \Delta A$.

Lemma 3.17. *Ist $A \in \mathbb{K}^{n \times n}$ eine nichtsinguläre Matrix und $\Delta A \in \mathbb{K}^{n \times n}$ eine Störungsmatrix, für die in einer zu einer Vektornorm passenden Matrixnorm die Abschätzung*

$$\|A^{-1}\|\|\Delta A\| < 1$$

gilt, so ist $A + \Delta A$ nichtsingulär, und es gilt

$$\|(A + \Delta A)^{-1}\| \leq \frac{\|A^{-1}\|}{1 - \|A^{-1}\|\|\Delta A\|}.$$

Beweis. Für die Abbildung $T : \mathbb{K}^n \to \mathbb{K}^n$ mit $Tx = (A + \Delta A)x$, $x \in \mathbb{K}^n$, hat man $x = A^{-1}Tx - A^{-1}(\Delta A)x$ und $\|x\| \leq \|A^{-1}\|\|Tx\| + \|A^{-1}\|\|\Delta A\|\|x\|$. Das ergibt wegen unserer Voraussetzung zunächst

$$\|x\| \leq \frac{\|A^{-1}\|}{1 - \|A^{-1}\|\|\Delta A\|} \|Tx\|,$$

woraus sofort die Injektivität und damit auch die Bijektivität von $T = A + \Delta A$ folgt. $\square$

Der Vergrößerungsfaktor $\|(A + \Delta A)^{-1}\|\|A\|$ für den relativen Fehler in (3.4) ist damit abschätzbar durch

$$\frac{\|A^{-1}\|\|A\|}{1 - \|A^{-1}\|\|A\|(\|\Delta A\|/\|A\|)} =: \kappa(A) \left(1 - \kappa(A) \frac{\|\Delta A\|}{\|A\|} \right)^{-1},$$

wobei wir zur Abkürzung $\kappa(A) = \|A\|\|A^{-1}\|$ gesetzt haben. Diese Größe spielt eine wesentliche Rolle und wird *Konditionszahl* der Matrix A genannt. Sie hängt offensichtlich von der gewählten Norm ab. Unabhängig von der Norm ist aber die Tatsache, dass grundsätzlich $\kappa(A) \geq 1$ gilt, solange die Matrixnorm passend zu einer Vektornorm ist (siehe Aufgabe 3.4).

Mit diesem Ergebnis kann man den Störungseinfluss auf die Lösungen linearer Gleichungssysteme zusammenfassend beschreiben:

Satz 3.18. *Unter den Voraussetzungen $b \neq 0$ und $\|A^{-1}\|\|\Delta A\| < 1$ genügt jede Lösung $x + \Delta x$ des gestörten Systems (3.3) der Abschätzung*

$$\frac{\|\Delta x\|}{\|x\|} \leq \kappa(A) \left(1 - \kappa(A) \frac{\|\Delta A\|}{\|A\|} \right)^{-1} \left(\frac{\|\Delta A\|}{\|A\|} + \frac{\|\Delta b\|}{\|b\|} \right).$$

Die Kondition des Problems, ein $x \in \mathbb{K}^n$ mit $Ax = b$ zu bestimmen, ist gleich dem Vergrößerungsfaktor für die relativen Eingangsfehler beim "Durchschlagen" auf die Lösung und deshalb im Wesentlichen die Kondition $\kappa(A)$ der Matrix A. Dies gilt nur unter der Voraussetzung $\|A^{-1}\| \|\Delta A\| < 1$, die man auch als

$$\kappa(A) \frac{\|\Delta A\|}{\|A\|} < 1$$

schreiben kann; ist sie nicht erfüllt, so ist das gestörte Gleichungssystem eventuell überhaupt nicht mehr auflösbar. Der relative Eingangsfehler $\|\Delta A\|/\|A\|$ ist mindestens so groß wie die Maschinengenauigkeit eps anzusetzen, und deshalb sind Gleichungssysteme mit $\kappa(A) > 1/\texttt{eps}$ durch *kein* Verfahren auf einer Maschine mit Genauigkeit eps zuverlässig lösbar.

In der Regel ist die Konditionszahl einer Matrix nicht ohne größeren Aufwand berechenbar. Als grobe Näherung gilt bei einer Dreieckszerlegung $A = LR$ die aus den Diagonalelementen r_{ii} von R gebildete Zahl

$$\widetilde{\kappa}(A) := \max_{1 \leq i,j \leq n} (|r_{ii}|/|r_{jj}|),$$

die für Diagonalmatrizen mit der Konditionszahl in der Zeilen- oder Spaltensummennorm übereinstimmt.

3.4 Äquilibrierung

Satz 3.18 zeigt, dass sich nur durch eine Erniedrigung der Konditionszahl der Koeffizientenmatrix der Einfluss der Eingabefehler auf die Lösung verringern lässt. Zum Beispiel durch Multiplikation der Zeilen mit konstanten Faktoren (*Äquilibrierung*), d.h. durch Übergang von $Ax = b$ zu

$$(DA)x = Db$$

mit einer nichtsingulären Diagonalmatrix D kann man versuchen, die Konditionszahl zu verkleinern. Nach Ergebnissen von Wilkinson und van der Sluis erhält man im Allgemeinen optimale Konditionszahlen, wenn man dafür sorgt, dass alle Zeilenvektoren der Matrix A gleiche Norm haben.

Satz 3.19. *Ist eine nichtsinguläre Matrix $A \in \mathbb{K}^{n \times n}$ äquilibriert durch*

$$\sum_{j=1}^{n} |a_{ij}| = 1, \qquad 1 \leq i \leq n,$$

so gilt für jede Diagonalmatrix D mit $\det D \neq 0$ die Ungleichung

$$\kappa(DA) \geq \kappa(A),$$

wenn für die Berechnung der Konditionszahl κ die Zeilensummennorm $\|\cdot\|_\infty$ genommen wird.

Beweis. Für jede Diagonalmatrix $D = \text{diag}(d_{ii})$ mit $\det(D) \neq 0$ gilt nach Satz 3.15,

$$\|DA\|_\infty = \max_{1 \leq i \leq n} \left\{ |d_{ii}| \sum_{j=1}^n |a_{ij}| \right\} = \max_{1 \leq i \leq n} |d_{ii}| = \|A\|_\infty \max_{1 \leq i \leq n} |d_{ii}|$$

und, wenn wir $A^{-1} = (\tilde{a}_{ij})$ schreiben,

$$\|(DA)^{-1}\|_\infty = \|A^{-1}D^{-1}\|_\infty = \max_{1 \leq i \leq n} \sum_{j=1}^n |\tilde{a}_{ij}|/|d_{jj}| \geq \|A^{-1}\|_\infty \min_{1 \leq j \leq n} 1/|d_{jj}|.$$

Insgesamt folgt

$$\kappa(DA) = \|DA\|_\infty \|(DA)^{-1}\|_\infty \geq \|A\|_\infty \|A^{-1}\|_\infty \max_{1 \leq i \leq n} |d_{ii}| \min_{1 \leq i \leq n} 1/|d_{ii}|$$

$$= \|A\|_\infty \|A^{-1}\|_\infty = \kappa(A),$$

was zu zeigen war. □

Es lohnt sich im Allgemeinen nicht, die Äquilibrierung während eines Eliminationsverfahrens für alle in Satz 2.4 auftretenden Teilmatrizen $A^{(k)}$ auszuführen. Stattdessen berücksichtigt man bei der Teilpivotisierung im Schritt k die Skalierung der k-ten Zeile und bestimmt das Pivotelement $a_{kk}^{(k)}$ durch Zeilenvertauschungen so, dass für alle $i = k, k+1, \ldots, n$ gilt

$$\frac{|a_{kk}^{(k)}|}{\sum_{j=k}^n |a_{kj}^{(k)}|} \leq \frac{|a_{ik}^{(k)}|}{\sum_{j=k}^n |a_{ij}^{(k)}|},$$

was auch *relative* Teilpivotisierung heißt.

Zur Steigerung der Genauigkeit und Verlässlichkeit der Lösung kann eine Singulärwertzerlegung (Abschnitt 4.3) oder auch eine *Nachiteration*, die wir als Anwendung des Banachschen Fixpunktsatzes (Abschnitt 6.1) kennen lernen werden, verwendet werden.

3.5 Aufgaben

3.1 Zeigen Sie: Für alle $x, y \in \mathbb{R}^n$ gilt $x^T y \leq \|x\|_\infty \|y\|_1$ und Gleichheit tritt genau dann ein, wenn für jedes i entweder $y_i = 0$ oder $x_i = \|x\|_\infty \text{sign}(y_i)$ gilt.

3.2 Nach Satz 3.7 sind alle Normen auf dem $\mathbb{K}^n$ äquivalent. Bestimmen Sie die Äquivalenzkonstanten für je zwei verschiedene $\| \cdot \|_p$-Normen.

3.3 Zeigen Sie, dass $C[0,1]$ vollständig bzgl. der $L_\infty[0,1]$-Norm, nicht aber bzgl. einer anderen $L_p[0,1]$-Norm ist.

3.4 Es bezeichne $\| \cdot \|$ eine zu einer Norm auf $\mathbb{K}^n$ passende Matrixnorm. Zeigen Sie, dass dann für alle $A \in \mathbb{K}^{n \times n}$ stets $\kappa(A) = \|A\| \|A^{-1}\| \geq 1$ gilt.

3.5 Man zeige, dass die Frobeniusnorm multiplikativ ist.

3.6 Mit $f_0 \in C[0,1]$ lässt sich ein lineare Abbildung $F : C[0,1] \to \mathbb{R}$ durch

$$F(f) = \int_0^1 f(t) f_0(t) dt$$

definieren. Bestimmen Sie die Norm dieser Abbildung für verschieden L_p-Normen auf $C[0,1]$.

3.7 Zeigen Sie: Ist $P \in \mathbb{K}^{n \times n}$ idempotent, d.h. gilt $P^2 = P$, so folgt $\|P\| \geq 1$ für jede natürliche Matrixnorm. Gilt zusätzlich für jedes $x \in \mathbb{K}^n$ die Identität $(\overline{Px})^T (x - Px) = 0$, so folgt $\|P\|_2 = 1$.

3.8 Sei $A \in \mathbb{R}^{n \times n}$ positiv definit und symmetrisch. Zeigen Sie:

(1) $\|A\|_2 = \rho(A)$,
(2) $\kappa_2(A) = \lambda_n(A)/\lambda_1(A)$, wobei $\lambda_1(A)$ der kleinste und $\lambda_n(A)$ der größte Eigenwert von A ist.

3.9 Zeigen Sie, dass sich die zu $\| \cdot \|_V$ und $\| \cdot \|_W$ zugeordnete Norm $\| \cdot \|_{V,W}$ für alle linearen, beschränkten Abbildungen $F : V \to W$ auch schreiben lässt als

$$\|F\|_{V,W} = \sup_{\|v\|_V = 1} \|Fv\|_W = \sup_{\|v\|_V \leq 1} \frac{\|Fv\|_W}{\|v\|_V}.$$

4 Orthogonalisierungsverfahren

Um die Kondition eines linearen Gleichungssystems nicht zu verschlechtern, wird hier statt der LR-Zerlegung die QR-Zerlegung einer Matrix A in eine Orthogonalmatrix Q und eine obere Dreiecksmatrix R behandelt. Ferner wird die Singulärwertzerlegung besprochen. Mit beiden Methoden kann man auch singuläre und überbestimmte Systeme sowie Probleme der linearen Ausgleichsrechnung behandeln. Diese ersetzen die Lösung eines linearen Gleichungssystems $Ax = b$ durch die Minimierung der Fehlernorm $\|Ax - b\|$.

4.1 QR-Zerlegung

Bei der LR-Zerlegung wird die gegebene Matrix A durch Linksmultiplikation mit normierten unteren Dreiecksmatrizen verändert. Dabei hat man im Allgemeinen für die Kondition $\kappa(A) = \|A\| \|A^{-1}\|$ nur

$$\kappa(LA) = \|LA\| \|(LA)^{-1}\| \leq \kappa(L)\kappa(A).$$

Da man wegen $\kappa(L) \geq 1$ mit $\kappa(LA) > \kappa(A)$ rechnen muss, wird sich die Kondition beim Übergang von A zu LA in der Regel verschlechtern. Deshalb ist man an Transformationen interessiert, unter denen die Kondition einer Matrix unverändert bleibt.

Es stellt sich heraus, dass *orthogonale* Matrizen, also Matrizen $Q \in \mathbb{R}^{n \times n}$ mit $Q^T = Q^{-1}$ besonders geeignet sind.[1]

Satz 4.1. *Die Kondition einer Matrix $A \in \mathbb{R}^{n \times n}$ bezüglich der Spektralnorm und der Frobenius-Norm ändert sich nicht bei Multiplikation mit orthogonalen Matrizen.*

Beweis. Ist $Q \in \mathbb{R}^{n \times n}$ orthogonal, so gilt für jeden Vektor $x \in \mathbb{R}^n$, dass seine euklidische Länge bei Transformation mit Q unverändert bleibt, denn aus der Definition folgt $\|Qx\|_2^2 = (Qx)^T(Qx) = x^T Q^T Q x = x^T x = \|x\|_2^2$. Dies bedeutet insbesondere $\|QAx\|_2 = \|Ax\|_2$ und damit $\|QA\|_2 = \|A\|_2$. Da mit Q auch $Q^{-1} = Q^T$ orthogonal ist, folgt die Aussage für die Spektralnorm. Der Fall der Frobenius-Norm ist noch einfacher. $\square$

---

[1] Wir betrachten hier nur reelle Matrizen. Der komplexe Fall lässt sich aber analog behandeln, wenn man orthogonale durch unitäre Matrizen ersetzt.

Auf Grund von Satz 4.1 wird man versuchen, eine gegebene Matrix $A \in \mathbb{R}^{n \times n}$ durch Orthogonaltransformationen in eine obere Dreiecksmatrix R zu transformieren. Dem entspricht dann eine Zerlegung $A = QR$.

Definition 4.2. *Eine Zerlegung einer Matrix $A \in \mathbb{R}^{n \times n}$ der Form $A = QR$ mit einer orthogonalen Matrix $Q \in \mathbb{R}^{n \times n}$ und einer oberen Dreiecksmatrix $R \in \mathbb{R}^{n \times n}$ heißt QR-Zerlegung von A.*

Wir werden jetzt das *Householder-Verfahren* zur Herstellung einer QR-Zerlegung besprechen. Es basiert geometrisch auf geeigneten Spiegelungen. Wie bei der Gauß-Elimination genügt es, eine lineare Transformation zu finden, die einen Vektor $a \in \mathbb{R}^n \setminus \{0\}$ in ein Vielfaches αe_1 des ersten Einheitsvektors überführt. Ist H eine solche, hier aber *orthogonal* zu wählende Transformation, so gilt

$$\alpha^2 = \|\alpha e_1\|_2^2 = \|Ha\|_2^2 = a^T H^T H a = a^T a = \|a\|_2^2.$$

Deshalb folgt $Ha = \pm\|a\|_2 e_1$ oder mit anderen Worten $\alpha = \pm\|a\|_2$ zwangsläufig, und man kann das Transformationsverhalten von H in einer von e_1, a und dem Nullpunkt definierten Ebene veranschaulichen (siehe Abbildung 4.1). Weil Spiegelungen Orthogonaltransformationen sind, kann man H nach Householder als Spiegelung wählen, die a in $\pm\|a\|_2 e_1$ abbildet. Ist u der Normaleneinheitsvektor auf der Spiegelungsebene S_u, so muss a in $a - 2u \cdot (u^T a)$ übergehen, d.h. man hat a so zu transformieren, dass das Ergebnis einer Matrixmultiplikation mit der Matrix $E - 2uu^T$ entspricht.

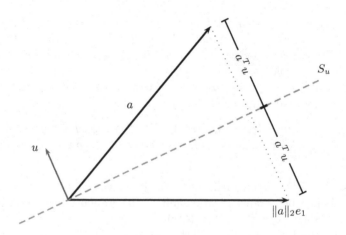

Abb. 4.1. Householder Transformation

Definition 4.3. *Eine Matrix $H \in \mathbb{R}^{n \times n}$ der Form $H = E - 2uu^T$ mit der Einheitsmatrix $E \in \mathbb{R}^{n \times n}$ und einem Vektor $u \in \mathbb{R}^n$ mit $\|u\|_2 = 1$ heißt Householder-Matrix.*

Wegen $H^T = E^T - 2(uu^T)^T = E - 2uu^T = H$ ist jede Householder-Matrix automatisch symmetrisch. Wegen

$$H^T H = HH = (E - 2uu^T)(E - 2uu^T) = E - 4uu^T + 4u(u^T u)u^T = E$$

ist sie ferner auch orthogonal.

Wie ist nun u zu bestimmen? Man hat zwei Möglichkeiten, die Spiegelungsebene zu legen, je nachdem, ob man auf $\|a\|_2 e_1$ oder $-\|a\|_2 e_1$ spiegeln will. Im ersten Fall ist u parallel zu $a - \|a\|_2 e_1$ zu wählen (siehe Abbildung 4.1), was zu

$$u = (a - \|a\|_2 e_1)/\|a - \|a\|_2 e_1\|_2$$

führt. Entsprechend erhält man im zweiten Fall

$$u = (a + \|a\|_2 e_1)/\|a + \|a\|_2 e_1\|_2.$$

Numerisch ist es günstig, das Vorzeichen in $v := a \pm \|a\|_2 e_1$ so zu wählen, dass Auslöschung vermieden wird. Der Vektor v entsteht aus a durch Korrektur der ersten Komponente a_1; man wird also

$$v := a + \text{sign}(a_1)\|a\|_2 e_1 \quad \text{und} \quad u = \frac{v}{\|v\|_2}$$

setzen. Insgesamt erhält man also

$$H = E - \frac{2vv^T}{\|v\|_2^2} = E - cvv^T$$

mit dem angegebenen v und

$$c = 2 \|v\|_2^{-2} = (\|a\|_2^2 + |a_1|\|a\|_2)^{-1},$$

sofern dieses wohldefiniert ist. Die effektive numerische Durchführung der Berechnung von Ha beruht auf der Beobachtung $Ha = (E - 2uu^T)a = a - 2(u^T a)u$, sodass man die Matrix-Vektor-Multiplikation vermeiden kann, indem man zunächst die skalare Größe $2u^T a$ berechnet, diese dann mit dem Vektor u multipliziert und dann das Ergebnis komponentenweise von a abzieht. Auf diese Weise lässt sich der Aufwand auf $\mathcal{O}(n)$ reduzieren.

Kommen wir nun wieder zurück zur eigentlichen Berechnung der QR-Zerlegung einer Matrix $A \in \mathbb{R}^{n \times n}$. Dabei schreiben wir $A = (a_1, \ldots, a_n)$, d.h. $a_j \in \mathbb{R}^n$ soll jetzt die j-te Spalte von A sein.

Satz 4.4. *Jede Matrix $A \in \mathbb{R}^{n \times n}$ lässt sich als Produkt $A = QR$ mit einer Orthogonalmatrix Q und einer oberen Dreiecksmatrix R schreiben.* •

Beweis. Der Beweis ist wieder einmal per Induktion nach n zu führen. Für $n = 1$ ist nichts zu zeigen. Für $n > 1$ wählen wir eine Householder-Matrix $H \in \mathbb{R}^{n \times n}$ mit $Ha_1 = \pm \|a_1\|_2 e_1$ wie gerade beschrieben. Damit geht A über in

$$
HA = \begin{pmatrix} \pm \|a_1\|_2 & * & \cdot & * \\ 0 & & & \\ \vdots & & \widetilde{A} & \\ 0 & & & \end{pmatrix}
$$

mit einer Matrix $\widetilde{A} \in \mathbb{R}^{(n-1) \times (n-1)}$. Die Induktionsvoraussetzung liefert eine orthogonale Matrix $\widetilde{H} \in \mathbb{R}^{(n-1) \times (n-1)}$ mit $\widetilde{H}\widetilde{A} = \widetilde{R}$. Setzen wir

$$
H_1 = \begin{pmatrix} 1 & * & \cdot & * \\ 0 & & & \\ \vdots & & \widetilde{H} & \\ 0 & & & \end{pmatrix},
$$

so folgt, dass $H_1 H A$ eine obere Dreiecksmatrix ist. $\square$

Man wendet also sukzessive Householder-Matrizen immer kleinerer Dimension auf die Restmatrizen an, um eine QR-Zerlegung zu erhalten. Benutzt man das zuvor beschriebene Verfahren und vermeidet so Matrizenmultiplikationen, so benötigt man einen Aufwand von $\mathcal{O}(n^3)$ zur Berechnung der QR-Zerlegung. Zur Speicherung aller relevanten Daten reicht aber der Platz von A nicht ganz aus. Es wird im j-ten Schritt zwar der Platz unterhalb a_{jj} frei, allerdings muss man sich auch für die Transformation $H_j = E - c_j v_j v_j^T$ den Vektor $v_j = (v_{jj}, \dots, v_{nj})^T$ und den Wert c_j merken. Man kann v_j bis auf v_{jj} im unteren Teil von A speichern und sich die Werte v_{jj} in einem getrennten Vektor $v \in \mathbb{R}^n$ merken. Eine genauere Beschreibung zur Bestimmung der QR-Zerlegung ist in Algorithmus 2 gegeben. Er liefert im oberen Teil von A die Matrix R, im Teil unterhalb der Diagonale und im Vektor v die Vektoren v_j und in c die noch benötigten Werte für Q zurück. Die Lösung eines Gleichungssystems $Ax = b$ erfolgt bei gegebener Zerlegung $A = QR$ wegen $Rx = Q^T b$ wieder durch Rückwärtseinsetzen.

Im Gegensatz zu der LR-Zerlegung existiert die QR-Zerlegung immer, selbst wenn die Matrix A singulär ist (sie muss nicht einmal quadratisch sein, doch dazu später mehr). Es soll nun analog zu Satz 2.5 eine Eindeutigkeitsaussage über die QR-Zerlegung gemacht werden. Diese ist später bei der numerischen Behandlung von Eigenwertaufgaben nützlich.

Satz 4.5. *Die Zerlegung $A = QR$ einer nichtsingulären Matrix $A \in \mathbb{R}^{n \times n}$ in das Produkt einer orthogonalen Matrix $Q \in \mathbb{R}^{n \times n}$ und einer oberen Dreiecksmatrix $R \in \mathbb{R}^{n \times n}$ ist eindeutig, wenn die Vorzeichen der Diagonalelemente von R fest vorgeschrieben sind.*

Beweis. Gibt es für A zwei Zerlegungen $A = Q_1 R_1 = Q_2 R_2$ mit orthogonalen Matrizen Q_1, Q_2 und oberen Dreiecksmatrizen R_1, R_2, so folgt

---

Algorithmus 2: Verfahren zur QR-Zerlegung

Input   : $A \in \mathbb{R}^{n \times n}$.

for $j = 1$ **to** $n - 1$ **do**
> $\beta = 0$
> **for** $k = j$ **to** n **do** $\beta = \beta + a_{kj} * a_{kj}$
> $\alpha = \sqrt{\beta}$
> **if** $\alpha = 0$ **then** $v_j = 0$
> **else**
> > $c_j = 1.0/(\beta + \alpha * |a_{jj}|)$
> > **if** $a_{jj} < 0$ **then** $\alpha = -\alpha$
> > $v_j = a_{jj} + \alpha$
> > $a_{jj} = -\alpha$
> > **for** $k = j + 1$ **to** n **do**
> > > $sum = v_j * a_{jk}$
> > > **for** $i = j + 1$ **to** n **do** $sum = sum + a_{ij} * a_{ik}$
> > > $sum = sum * c_j$
> > > $a_{jk} = a_{jk} - v_j * sum$
> > > **for** $i = j + 1$ **to** n **do** $a_{ik} = a_{ik} - a_{ij} * sum$

$S := Q_2^{-1} Q_1 = R_2 R_1^{-1}$, und diese Gleichung ist eine Identität zwischen einer orthogonalen Matrix und einer oberen Dreiecksmatrix. Also ist S eine orthogonale obere Dreiecksmatrix, und wegen $S^{-1} = S^T$ ist S diagonal. Daher kann auf der Diagonalen nur ± 1 stehen. Schreibt man das Vorzeichen der Diagonalelemente von R_1 und R_2 vor, so gilt $S = E$. $\square$

4.2 Pivotisierung und Rangentscheidung

Da Orthogonaltransformationen die Quadratsummen von Vektoren invariant lassen, wird man durch Spaltenvertauschung dafür sorgen, dass stets die Spalte a mit größter Quadratsumme zuerst transformiert wird (*Pivotisierung*). Wenn dann die Rechnung infolge der Bedingung $\|a\|_2^2 \leq \varepsilon$ abbricht, haben alle Spalten der Restmatrix eine Quadratsumme von höchstens ε und die Rechnung kann abgebrochen werden. Dadurch hat man eine praktikable Strategie zur näherungsweisen Feststellung des Rangs der gegebenen Matrix; das Ergebnis wird allerdings stark von der Wahl der Genauigkeitsschranke ε abhängen.

Im theoretischen Extremfall $\varepsilon = 0$ kann man also eine orthogonale Transformation Q und eine Permutation p finden, sodass

$$QAP = \begin{pmatrix} * & * & \ldots & * & * & \ldots & * \\ 0 & * & \ldots & * & * & \ldots & * \\ \vdots & 0 & \ddots & \vdots & \vdots & \ddots & \vdots \\ 0 & 0 & \ldots & * & * & \ldots & * \\ 0 & 0 & \ldots & 0 & 0 & \ldots & 0 \\ \vdots & 0 & \ddots & \vdots & \vdots & \ddots & \vdots \\ 0 & 0 & \ldots & 0 & 0 & \ldots & 0 \end{pmatrix} = \begin{pmatrix} R & B \\ 0 & 0 \end{pmatrix}$$

mit einer nichtsingulären oberen Dreiecksmatrix R und einer Permutations-matrix P gilt. Ein System $Ax = b$ geht dann über in

$$QAx = QAPP^{-1}x = QAPP^T x = Qb,$$

und wenn man $y := P^T x$ und $Qb =: c$ entsprechend zerlegt, hat man

$$\begin{pmatrix} R & B \\ 0 & 0 \end{pmatrix} \begin{pmatrix} y^{(1)} \\ y^{(2)} \end{pmatrix} = \begin{pmatrix} c^{(1)} \\ c^{(2)} \end{pmatrix}. \tag{4.1}$$

Im Falle $c^{(2)} = 0$ ist das gegebene System lösbar durch

$$y^{(1)} = R^{-1}(c^{(1)} - By^{(2)})$$

für beliebige $y^{(2)}$; andernfalls ist es unlösbar. Im Falle $\varepsilon > 0$ kann man dieses Vorgehen näherungsweise praktisch nachvollziehen; eine mathematisch präzisere Methode wird im später folgenden Abschnitt 4.4 über Ausgleichs-rechnung vorgestellt.

4.3 Singulärwertzerlegung einer Matrix

Wie die QR-Zerlegung lässt sich auch die jetzt zu besprechende Singulärwert-zerlegung zur Behandlung von Ausgleichsproblemen benutzen.

Wir betrachten jetzt auch nichtquadratische Matrizen. Dabei soll eine Matrix $\Sigma = (\sigma_{ij}) \in \mathbb{R}^{m \times n}$ eine Diagonalmatrix sein, wenn alle Elemente außer den Diagonalelementen σ_{ii} mit $1 \leq i \leq \min(m, n)$ verschwinden.

Definition 4.6. *Es sei $A \in \mathbb{R}^{m \times n}$. Eine Zerlegung der Form*

$$A = U \Sigma V^T$$

mit orthogonalen Matrizen $U \in \mathbb{R}^{m \times m}$ und $V \in \mathbb{R}^{n \times n}$ und einer Diagonal-matrix $\Sigma \in \mathbb{R}^{m \times n}$ heißt eine Singulärwertzerlegung *von A.*

Geometrisch bedeutet die Singulärwertzerlegung, dass sich die Matrix A in *zwei* geeignet gewählten Orthonormalbasen als reine Streckung schreiben lässt. Die Streckungsfaktoren sind die Einträge in der Diagonalmatrix Σ.

Wir werden die folgenden, aus der linearen Algebra bekannten Tatsachen benutzen. Für eine Matrix $A \in \mathbb{R}^{m \times n}$ gilt, dass ihr Spaltenrang mit ihrem Zeilenrang übereinstimmt, oder mit anderen Worten $\text{Rang}(A) = \text{Rang}(A^T)$. Ferner induziert sie eine lineare Abbildung $A : \mathbb{R}^n \to \mathbb{R}^m$, sodass die Dimensionsformel

$$n = \text{Rang}(A) + \dim \text{Kern}(A) \tag{4.2}$$

gilt, da die Dimension des Bildes von A ja gerade der Rang von A ist. Der Kern

$$\text{Kern}(A) = \{x \in \mathbb{R}^n : Ax = 0\}$$

von A stimmt mit dem Kern von $A^T A$ überein. Ist nämlich $Ax = 0$, so gilt offensichtlich auch $A^T Ax = 0$. Ist andererseits $A^T Ax = 0$, so folgt $0 = x^T A^T Ax = \|Ax\|_2^2$ und damit auch $Ax = 0$. Die Dimensionsformel (4.2) liefert daher auch $\text{Rang}(A^T A) = \text{Rang}(A)$.

Lemma 4.7. *Für eine Matrix $A \in \mathbb{R}^{m \times n}$ gilt $Kern(A) = Kern(A^T A)$ und $Rang(A) = Rang(A^T) = Rang(A^T A) = Rang(AA^T)$.*

Die Matrizen $A^T A \in \mathbb{R}^{n \times n}$ und $AA^T \in \mathbb{R}^{m \times m}$ sind offensichtlich symmetrisch und positiv semi-definit, denn es gilt zum Beispiel die Ungleichung $x^T A^T Ax = \|Ax\|_2^2 \geq 0$ für alle $x \in \mathbb{R}^n$. Als solche besitzen sie nach Satz 3.13 nichtnegative Eigenwerte $\lambda_1 \geq \lambda_2 \geq \ldots \geq \lambda_n \geq 0$ und zugehörige Eigenvektoren $v_1, \ldots, v_n \in \mathbb{R}^n$ mit $A^T Av_j = \lambda_j v_j$ und $v_j^T v_k = \delta_{jk}$. Letzteres bedeutet, dass die Eigenvektoren ein *Orthonormalsystem* des $\mathbb{R}^n$ bilden. Dabei sind genau die ersten $r = \text{Rang}(A)$ Eigenwerte positiv und die verbleibenden Null. Entsprechendes gilt für die Matrix AA^T. Nach Lemma 4.7 muss AA^T ebenfalls genau r positive Eigenwerte haben. Interessant ist nun, dass die positiven Eigenwerte von AA^T gerade die positiven Eigenwerte von $A^T A$ sind und dass die Eigenvektoren ganz einfach zusammenhängen. Um dies zu sehen, definieren wir

$$\sigma_j := \sqrt{\lambda_j} \text{ und } u_j := \frac{1}{\sigma_j} Av_j, \qquad 1 \leq j \leq r.$$

Dann gilt einerseits

$$AA^T u_j = \frac{1}{\sigma_j} AA^T Av_j = \frac{1}{\sigma_j} \lambda_j Av_j = \lambda_j u_j, \qquad 1 \leq j \leq r,$$

und andererseits

$$u_j^T u_k = \frac{1}{\sigma_j \sigma_k} v_j^T A^T Av_k = \frac{\lambda_k}{\sigma_j \sigma_k} v_j^T v_k = \delta_{jk}, \qquad 1 \leq j, k \leq r,$$

Also bilden die $u_1, \ldots, u_r$ ein Orthonormalsystem von Eigenvektoren zu den Eigenwerten $\lambda_1 \geq \lambda_2 \geq \ldots \geq \lambda_r > 0$ der Matrix AA^T. Da diese Matrix aber ebenfalls den Rang r hat und positiv semi-definit ist, müssen alle weiteren

Eigenwerte Null sein. Ergänzen wir das System $\{u_1, \ldots, u_r\}$ zu einer Orthonormalbasis $\{u_1, \ldots, u_m\}$ aus Eigenvektoren und setzen $U := (u_1, \ldots, u_m) \in \mathbb{R}^{m \times m}$ und $V = (v_1, \ldots, v_n) \in \mathbb{R}^{n \times n}$, so haben wir insgesamt

$$Av_j = \sigma_j u_j, \quad 1 \leq j \leq r,$$
$$Av_j = 0, \quad r + 1 \leq j \leq n,$$

per Definition und der Tatsache, dass $\mathrm{Kern}(A) = \mathrm{Kern}(A^T A)$ gilt. Dies lässt sich äquivalenterweise schreiben als

$$AV = U\Sigma$$

mit der Diagonalmatrix $\Sigma = (\sigma_j \delta_{ij}) \in \mathbb{R}^{m \times n}$. Da die Matrizen U und V per Konstruktion orthogonal sind, haben wir den folgenden Satz bewiesen.

Satz 4.8 (Singulärwertzerlegung). *Jede Matrix $A \in \mathbb{R}^{m \times n}$ besitzt eine Singulärwertzerlegung $A = U\Sigma V^T$ mit orthogonalen Matrizen $U \in \mathbb{R}^{m \times m}$ und $V \in \mathbb{R}^{n \times n}$, sowie der Diagonalmatrix $\Sigma = (\sigma_j \delta_{ij}) \in \mathbb{R}^{m \times n}$.*

Setzt man voraus, dass die von Null verschiedenen Einträge von Σ positiv sind, so sind diese durch eine solche Zerlegung eindeutig bestimmt, denn ihre Quadrate müssen wegen

$$A^T A = V\Sigma^T U^T U\Sigma V^T = V\Sigma^T \Sigma V^T \text{ bzw. } AA^T = U\Sigma\Sigma^T U^T$$

gerade die positiven Eigenwerte von $A^T A$ bzw. AA^T sein. Die Matrizen U und V müssen nicht eindeutig sein, da Eigenwerte mit mehrfacher Vielfachheit auftreten können. Ist $A \in \mathbb{R}^{n \times n}$ selber quadratisch und symmetrisch, so gilt $\sigma_j = |\mu_j|$, sofern μ_j ein Eigenwert von A ist.

Definition 4.9. *Die positiven Werte $\sigma_j > 0$, die in der Singulärwertzerlegung der Matrix A in Satz 4.8 auftreten, heißen* Singulärwerte von A.

Zur konkreten Berechnung einer Singulärwertzerlegung benötigt man effiziente Verfahren zur Bestimmung von Eigenwerten und Eigenvektoren. Wir werden in Kapitel 15 ganz allgemein solche Verfahren untersuchen.

4.4 Lineare Ausgleichsrechnung

Liegt ein System $Ax = b$ mit einer möglicherweise singulären quadratischen Matrix A vor oder ist das System *überbestimmt*, d.h.

$$b \in \mathbb{R}^m, \ A \in \mathbb{R}^{m \times n} \text{ mit } m > n,$$

so kann man versuchen, den Vektor $x \in \mathbb{R}^n$ so zu berechnen, dass die euklidische Länge $\|Ax - b\|_2$ des *Residuums* $Ax - b$ minimal wird. Weil dieses

Vorgehen die Fehlerquadratsumme minimiert, spricht man nach Gaußauch von der *Methode der kleinsten Quadrate*. Setzt man $m \geq n$ voraus, so fallen diese beiden Probleme zusammen, und wir suchen einen Vektor $x^* \in \mathbb{R}^n$ mit

$$\|Ax^* - b\|_2 = \inf_{x \in \mathbb{R}^n} \|Ax - b\|_2. \tag{4.3}$$

Ein solcher Vektor kann natürlich nur bis auf Elemente aus dem Kern von A eindeutig bestimmt sein. Da orthogonale Transformationen die euklidische Norm invariant lassen, bieten sich sowohl die QR-Zerlegung als auch die Singulärwertzerlegung an, solche Ausgleichsprobleme zu studieren.

Hat man eine Singulärwertzerlegung $A = U \Sigma V^T$ mit orthogonalen Matrizen U und V und setzt man $y := V^T x \in \mathbb{R}^n$ und $c := U^T b \in \mathbb{R}^m$, so folgt

$$\|Ax - b\|_2^2 = \|U \Sigma V^T x - UU^T b\|_2^2 = \|\Sigma y - c\|_2^2 = \sum_{j=1}^{r} (\sigma_j y_j - c_j)^2 + \sum_{j=r+1}^{m} c_j^2,$$

wobei wir wieder $r = \text{Rang}(A)$ gesetzt haben. Um den letzten Ausdruck zu minimieren, muss man also $y_j = c_j/\sigma_j$ für $1 \leq j \leq r$ wählen.

Satz 4.10. *Eine allgemeine Lösung des linearen Ausgleichsproblems (4.3) ist gegeben durch*

$$x = \sum_{j=1}^{r} \frac{c_j}{\sigma_j} v_j + \sum_{j=r+1}^{m} \alpha_j v_j =: x^+ + \sum_{j=r+1}^{m} \alpha_j v_j.$$

Hierbei bezeichnen σ_j die Singulärwerte der Matrix A und v_j die Spalten der bei der Singulärwertzerlegung auftretenden Matrix V. Ferner ist $c = U^T b$, und die α_j sind frei wählbar. Unter allen möglichen Lösungen ist x^+ die Lösung mit minimaler euklidischer Norm.

Beweis. Die Darstellung der allgemeinen Lösung folgt aus $x = Vy$. Die Lösung x^+ hat minimale Norm, denn es gilt für eine allgemeine Lösung sofort $\|x\|_2^2 = \|x^+\|_2^2 + \sum_{j=r+1}^{m} \alpha_j^2 \geq \|x^+\|_2^2$, da die v_j ein Orthonormalsystem bilden. $\square$

Man kann das lineare Ausgleichsproblem (4.3) auch mit der QR-Zerlegung lösen. Das wollen wir hier etwas allgemeiner in der Situation von Abschnitt 4.2 machen. Rechnet man die QR-Zerlegung mit Pivotisierung und Fehlerschranke $\varepsilon > 0$, so erhält man analog zu (4.1) eine Zerlegung der Form

$$QAP = \begin{pmatrix} R & B \\ 0 & C \end{pmatrix}.$$

Dabei ist $Q \in \mathbb{R}^{m \times m}$ orthogonal, $P \in \mathbb{R}^{n \times n}$ eine Permutationsmatrix und R eine obere Dreiecksmatrix mit nicht verschwindenden Diagonalelementen.

Die Matrix C kann wegen $\varepsilon > 0$ auftreten, sollte aber "klein" sein. Schreiben wir wieder $y = P^T x = (y^{(1)}, y^{(2)})^T$ und $c = Qb = (c^{(1)}, c^{(2)})^T$, so erhalten wir wieder

$$\|Ax - b\|_2^2 = \|QAPP^T x - Qb\|_2^2 = \left\| \begin{pmatrix} R & B \\ 0 & C \end{pmatrix} y - c \right\|_2^2$$
$$= \|Ry^{(1)} + By^{(2)} - c^{(1)}\|_2^2 + \|Cy^{(2)} - c^{(2)}\|_2^2.$$

Ist der Rang von A gleich n und gibt es keine Pivotisierungsprobleme, so sind B und C nicht vorhanden, und man hat $y^{(1)}$ als Lösung von $Ry^{(1)} = c^{(1)}$ zu bestimmen. Für beliebiges $y^{(2)}$ erhält man dann die Lösung $x = Py$. Bei unexakter Rechnung und Rang $(A) < n \leq m$ kann man $y^{(2)}$ nicht beliebig wählen, weil der Term $\|Cy^{(2)} - c^{(2)}\|_2^2$ den Fehler $\|Ax - b\|_2^2$ bestimmt. In der Regel gilt aber $\|c^{(2)}\|_2 \gg \|C\|_2$, und $\|C\|_2$ liegt in der Größenordnung der Maschinengenauigkeit. Dann kann man sich auf C nicht verlassen und ignoriert den Term $\|Cy^{(2)} - c^{(2)}\|_2^2$ einfach, indem man z.B. $y^{(2)} = 0$ setzt. Anschließend kann man $y^{(1)}$ wieder wie eben berechnen.

Schließlich kann man auch versucht sein, das Ausgleichsproblem (4.3) analytisch zu lösen. Dazu muss man die Funktion

$$f(x) = \|Ax - b\|_2^2 = x^T A^T Ax - 2b^T Ax + b^T b$$

minimieren.

Satz 4.11. *Die Matrix $A \in \mathbb{R}^{m \times n}$ habe vollen Rang $n \leq m$. Dann hat das Problem (4.3) genau eine Lösung x^*, die durch die Normalgleichungen*

$$A^T Ax = A^T b \tag{4.4}$$

eindeutig bestimmt ist.

Beweis. Da A den Rang n hat, wissen wir bereits, dass es nur eine Lösung geben kann, da alle Lösungen sich nur um Elemente aus dem Kern von A unterscheiden. Aus der Analysis weiß man, dass ein Extremalpunkt von f verschwindenden Gradienten haben muss, d.h. es muss gelten $\frac{\partial f}{\partial x_j}(x^*) = 0$ für $1 \leq j \leq n$. Dies entspricht aber gerade (4.4). $\square$

Nach Lemma 4.7 hat mit A auch $A^T A \in \mathbb{R}^{n \times n}$ den Rang n und ist somit invertierbar. Man könnte also die Lösung des Minimierungsproblems via

$$x^* = (A^T A)^{-1} A^T b$$

ausrechnen. Dies ist aber im Vergleich zur Singulärwertzerlegung oder QR-Zerlegung numerisch ausgesprochen ungünstig. Denn hat A die Singulärwerte $\sigma_1 \geq \sigma_2 \geq \ldots \geq \sigma_n > 0$, so ist die Kondition von $A^T A$ bzgl. der euklidischen Norm gegeben durch

$$\kappa_2(A^T A) = \sigma_1^2 / \sigma_n^2,$$

denn die Quadrate der Singulärwerte von A sind gerade die Eigenwerte von $A^T A$. Hat man dagegen eine Singulärwertzerlegung $A = U \Sigma V^T$, so muss man das System $\Sigma y = c$ lösen, was nur die Kondition

$$\kappa_2(\Sigma) = \sigma_1/\sigma_n$$

hat. Entsprechendes gilt im Fall einer QR-Zerlegung. Man hat also bei Benutzung der Normalgleichungen als Kondition das Quadrat der Kondition, die bei Verwendung einer Singulärwert- oder QR-Zerlegung auftritt. Deshalb muss von der numerischen Lösung der Normalgleichungen dringend abgeraten werden, wenn nicht aus anderen Quellen bekannt ist, dass die Kondition der Normalgleichungen klein ist.

Hat man eine Singulärwertzerlegung $A = U \Sigma V^T$ einer Matrix $A \in \mathbb{R}^{m \times n}$, deren Rang möglicherweise kleiner als n ist, so kann man leicht eine übersichtliche Regularisierung des Ausgleichsproblems durchführen. Zu einer vorgebbaren Genauigkeitsschranke $\varepsilon \geq 0$ löst man das System $\Sigma y = c = U^T b$ näherungsweise durch

$$y_j(\varepsilon) = \begin{cases} c_j/\sigma_j, & \text{falls } |\sigma_j| \geq \varepsilon, \\ 0, & \text{sonst.} \end{cases}$$

Die zugehörige Näherungslösung $x(\varepsilon) = V y(\varepsilon)$ hat dann wegen der Orthogonalität von V und U die Eigenschaft, dass $\|Ax(\varepsilon) - b\|_2^2$ mit ε schwach monoton steigt, $\|x(\varepsilon)\|_2^2$ aber schwach monoton fällt. Das kann der Anwender ausnutzen, um ein tolerables ε zu finden. Für positive ε wird dadurch statt $A = U \Sigma V^T$ eine Singulärwertzerlegung $A_\varepsilon = U \Sigma_\varepsilon V^T$ mit

$$e_i^T \Sigma_\varepsilon e_j = \begin{cases} \sigma_i, & \text{falls } i = j \text{ und } |\sigma_i| \geq \varepsilon, \\ 0, & \text{sonst} \end{cases}$$

verwendet, und das entspricht einem (i.Allg. kleinen) künstlichen Verfahrensfehler, der als Eingangsfehler gedeutet werden kann. Der Übergang zu A_ε entspricht der Lösung eines Ausgleichsproblems niedrigerer Dimension, bei dem dann die Kondition σ_1/ε vorliegt. Man sieht hier exemplarisch, wie durch geringfügige Modifikation eines schlecht gestellten oder schlecht konditionierten Problems eine *Regularisierung* durchgeführt wird, die allerdings auf Kosten eines zusätzlichen Verfahrensfehlers ε geht.

4.5 Aufgaben

4.1 Bei der linearen Regression geht es darum, für gemessene Wertepaare $(x_1, y_1), \ldots, (x_n, y_n)$, für die man einen linearen Zusammenhang vermutet, eine Gerade gemäß der Methode der kleinsten Quadrate zu bestimmen. Mit dem Ansatz $s(x) = ax + b$ muss man also a und b so bestimmen, dass

$$\sum_{j=1}^{n}(y_j - ax_j - b)^2$$

minimal wird. Stellen Sie die zugehörigen Normalgleichungen auf und bestimmen Sie explizite Formeln für a und b.

4.2 Man zeige für die Regularisierung bei der Singulärwertzerlegung, dass $\|A - A_\varepsilon\|_2 \le \varepsilon$ gilt.

4.3 Zeigen Sie, dass jede *komplexe* Matrix $A \in \mathbb{C}^{n \times n}$ eine QR-Zerlegung mit unitärer Matrix $Q \in \mathbb{C}^{n \times n}$ und oberer Dreiecksmatrix $R \in \mathbb{C}^{n \times n}$ besitzt. Zeigen Sie, dass diese Zerlegung eindeutig ist, wenn man für die Diagonalelemente r_{jj} von R die Phase, also ϕ_j in $r_{jj} = |r_{jj}|e^{i\phi_j}$, vorschreibt.

4.4 Ist bei dem Gleichungssystem $Ax = b$ mit invertierbarer Matrix $A \in \mathbb{R}^{n \times n}$ und rechter Seite $b \in \mathbb{R}^n$ die Matrix A sehr schlecht konditioniert, so kann man ersatzweise das *regularisierte Problem*

$$\min_{x \in \mathbb{R}^n} \|Ax - b\|_2^2 + \varepsilon \|x\|_2^2$$

mit $\varepsilon > 0$ lösen. Man spricht dann von *Tychonoff-Regularisierung*. Zeigen Sie, dass die Lösung x^* gegeben ist durch

$$A^T Ax^* + \varepsilon x^* = A^T b.$$

Wie wird x^* numerisch berechnet?

4.5 Es bezeichne $GL(n)$ die Menge der invertierbaren, reellwertigen, $(n \times n)$-Matrizen. Wir betrachten die Abbildung $f : GL(n) \to GL(n)$, die folgendermaßen definiert ist. Ist die Matrix $A \in \mathbb{R}^{n \times n}$ invertierbar und $A = QR$ die eindeutig bestimmte QR-Zerlegung, wobei die Diagonalelemente von R positiv sein sollen, so setzen wir $f(A) = Q$. Zeigen Sie, dass f stetig ist.

5 Lineare Optimierung

Dieses Kapitel behandelt die bei industriellen Planungsaufgaben auftretenden *linearen Programme*. Dabei ist das *Optimum* einer linearen Kosten- oder Nutzenfunktion über einem polyedrischen Bereich *zulässiger Punkte* zu berechnen. Es wird bewiesen, dass das Optimum, wenn es existiert, in einer *Ecke* der Menge zulässiger Punkte angenommen wird. Das *Simplexverfahren* bewegt sich dann im zulässigen Bereich von Ecke zu Ecke, um das Optimum praktisch zu berechnen.

5.1 Lineare Programme in Normalform

Betrachten wir ein einführendes Beispiel. Ein Textilfabrikant will Pullover produzieren. Das Modell 1 hat zweimal so hohe Materialkosten wie Modell 2, weil es aus einem hochwertigen Wolle-Seide-Garn gearbeitet ist. Dagegen erfordert Modell 2 wegen eines komplizierten Strickmusters einen zweieinhalbmal so großen Personaleinsatz und verursacht fünfmal so hohe Maschinenkosten wie das ungemusterte Modell 1. Die Verkaufserlöse der Modelle verhalten sich wie 4 : 5. Werden von Modell i in einem festen Zeitraum x_i Exemplare produziert, so ergeben sich in geeignet gewählten Maßeinheiten für die jeweiligen Unkosten die Bedingungen

$$2x_1 + x_2 \leq 440, \quad \text{(Materialkosten)}$$
$$8x_1 + 20x_2 \leq 2400, \quad \text{(Personaleinsatz)}$$
$$x_1 + 5x_2 \leq 500, \quad \text{(Maschineneinsatz)}$$

wenn der Fabrikant seine Ressourcen an Personal, Maschinen und Material als feste Begrenzungen ansetzt. Der Gewinn ist durch die Funktion $4x_1 + 5x_2$ gegeben; gesucht ist das Maximum dieser Funktion unter den obigen drei Nebenbedingungen.

Definition 5.1. *Ein* lineares Optimierungsproblem (lineares Programm) *besteht aus der Minimierung oder Maximierung einer linearen reellwertigen* Zielfunktion *auf dem* $\mathbb{R}^n$ *unter einer endlichen Anzahl von linearen Gleichungen oder Ungleichungen als* Nebenbedingungen. *Die Punkte des* $\mathbb{R}^n$, *die alle Nebenbedingungen erfüllen, bilden die* zulässige Menge.

Durch geeignete Wahl des Vorzeichens der Zielfunktion lässt sich die Maximierung in eine Minimierung umwandeln und somit ohne Einschränkung als lineare Funktion

$$p^T x \Rightarrow \text{Minimum} \tag{5.1}$$

mit festem $p \in \mathbb{R}^n$ schreiben. Lineare Gleichungen als Nebenbedingungen haben die Form

$$Ax = b \tag{5.2}$$

mit $b \in \mathbb{R}^m$ und einer Matrix $A \in \mathbb{R}^{m \times n}$, während sich lineare Ungleichungen durch Multiplikation mit $+1$ oder -1 immer als

$$Bx \leq c \tag{5.3}$$

mit einer Matrix $B \in \mathbb{R}^{k \times n}$ und einem Vektor $c \in \mathbb{R}^k$ zusammenfassen lassen. Dabei ist die Relation $\leq$ zwischen Vektoren stets *komponentenweise* gemeint.

Um die Untersuchung solcher linearer Optimierungsprobleme zu vereinfachen und die unbequeme allgemeine Form der Ungleichungen zu beseitigen, führt man für (5.3) nichtnegative *Schlupfvariablen* $y_1 \geq 0, \ldots, y_k \geq 0$ ein und schreibt das System in Gleichungsform

$$(B, E) \begin{pmatrix} x \\ y \end{pmatrix} = c.$$

Um alles in einem System zu schreiben, muss man p aus (5.1) durch Nullen zu einem Vektor im $\mathbb{R}^{n+k}$ erweitern. Sinngemäßes gilt für die Matrix A in (5.2). Dies ist aber noch nicht die optimale Darstellung, da ein Teil der Variablen vorzeichenbeschränkt ist, der andere aber nicht. Um auch das noch zu vereinheitlichen, zerlegt man $x \in \mathbb{R}^n$ einfach in $x = x^+ - x^-$, wobei die neuen Vektoren die Komponenten

$$x_i^+ := \max(0, \ x_i) \geq 0, \qquad 1 \leq i \leq n,$$
$$x_i^- := \max(0, -x_i) \geq 0, \qquad 1 \leq i \leq n,$$

haben. Man erhält schließlich insgesamt das Problem

$$(p^T, -p^T, 0) \begin{pmatrix} x^+ \\ x^- \\ y \end{pmatrix} \Rightarrow \text{Minimum},$$

unter den Nebenbedingungen

$$\begin{pmatrix} A & -A & 0 \\ B & -B & E \end{pmatrix} \begin{pmatrix} x^+ \\ x^- \\ y \end{pmatrix} = \begin{pmatrix} b \\ c \end{pmatrix}, \qquad \begin{pmatrix} x^+ \\ x^- \\ y \end{pmatrix} \geq 0.$$

Eine Lösung dieses Systems ist wegen $x = x^+ - x^-$ und $y \geq 0$ auch eine Lösung des ursprünglichen Problems und umgekehrt. Ferner sind die zulässigen Mengen beider Probleme leicht ineinander überführbar. Der Hauptvorteil dieser Schreibweise liegt darin, dass die Ungleichungen nur noch als *Vorzeichenbeschränkungen* auftreten.

Satz 5.2. *Jedes lineare Programm lässt sich durch Einführung von Schlupf-variablen und Vorzeichenbeschränkungen in die* Normalform

$$
\begin{aligned}
p^T x &\Rightarrow Minimum, & p &\in \mathbb{R}^n, \\
Ax &= b, & b &\in \mathbb{R}^m, \ A \in \mathbb{R}^{m \times n}, \\
x &\geq 0 & & komponentenweise
\end{aligned}
\tag{5.4}
$$

bringen.

In der Praxis, besonders bei industriellen Planungsaufgaben, sind lineare Optimierungsprobleme mit sehr vielen Variablen und Nebenbedingungen zu lösen. Diese bringt man in der Regel nicht auf Normalform, weil das die Probleme zu sehr vergrößert. Man kann die Lösungsverfahren für solche Aufgaben nämlich auch ohne Reduktion auf Normalform formulieren; das Verständnis der Grundprinzipien wird aber durch die Einführung der Normalform sehr erleichtert. Ohnehin verwendet man zur numerischen Lösung großer Optimierungsaufgaben besser die von der Industrie angebotenen ausgefeilten Programmsysteme.

5.2 Polyeder und Ecken

Die Menge der zulässigen Lösungen eines linearen Programms in Normalform ist gegeben durch das *Polyeder*

$$
M = \{x \in \mathbb{R}^n : Ax = b, x \geq 0\},
\tag{5.5}
$$

und wir wollen jetzt einige wichtige Aussagen über Polyeder beweisen. Doch zuvor betrachten wir ein Beispiel. Im Falle $n = 3$ und $m = 1$ ist die zulässige Menge $M_1 := \{x \in \mathbb{R}^3 : a^T x = b, \ x \geq 0\}$ bei einem gegebenem $a \in \mathbb{R}^3 \setminus \{0\}$ und einem $b \in \mathbb{R}$ gerade der Schnitt des positiven Oktanten im $\mathbb{R}^3$ mit der Hyperebene der $x \in \mathbb{R}^3$ mit $a^T x = b$, siehe Abbildung 5.1, links. Offensichtlich hat M_1 drei Ecken der Form $x^1 = (\xi_1, 0, 0)$, $x^2 = (0, \xi_2, 0)$, $x^3 = (0, 0, \xi_3)$ und besteht aus dem dadurch "aufgespannten" Polyeder. Bei ungünstiger Wahl von a und b kann M_1 natürlich leer oder aber unbeschränkt sein.

Fügt man eine zweite Gleichung hinzu, so ist M_1 mit einer zweiten Hyperebene $c^T x = d$ mit $c \in \mathbb{R}^3$, $d \in \mathbb{R}$ zu schneiden, und es resultiert (siehe Abbildung 5.1, rechts) bei geeigneter Wahl von c und d eine Teilgerade von M_1 als zulässige Menge $M_2 := \{x \in \mathbb{R}^3 : x \geq 0, \ a^T x = b, \ c^T x = d\}$. Diese wird von 2 Ecken der Form $(\xi_1, \xi_2, 0)$ oder $(\xi_1, 0, \xi_3)$ oder $(0, \xi_2, \xi_3)$ aufgespannt.

Dies lässt vermuten, dass die zulässige Menge eines linearen Optimierungsproblems in Normalform sich als "von Ecken aufgespanntes Polyeder" schreiben lässt. Die "Ecken" sind Punkte mit $n - m$ verschwindenden Komponenten. Dies wollen wir nun präzisieren. Dabei spielen *konvexe Mengen* und *Konvexkombinationen* eine wichtige Rolle. Man beachte z.B., dass mit

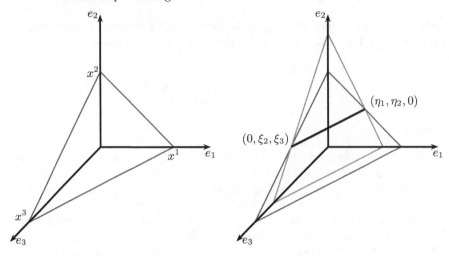

Abb. 5.1. Polyeder im $\mathbb{R}^3$

zwei zulässigen Punkten $x, y \in M$ auch alle Punkte auf der Strecke zwischen x und y, also alle Punkte der Form

$$\lambda x + (1 - \lambda)y, \qquad 0 \leq \lambda \leq 1,$$

zu M gehören. Eine Menge, die diese Eigenschaft hat, wird *konvex* genannt.

Wir wollen u.a. zeigen, dass eine zulässige Menge durch ihre Ecken aufgespannt wird. Dabei liegt es nahe, den Begriff Ecke folgendermaßen zu definieren.

Definition 5.3. *Ist M eine nichtleere, konvexe Teilmenge des $\mathbb{R}^n$, so wird $x \in M$ eine Ecke von M genannt, sofern x nicht im Inneren einer Verbindungsstrecke in M liegt, d.h. falls für jede Strecke*

$$[y, z] := \{\lambda y + (1 - \lambda)z : \lambda \in [0, 1]\} \subseteq M$$

mit $x \in [y, z]$ stets $x = y$ oder $x = z$ folgt.

Diese allgemeine "geometrische" Definition von Ecken ist nun auf die Menge M der zulässigen Lösungen anzuwenden. Da das Beispiel am Anfang dieses Abschnitts gezeigt hat, dass es auf die von Null verschiedenen Komponenten einer Ecke $x \in M$ ankommt, wird zu jedem $x \in \mathbb{R}^n$ die Indexmenge

$$I_x := \{j \in \{1, \ldots, n\} : x_j \neq 0\}$$

definiert und untersucht, wie diese Menge aussieht, wenn $x \in M$ eine Ecke ist. Dazu benutzen wir die folgende Notation. Ist $A \in \mathbb{R}^{m \times n}$ gegeben, so seien $a^i \in \mathbb{R}^m$, $1 \leq i \leq n$, die Spalten von A und $A_x = (a^i)_{i \in I_x}$ die Matrix, die aus A durch Auswahl der Spalten a^i mit $i \in I_x$ entsteht. Entsprechend bezeichnet x_x den Vektor, der nur die nicht verschwindenden Komponenten von x enthält also $x_x = (x_i)_{i \in I_x}$. Dies ist in sofern sinnvoll, da nur diese Komponente zum Gleichungssystem beitragen. Schließlich gilt für $x \in M$:

$$b = Ax = \sum_{i=1}^{n} a^i x_i = \sum_{i \in I_x} a^i x_i = A_x x_x.$$

Wichtig ist auch folgender Zusammenhang. Ist $x \in M$ keine Ecke, gibt es also $y, z \in M$ und $\lambda \in (0,1)$ mit $x = \lambda y + (1 - \lambda)z$, so folgen aus der Nichtnegativität von x, y und z sofort die Inklusionen $I_y, I_z, I_{y-z} \subseteq I_x$, denn aus $x_j = 0$ folgt sofort $y_j = z_j = 0$. Damit erhalten wir folgenden Charakterisierungssatz.

Satz 5.4. *Ein Punkt x der zulässigen Menge (5.5) ist genau dann Ecke, wenn die Vektoren $a^i \in \mathbb{R}^m$, $i \in I_x$, linear unabhängig sind. Letzteres ist äquivalent zu $Rang(A_x) = |I_x|$, wobei $|I_x|$ die Kardinalität der Menge I_x bezeichnet.*

Beweis. Ist x keine Ecke von M, so liegt x im Inneren einer Verbindungsstrecke $[y, z] \subseteq M$, und wir haben uns gerade die Inklusion $I_{y-z} \subseteq I_x$ überlegt. Hieraus folgt dann aber $0 = b - b = A(y - z) = A_x(y - z)_x$ und damit, da $(y - z)_x \neq 0$, die lineare Abhängigkeit der Spalten in A_x.

Sind andererseits die Spalten linear abhängig, so gibt es ein $\widetilde{y} \neq 0$ mit $A_x \widetilde{y} = 0$ und wir können dieses $\widetilde{y}$ durch Nullen zu einem Vektor $y \in \mathbb{R}^n$ mit $y_x = \widetilde{y}$ ergänzen. Wir haben also insbesondere $I_y \subseteq I_x$. Daher können wir ein hinreichend kleines $\varepsilon > 0$ finden, sodass die Elemente $x_\varepsilon^+ = x + \varepsilon y$ und $x_\varepsilon^- = x - \varepsilon y$ komponentenweise nichtnegativ sind. Da sie ferner

$$A x_\varepsilon^\pm = Ax \pm \varepsilon Ay = b \pm \varepsilon A_x \widetilde{y} = b$$

erfüllen, gehören sie sogar zu M. Nun ist aber x Mittelpunkt der Verbindungsstrecke $[x_\varepsilon^+, x_\varepsilon^-]$ und damit insbesondere keine Ecke. $\square$

Ist x eine Ecke von M, so kann man aus dem System $Ax = A_x x_x = b$ stets eindeutig den Vektor x_x berechnen, wenn man nur I_x kennt, denn das System $A_x x_x = b$ ist lösbar und hat Maximalrang. Jede Ecke x ist also bereits durch ihre ganzzahlige Indexmenge I_x *eindeutig* festgelegt. Da es nur endlich viele Möglichkeiten gibt, aus den n Spalten von A linear unabhängige Spalten auszuwählen, hat M auch nur endlich viele Ecken.

Zu klären bleibt, ob eine nichtleere zulässige Menge M der Form (5.5) überhaupt Ecken hat. Da die bisherigen Überlegungen zeigen, dass jede Nicht-Ecke x im Inneren einer Strecke $[y, z]$ mit $I_y, I_z \subseteq I_x$ liegt und deshalb zu Punkten y und z mit eventuell kleineren Indexmengen führt, wird man als Kandidaten für eine Ecke ein $x \in M$ wählen mit *minimaler* Indexmenge I_x. Ist so ein x keine Ecke, so folgt $x = \lambda y + (1 - \lambda)z$ mit $y, z \in M$ und $\lambda \in (0,1)$. Dies bedeutet $I_y, I_z \subseteq I_x$ sowie $A_x(y - z)_x = 0$ und $(y - z)_x \neq 0$. Wir können dabei ohne Einschränkung annehmen, dass mindestens eine Komponente von

$(y - z)_x$ negativ ist; ansonsten vertauschen wir einfach y und z. Ganz ähnlich wie eben betrachten wir dann die Punkte $x + \varepsilon(y - z)$ für $\varepsilon > 0$. Allerdings wählen wir diesmal $\varepsilon > 0$ genauer so, dass nicht nur $x_j + \varepsilon(y_j - z_j) \geq 0$ für alle $j \in I_x$ gilt sondern auch $x_k + \varepsilon(y_k - z_k) = 0$ für mindestens ein $k \in I_x$. Die richtige Wahl von ε ist offensichtlich gegeben durch

$$\varepsilon = \min\left\{-\frac{x_j}{y_j - z_j} : j \in I_x, \ y_j - z_j < 0\right\}.$$

Der Punkt $u := x + \varepsilon(y - z)$ liegt dann in M und erfüllt $|I_u| < |I_x|$, was unmöglich ist. Also ist jedes $x \in M$ mit minimaler Indexmenge I_x eine Ecke (vgl. Abbildung 5.1).

Die gleiche Beweisidee liefert, dass eine lineare Funktion $p^T x$ auf M ihr Minimum in einer Ecke annimmt, wenn sie es überhaupt annimmt. Man wähle dann nämlich unter allen Punkten $x \in M$ mit

$$p^T x \leq p^T y \qquad \text{für alle } y \in M$$

einen mit kleinster Indexmenge I_x. Ist dieser Punkt x keine Ecke, so bildet man wie oben ein $u \in M$ mit $|I_u| < |I_x|$ und ein $v \in M$ mit $x = \lambda u + (1 - \lambda)v$, $\lambda \in (0, 1)$. Dann folgt

$$p^T x = \lambda p^T u + (1 - \lambda)p^T v,$$

und deshalb liegt $p^T x$ zwischen $p^T u$ und $p^T v$. Weil $p^T x$ minimal ist, stimmt $p^T x$ mit $p^T u$ und $p^T v$ überein und man erhält einen Widerspruch, weil auch $p^T u$ minimal ist und $|I_u| < |I_x|$ gilt. Zusammengefasst ergibt sich der folgende, für die lineare Optimierung fundamentale Satz.

Satz 5.5. *Ein nichtleeres Polyeder M der Form (5.5) hat höchstens endlich viele Ecken. Diese sind durch ihre Indexmengen eindeutig bestimmt. Nimmt eine lineare Zielfunktion auf M ihr Minimum an, so nimmt sie es auch auf einer Ecke an. Ist ein lineares Optimierungsproblem auf M lösbar, so ist eine Ecke von M unter den Lösungen.*

Ist die Menge M der zulässigen Lösungen zusätzlich beschränkt, so besitzt das Minimierungsproblem (5.1) mindestens eine Lösung. Denn als abgeschlossene und nun auch beschränkte Teilmenge des $\mathbb{R}^n$ ist M kompakt und die stetige Funktion $f(x) = p^T x$ nimmt darauf ihr Minimum an.

Zum Schluss dieses Abschnittes wollen wir noch einmal zu der bereits mehrfach erwähnten Tatsache zurückkommen, dass die Menge M durch ihre Ecken "erzeugt" wird.

Definition 5.6. *Seien $y^1, \ldots, y^m \in \mathbb{R}^n$ gegeben. Die Menge*

$$S(y^1, \ldots, y^m) := \left\{x = \sum_{i=1}^{m} \lambda_i y^i : \lambda_i \in [0, 1], \ \sum_{i=1}^{m} \lambda_i = 1\right\}$$

heißt der von $y^1, \ldots, y^m$ aufgespannte Simplex. Die Punkte $x \in S(y^1, \ldots, y^m)$ heißen Konvexkombinationen von $y^1, \ldots, y^m$.

Satz 5.7. *Ist die zulässige Menge M aus (5.5) beschränkt, so stimmt sie mit dem von ihren Ecken aufgespannten Simplex überein.*

Beweis. Da der von den Ecken von M aufgespannte Simplex offensichtlich in M liegt, müssen wir nur zeigen, dass sich jedes $x \in M$ als Konvexkombination der Ecken von M schreiben lässt. Sei also $x \in M$ mit $r = |I_x|$. Wir führen eine Induktion nach r. Für $r = 0$ ist A_x leer und nach Satz 5.4 ist x eine Ecke. Ist $r > 0$ und sind die Vektoren a^j, $j \in I_x$, linear unabhängig, so ist x ebenfalls Ecke. Andererseits können wir wieder, wie bereits mehrfach ganz ähnlich durchgeführt, zulässige Punkte $y, z \in M$ finden, sodass x im Inneren der Strecke $[y, z]$ liegt. Der Vektor $w := y - z \in \mathbb{R}^n$ erfüllt $Aw = 0$ und muss sowohl positive als auch negative Komponenten haben. Ist nämlich andererseits z.B. $w \geq 0$, so gehört jeder der Punkte $x + tw$, $t \geq 0$, zu M, was im Widerspruch zur Beschränktheit von M steht. Daher können wir $\varepsilon_1 > 0$ und $\varepsilon_2 > 0$ bestimmen, sodass die Punkte $u = x + \varepsilon_1 w$ und $v = x - \varepsilon_2 w$ beide in M liegen und $|I_u|, |I_v| < r$ erfüllen. Nach Induktionsvoraussetzung sind u und v Konvexkombinationen der Ecken $y^1, \ldots, y^N$ von M. Es gibt also $\alpha, \beta \in [0,1]^N$ mit $\|\alpha\|_1 = \|\beta\|_1 = 1$ und $u = \sum \alpha_j y^j$ bzw. $v = \sum_j \beta_j y^j$. Damit hat aber x wegen $x = \lambda u + (1 - \lambda)v$ mit $\lambda = \varepsilon_2/(\varepsilon_1 + \varepsilon_2) \in (0,1)$ die Darstellung

$$x = \lambda \sum_{j=1}^N \alpha_j y^j + (1 - \lambda) \sum_{j=1}^N \beta_j y^j = \sum_{j=1}^N (\lambda \alpha_j + (1 - \lambda)\beta_j) y^j$$

und die dabei auftretenden Koeffizienten sind nichtnegativ und summieren sich zu Eins. □

5.3 Das Simplexverfahren

Die Lösung eines lösbaren linearen Optimierungsproblems kann nach Satz 5.5 durch Finden einer Ecke mit kleinstem Zielfunktionswert erfolgen. Weil Ecken durch Indexmengen eindeutig definiert sind, kann man von Ecke zu Ecke gehen, indem man Indizes aus den entsprechenden Indexmengen austauscht. Man nennt die im Folgenden sich ergebende Strategie zum Eckenaustausch auch *Simplexverfahren*, da sich die Menge M nach Satz 5.7 als von ihren Ecken aufgespanntes Simplex schreiben lässt.

Zur Vereinfachung wollen wir von nun an annehmen, dass unsere Matrix $A \in \mathbb{R}^{m \times n}$ mit $m \leq n$ vollen Rang m hat. Dies ist oft ganz automatisch erfüllt, z.B. wenn man m Schlupfvariablen einführt. Wir werden aber später noch genauer auf diese Annahme eingehen.

Ist x ein zulässiger Punkt mit $|I_x| = m$, so ist x automatisch Ecke. Es kann aber auch Ecken mit $|I_x| < m$ geben. Diese beiden Formen von Ecken unterscheiden sich im Folgenden wesentlich.

Definition 5.8. *Hat* $A \in \mathbb{R}^{m \times n}$ *den Rang* m, *so heißt eine Ecke* $x \in M$ *entartet, falls* $|I_x| < m$ *gilt. Andernfalls heißt sie* nicht entartet.

Im Fall einer entarteten Ecke werden wir die Indexmenge durch weitere Indizes zu einer Indexmenge $X \supseteq I_x$ der Kardinalität m so auffüllen, dass die Matrix A_X bestehend aus den Spalten a^j mit Index $j \in X$ vollen Rang m hat. Eine solche Menge X wird auch als *Referenz* oder *Basisindex* bezeichnet. Die Ecke x heißt dann auch *Basispunkt*. Man beachte, dass im Fall einer entarteten Ecke die Indexmenge X nicht mehr eindeutig durch x bestimmt ist.

Jetzt wird der Austausch eines $k_\ell \in X$ durch ein $j \in \{1, \ldots, n\} \setminus X$ behandelt und eine neue Indexmenge $Y = (X \setminus \{k_\ell\}) \cup \{j\}$ nebst einer durch Y und $Ay = A_Y y_Y = b$ festgelegten Ecke y gesucht. Wie die Indizes j und ℓ zu wählen sind, klären wir anschließend.

Die Daten des gesamten Problems lassen sich zusammenfassen zu einer $(m + 1) \times (n + 1)$-Matrix

$$\widetilde{A} := \begin{pmatrix} A & b \\ p^T & 0 \end{pmatrix},$$

und zu einer Ecke x mit Indexmenge $X \supseteq I_x$ kann die $(m+1) \times (m+1)$-Matrix

$$B_X := \begin{pmatrix} A_X & 0 \\ p_X^T & -1 \end{pmatrix}$$

gebildet werden, die mit

$$S_X := A_X^{-1} A \in \mathbb{R}^{m \times n}, \qquad t_X := S_X^T p_X \in \mathbb{R}^n$$

eine Faktorisierung

$$B_X C_X := \begin{pmatrix} A_X & 0 \\ p_X^T & -1 \end{pmatrix} \begin{pmatrix} S_X & x_X \\ t_X^T - p^T & p^T x \end{pmatrix} = \begin{pmatrix} A & b \\ p^T & 0 \end{pmatrix} = \widetilde{A}$$

erlaubt, wie man leicht verifiziert. Die Grundidee dabei ist, eine von X unabhängige Matrix $\widetilde{A}$ als Produkt zweier von X abhängiger Matrizen B_X und C_X zu schreiben und dann den Übergang von X zu Y bei festem $\widetilde{A}$ als reine Matrixoperation zu studieren, etwa durch den Ansatz

$$\widetilde{A} = B_X C_X = B_Y C_Y = B_X G^{-1} G C_X$$

mit einer Transformationsmatrix $G \in \mathbb{R}^{(m+1) \times (m+1)}$, die $B_X G^{-1} = B_Y$ und $G C_X = C_Y$ erfüllt. Daraus ist jetzt leicht abzulesen, wie G aussehen muss. Wegen $B_X = B_Y G$ folgt nämlich

$$B_X e_i = \widetilde{A} e_{k_i} = B_Y G e_i = B_Y e_i \qquad \text{für } i \neq \ell \text{ und}$$
$$B_Y e_\ell = \widetilde{A} e_j = B_X C_X e_j = B_Y G C_X e_j.$$

Deshalb fordert man mit $c = C_X e_j$ die Gleichungen

$$Ge_i = e_i, \quad 1 \leq i \leq m+1, \ i \neq \ell,$$
$$Gc = e_\ell, \tag{5.6}$$

die G eindeutig als Gauß-Jordan-Transformation festlegen, die c in e_ℓ transformiert und alle anderen Einheitsvektoren fest lässt (vgl. Abschnitt 2.5).

Wie sind nun die Indizes für den Austauschschritt zu wählen? Schreibt man c als $c = (c_1, \ldots, c_{m+1})^T$, so hat G nach Abschnitt 2.5 die Form

$$G = \begin{pmatrix} 1 & & & -c_1/c_\ell & & & \\ & \ddots & & \vdots & & & \\ & & 1 & -c_{\ell-1}/c_\ell & & 0 & \\ & & & 1/c_\ell & & & \\ & 0 & & -c_{\ell+1}/c_\ell & 1 & & \\ & & & \vdots & & \ddots & \\ & & & -c_{m+1}/c_\ell & & & 1 \end{pmatrix}$$

und man kann den Punkt y sowie den Funktionswert $p^T y$ leicht aus

$$\begin{pmatrix} y_Y \\ p^T y \end{pmatrix} = C_Y e_{n+1} = GC_X e_{n+1} = G \begin{pmatrix} x_X \\ p^T x \end{pmatrix}$$

berechnen, wenn man $\vartheta := x_{k_\ell}/c_\ell$ setzt:

$$y_{k_i} = x_{k_i} - \vartheta c_i \quad \text{für } i \neq \ell, \ 1 \leq i \leq m,$$
$$y_j = \vartheta = x_{k_\ell}/c_\ell, \tag{5.7}$$
$$y_k = 0, \quad \text{sonst.}$$

Natürlich muss die Nebenbedingung $y \geq 0$ erfüllt sein, und deshalb muss man garantieren, dass $c_\ell > 0$ und

$$x_{k_\ell}/c_\ell = \vartheta \leq x_{k_i}/c_i \quad \text{für alle } i \text{ mit } c_i > 0$$

gilt. Das führt zwangsläufig auf eine Regel zur Auswahl des richtigen ℓ, nämlich

$$x_{k_\ell}/c_\ell = \min\{x_{k_i}/c_i : 1 \leq i \leq m, \ c_i > 0\}. \tag{5.8}$$

Es wird später gezeigt, dass das Problem unlösbar ist, wenn dieses Minimum nicht existiert, d.h. kein c_i positiv ist. Entsprechend folgt wegen $x_{k_\ell} - \vartheta c_\ell = 0$ für den neuen Zielfunktionswert

$$p^T y = p_j \vartheta + \sum_{i=1}^m (x_{k_i} - \vartheta c_i) p_{k_i} = p_X^T x_X + \vartheta \left(p_j - \sum_{i=1}^m p_{k_i} e_i^T S_X e_j \right)$$
$$= p^T x + \vartheta (p_j - p_X^T S_X e_j) \tag{5.9}$$
$$= p^T x + \vartheta (p_j - t_j)$$

und wegen $\vartheta \geq 0$ kommen nur solche Indizes $j \in \{1, \ldots, n\}$ zum Austausch in Frage, für die $t_j \geq p_j$ gilt, denn sonst hat man keinen Abstieg $p^T y \leq p^T x$ der Zielfunktion beim Übergang von x zu y. Vernünftig ist es, zuerst j so zu wählen, dass $t_j - p_j$ positiv und maximal ist (Wahl der Pivot*spalte*) und dann aus $C_X e_j = (c_1, \ldots, c_{m+1})^T$ gemäß (5.8) das richtige ℓ auszusuchen (Wahl der Pivot*zeile*).

Satz 5.9. *a) Liegt zu einer Ecke x mit einer Indexmenge $I_x \subseteq X$, $|X| = m$, $Rang(A_X) = m$ der Vektor $t = S_X^T p_X \in \mathbb{R}^n$ vor, so bestimme man einen Index j aus $\{1, \ldots, n\} \setminus X$, sodass $t_j - p_j$ maximal ist. Gilt dann $t_j - p_j \leq 0$, so ist x eine Lösung des gegebenen Problems (5.4).*
b) Im Falle $t_j - p_j > 0$ beschaffe man sich den Vektor

$$c = (c_1, \ldots, c_{m+1})^T = C_X e_j = B_X^{-1} \begin{pmatrix} A e_j \\ p_j \end{pmatrix}$$

und bestimme einen Index $\ell \in \{1, \ldots, m\}$ mit (5.8). Ist dies nicht möglich, so ist das gegebene Problem unlösbar.
c) Andernfalls definieren j, c und ℓ durch die Gleichungen (5.6) eine Gauß-Jordan-Transformation G, mit der sich der Übergang zu einer neuen Ecke $y \in \mathbb{R}^n$ über $B_X G^{-1} = B_Y$, $G C_X = C_Y$ und (5.7) realisieren lässt.

Beweis. Gilt komponentenweise $t \leq p$, so vergleicht man zum Beweis der Optimalität von x den Wert $p^T x$ mit $p^T y$ für ein beliebiges $y \in M$ und erhält aus $S_X e_{k_i} = e_i$, $1 \leq i \leq m$, (man beachte, dass hier Einheitsvektoren aus $\mathbb{R}^m$ und $\mathbb{R}^n$ gleich bezeichnet werden) sowie $Ax = A_X x_X = b = Ay = A_X S_X y$ die Gleichungskette

$$x_X = S_X y = \sum_{i \in X} y_i S_X e_i + \sum_{i \notin X} y_i S_X e_i = \sum_{i=1}^m y_{k_i} S_X e_{k_i} + \sum_{i \notin X} y_i S_X e_i$$
$$= y_X + \sum_{i \notin X} y_i S_X e_i.$$

Daraus folgt aber die Optimalität von x:

$$p^T x = p_X^T x_X = p_X^T y_X + \sum_{i \notin X} y_i p_X^T S_X e_i = p^T y - \sum_{i \notin X} p_i y_i + \sum_{i \notin X} y_i t_i$$
$$= p^T y + \sum_{i \notin X} (t_i - p_i) y_i \leq p^T y.$$

Ist die Auswahl von ℓ nach (5.8) unmöglich, so gilt $c_i \leq 0$ für $1 \leq i \leq m$ und es ist zu zeigen, dass die Zielfunktion auf M nach unten unbeschränkt ist. Insbesondere kann dann M nicht beschränkt sein. In (5.7) ist aber die Bedingung (5.8) zur Erreichung von $y \geq 0$ überflüssig, wenn alle c_i nichtpositiv sind, sodass man ein völlig beliebiges $\vartheta \geq 0$ einsetzen und das Ergebnis $y(\vartheta)$, das jetzt natürlich keine Ecke mehr ist, auf Zulässigkeit prüfen kann:

$$Ay(\vartheta) = \vartheta Ae_j + \sum_{i=1}^{m}(x_{k_i} - \vartheta c_i)a^{k_i}$$

$$= A_X x_X + \vartheta \left(a^j - \sum_{i=1}^{m} Ae_{k_i} \cdot e_i^T S_X e_j \right)$$

$$= A_X x_X + \vartheta(a^j - A_X S_X e_j)$$

$$= A_X x_X + 0 = b.$$

Somit enthält M den infiniten Strahl $\{y(\vartheta) : \vartheta \geq 0\}$, und man kann darauf die Zielfunktion auswerten. Nach (5.9) gilt $p^T y(\vartheta) = p^T x - \vartheta(t_j - p_j)$ und dieser Ausdruck strebt für $\vartheta \to \infty$ gegen $-\infty$, da $t_j > p_j$ gilt. $\square$

Beim regulären Übergang von x nach y, also wenn $t_j - p_j > 0$ gilt, findet wegen

$$p^T y = p^T x - \vartheta(t_j - p_j)$$

also nur dann ein echter Abstieg statt, wenn $\vartheta > 0$ gilt. Ansonsten ändert sich der Wert der Zielfunktion nicht. Der Fall $\vartheta = 0$ tritt genau dann auf, wenn es ein $i \in \{1, \ldots, m\}$ mit $c_i > 0$ und $x_{k_i} = 0$ gibt. Dies bedeutet, dass für die Ecke x die Indexmenge I_x weniger als m Elemente hat, die Ecke x also entartet ist. Anschaulich muss beim Übergang von x nach y kein echter Eckenaustausch stattfinden, vielmehr kann man in derselben Ecke verbleiben, und es ändert sich nur die Obermenge $X \supseteq I_x$. Andererseits folgt, dass bei einer nicht entarteten Ecke grundsätzlich ein Abstieg in der Zielfunktion stattfindet.

Satz 5.10. *Beim Übergang von einer nicht entarteten Ecke x zu einer neuen Ecke y liefert das Simplexverfahren stets eine Reduktion des Zielfunktionswerts. Ferner kann das Simplexverfahren nur endlich viele nicht entartete Ecken durchlaufen. Nach endlich vielen Schritten tritt genau einer der folgenden Fälle ein:*

(1) Eine Lösung ist erreicht.

(2) Unlösbarkeit wird festgestellt.

(3) Es folgen nur noch Schritte mit entarteten Ecken, die sich zyklisch ad infinitum wiederholen.

Beweis. Es gibt nur endlich viele verschiedene Ecken und jede nicht entartete Ecke kann nur einmal beim Simplexverfahren vorkommen, weil sich danach der Zielfunktionswert erniedrigt. $\square$

Der letzte Fall kann bei dafür speziell konstruierten Problemen vorkommen, ist aber bei vorgegebenen praktischen Optimierungsaufgaben noch nie aufgetreten. Er wird in der Praxis einfach ignoriert und in der Theorie durch eine hier nicht dargestellte verbesserte Auswahlregel für den Pivotzeilenindex ℓ ausgeschlossen (siehe z.B. [6]).

5.4 Praktische Realisierung

In Satz 5.9 blieb offen, wie die numerische Rechnung zu organisieren ist. Eine direkte und für kleine Probleme auch sinnvolle Methode ist, stets die Matrix C_X im Speicher zu halten, daraus den Pivotspalten- bzw. -zeilenindex j bzw. ℓ zu bestimmen und schließlich die Gauß-Jordan-Transformation $GC_X = C_Y$ wie in Algorithmus 3 auszuführen. Die Matrix C_X bildet das (*erweiterte* oder *vollständige*) *Simplextableau* bei der oben beschriebenen Rechenorganisation.

Algorithmus 3: Gauß-Jordan Transformation

Input   : Matrix C_X, Indizes j, ℓ

for $i = 1$ **to** $m + 1$ **do**

  $factor = c_{ij}/c_{\ell j}$

  if $i \neq \ell$ **then**

    for $k = 1$ **to** $n + 1$ **do**

      $c_{ik} = c_{ik} - factor * c_{\ell k}$

  else

    for $k = 1$ **to** $n + 1$ **do**

      $c_{\ell k} = c_{\ell k}/c_{\ell j}$

Output   : Matrix C_Y.

Oft ist allerdings n sehr groß gegenüber m, und dann ist es günstiger, die $(m + 1) \times (m + 1)$-Matrix B_X^{-1} statt der $(m + 1) \times (n + 1)$-Matrix C_X zu verändern. Das leistet die analoge Gauß-Jordan-Transformation $B_Y^{-1} = GB_X^{-1}$. Es gilt

$$(t^T - p^T, p^T x) = e_{m+1}^T C_X = e_{m+1}^T B_X^{-1} \widetilde{A}, \qquad (5.10)$$

$$\begin{pmatrix} x_X \\ p^T x \end{pmatrix} = C_X e_{n+1} = B_X^{-1} \widetilde{A} e_{n+1} = B_X^{-1} \begin{pmatrix} b \\ 0 \end{pmatrix}, \qquad (5.11)$$

$$c = C_X e_j = B_X^{-1} \widetilde{A} e_j = B_X^{-1} \begin{pmatrix} a^j \\ p_j \end{pmatrix}, \qquad (5.12)$$

woraus man alle wichtigen Daten für einen Eckentausch erhält, wenn B_X^{-1} und $\widetilde{A}$ vorliegen. Man berechnet zuerst $t - p$ aus (5.10) und bestimmt so den Pivotspaltenindex j. Danach wendet man (5.12) für dieses j an und verschafft sich den Vektor c, aus dem sich zusammen mit dem aus (5.11) berechenbaren Vektor x_X der Pivotzeilenindex ℓ und die neue Transformation G ergibt. Diese Rechentechnik nennt man das *revidierte* Simplexverfahren.

Kommen wir jetzt zur Bestimmung einer Startecke, was manchmal auch *Phase 1 des Simplexverfahrens* genannt wird. Für ein Problem in Normalform

(5.4) ist vor Beginn des Simplexverfahrens eine Ecke x der zulässigen Menge M zu finden bzw. festzustellen, ob M leer ist. Dies erreicht man durch das Ersatzproblem

$$(0,\ldots,0,1\ldots,1)\begin{pmatrix} x \\ y \end{pmatrix} = \sum_{i=1}^{m} y_i \Rightarrow \text{Minimum},$$

$$(A,E)\begin{pmatrix} x \\ y \end{pmatrix} = b, \tag{5.13}$$

$$\begin{pmatrix} x \\ y \end{pmatrix} \geq 0,\ x \in \mathbb{R}^n,\ y \in \mathbb{R}^m,$$

mit $n+m$ Variablen, wobei man ohne Einschränkung $b \geq 0$ voraussetzt. Man kann dann $(0^T, b^T)^T$ als Startecke nehmen und hat keine Schwierigkeiten mit der Rangvoraussetzung $\text{Rang}(A,E) = m$ und der Lösbarkeit des Problems.

Hat die zulässige Menge M des Ausgangsproblems einen zulässigen Punkt, so hat das Ersatzproblem (5.13) eine Lösung mit Zielfunktionswert Null, und diese liefert eine Ecke für den Start des eigentlichen Simplexverfahrens. Endet das Simplexverfahren für das Ersatzproblem an einer Optimallösung mit positivem Zielfunktionswert, so kann M keine zulässigen Punkte enthalten.

Wie sieht es nun mit der Rangvoraussetzung $\text{Rang}(A) = m$ des ursprünglichen Problems aus? Wie bereits erwähnt, wird sie in den meisten Fällen keine Probleme machen, beispielsweise wenn sich $|I_x| = m$ für die Startecke x aus dem gestellten Problem oder aus dem Ergebnis der Durchrechnung des Ersatzproblems (5.13) ergibt.

Endet dagegen das Simplexverfahren für (5.13) an einer optimalen Ecke der Form $z = (x^T, y^T)^T$ mit $x \in \mathbb{R}^n$, $x \geq 0$, $y \in \mathbb{R}^m$, $y = 0$ und $I_z = I_x \subseteq \{1,\ldots,n\}$, $|I_x| = k < m$, so kann man bei Umsortierung auf $I_x = \{1,\ldots,k\}$ die Nebenbedingungen $Ax = b$ schreiben als

$$Ax = (A_1, A_2)\begin{pmatrix} u \\ v \end{pmatrix} = b$$

mit einer $(m \times k)$-Matrix A_1 vom Rang k sowie einer $m \times (n-k)$-Matrix A_2. Durch geeignete $(m \times m)$-Transformationen vom Householder-Typ lässt sich A_1 ohne Pivotisierung auf eine (verallgemeinerte) obere Dreiecksform bringen. Danach setzt man unter Spaltenpivotisierung die Transformationen fort, bis man bei einer Form

$$\begin{pmatrix} R_1 & B_1 & B_2 \\ 0 & R_2 & B_3 \\ 0 & 0 & 0 \end{pmatrix} \begin{pmatrix} u \\ v \\ w \end{pmatrix} = \begin{pmatrix} \tilde{b} \\ 0 \\ 0 \end{pmatrix}$$

ankommt. Dabei sind R_1 und R_2 nichtsinguläre obere Dreiecksmatrizen der Größe $k \times k$ bzw. $j \times j$ mit $k + j \leq m$. Weil die schon gefundene Ecke nur k von Null verschiedene Komponenten hat (die bei der Transformation nicht verändert werden) und dem obigen System genügt, verschwinden alle Komponenten der rechten Seite bis auf ein $\tilde{b} \in \mathbb{R}^k$. Es zeigt sich, dass die letzten $m - k - j$ Zeilen überflüssig sind und die verbleibende Matrix Maximalrang hat. Damit kann die Rechnung fortgesetzt werden, und die Rangvoraussetzung ist erfüllt. Wie in Abschnitt 4.2 ist auch hier der Rangentscheid numerisch heikel.

Ecken sind eindeutig bestimmt durch ihre Indexmengen. Die Indexmengen sind wenig störanfällig, und es ist jederzeit möglich, bei fester Indexmenge X zu einer fehlerbehafteten Ecke $x \in \mathbb{R}^n$ die Matrizen A_X^{-1} und S_X sowie den Vektor t_X entweder neu zu berechnen oder mit Hilfe der Residualiteration (siehe Abschnitt 6.1) zu verbessern. Damit kann man die weitere Fortpflanzung der Rundungsfehler verhindern, wenn viele Gauß-Jordan-Schritte nötig sind. Ferner gibt es rundungsfehlerstabilisierte Varianten des Simplexverfahrens.

5.5 Dualität

Ist x eine Lösung des Minimierungsproblems (5.4), so gilt für alle $j \notin I_x \subseteq X$ per Definition $x_j = 0$. Für jedes $j = k_i \in I_x$ gilt dagegen $x_j > 0$ und $S_X e_j = S_X e_{k_i} = e_i$, woraus $t_j = e_j^T S_X^T p_X = (S_X e_j)^T p_X = e_i^T p_X = p_j$ folgt. Das kann man zusammenfassen zu

$$(t_j - p_j)x_j = 0 \quad \text{für alle } j \in \{1, \dots, n\}. \tag{5.14}$$

Aus Gründen, die sich gleich ergeben, werden die Gleichungen in (5.14) in der angelsächsischen Literatur die *complementary slackness-conditions* genannt.

Der Vektor $t = S_X^T p_X = A^T (A_X^{-1})^T p_X$ lässt sich immer in der Form $t = A^T w$ mit $w = (A_X^{-1})^T p_X \in \mathbb{R}^m$ schreiben, was im Fall einer Lösung x wegen der Bedingung (5.14) zu

$$(p - A^T w)^T x = 0$$

führt. Andererseits hat bei *beliebigem* $w \in \mathbb{R}^m$ der hier auftretende Ausdruck $p - A^T w$ die bemerkenswerte Eigenschaft, dass sein Skalarprodukt mit einem beliebigen zulässigen $x \in M$ der Beziehung

$$(p - A^T w)^T x = p^T x - w^T A x = p^T x - w^T b$$

genügt. Dabei ist die Gleichung $Ax = b$ benutzt worden; verwendet man noch $x \geq 0$, so ist es sinnvoll, aus Symmetriegründen auch $p - A^T w \geq 0$ von den nicht näher festgelegten Vektoren $w \in \mathbb{R}^m$ zu verlangen, was dann sofort zu $p^T x \geq w^T b$ für alle $x \in M$ und alle $w \in L := \{w \in \mathbb{R}^m : A^T w \leq p\}$ führt. Weil die Zielfunktion $p^T x$ zu minimieren war und durch $p^T x \geq w^T b$ nach unten beschränkt ist, liegt es nahe, $w^T b$ als eine über die Variablen $w \in L$ zu *maximierende* Zielfunktion zu interpretieren, die durch $w^T b \leq p^T x$ nach *oben* beschränkt ist. Das führt zu

Definition 5.11. *Zu einem linearen Optimierungsproblem in Normalform (5.4) wird*

$$b^T w \Rightarrow Maximum,$$
$$A^T w \leq p, \ w \in \mathbb{R}^m \ sonst \ beliebig, \tag{5.15}$$

als Dualproblem bezeichnet.

Die Bedingung (5.14) gibt den "komplementären Schlupf" an, weil die "Schlupfkomponente" $t_j - p_j = e_j^T A^T w - p_j$ der j-ten Nebenbedingung der optimalen Lösung des Dualproblems verschwindet, wenn die j-te Komponente x_j der Lösung x des Ausgangsproblems positiv ist und umgekehrt. Das erklärt den Begriff *complementary slackness*.

Satz 5.12. *Ist $x \in \mathbb{R}^n$ zulässig für das primale Problem (5.4) und $w \in \mathbb{R}^m$ zulässig für das Dualproblem (5.15), so gilt*

$$w^T b \leq p^T x, \tag{5.16}$$

und Gleichheit tritt genau dann ein, wenn beide Vektoren Optimallösungen sind (schwache Dualität). Ferner sind die folgenden Aussagen äquivalent:

(1) Das Primalproblem hat eine Lösung.
(2) Das Dualproblem hat eine Lösung.
(3) Beide Probleme haben zulässige Punkte.

Im Fall, dass keine dieser Aussagen zutrifft, hat eines der beiden Probleme keinen zulässigen Punkt. Dann kann das andere Problem zwar zulässige Punkte haben, ist aber nicht lösbar.

Beweis. Aus der vorherigen Diskussion wissen wir, dass (5.16) für alle $x \in M$ und $w \in L$ gilt. Tritt für ein Paar (x, w) Gleichheit ein, muss es sich dabei um Lösungen der beiden Probleme handeln. Ferner hatten wir gesehen, dass für eine Lösung x des primalen Problems ein $w \in L$ mit Gleichheit in (5.16) existiert, sodass für alle Lösungspaare Gleichheit gelten muss.

Letzteres beweist auch, dass aus (1) stets (2) und (3) folgt. Andererseits impliziert (3) die Aussage (1), denn dann ist M nicht leer und die Minimierungsfunktion auf M beschränkt.

Es bleibt also nur noch zu zeigen, dass aus (2) auch (1) oder (3) folgt. Dies zeigt man folgendermaßen. Man bringt das duale Problem auf Normalform und betrachtet davon das duale Problem. Dann lässt sich zeigen, dass dieses Problem äquivalent zum ursprünglichen Problem ist. Wendet man auf diese Tatsache das bereits Gezeigte an, so erhält man die fehlende Implikation.

Die letzte Behauptung des Satzes ist eine Konsequenz der schwachen Dualität. $\square$

Die praktische Bedeutung der Dualität liegt einerseits darin, dass ein Problem der Form (5.15) durch Dualisieren in die Normalform (5.4) überführt werden kann, ohne dass Schlupfvariablen oder Variablenaufspaltungen nötig sind. Andererseits hat die duale Lösung $w = (A_X^{-1})^T p_X$ zu einer primalen Lösung x mit $I_x \subseteq X$ eine wichtige Eigenschaft: sie gibt an, wie sich der optimale Zielfunktionswert verändern würde, wenn man den Vektor b, also die Begrenzungen der Nebenbedingungen, leicht verändern würde. Im Optimalfall gilt nämlich

$$p^T x = w^T b,$$

und wenn sich bei kleinen Störungen Δb von b die Indexmenge X zum gestörten Lösungsvektor $x + \Delta x$ nicht ändert, ist die duale Optimallösung $w = (A_X^{-1})^T p_X$ nicht von Δb abhängig. Das ergibt

$$p^T(x + \Delta x) = w^T(b + \Delta b)$$

und

$$p^T \Delta x = w^T \Delta b.$$

Also gilt

$$\frac{\partial(p^T x(b))}{\partial b_j}\Big|_{x(b)} = w_j, \quad 1 \le j \le m,$$

wenn man die Optimallösung x als Funktion von b auffasst.

5.6 Aufgaben

5.1 Bringen Sie das Beispiel zu Beginn dieses Kapitels auf Normalform und überlegen Sie sich die Lösung, indem Sie die zulässige Menge des ursprünglichen Problems auf ein Blatt Millimeterpapier zeichnen.

5.2 Gegeben sei ein Optimierungsproblem

$$p^T x \Rightarrow \text{Minimum}, \qquad p \in \mathbb{R}^n,$$
$$Ax \le b \text{ komponentenweise}, \quad b \in \mathbb{R}^m, \ A \in \mathbb{R}^{m \times n},$$
$$x \in \mathbb{R}^n.$$

Man bringe das Problem auf Normalform und bestimme eine Startecke.

5.3 Man beweise, dass im vollständigen oder erweiterten Simplextableau alle Spalten einer kompletten $(m+1) \times (m+1)$–Einheitsmatrix vorkommen.

5.4 Es sei ein überbestimmtes Gleichungssystem $Ax = b$ mit $A \in \mathbb{R}^{m \times n}$ und rechter Seite $b \in \mathbb{R}^m$, $m \ge n$ so zu "lösen", dass $\|Ax - b\|_\infty$ minimal wird. Man schreibe dieses Problem als lineare Optimierungsaufgabe.

5.5 Obwohl es dafür schnellere Verfahren gibt, kann man lineare Optimierung benutzen, um zu m gegebenen Vektoren $y^1, \ldots, y^m \in \mathbb{R}^n$ und einem weiteren Vektor $y \in \mathbb{R}^n$ festzustellen, ob y in dem von $y^1, \ldots, y^m \in \mathbb{R}^n$ aufgespannten Simplex $S(y^1, \ldots, y^m)$ liegt. Wie?

5.6 Beweisen Sie: Bringt man das Dualproblem von (5.15) auf Normalform und bildet dazu das Dualproblem, so erhält man eine zum Ausgangsproblem (5.4) äquivalente Optimierungsaufgabe.

6 Iterative Verfahren

In diesem Kapitel geht es um erste, einfache iterative Verfahren zur Lösung von Gleichungssystemen. Diese können jetzt auch nichtlinear sein. Wir betrachten zunächst *Fixpunktgleichungen* der Form $x = F(x)$ mit einer geeignet definierten Abbildung $F : \mathcal{R} \to \mathcal{R}$, wobei $\mathcal{R}$ eine Teilmenge des $\mathbb{R}^n$ ist, aber auch ganz allgemein ein metrischer Raum sein kann. Wir diskutieren Existenz und numerische Bestimmung des Fixpunktes. Anschließend werden diese Resultate auf lineare Gleichungssysteme angewandt.

6.1 Der Banachsche Fixpunktsatz

Betrachten wir also zunächst die Fixpunktgleichung

$$x = F(x) \tag{6.1}$$

mit einer allgemeinen, stetigen Funktion $F : \mathbb{R} \to \mathbb{R}$, deren weitere Eigenschaften später genauer festgelegt werden. Dann beschreibt die Gleichung (6.1) die Schnittpunkte der Geraden $y(x) = x$ mit F, und man versucht, einen Fixpunkt von F durch die *Fixpunktiteration*

$$x_{n+1} := F(x_n) \quad \text{für alle } n \in \mathbb{N}_0$$

zu bestimmen. Diese Vorgehensweise ist in Abbildung 6.1 für die Funktionen $F(x) = 0.3 + \sin x$ und $F(x) = \cos x$ dargestellt.

Kann man im Fall einer stetigen Funktion F zeigen, dass die Folge $x_{n+1} = F(x_n)$ konvergiert, so muss der Grenzwert wegen der Stetigkeit von F auch tatsächlich ein Fixpunkt sein.

Was ist nun nötig, um die Lösbarkeit einer allgemeinen Fixpunktgleichung und die Konvergenz der Fixpunktiteration zu garantieren? Zunächst einmal muss die Funktion F auf einer Menge $\mathcal{R}$ definiert sein, bei der der Begriff Konvergenz Sinn macht, etwa indem eine geeignete Abbildung $d : \mathcal{R} \times \mathcal{R} \to \mathbb{R}$ vorliegt, die "Distanzen" misst. Das gegen $\sqrt{2}$ konvergierende und innerhalb der rationalen Zahlen verlaufende Iterationsverfahren

$$x_{n+1} = \frac{x_n}{2} + \frac{1}{x_n}, \quad n \in \mathbb{N}_0,\ x_0 = 1, \tag{6.2}$$

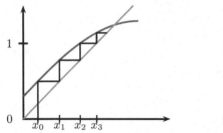 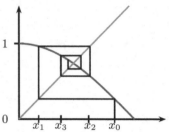

Abb. 6.1. Fixpunktiteration

zeigt, dass der Grenzwert eines solchen Verfahrens außerhalb der Punktmenge liegen kann, in der das Verfahren verläuft. Man benötigt also *Vollständigkeit* der Punktmenge.

Daher werden wir von nun an annehmen, dass die zugrunde liegende Menge durch einen vollständigen metrischen Raum $\mathcal{R}$ gegeben ist (vgl. die Definitionen 3.1 und 3.2). Insbesondere ist unser Abstandsbegriff durch eine Metrik $d : \mathcal{R} \times \mathcal{R} \to [0, \infty)$ definiert.

Ist x^* nun der Fixpunkt einer Abbildung $F : \mathcal{R} \to \mathcal{R}$ und wird die Folge $x_{n+1} = F(x_n)$ gebildet, so sollte der Abstand

$$d(x_{n+1}, x^*) = d(F(x_n), F(x^*))$$

im $(n+1)$-ten Schritt kleiner sein als der Abstand im vorherigen Schritt. Daher ist es sinnvoll, von der Abbildung F zu verlangen, dass sie kontrahierend ist.

Definition 6.1. *Eine Abbildung $F : \mathcal{R} \to \mathcal{R}$ eines metrischen Raums $\mathcal{R}$ in sich heißt* stark kontrahierend, *wenn eine Zahl $q < 1$ existiert mit*

$$d(F(x), F(y)) \leq qd(x, y) \qquad \text{für alle } x, y \in \mathcal{R}.$$

Man beachte, dass jede stark kontrahierende Abbildung ganz offensichtlich stetig ist.

Als Beispiel betrachte man die durch die Iterationsvorschrift (6.2) definierte Funktion $F(x) := x/2 + 1/x$. Sie ist eine stark kontrahierende Abbildung mit $q = 1/2$ auf dem metrischen Raum $\mathcal{R} = [1, \infty)$, den wir mit der Metrik $d(x, y) = |x - y|$ versehen. Diese Aussage erhält man durch die Abschätzung

$$|F(x) - F(y)| = \left| \frac{1}{2}(x - y) + \frac{1}{x} - \frac{1}{y} \right| = \left| \frac{1}{2}(x - y) - \frac{x - y}{xy} \right|$$

$$= |x - y| \left| \frac{1}{2} - \frac{1}{xy} \right| \leq \frac{1}{2}|x - y|$$

für alle reellen Zahlen x, y mit $x \geq 1$ und $y \geq 1$. Wie man leicht nachrechnet, wird $\mathcal{R}$ durch F auf sich abgebildet.

Satz 6.2 (Banachscher Fixpunktsatz). *Jede stark kontrahierende Abbildung F eines vollständigen metrischen Raums $\mathcal{R}$ in sich besitzt genau einen Fixpunkt $x^* \in \mathcal{R}$. Bei beliebigem Anfangswert $x_0 \in \mathcal{R}$ konvergiert die Iteration $x_{n+1} = F(x_n)$, $n \in \mathbb{N}_0$, gegen x^*, und es gelten die Fehlerabschätzungen*

$$d(x_n, x^*) \leq \frac{q}{1-q} d(x_n, x_{n-1}), \qquad n \in \mathbb{N}, \qquad \text{(a posteriori)}$$

und

$$d(x_n, x^*) \leq \frac{q^n}{1-q} d(x_0, F(x_0)), \qquad n \in \mathbb{N}. \qquad \text{(a priori)}$$

Beweis. Nehmen wir zunächst an, F habe zwei Fixpunkte $x^*, \tilde{x} \in \mathcal{R}$. Dann folgt aus der Kontraktionseigenschaft

$$d(x^*, \tilde{x}) = d(F(x^*), F(\tilde{x})) \leq q d(x^*, \tilde{x}) < d(x^*, \tilde{x}),$$

was unmöglich ist. Als nächstes zeigen wir, dass die Folge $\{x_n\}$ eine Cauchy-Folge ist. Die Vollständigkeit von $\mathcal{R}$ liefert dann die Existenz eines Grenzelementes $x^* \in \mathcal{R}$. Die Stetigkeit von F, die ja aus der Kontraktionseigenschaft folgt, bedeutet dann, dass x^* auch tatsächlich Fixpunkt ist.

Für beliebige n und j kann man zunächst die Kontraktionseigenschaft n-mal anwenden:

$$\begin{aligned}
d(x_{n+j}, x_n) &= d(F(x_{n+j-1}), F(x_{n-1})) \leq q d(x_{n+j-1}, x_{n-1}) \\
&\leq q^n d(x_j, x_0).
\end{aligned}$$

Die Distanz zwischen x_j und x_0 kann man über x_{j-1}, x_{j-2} usw. überbrücken:

$$\begin{aligned}
d(x_j, x_0) &\leq d(x_j, x_{j-1}) + d(x_{j-1}, x_{j-2}) + \ldots + d(x_1, x_0) \\
&\leq (q^{j-1} + q^{j-2} + \ldots + 1) d(x_1, x_0) \\
&\leq \frac{1}{1-q} d(x_1, x_0),
\end{aligned}$$

wobei wir die geometrische Reihe für $q < 1$ benutzt haben. Somit folgt die Abschätzung

$$d(x_{n+j}, x_n) \leq \frac{q^n}{1-q} d(x_1, x_0), \tag{6.3}$$

und dieser Ausdruck wird wegen $q < 1$ kleiner als jedes $\varepsilon > 0$ bei geeignet gewähltem n und beliebigem j, d.h. $\{x_n\}$ ist tatsächlich eine Cauchy-Folge. Schließlich erhält man die a priori Fehlerabschätzung sofort, indem man in (6.3) den Index j gegen Unendlich gehen lässt und die Stetigkeit der Metrik benutzt. Da die a priori Fehlerabschätzung für *jede* Folge gilt, kann man sie auch für die ersten beiden Folgeglieder der neuen Folge $y_0 = x_{n-1}$ und $y_1 = F(y_0) = x_n$ benutzen, die ja auch gegen den eindeutigen Fixpunkt konvergieren muss. Dies liefert dann die a posteriori Abschätzung. $\square$

Im Fall einer abgeschlossenen Teilmenge von $\mathbb{R}$ lässt sich die Kontraktionseigenschaft zumindest für glatte Funktionen F folgendermaßen überprüfen.

Satz 6.3. *Sei F eine stetig differenzierbare, reellwertige Funktion auf einem abgeschlossenen Intervall $[a,b]$ der reellen Zahlen mit Werten in $[a,b]$. Ist die Ableitung von F in $[a,b]$ dem Betrag nach kleiner als eine Zahl $q < 1$, so ist F stark kontrahierend auf $[a,b]$.*

Beweis. Gilt $|F'(x)| \leq q < 1$ für alle $x \in [a,b]$, so folgt für alle $x,y \in [a,b]$ aus dem Mittelwertsatz $|F(x) - F(y)| = |F'(\xi)||x - y| \leq q|x - y|$ mit einem ξ zwischen x und y. Also ist F stark kontrahierend. $\square$

Wir wollen jetzt noch kurz ein völlig anderes Beispiel aus der fraktalen Geometrie betrachten. Dazu wählen wir als Menge $\mathcal{R}$ die Menge aller kompakten, nichtleeren Teilmengen von $\mathbb{R}^2$. Auf $\mathcal{R}$ können wir die sogenannte *Hausdorff-Metrik* einführen, indem wir zunächst

$$d_1(A, B) = \max_{x \in A} \min_{y \in B} \|x - y\|_2, \qquad A, B \in \mathcal{R},$$

setzen und dann die Metrik durch

$$d(A, B) = \max\{d_1(A, B), d_1(B, A)\}$$

definieren. Setzen wir einmal voraus, dass wir wissen, dass dies tatsächlich eine Metrik ist und dass $\mathcal{R}$ mit dieser Metrik vollständig ist. Als nächstes wählen wir Abbildungen $F_i : \mathbb{R}^2 \to \mathbb{R}^2$, $1 \leq i \leq n$, die stark kontrahierend sind, d.h. die

$$\|F_i(x) - F_i(y)\|_2 \leq q\|x - y\|_2, \qquad x, y \in \mathbb{R}^2, \, 1 \leq i \leq n,$$

mit $q < 1$ erfüllen. Da diese Abbildungen damit stetig sind und da stetige Abbildungen kompakte Mengen auf kompakte Mengen abbilden, können wir also die Mengenabbildung

$$F : \mathcal{R} \to \mathcal{R}, \qquad A \mapsto \bigcup_{i=1}^{n} F_i(A)$$

definieren. Diese Abbildung ist nun bzgl. der Hausdorff-Metrik stark kontrahierend, denn zu $x \in F(A)$ existiert ein $\widetilde{x} \in A$ und ein Index i mit $x = F_i(\widetilde{x})$. Damit erhält man

$$\min_{y \in F(B)} \|x - y\|_2 \leq \min_{y \in F_i(B)} \|x - y\|_2 = \min_{\widetilde{y} \in B} \|F_i(\widetilde{x}) - F_i(\widetilde{y})\|_2$$

$$\leq q \min_{\widetilde{y} \in B} \|\widetilde{x} - \widetilde{y}\|_2 \leq q \max_{\widetilde{z} \in A} \min_{\widetilde{y} \in B} \|\widetilde{z} - \widetilde{y}\|_2$$

$$\leq q d_1(A, B) \leq q d(A, B).$$

Da dies für jedes $x \in F(A)$ gilt und man die Rollen von A und B vertauschen kann, folgt die starke Kontraktionseigenschaft

$$d(F(A), F(B)) \leq qd(A, B)$$

und die Abbildung F hat genau einen Fixpunkt, den man durch Iteration $A_{n+1} := F(A_n)$ annähern kann. Man spricht in diesem Zusammenhang übrigens auch von einem *iterierten Funktionensystem*, und der Fixpunkt wird *Attraktor* genannt.

Schauen wir uns diesen allgemeinen Zusammenhang an einem konkreten Beispiel an. Wir bezeichnen mit R_θ die Drehung um den Ursprung des Koordinatensystems um den Winkel θ im Uhrzeigersinn. Diese Drehung kann durch eine orthogonale Matrix dargestellt werden. Dann wählen wir

$$F_1(x, y) = \frac{1}{\sqrt{2}} R_{\frac{\pi}{4}}(x, y),$$

$$F_2(x, y) = \frac{1}{\sqrt{2}} R_{\frac{3\pi}{4}}(x, y) + e_1,$$

d.h. die erste Funktion dreht den Vektor zum Punkt $(x, y)^T \in \mathbb{R}^2$ um 45° die zweite um 135° im Uhrzeigersinn. Anschließend wird der Vektor skaliert und im Fall der zweiten Funktion noch um eine Einheit auf der x-Achse nach rechts verschoben. Wendet man das Iterationsverfahren auf den "Anfangswert" $A_0 := [0, 1] \times \{0\}$ an, so erhält man die in Abbildung 6.2 angegebenen Iterationen. Die Grenzmenge heißt nach ihrem Entdecker auch Heighwaysche Drachenkurve (siehe [25]).

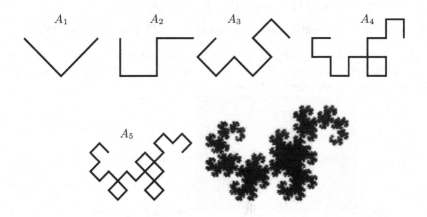

Abb. 6.2. Die Iterationen und der Grenzwert der Drachenkurve

Es gibt Fixpunkte x^* einer Abbildung F eines metrischen Raumes $\mathcal{R}$ in sich, für die F in keiner Kugel $K_r(x^*) = \{x \in \mathcal{R} : d(x, x^*) \leq r\}$ eine Kontraktionsbedingung erfüllt (*abstoßende* Fixpunkte). Ist x^* für F abstoßend, existiert aber die Umkehrfunktion $F^{-1} : \mathcal{R} \to \mathcal{R}$, so kann man manchmal für F^{-1} in x^* eine Kontraktionsbedingung nachweisen. Ist F beispielsweise eine einmal stetig differenzierbare Funktion von $[a,b]$ in sich und gilt $|F'(x)| \geq K > 1$ für alle $x \in [a,b]$, so existiert F^{-1} und das Iterationsverfahren $x_0 \in [a,b]$, $x_{n+1} = F^{-1}(x_n)$ für $n \in \mathbb{N}$ konvergiert gegen einen Fixpunkt x^* von F in $[a,b]$, da dort $|(F^{-1})'(x)| = \left| \frac{1}{F'(F^{-1}(x))} \right| \leq \frac{1}{K} < 1$ gilt und Satz 6.3 anwendbar ist.

Ferner ist die Iterationsfunktion oft nicht in ihrem ganzen Definitionsbereich stark kontrahierend, sodass das Auffinden des richtigen metrischen Raums $\mathcal{R}$ mit $F(\mathcal{R}) \subseteq \mathcal{R}$ schwierig sein kann. Das folgende Ergebnis macht oft die Anwendung des Fixpunktsatzes etwas leichter.

Folgerung 6.4. *Sei $F : D \to \mathcal{R}$ eine Abbildung auf einer Teilmenge D eines vollständigen metrischen Raums $\mathcal{R}$. Ferner gebe es ein $y \in D$ und eine positive reelle Zahl r mit den Eigenschaften*

(1) Die Menge $K_r(y) := \{x \in \mathcal{R} : d(x,y) \leq r\}$ ist in D enthalten.
(2) F ist in $K_r(y)$ stark kontrahierend mit einer Kontraktionszahl $q < 1$.
(3) Es gilt $d(y, F(y)) \leq r(1-q)$.

Dann hat F genau einen Fixpunkt in $K_r(y)$.

Beweis. Als abgeschlossene Teilmenge eines vollständigen Raums ist $K_r(y)$ selbst vollständig. Die Abbildung F ist auf $K_r(y)$ nach Voraussetzung stark kontrahierend und bildet $K_r(y)$ wieder auf sich ab, denn ist $x \in K_r(y)$, so folgt

$$d(F(x), y) \leq d(F(x), F(y)) + d(F(y), y) \leq qd(x,y) + r(1-q) \leq r.$$

Also sind alle Voraussetzungen des Banachschen Fixpunktsatzes erfüllt. □

Um eine Näherungslösung $\widetilde{x} \in \mathbb{K}^n$ eines linearen Gleichungssystems $Ax = b$ mit gegebenem $A \in \mathbb{K}^{n \times n}$, $b \in \mathbb{K}^n$ zu verbessern, verwendet man als *Nachiteration* oft die *Residualiteration*

$$x_0 := \widetilde{x},$$
$$x_{j+1} := x_j + S(b - Ax_j), \qquad j \in \mathbb{N}_0,$$

mit einer "Näherungsinversen" S zu A. Diese Iteration konvergiert, sofern

$$\|E - SA\| \leq q < 1 \tag{6.4}$$

für eine passende Matrixnorm gilt. Wenn man einen Iterationsschritt $x_{j+1} = x_j + S(b - Ax_j)$ einer solchen Iteration betrachtet und die Zahlen q aus (6.4) sowie $\rho := d(x_{j+1}, x_j)$ berechnet, liefert Folgerung 6.4 die Existenz der exakten Lösung in der Kugel um x_j mit Radius $\rho/(1-q)$.

Diese Technik wird benutzt, um sichere Fehlerschranken für Näherungslösungen linearer Gleichungssysteme zu berechnen. Mit herkömmlicher Programmierung verschafft man sich zuerst S als Näherung für A^{-1} und verbessert dann Sb durch Residualiteration (wobei es günstig ist, die Residuen

$b - Ax_j$ mit einer Arithmetik höherer Genauigkeit auszurechnen), bis man bei einer Näherung $\tilde{x}$ ankommt, die sich nicht mehr ohne weiteres verbessern lässt. Bis hierher hat man in der Regel keine Probleme, weil man oft sehr kleine q erreicht.

In praktischen Fällen hat man wegen der auftretenden Rundungsfehler statt der Funktion F nur eine Funktion G zur Verfügung, welche sich von F nur "wenig" unterscheidet, d.h. für alle x aus dem Definitionsbereich D von F und G gilt $d(F(x), G(x)) \leq \varepsilon$ mit einer geeigneten positiven Zahl ε. Wenn man mit G statt F rechnet, hat man lediglich mit einem Zusatzfehler von höchstens $\varepsilon/(1 - q)$ zu rechnen:

Satz 6.5. *Es sei $F : D \to D$ stark kontrahierend mit Kontraktionszahl q, wobei D eine abgeschlossene Teilmenge eines vollständigen metrischen Raums $\mathcal{R}$ ist. Ferner sei $G : D \to D$ eine Abbildung mit $d(F(x), G(x)) \leq \varepsilon$ für alle $x \in D$ mit positivem ε. Dann gilt für den Fixpunkt x^* von F und die Iterierten $y_{n+1} = G(y_n)$ von G die Fehlerabschätzung*

$$d(x^*, y_n) \leq \frac{1}{1 - q} \left\{ \varepsilon + q^n d(y_0, G(y_0)) \right\}.$$

Beweis. Wir betrachten die "wahre" Folge $x_{n+1} = F(x_n)$ mit Anfangswert $x_0 = y_0$. Wegen $d(F(x), G(x)) \leq \varepsilon$ kann man induktiv folgern, dass $d(x_n, y_n) \leq q d(x_{n-1}, y_{n-1}) + \varepsilon \leq \varepsilon(1 + q + \ldots + q^{n-1})$ gilt. Die a priori Fehlerabschätzung aus dem Banachschen Fixpunktsatz liefert damit

$$d(x^*, y_n) \leq d(x^*, x_n) + d(x_n, y_n) \leq \frac{q^n}{1 - q} d(y_0, F(y_0)) + \varepsilon(1 + q + \ldots + q^{n-1})$$

$$\leq \frac{q^n}{1 - q}(d(y_0, G(y_0)) + \varepsilon) + \varepsilon \frac{1 - q^n}{1 - q}$$

$$= \frac{1}{1 - q} \left\{ \varepsilon + q^n d(y_0, G(y_0)) \right\},$$

was zu zeigen war. □

Fixpunkt-Iterationsverfahren $x_{n+1} = F(x_n)$ haben den Vorteil, dass sich Rundungsfehler nicht akkumulieren, weil jeder Wert x_n als "neuer" Startwert angesehen werden kann. Ein Nachteil von Fixpunkt-Iterationsverfahren ist, dass sie wegen ihrer strikten Sequentialität nicht ohne weiteres vektorisierbar sind, wenn F selbst nicht vektorisierbar ist. Ein weiterer Nachteil ist, dass sie bei $q \approx 1$ sehr langsam konvergieren.

6.2 Iterationsverfahren für Lineare Gleichungssysteme

In diesem Abschnitt werden wir erste Iterationsverfahren zur Lösung linearer Gleichungssysteme $Ax = b$ mit nichtsingulärem $A \in \mathbb{K}^{n \times n}$ und $b \in \mathbb{K}^n$ kennen lernen, die durch die Fixpunktiteration des letzten Abschnitts motiviert sind. In Kapitel 16 werden wir ausgefeiltere Verfahren besprechen.

Um eine Fixpunktiteration herzuleiten, wird zunächst die Koeffizienten-matrix A in der Form $A = A - B + B$ geschrieben, wobei B als invertierbare Matrix eine Näherung an A sein soll. Mit dieser Form ist die Lösung des linearen Gleichungssystems $Ax = b$ äquivalent zu der Fixpunktaufgabe

$$x = (E - B^{-1}A)x + B^{-1}b.$$

Diese Gleichung wird trivial, wenn $B = A$ gilt. Andererseits braucht man für eine schnelle Auswertung der zugehörigen Fixpunktiteration

$$x_{j+1} = Cx_j + c, \qquad j \in \mathbb{N}_0, \tag{6.5}$$

mit der *Iterationsmatrix* $C = E - B^{-1}A$ und $c = B^{-1}b$ ein relativ einfaches B oder genauer B^{-1}. Bevor wir auf mögliche Wahlen von B eingehen, wollen wir allgemeine Konvergenzuntersuchungen für das allgemeine Verfahren (6.5) besprechen.

Nehmen wir zunächst an, dass es eine passende Matrixnorm $\| \cdot \|$ gibt, für die $\|C\| < 1$ gilt. Dann erhalten wir für die Iterationsabbildung $F(x) = Cx + c$ die Abschätzung

$$\|F(x) - F(y)\| = \|Cx - Cy\| \leq \|C\|\|x - y\|,$$

d.h. F ist stark kontrahierend mit Konstante $q = \|C\|$, und (6.5) konvergiert gegen den einzigen Fixpunkt von F, und dieser ist im Fall $C = E - B^{-1}A$ und $c = B^{-1}b$ Lösung von $Ax = b$.

Natürlich will man nicht alle möglichen Matrixnormen testen. In gewissen Fällen ergeben sich zwar bestimmte Matrixnormen automatisch, im Allgemeinen braucht man aber ein möglichst universelles Hilfsmittel. Dies wird der Spektralradius sein. Dieser war nach Definition 3.12 gegeben als

$$\rho(A) = \max\left\{|\lambda| : \lambda \in \mathbb{C} \text{ ist Eigenwert von } A\right\}.$$

Dass der Spektralradius ein guter, wenn auch oft nur theoretischer Kandidat für Konvergenzaussagen der Iteration (6.5) ist, zeigt folgender Zusammenhang zwischen Spektralradius und passender Matrixnorm.

Lemma 6.6. *Es sei $C \in \mathbb{K}^{n \times n}$ und $\| \cdot \|$ eine zu einer Vektornorm passende Matrixnorm. Dann gilt $\rho(C) \leq \|C\|$.*

Beweis. Es sei $\lambda \in \mathbb{C}$ ein Eigenwert von C mit dem Eigenvektor $x \neq 0$. Dann kann man annehmen, dass $\|x\| = 1$ gilt und erhält aus $Cx = \lambda x$ die Abschätzung $|\lambda| = |\lambda|\|x\| = \|\lambda x\| = \|Cx\| \leq \|C\|\|x\| = \|C\|$ $\square$

Die Konvergenz des allgemeinen Verfahrens (6.5) lässt sich nun folgendermaßen charakterisieren.

Satz 6.7. *Für das Iterationsverfahren (6.5) mit Verfahrensfunktion $F(x) = Cx + c$ sind folgende Aussagen äquivalent:*

(1) Das Verfahren konvergiert für jeden Startwert gegen den eindeutig bestimmten Fixpunkt x^* von F.

(2) Der Spektralradius von C erfüllt $\rho(C) < 1$.

(3) Die Potenzen der Iterationsmatrix C erfüllen $C^j \to 0$ für $j \to \infty$.

Beweis. Aus (1) folgt (2): Nehmen wir an, dass Verfahren konvergiere für jeden Startwert gegen den Fixpunkt x^*. Hat man x_0 nun gerade so gewählt, dass $x_0 - x^*$ ein Eigenvektor zum Eigenwert $\lambda \in \mathbb{C}$ der Matrix C ist, so folgt

$$x_j - x^* = F(x_{j-1}) - F(x^*) = C(x_{j-1} - x^*) = C^j(x_0 - x^*) = \lambda^j(x_0 - x^*).$$

Da der Ausdruck auf der linken Seite für $j \to \infty$ gegen Null strebt, macht dies auch der Ausdruck auf der rechten Seite, was nur für $|\lambda| < 1$ möglich ist.

Aus (2) folgt (3): Gilt $\rho(C) < 1$, so benutzen wir die *Jordansche Normalform* aus der Linearen Algebra für C, um zu zeigen, dass C^j gegen Null strebt. Der Satz über die Jordansche Normalform besagt, dass sich die Matrix C mit einer nichtsingulären Matrix $T \in \mathbb{C}^{n \times n}$ transformieren lässt zu $C = TJT^{-1}$, wobei J die Form

$$J = \begin{pmatrix} J_1 & & 0 \\ & \ddots & \\ 0 & & J_k \end{pmatrix}, \quad J_\ell = J_\ell(\lambda_\ell) = \begin{pmatrix} \lambda_\ell & 1 & \dots & 0 & 0 \\ 0 & \lambda_\ell & \ddots & & 0 \\ \vdots & \ddots & \ddots & \ddots & \vdots \\ 0 & & \ddots & \lambda_\ell & 1 \\ 0 & 0 & \dots & 0 & \lambda_\ell \end{pmatrix}, \quad \lambda_\ell \in \mathbb{C},$$

hat. Dabei sind $\lambda_1, \dots, \lambda_k$ Eigenwerte von C, die nach Voraussetzung $|\lambda_\ell| < 1$ erfüllen. Da offensichtlich $C^j = TJ^jT^{-1}$ für $j \in \mathbb{N}_0$ gilt, reicht es zu zeigen, dass J^j für $j \to \infty$ gegen Null strebt. Wegen

$$J^j = \begin{pmatrix} J_1^j(\lambda_1) & & 0 \\ & \ddots & \\ 0 & & J_k^j(\lambda_k) \end{pmatrix},$$

genügt es daher, dass die Potenzen jedes Jordankästchens $J_\ell(\lambda_\ell)$ gegen die Nullmatrix streben. Für die Potenzen einer typischen $(m \times m)$-Jordanmatrix $J(\lambda)$ beweist man durch Induktion, dass die Elemente $e_\ell^T J(\lambda)^j e_k$ von $J^j(\lambda)$ die Darstellung

$$e_\ell J(\lambda)^j e_k = \begin{cases} \lambda^{j-(k-\ell)} \dbinom{j}{k-\ell} & \text{für } 1 \leq \ell \leq k \leq \min(m, \ell+j), \\ 0 & \text{sonst} \end{cases}$$

haben. Da für diese die Abschätzung

$$\left| \lambda^{j-(k-\ell)} \binom{j}{k-\ell} \right| = |\lambda|^{j-(k-\ell)} \binom{j}{k-\ell} \leq |\lambda|^{j-(k-\ell)} j^{k-\ell}$$

gilt, strebt der letzte Ausdruck wegen $|\lambda| < 1$ bei festem k und ℓ mit $j \to \infty$ gegen Null.

Aus (3) folgt (1): Zunächst einmal ist x genau dann Fixpunkt von F, wenn x Lösung des linearen Gleichungssystems $(E - C)x = c$ ist. Die Matrix $E - C$ muss aber nichtsingulär sein, denn sonst gäbe es ein $x \neq 0$ mit $(E - C)x = 0$, was den Widerspruch

$$x = Cx = \ldots = C^j x \to 0 \quad \text{für } j \to \infty$$

nach sich zieht. Da ferner für den jetzt eindeutig bestimmten Fixpunkt x^* und die Iterierten der Folge x_j stets $x_j - x^* = C^j(x_0 - x^*)$ gilt, erhalten wir Konvergenz der Folge bei jedem beliebigen Anfangswert.   □

Der Beweis dieses Satzes hat auch gezeigt, dass der Spektralradius ein Gütemaß für die Konvergenz des Iterationsverfahrens ist. Je kleiner $\rho(C)$ ist, desto schneller wird das Verfahren konvergieren.

Folgerung 6.8. *Sind die nichtsinguäre Matrix $A \in \mathbb{K}^{n \times n}$ und der Vektor $b \in \mathbb{K}^n$ gegeben und bildet man mit einer weiteren nichtsingulären Matrix $B \in \mathbb{K}^{n \times n}$ die Iterationsfolge*

$$x_{j+1} = (E - B^{-1}A)x_j + B^{-1}b, \qquad j \in \mathbb{N}_0, \tag{6.6}$$

so konvergiert diese für jeden Startwert $x_0 \in \mathbb{K}^n$ gegen die Lösung x^* des linearen Gleichungsssytems $Ax = b$ genau dann, wenn $\rho(E - B^{-1}A) < 1$ gilt.

6.3 Das Gesamtschrittverfahren

Wie ist nun die Matrix $B \approx A$ des letzten Abschnitts zu wählen? Eine Möglichkeit besteht darin, A zunächst als

$$A = L + D + R \tag{6.7}$$

zu schreiben, wobei D eine Diagonalmatrix ist und L bzw. R untere bzw. obere Dreiecksmatrizen sind, in deren Diagonale nur Nullen stehen. Durch Umnummerierung der Unbekannten (Umstellung der Spalten von A) oder Umordnen der Gleichungen (Umstellung der Zeilen von A) kann man erreichen, dass die Einträge auf der Diagonale von D nicht verschwinden.

Wählt man nun z.B. $B = D$, so erhält man die Iterationsmatrix $C = E - D^{-1}A = -D^{-1}(L + R)$ mit den Elementen

$$c_{ik} = \begin{cases} -a_{ik}/a_{ii}, & \text{falls } i \neq k, \\ 0 & \text{sonst.} \end{cases} \tag{6.8}$$

Das Iterationsverfahren (6.5) lässt sich daher auch komponentenweise schreiben als

$$x_i^{(j+1)} = \frac{1}{a_{ii}} \left(b_i - \sum_{\substack{k=1 \\ k \neq i}}^{n} a_{ik} x_k^{(j)} \right), \qquad 1 \le i \le n, \tag{6.9}$$

wobei wir von jetzt an den Iterationsindex als oberen Index schreiben wollen.

Definition 6.9. *Das durch (6.9) definierte Verfahren heißt* Gesamtschritt-verfahren *oder auch* Jacobi-Verfahren.

Das Gesamtschrittverfahren konvergiert genau dann, wenn seine Iterationsmatrix C einen Spektralradius $\rho(C) < 1$ hat. Es konvergiert, falls es eine natürliche Matrixnorm $\| \cdot \|$ gibt mit $\|C\| < 1$. Benutzt man im letzten Fall die Zeilensummennorm, so ist dies wegen (6.8) gleichbedeutend damit, dass

$$\|C\|_\infty = \max_{1 \le i \le n} \frac{1}{|a_{ii}|} \sum_{\substack{k=1 \\ k \neq i}}^{n} |a_{ik}| < 1,$$

gilt, was insbesondere bei stark diagonaldominanten Matrizen (siehe Definition 2.6) erfüllt ist.

Satz 6.10. *Das Gesamtschrittverfahren zur Lösung von $Ax = b$ konvergiert für jeden Startvektor, falls das* starke Zeilensummenkriterium

$$\sum_{\substack{k=1 \\ k \neq i}}^{n} |a_{ik}| < |a_{ii}|, \qquad 1 \le i \le n,$$

erfüllt ist.

Natürlich kann man statt der Zeilensummennorm auch die Spaltensummennorm benutzen. Daher konvergiert das Gesamtschrittverfahren auch, wenn das *starke Spaltensummenkriterium* $\sum_{i \neq k} |a_{ik}| < |a_{kk}|$ für alle $1 \le k \le n$ erfüllt ist.

Das starke Zeilensummenkriterium lässt sich noch folgendermaßen abschwächen.

Definition 6.11. *Eine Matrix $A \in \mathbb{K}^{n \times n}$ erfüllt das* schwache Zeilensummenkriterium, *falls*

$$\sum_{\substack{k=1 \\ k \neq i}}^{n} |a_{ik}| \le |a_{ii}|, \qquad 1 \le i \le n, \tag{6.10}$$

gilt, und es mindestens einen Index i gibt, für den in (6.10) eine echte Ungleichung steht.

Ist die Matrix A invertierbar und erfüllt sie das schwache Zeilensummenkriterium, so sind alle Diagonalelemente von Null verschieden. Denn wäre $a_{ii} = 0$ für einen Index i, so wäre die ganze i-te Zeile Null.

Das schwache Zeilensummenkriterium reicht allerdings noch nicht aus, um Konvergenz des Gesamtschrittverfahrens zu garantieren. Man benötigt noch die Unzerlegbarkeit der Matrix A.

Definition 6.12. *Eine Matrix $A \in \mathbb{K}^{n \times n}$ heißt zerlegbar, wenn es nichtleere Teilmengen N_1 und N_2 von $N := \{1, 2, \ldots, n\}$ gibt mit*

(1) $N_1 \cap N_2 = \emptyset$,
(2) $N_1 \cup N_2 = N$,
(3) für jedes $i \in N_1$ und jedes $k \in N_2$ gilt $a_{ik} = 0$.

A heißt unzerlegbar, *wenn A nicht zerlegbar ist.*

Ist ein lineares Gleichungssystem $Ax = b$ mit einer zerlegbaren Matrix A gegeben, und enthält N_1 genau $m < n$ Elemente, so lässt sich das Gleichungssystem in zwei kleinere Teilaufgaben zerlegen:

(1) Man löse die m Gleichungen

$$\sum_{k=1}^{n} a_{ik}x_k = \sum_{k \in N_1} a_{ik}x_k = b_i \qquad \text{für } i \in N_1.$$

Daraus erhält man die m Komponenten x_k des Lösungsvektors mit einem Index $k \in N_1$. Weil diese Größen dann bekannt sind, vereinfacht sich die zweite Aufgabe:

(2) Man bestimme die x_k mit $k \in N_2$ aus den $n - m$ Gleichungen

$$\sum_{k=1}^{n} a_{ik}x_k = \sum_{k \in N_1} a_{ik}x_k + \sum_{k \in N_2} a_{ik}x_k = b_i \ \text{für } i \in N_2.$$

Bei der Betrachtung von Lösungsmethoden für lineare Gleichungssysteme kann man sich also auf *unzerlegbare* Koeffizientenmatrizen beschränken.

Satz 6.13. *Ist die Matrix $A \in \mathbb{K}^{n \times n}$ unzerlegbar und erfüllt sie das schwache Zeilensummenkriterium, so konvergiert das Gesamtschrittverfahren zur Lösung linearer Gleichungssysteme mit der Koeffizientenmatrix A für jeden Startvektor.*

Beweis. Zunächst einmal sind die Diagonalelemente von A alle von Null verschieden. Denn andererseits würde $N_1 := \{i \in N : a_{ii} = 0\}$ und $N_2 := \{i \in N : a_{ii} \neq 0\}$ eine nichttriviale Zerlegung von N geben. Denn N_1 ist nach dieser Annahme nicht leer, N_2 enthält nach Definiton des schwachen Zeilensummenkriteriums ebenfalls mindestens ein Element. Beide Mengen zusammen ergeben N und für $i \in N_1$ muss wegen des schwachen Zeilen-summenkriteriums auch a_{ij} für alle $j \neq i$ also insbesondere für alle $j \in N_2$ verschwinden.

Das schwache Zeilensummenkriterium zeigt zusammen mit Lemma 6.6 für die Iterationsmatrix C bereits $\rho(C) \leq \|C\|_\infty \leq 1$. Wir müssen also nur noch ausschließen, dass ein Eigenwert tatsächlich den Betrag Eins haben kann. Angenommen, es gäbe doch einen Eigenwert $\lambda \in \mathbb{C}$ von C mit $|\lambda| = 1$ und einen zugehörigen Eigenvektor x, den wir durch $\|x\|_\infty = 1$ normieren. Dann bildet man $N_1 := \{i \in N : |x_i| = 1\} \neq \emptyset$ und $N_2 = N \setminus N_1$. Die Menge N_2 ist ebenfalls nicht leer, denn aus

$$|x_i| = |\lambda| |x_i| = |(Cx)_i| = \frac{1}{|a_{ii}|} \Big| \sum_{\substack{k=1 \\ k \neq i}}^{n} a_{ik} x_k \Big| \leq \frac{1}{|a_{ii}|} \sum_{\substack{k=1 \\ k \neq i}}^{n} |a_{ik}| \leq 1 \qquad (6.11)$$

folgt für $i \in N_1$ sofort, dass in obiger Ungleichungskette überall Gleichheit herrscht, also insbesondere auch

$$|a_{ii}| = \sum_{\substack{k=1 \\ k \neq i}}^{n} |a_{ik}|, \qquad i \in N_1.$$

Da das schwache Zeilensummenkriterium gilt, muss es mindestens ein $i \in N$ geben mit $|x_i| < 1$, was zeigt, dass N_2 nicht leer ist. Da A unzerlegbar ist, gibt es also mindestens ein $i \in N_1$ und ein $k_0 \in N_2$ mit $a_{ik_0} \neq 0$. Da $k_0 \in N_2$ ist, gilt insbesondere $|a_{ik_0} x_{k_0}| < |a_{ik_0}|$, sodass in (6.11) eine echte Ungleichung entsteht, was wegen $i \in N_1$ aber nicht sein kann. $\square$

Im Fall des starken Zeilensummenkriteriums haben wir $\|C\|_\infty < 1$, wogegen Unzerlegbarkeit und das schwache Zeilensummenkriterium nur zu $\rho(C) < 1$ führt, wobei in speziellen Fällen $\|C\|_\infty = 1$ möglich ist.

6.4 Das Einzelschrittverfahren

Die Wahl der Matrix $B = D$ im allgemeinen Iterationsverfahren (6.6) hatte den Vorteil, dass ihre Inverse und damit auch die Iterationsmatrix $C_G := -D^{-1}(L + R)$ des Gesamtschrittverfahrens einfach zu berechnen ist. Allerdings stellt $B = D$ im Allgemeinen keine besonders gute Näherung an A dar. Besser ist es, einen der beiden Terme L oder R noch zu B hinzuzu-nehmen, z.B. indem man $B := L + D$ setzt. In diesem Fall erhält man die Iterationsmatrix

$$C_E = E - (L + D)^{-1} A = -(L + D)^{-1} R.$$

Das zugehörige Iterationsverfahren lässt sich wieder komponentenweise schreiben:

$$x_i^{(j+1)} = \frac{1}{a_{ii}} \left(b_i - \sum_{k=1}^{i-1} a_{ik} x_k^{(j+1)} - \sum_{k=i+1}^{n} a_{ik} x_k^{(j)} \right), \quad 1 \leq i \leq n. \quad (6.12)$$

Im Gegensatz zum Gesamtschrittverfahren, wo alle Komponenten des nächsten Iterationsschrittes auf einmal berechnet werden konnten, benötigt man hier zur Berechnung der i-ten Komponente der neuen Iteration auch alle bereits berechneten Komponenten dieser Iteration.

Definition 6.14. *Das durch (6.12) definierte iterative Verfahren heißt Einzelschrittverfahren oder auch Gauß-Seidel-Verfahren.*

Da beim Einzelschrittverfahren die bereits berechneten neuen Werte sofort mit einbezogen werden, kann man auf bessere Konvergenz als beim Gesamtschrittverfahren hoffen. Dies bestätigt sich insbesondere, wenn das starke Zeilensummenkriterium erfüllt ist.

Satz 6.15 (Sassenfeld-Kriterium). *Die Matrix $A \in \mathbb{K}^{n \times n}$ habe nicht verschwindende Diagonalelemente. Die folgenden Zahlen seien rekursiv definiert:*

$$s_i = \frac{1}{|a_{ii}|} \left(\sum_{k=1}^{i-1} |a_{ik}| s_k + \sum_{k=i+1}^{n} |a_{ik}| \right), \quad 1 \leq i \leq n.$$

Dann gilt für die Iterationsmatrix $C_E = -(L + D)^{-1} R$ die Abschätzung

$$\|C_E\|_\infty \leq \max_{1 \leq i \leq n} s_i =: s,$$

und das Einzelschrittverfahren konvergiert, wenn s kleiner als 1 ist. Falls A das starke Zeilensummenkriterium erfüllt, folgt

$$\|C_E\|_\infty \leq s \leq \|C_G\|_\infty < 1,$$

wobei $C_G = -D^{-1}(L + R)$ die Iterationsmatrix des Gesamtschrittverfahrens ist.

Beweis. Es sei $y \in \mathbb{K}^n$. Zu zeigen ist, dass $\|C_E y\|_\infty \leq s\|y\|_\infty$ gilt, denn dann folgt $\|C_E\|_\infty \leq s$. Sei $z = C_E y$. Für die Komponenten $z_1, \dots, z_n$ von z gilt dann

$$z_i = -\frac{1}{a_{ii}} \left(\sum_{k=1}^{i-1} a_{ik} z_k + \sum_{k=i+1}^{n} a_{ik} y_k \right), \quad 1 \leq i \leq n.$$

Speziell für $i = 1$ folgt

$$|z_1| \leq \frac{1}{|a_{11}|} \sum_{k=2}^{n} |a_{1k}||y_k| \leq \frac{1}{|a_{11}|} \sum_{k=2}^{n} |a_{1k}|\|y\|_\infty = s_1\|y\|_\infty \leq s\|y\|_\infty.$$

Hat man bereits für $j = 1, \dots, i - 1$ die Aussage $|z_j| \leq s_j\|y\|_\infty$ bewiesen, so gilt

$$|z_i| \le \frac{1}{|a_{ii}|} \left(\sum_{k=1}^{i-1} |a_{ik}||z_k| + \sum_{k=i+1}^{n} |a_{ik}||y_k| \right)$$

$$\le \frac{\|y\|_\infty}{|a_{ii}|} \left(\sum_{k=1}^{i-1} |a_{ik}|s_k + \sum_{k=i+1}^{n} |a_{ik}| \right)$$

$$= \|y\|_\infty s_j.$$

Ist das starke Zeilensummenkriterium erfüllt, so hat man

$$K := \|C_G\|_\infty = \max_{1 \le i \le n} \frac{1}{|a_{ii}|} \sum_{\substack{k=1 \\ k \ne i}}^{n} |a_{ik}| < 1$$

und es folgt insbesondere $s_1 \le K < 1$. Es gelte nun $s_j \le K < 1$ für alle $j = 1, \ldots, i - 1$. Dann ergibt sich

$$s_i = \frac{1}{|a_{ii}|} \left(\sum_{k=1}^{i-1} |a_{ik}|s_k + \sum_{k=i+1}^{n} |a_{ik}| \right) \le \frac{1}{|a_{ii}|} \left(K \sum_{k=1}^{i-1} |a_{ik}| + \sum_{k=i+1}^{n} |a_{ik}| \right)$$

$$\le \frac{1}{|a_{ii}|} \sum_{\substack{k=1 \\ k \ne i}}^{n} |a_{ik}| \le K < 1.$$

Also gilt auch $s \le \|C_G\|_\infty$. $\square$

Ein anderes Beispiel, bei dem das Einzelschrittverfahren beweisbar besser funktioniert als das Gesamtschrittverfahren, tritt bei Matrizen zur numerischen Lösung von Differentialgleichungen auf. Hier sind in der Zerlegung $A = L + D + R$ die Elemente von L und R nicht positiv, die Diagonalmatrix ist die Einheitsmatrix und das Gesamtschrittverfahren konvergiert. Auf Details soll hier aber nicht eingegangen werden.

Für viele praktische Fälle hilft auch der folgende Satz, den wir im nächsten Abschnitt in einer allgemeineren Version beweisen.

Satz 6.16. *Bei Gleichungssystemen mit symmetrischer (hermitischer) und positiv definiter Koeffizientenmatrix konvergiert das Einzelschrittverfahren.*

6.5 Relaxation

Beim Gesamtschrittverfahren erfolgte die Iteration in der Form $x^{(j+1)} = D^{-1}b - D^{-1}(L + R)x^{(j)}$. Dies kann man auch schreiben als

$$x^{(j+1)} = x^{(j)} + D^{-1}b - D^{-1}(L + R + D)x^{(j)} = x^{(j)} + D^{-1}(b - Ax^{(j)}),$$

d.h. der Wert $x^{(j)}$ wird durch das D^{-1}-fache des *Residuums* $z^{(j)} := b - Ax^{(j)}$ korrigiert. Dabei ist oft zu beobachten, dass die Korrektur um einen festen

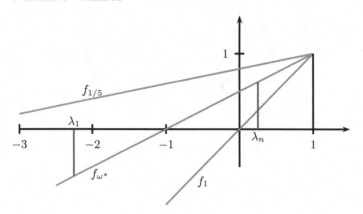

Abb. 6.3. Bestimmung des Relaxationsparameters beim GSV

Faktor zu klein ist. Deshalb versucht man, den Wert $x^{(j)}$ durch $\omega z^{(j)}$ anstelle von $z^{(j)}$ zu ändern, wobei der *Relaxationskoeffizient* ω irgendeine reelle Zahl in der Größenordnung von 1 ist. Das neue Iterationsverfahren erhält daher die Form

$$x^{(j+1)} = x^{(j)} + \omega D^{-1}(b - Ax^{(j)}), \tag{6.13}$$

was sich komponentenweise schreiben lässt als

$$x_i^{(j+1)} = x_i^{(j)} + \frac{\omega}{a_{ii}} \left(b_i - \sum_{k=1}^{n} a_{ik} x_k^{(j)} \right), \qquad 1 \le i \le n.$$

Dabei ist ω so zu wählen, dass sich die Konvergenzgeschwindigkeit gegenüber dem klassischen Gesamtschrittverfahren erhöht. Die Iterationsmatrix $C(\omega)$ des durch (6.13) gegebenen *Relaxationsverfahrens* ergibt sich als

$$C(\omega) = (1 - \omega)E - \omega D^{-1}(L + R)$$

anstelle der Iterationsmatrix $C_G = -D^{-1}(L + R) = C(1)$ beim Gesamtschrittverfahren. Satz 6.7 legt es nahe, ω so zu wählen, dass der Spektralradius von $C(\omega)$ möglichst klein wird.

Satz 6.17. *Die Matrix $C_G = -D^{-1}(L + R)$ habe nur die reellen Eigenwerte $\lambda_1 \le \lambda_2 \le \ldots \le \lambda_n < 1$ mit den Eigenvektoren $z^{(1)}, \ldots, z^{(n)}$. Dann hat $C(\omega)$ dieselben Eigenvektoren $z^{(1)}, \ldots, z^{(n)}$, aber zu den Eigenwerten $\mu_j = 1 - \omega + \omega\lambda_j$ für $1 \le j \le n$. Der Spektralradius von $C(\omega)$ wird minimal, wenn*

$$\omega^* = \frac{2}{2 - \lambda_1 - \lambda_n} \tag{6.14}$$

gewählt wird. Im Falle $\lambda_1 \ne -\lambda_n$ ist die Konvergenz des Relaxationsverfahrens (6.13) besser als die des Gesamtschrittverfahrens.

Beweis. Für jeden Eigenvektor $z^{(j)}$ von C_G gilt die Gleichung

$$C(\omega)z^{(j)} = (1-\omega)z^{(j)} + \omega\lambda_j z^{(j)} = (1-\omega+\omega\lambda_j)z^{(j)},$$

d.h. $z^{(j)}$ ist Eigenvektor von $C(\omega)$ zum Eigenwert $1-\omega+\omega\lambda_j =: \mu_j(\omega)$. Daher hat $C(\omega)$ den Spektralradius

$$\rho(C(\omega)) = \max_{1\le j\le n} |\mu_j(\omega)| = \max_{1\le j\le n} |1-\omega+\omega\lambda_j|,$$

und dieser soll minimiert werden. Für jedes feste ω betrachten wir $f_\omega(\lambda) := 1-\omega+\omega\lambda$ als Funktion von λ. Dies ist eine Gerade, die im Punkte $\lambda = 1$ den Wert 1 hat. Man erhält so eine Schar von Geraden (vgl. Abb. 6.3) und man sieht, dass das Maximum in $\rho(C(\omega))$ nur für die Indizes $j = 1$ und $j = n$ angenommen werden kann, was man sich auch schnell algebraisch überlegt. Ferner sieht man, dass ω optimal gewählt ist, falls $f_\omega(\lambda_1) = -f_\omega(\lambda_n)$ oder

$$1-\omega+\omega\lambda_1 = -(1-\omega+\omega\lambda_n)$$

gilt. Daraus folgt (6.14). Insbesondere erhält man das Gesamtschrittverfahren genau dann, wenn $\omega^* = 1$ ist, was gleichbedeutend mit $\lambda_1 = -\lambda_n$ ist. Ist letzteres nicht der Fall, so ist der Spektralradius von $C(\omega^*)$ echt kleiner als der von $C(1) = C_G$. $\square$

Der optimale Relaxationskoeffizient ω^* liegt im Intervall $(0,\infty)$, wie aus (6.14) hervorgeht. Für $\omega^* < 1$ spricht man auch von *Unterrelaxation* (dies tritt auf, wenn $-\lambda_1 > \lambda_n$ gilt); für $\omega^* > 1$ spricht man von *Überrelaxation* (falls $-\lambda_1 < \lambda_n$ gilt). Satz 6.17 zeigt, dass man zur Durchführung einer Relaxation *scharfe* Schranken für die Eigenwerte von $C_G = -D^{-1}(L+R)$ haben sollte, die obendrein noch das Vorzeichen der Eigenwerte berücksichtigen. Für spezielle Matrizen, die durch Diskretisierung spezieller Differentialoperatoren entstehen, sind solche Schranken der Literatur zu entnehmen.

Man kann Relaxation beim Gesamtschrittverfahren auch folgendermaßen interpretieren. Definieren wir $z^{(j+1)} = C_G x^{(j)} + D^{-1}b$, was einem Schritt des Gesamtschrittverfahrens entspricht, so gilt für die $(j+1)$-te Iterierte beim relaxierten Gesamtschrittverfahren

$$x^{(j+1)} = (1-\omega)x^{(j)} + \omega z^{(j+1)}. \tag{6.15}$$

Man erhält also die $(j+1)$-te Iteration, indem man linear zwischen dem alten Wert $x^{(j)}$ und dem Wert $z^{(j+1)}$, den das Gesamtschrittverfahren liefern würde, interpoliert.

Kommen wir jetzt zur Relaxation des Einzelschrittverfahrens. Die Iterierten des Einzelschrittverfahrens erfüllen die Iterationsformel

$$Dx^{(j+1)} = b - Lx^{(j+1)} - Rx^{(j)}.$$

Folgt man der soeben beschriebenen Philosophie, so ersetzt man in dieser Gleichung das links auftretende $x^{(j+1)}$ durch $z^{(j+1)}$, schreibt also

$$Dz^{(j+1)} = b - Lx^{(j+1)} - Rx^{(j)}$$

und kombiniert dies mit (6.15), um den neuen Wert $x^{(j+1)}$ zu bestimmen. Einsetzen und Umformen liefert

$$(D + \omega L)x^{(j+1)} = [(1 - \omega)D - \omega R]x^{(j)} + \omega b,$$

sodass das relaxierte Einzelschrittverfahren die Iterationsmatrix

$$C_E(\omega) = (D + \omega L)^{-1}[(1 - \omega)D - \omega R]$$

hat. Das so entstandene Verfahren heißt auch *SOR-Verfahren* (successive overrelaxation), obwohl man strenggenommen nur für $\omega > 1$ von einer Überrelaxation sprechen sollte. Komponentenweise lässt es sich schreiben als

$$x_i^{(j+1)} = x_i^{(j)} + \frac{\omega}{a_{ii}} \left(b_i - \sum_{k=1}^{i-1} a_{ik}x_k^{(j+1)} - \sum_{k=i}^{n} a_{ik}x_k^{(j)} \right), \qquad 1 \le i \le n.$$

Die Bestimmung eines optimalen Relaxationsparameters ist hier wesentlich schwerer, da ω nichtlinear in $C_E(\omega)$ eingeht. Der folgende Satz zeigt, dass man Konvergenz nur für $\omega \in (0, 2)$ erwarten kann.

Satz 6.18. *Die Diagonalelemente von $A \in \mathbb{K}^{n \times n}$ seien von Null verschieden. Dann gilt für den Spektralradius der Iterationsmatrix $C_E(\omega)$ die Abschätzung*

$$\rho(C_E(\omega)) \ge |\omega - 1|.$$

Beweis. Die Iterationsmatrix $C_E(\omega)$ lässt sich auch schreiben als

$$C_E(\omega) = (E + \omega D^{-1}L)^{-1}[(1 - \omega)E - \omega D^{-1}R].$$

Die erste Matrix in diesem Produkt ist eine normierte untere Dreiecksmatrix, während die zweite eine obere Dreiecksmatrix mit Diagonalelementen $1 - \omega$ ist. Da die Determinante einer Matrix gleich dem Produkt ihrer Eigenwerte ist, folgt

$$|1 - \omega|^n = |\det C_E(\omega)| \le \rho(C_E(\omega))^n$$

und damit die Behauptung. $\square$

Es wird jetzt der Beweis von Satz 6.16 nachgereicht, indem wir zeigen, dass für eine positiv definite und symmetrische (hermitesche) Matrix das SOR-Verfahren für alle $\omega \in (0, 2)$ konvergiert. Dies schließt dann mit $\omega = 1$ auch das Einzelschrittverfahren ein.

Satz 6.19. *Sei $A \in \mathbb{K}^{n \times n}$ symmetrisch (hermitesch) und positiv definit. Dann konvergiert das SOR-Verfahren für jeden Relaxationsparameter $\omega \in (0, 2)$.*

Beweis. Wir müssen $\rho(C_E(\omega)) < 1$ zeigen. Wir schreiben zunächst die Iterationsmatrix $C_E(\omega)$ in der allgemeinen Form $E - B^{-1}A$. Nach einiger Rechnung erkennt man, dass die Matrix $B = B(\omega)$ gegeben ist durch $B = \frac{1}{\omega}D + L$. Sei nun $\lambda \in \mathbb{C}$ ein Eigenwert von $C_E(\omega)$ mit zugehörigem Eigenvektor $x \in \mathbb{C}^n$, der als $\|x\|_2 = 1$ normiert sei. Dann gilt $C_E(\omega)x = (E - B^{-1}A)x = \lambda x$ oder anders ausgedrückt $Ax = (1 - \lambda)Bx$. Da A positiv definit ist, muss $\lambda \neq 1$ gelten, sodass wir

$$\frac{1}{1 - \lambda} = \frac{\overline{x}^T Bx}{\overline{x}^T Ax}$$

haben. Da A hermitesch ist, folgt $B + \overline{B}^T = (\frac{2}{\omega} - 1)D + A$, sodass für den Realteil von $1/(1 - \lambda)$ die Abschätzung

$$\Re\left(\frac{1}{1 - \lambda}\right) = \frac{1}{2}\frac{\overline{x}^T(B + \overline{B}^T)x}{\overline{x}^T Ax} = \frac{1}{2}\left\{\left(\frac{2}{\omega} - 1\right)\frac{\overline{x}^T Dx}{\overline{x}^T Ax} + 1\right\} > \frac{1}{2}$$

gilt, denn wegen $\omega \in (0, 2)$ ist der Ausdruck $2/\omega - 1$ positiv, genauso wie der Ausdruck $\overline{x}^T Dx/\overline{x}^T Ax$, denn mit A ist auch D positiv definit. Schreiben wir nun $\lambda = u + iv$, so folgt aus

$$\frac{1}{2} < \Re\left(\frac{1}{1 - \lambda}\right) = \frac{1 - u}{(1 - u)^2 + v^2}$$

schließlich $|\lambda|^2 = u^2 + v^2 < 1$. $\square$

6.6 Aufgaben

6.1 Wie verläuft die Iteration für $F(x) = 5x - x^2$ in Abhängigkeit von den Anfangswerten ?

6.2 Für positive reelle Zahlen a betrachte man in $I := [3/(4a), 1/a]$ den Iterationsprozess $x_{n+1} = F(x_n) := 2x_n - ax_n^2$. Zeigen Sie, dass F genau einen Fixpunkt in I hat. Wie sieht dieser aus? Was passiert bei beliebigem Startwert in $\mathbb{R}$?

6.3 Benutzen Sie den Banachschen Fixpunktsatz, um zu zeigen, dass es reelle Zahlen x, y gibt mit

$$x = \frac{1}{40}x^2 + 2y + \frac{2}{25}y^2 - \frac{1}{2},$$
$$y = 3x + \frac{1}{20}x^2 + \frac{1}{100}y^2 - 1.$$

6.4 Man beweise durch Anwendung des Banachschen Fixpunktsatzes, dass im Banach-Raum $C[0, k]$ mit $0 < k < 1$ und der Norm $\| \cdot \|_{L_\infty[0,k]}$ eine Funktion y existiert mit

$$y(t) = 1 - 2 \int_0^t sy(s)ds \qquad \text{für alle } t \in [0, k].$$

Diese Aufgabe ist ein Spezialfall der üblichen Beweistechnik für die Existenz von Lösungen gewöhnlicher Differentialgleichungen.

6.5 Die Menge der $(u, v) \in \mathbb{R}^2$, für die bei Start in $(0,0)$ die Fixpunktiteration mit

$$F(x, y) = (x^2 - y^2 + u, 2xy + v)$$

beschränkt bleibt, bildet die Mandelbrot-Menge (das "Apfelmännchen"). Auf welchen (u, v) ist die Iteration mit Sicherheit unbeschränkt? Schreiben Sie ein Programm zum Zeichnen der Mandelbrot-Menge.

6.6 Man zeige: Aus $\|E - SA\| \le k < 1$ folgt $\kappa(A) \le \|A\|\|S\|(1 - k)^{-1}$.

6.7 Zeigen Sie, dass die Hausdorff-Metrik auf der Menge $\mathcal{R}$ der nichtleeren kompakten Teilmengen von $\mathbb{R}^2$ tatsächlich eine Metrik ist und dass $\mathcal{R}$ mit dieser Metrik vollständig ist.

6.8 Geben Sie analog zum ESV ein "Rückwärts"-Einzelschrittverfahren an, welches seine Iterationsmatrix mit $B = R + D$ bildet. Wie sieht die Iterationsvorschrift aus, wenn man jeweils einen Schritt des ESV mit einem Schritt dieses Verfahrens kombiniert?

6.9 Zeigen Sie: Konvergiert das GSV für ein Gleichungssystem mit Koeffizientenmatrix A, so konvergiert es auch für jedes Gleichungssystem mit Koeffizientenmatrix A^T.

6.10 Formulieren und beweisen Sie eine Variante des Sassenfeld-Kriteriums für das relaxierte Einzelschrittverfahren.

7 Newton-Verfahren

Dieses Kapitel geht noch einmal auf die Lösung von Systemen nichtlinearer Gleichungen ein. Diesmal wird allerdings für eine Funktion $F : \mathbb{R}^n \to \mathbb{R}^n$ nicht ein Fixpunkt sondern eine Nullstelle gesucht. Es stehen iterative Verfahren im Vordergrund, die gegenüber der Fixpunktiteration aus Kapitel 6 verbesserte Konvergenzeigenschaften haben. Um letzteres genauer quantifizieren zu können, wird der Begriff der *Konvergenzordnung* eingeführt. Durch Linearisierung von F erhält man das *Newton-Verfahren*. Es erweist sich unter geeigneten Voraussetzungen als lokal *quadratisch* konvergent, und durch eine *Schrittweitenstrategie* kann man das globale Konvergenzverhalten verbessern.

7.1 Berechnung von Nullstellen reeller Funktionen

Wie bei den Fixpunktproblemen soll zunächst der eindimensionale Fall etwas näher betrachtet werden.

Gegeben sei eine Funktion $f : I \to \mathbb{R}$ einer reellen Veränderlichen in einem Intervall $I \subseteq \mathbb{R}$. Ferner sei f auf I mindestens zweimal stetig differenzierbar. Gesucht wird dann ein Wert $x^* \in I$ mit $f(x^*) = 0$. Dabei setzen wir voraus, dass f in I wenigstens eine Nullstelle besitzt. Wir wollen die Nullstelle durch eine Iteration

$$x_{j+1} = \Phi(x_j), \qquad j = 0, 1, \ldots,$$

annähern, wobei Φ eine geeignet gewählte *Iterationsfunktion* ist. Man muss Φ natürlich in Abhängigkeit von f konstruieren. Es kann auch sein, dass man mehr als nur den vorherigen Iterationspunkt berücksichtigen will. Die gewählte Form legt es nahe, den Banachschen Fixpunktsatz anzuwenden. Eine erste, einfache Möglichkeit, die *Verfahrensfunktion* Φ zu wählen, besteht in der speziellen Wahl

$$\Phi(x) := x - f(x).$$

Nach Satz 6.3 tritt Konvergenz ein, wenn in I (bzw. einer geeigneten Umgebung des Punktes x^*) gilt

$$|\Phi'(x)| = |1 - f'(x)| < 1 \qquad (\textit{anziehender Fixpunkt}).$$

Ist $|\Phi'(x^*)| > 1$, so ist der Fixpunkt *abstoßend*. Welcher Fall vorliegt, hängt von f ab. Die Fixpunktiteration ist deshalb in dieser einfachen Form nicht allgemein brauchbar als Verfahren zur Nullstellenbestimmung. Wir werden später sehen, dass sie selbst bei einem anziehenden Fixpunkt zu langsam ist.

Zur Motivation eines besseren Verfahrens gehen wir vor, wie in Abb. 7.1 dargestellt. An einer gegebenen Näherung x_j für die Nullstelle x^* bestimmen wir die zugehörige Tangente an f. Die nächste Näherung x_{j+1} ist dann die Nullstelle dieser Tangente. Wir ersetzen also die Funktion f approximativ durch ihre Tangente. Da die Tangentengleichung gegeben ist durch

$$t_j(x) = f'(x_j)(x - x_j) + f(x_j)$$

erhalten wir durch Auflösen der Gleichung $t_j(x_{j+1}) = 0$ die folgende *Iterationsvorschrift nach Newton*

$$x_{j+1} = x_j - \frac{f(x_j)}{f'(x_j)}, \qquad j = 0, 1, 2, \ldots,$$

die natürlich nur wohldefiniert ist, wenn immer $f'(x_j) \neq 0$ gilt. Der Fall $f'(x_j) = 0$ bedeutet, dass die Tangente t_j parallel zur x-Achse auf Höhe $f(x_j)$ verläuft und daher im Fall $f(x_j) \neq 0$ keine Nullstelle hat.

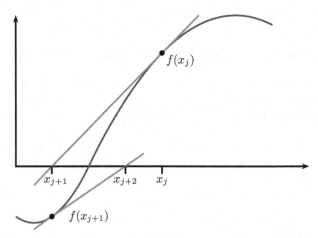

Abb. 7.1. Das Newton-Verfahren

Weiter kann es vorkommen, dass das Newton-Verfahren zyklisch immer dieselben zwei Punkte durchläuft, siehe Abbildung 7.2. Wir werden aber gleich sehen, dass solche Fälle nicht auftreten, wenn wir hinreichend dicht an einer Nullstelle x^* mit $f'(x^*) \neq 0$ starten.

Hat man die Ableitung von f nicht, oder lässt sie sich nur sehr teuer berechnen, so kann man statt der Tangenten in x_j auch die Sekante durch x_{j-1} und x_j nehmen. Diese ist bekanntlich gegeben durch

$$s_j(x) = \frac{f(x_j) - f(x_{j-1})}{x_j - x_{j-1}}(x - x_j) + f(x_j),$$

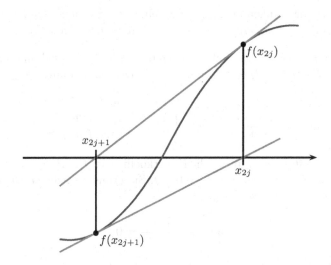

Abb. 7.2. Zyklisches Newton-Verfahren

und das Auflösen der Gleichung $s_j(x_{j+1}) = 0$ fürt zur *regula falsi*

$$x_{j+1} = \frac{x_j f(x_{j-1}) - x_{j-1} f(x_j)}{f(x_{j-1}) - f(x_j)} = x_j - \frac{x_{j-1} - x_j}{f(x_{j-1}) - f(x_j)} f(x_j). \qquad (7.1)$$

In der *"Primitivform"* achtet man bei der Auswahl der Punkte x_j und x_{j-1} darauf, dass die Funktionswerte $f(x_j)$ und $f(x_{j-1})$ entgegengesetztes Vorzeichen haben. Falls man allerdings übersehen kann, dass das Verfahren konvergiert, ist dies eine Vorsicht, die die Konvergenzgeschwindigkeit des Verfahrens beträchtlich verschlechtert.

Beim numerischen Rechnen ist die zweite Form in (7.1) der ersten vorzuziehen, denn man hat eine Multiplikation weniger (dafür eine Subtraktion mehr). Außerdem wird der Wert x_j nur durch eine "kleine Korrektur" abgeändert, während bei der ersten Form Differenzen von möglicherweise nahezu gleichen Zahlen zu bilden sind. Auch sollte man nach x_j und nicht nach x_{j-1} in der zweiten Form auflösen, da der Wert x_j schon "besser" und somit $f(x_j)$ kleiner als $f(x_{j-1})$ sein sollte.

7.2 Konvergenzordnungen

Wir haben im letzten Abschnitt mit der einfachen Fixpunktiteration, dem Newton-Verfahren und der regula falsi drei verschiedene Verfahren zur Nullstellenbestimmung kennen gelernt. Um diese miteinander vergleichen zu können, braucht man ein geeignetes Qualitätsmaß. Es reicht, die Konvergenz der durch die Verfahren erzeugten Folgen zu bewerten. Dabei geht man von dem Grundgedanken aus, dass der Fehler des Schrittes $j + 1$ gegenüber dem des Schrittes j um ein gewisses Quantum kleiner sein sollte.

Definition 7.1. *Eine gegen* $x^* \in \mathcal{R}$ *konvergente Folge* $\{x_j\}$ *hat in einem metrischen Raum* $(\mathcal{R}, d)$ *mindestens die* Konvergenzordnung $p \geq 1$, *wenn gilt*

$$\limsup_{j \to \infty} \frac{d(x_{j+1}, x^*)}{d(x_j, x^*)^p} = c \quad mit \quad \begin{cases} 0 \leq c < 1, & \textit{falls } p = 1, \\ 0 \leq c < \infty, & \textit{falls } p > 1. \end{cases} \tag{7.2}$$

Der Wert c *heißt der* asymptotische Fehlerkoeffizient. *Ein Iterationsverfahren hat genau* die *Ordnung* p, *wenn* $c \neq 0$ *gilt.* Superlineare *Konvergenz liegt im Fall* $c = 0$ *und* $p = 1$ *vor, d.h. falls*

$$\lim_{j \to \infty} \frac{d(x_{j+1}, x^*)}{d(x_j, x^*)} = 0$$

gilt. Die Konvergenz der Ordnung 1 *wird auch* linear *genannt.*

Im Fall linearer Konvergenz ist also das Konvergenzverhalten bestimmt durch die Konstante c, denn aus $d(x_{j+1}, x^*) \leq cd(x_j, x^*)$ folgt induktiv

$$d(x_j, x^*) \leq c^j d(x_0, x^*), \qquad j \in \mathbb{N}_0.$$

Daher ist es hier wichtig, dass $c < 1$ gilt. Im Fall $p = 2$ spricht man auch von *quadratischer* Konvergenz. Die Zahl korrekter Dezimalstellen von x_j wächst dann quadratisch mit j.

Die Konvergenzordnung von Iterationsverfahren, die dem Banachschen Fixpunktsatz 6.2 genügen, ist mindestens Eins, und der asymptotische Fehlerkoeffizient ist kleiner oder gleich der Kontraktionszahl.

Oft kann man eine Beziehung der Form (7.2) abstrakt herleiten, ohne die Konvergenz der Folge schon bewiesen zu haben. Aus (7.2) allein folgt aber keinesfalls die Konvergenz der Folge. Es gilt aber zumindest eine lokale Konvergenz.

Satz 7.2. *Ist durch* $x_{j+1} = \Phi(x_j, x_{j-1}, \ldots, x_{j-k})$ *mit* $k \geq 0$ *ein Iterationsverfahren auf einem vollständigen metrischen Raum* $(\mathcal{R}, d)$ *gegeben und gilt*

$$\frac{d(x_{j+1}, x^*)}{d(x_j, x^*)^p} \leq c \quad mit \quad \begin{cases} 0 \leq c < 1, & \textit{falls } p = 1, \\ 0 \leq c < \infty, & \textit{falls } p > 1 \end{cases}$$

für beliebig gewählte Punkte $x_j, \ldots, x_{j-k}$ *aus einer Umgebung* U *von* x^*, *so konvergiert das Iterationsverfahren* lokal *mindestens mit der Ordnung* p *gegen* x^*, *d.h. es gibt eine Umgebung* $V \subseteq U$ *von* x^*, *sodass bei Start des Verfahrens auf beliebigen Werten aus* V *die Iteration ganz in* V *verläuft und gegen* x^* *konvergiert.*

Beweis. Wir wählen V als die Kugel $V = K_r(x^*) = \{x \in \mathcal{R} : d(x, x^*) < r\}$ um x^* mit Radius $r > 0$, der so klein sein soll, dass einerseits $V \subseteq U$ und andererseits $cr^{p-1} =: q < 1$ gilt. Aus $x_j, \ldots, x_{j-k} \in V$ folgt damit wegen

$$d(x_{j+1}, x^*) \le cd(x_j, x^*)^p \le cr^p < r,$$

dass auch x_{j+1} in V liegt, d.h. die Iteration verläuft bei gegebenen Startwerten $x_0, \ldots, x_k \in V$ ganz in V. Auf dieselbe Weise erhalten wir wegen

$$d(x_{j+1}, x^*) \le cd(x_j, x^*)^{p-1}d(x_j, x^*) \le cr^{p-1}d(x_j, x^*) \le qd(x_j, x^*)$$

auch Konvergenz gegen x^*. $\square$

Dieser Satz ist leicht auf Iterationsverfahren in $\mathbb{R}$ anwendbar.

Satz 7.3. *Sei $I \subseteq \mathbb{R}$ ein Intervall. Die Funktion $\Phi \in C^p(I)$ habe den Fixpunkt $x^* \in I$. Gilt*

$$\begin{cases} |\Phi'(x^*)| < 1, & \text{falls } p = 1, \\ \Phi'(x^*) = \ldots = \Phi^{(p-1)}(x^*) = 0, \ \Phi^{(p)}(x^*) \ne 0, & \text{falls } p > 1, \end{cases}$$

so ist das Iterationsverfahren $x_{j+1} = \Phi(x_j)$ lokal konvergent gegen x^* und hat die Ordnung p.

Beweis. Unter den gegebenen Voraussetzungen liefert eine Entwicklung nach Taylor von Φ um x^* die Darstellung

$$\Phi(x) = x^* + (x - x^*)^p \frac{\Phi^{(p)}(\xi)}{p!}$$

mit einem ξ zwischen x und x^*. Daher gilt

$$\frac{|\Phi(x) - x^*|}{|x - x^*|^p} = \frac{|\Phi^{(p)}(\xi)|}{p!},$$

und dieser Ausdruck wird für $p = 1$ nach Voraussetzung kleiner als Eins und ist ansonsten gleichmäßig beschränkt. $\square$

Folgerung 7.4. *Ist x^* eine einfache Nullstelle einer Funktion $f \in C^3(\mathbb{R})$, so ist das Newton-Verfahren lokal gegen x^* konvergent und hat mindestens die Ordnung 2.*

Beweis. Da $f'(x^*) \ne 0$ vorausgesetzt wurde, verschwindet f' nicht auf einer Umgebung um x^*. Dort ist die Verfahrensfunktion des Newton-Verfahrens $\Phi(x) = x - \frac{f(x)}{f'(x)}$ also wohldefiniert und zweimal stetig differenzierbar. Da sie die Ableitung

$$\Phi'(x) = \frac{f(x)f''(x)}{|f'(x)|^2}$$

besitzt, hat sie in x^* eine Nullstelle. Daher liefert Satz 7.3 mindestens quadratische lokale Konvergenz. $\square$

Die Konvergenzordnung p ist nicht notwendig ganzzahlig. Die regula falsi hat beispielsweise die Konvergenzordnung $p = (1 + \sqrt{5})/2 \approx 1.62$, was hier allerdings nicht bewiesen werden soll.

7.3 Iterationsformeln höherer Ordnung

Die regula falsi und das Newton-Verfahren konstruieren einen neuen Näherungswert, indem sie die gegebene Funktion durch ein Geradenstück ersetzen. Man kann nun auch versuchen, unter Verwendung mehrerer Funktions- bzw. Ableitungswerte den Graphen der Funktion durch eine gekrümmte Kurve besser anzunähern (zu "approximieren"). Dies kann z.B. durch ein Näherungspolynom geschehen, das durch eine Taylor-Entwicklung konstruiert wird.

Ist $x^* \in [a,b]$ eine einfache Nullstelle einer reellwertigen Funktion $f \in C^n[a,b]$, $n \geq 1$, und gilt $|f'(x)| \geq m > 0$ für alle x aus einer Umgebung U von x^*, so existiert in $f(U)$ die Umkehrfunktion $\varphi = f^{-1}$ zu f. Die Frage nach der Nullstelle x^* von f ist daher äquivalent zur Berechnung von $\varphi(0) = f^{-1}(0) = f^{-1}(f(x^*)) = x^*$. Um $\varphi(0)$ ausrechnen zu können, braucht man eine gute Näherung für die im Prinzip unbekannte Umkehrfunktion φ in einer Umgebung des Nullpunktes. Die Funktion φ ist aber in einer Umgebung $V \subseteq f(U)$ jedes hinreichend nahe bei 0 liegenden Punktes y_0 in eine Taylor-Reihe entwickelbar:

$$\varphi(y) = \varphi(y_0) + \frac{\varphi'(y_0)}{1!}(y-y_0) + \ldots + \frac{\varphi^{(n-1)}(y_0)}{(n-1)!}(y-y_0)^{n-1} + \frac{\varphi^{(n)}(\eta)}{n!}(y-y_0)^n,$$

wobei η zwischen y und y_0 liegt. Dabei kann $0 \in V$ vorausgesetzt werden, und man kann $y = 0$ einsetzen. Es ergibt sich

$$\varphi(0) = \sum_{i=0}^{n-1} \frac{\varphi^{(i)}(y_0)}{i!}(-y_0)^i + \frac{\varphi^{(n)}(\eta)}{n!}(-y_0)^n.$$

Schreibt man y_0 als $f(x_0)$, so folgt

$$x^* = \varphi(0) = \sum_{i=0}^{n-1} \frac{\varphi^{(i)}(f(x_0))}{i!}(-f(x_0))^i + \frac{\varphi^{(n)}(\eta)}{n!}(-f(x_0))^n,$$

und unter Berücksichtigung der Differentiationsformeln

$$\varphi'(f(x)) = \frac{1}{f'(x)}, \qquad \varphi''(f(x)) = -\frac{f''(x)}{(f'(x))^3} \qquad \text{usw.}$$

erhält man die Formel

$$x^* = x_0 - \frac{f(x_0)}{f'(x_0)} - \frac{f''(x_0)f(x_0)^2}{2(f'(x_0))^3} \pm \ldots + \frac{\varphi^{(n)}(\eta)}{n!}(-f(x_0))^n.$$

Lässt man hierbei das Restglied weg, so erhält man die Iterationsfunktion

$$\Phi(x) := x - \frac{f(x)}{f'(x)} - \frac{f''(x)f(x)^2}{2(f'(x))^3} \pm \ldots \tag{7.3}$$

zur Berechnung der Nullstelle x^* von f. Man sieht, dass die ersten beiden Terme von Φ gerade die der Newtonschen Iterationsfunktion sind. Nimmt man den nächsten Term noch hinzu, so erhält man das *verbesserte Newton-Verfahren*

$$x_{j+1} = x_j - \frac{f(x_j)}{f'(x_j)} - \frac{1}{2} \frac{f''(x_j) f(x_j)^2}{f'(x_j)^3},$$

welches lokal mindestens von dritter Ordnung konvergiert.

Denn ganz allgemein erhält man für Φ aus (7.3) wegen $-f(x) = f(x^*) - f(x) = f'(\xi)(x^* - x)$ die Gleichung

$$|\Phi(x) - x^*| = \left| \frac{\varphi^{(n)}(\eta)}{n!} (-f(x))^n \right| = \left| \frac{\varphi^{(n)}(\eta)(f'(\xi))^n}{n!} \right| |x - x^*|^n,$$

und daraus ergibt sich, dass das Iterationsverfahren $x_{j+1} = \Phi(x_j)$ für $j \in \mathbb{N}_0$ mit der durch (7.3) definierten Funktion Φ die Ordnung n hat. Ferner erhält man den asymptotischen Fehlerkoeffizienten als

$$c = \left| \frac{\varphi^{(n)}(0)(f'(x^*))^n}{n!} \right|.$$

Der Preis, den man für die verbesserte Ordnung zu zahlen hat, ist durch die Berechnung der höheren Ableitungen von f gegeben.

7.4 Newton-Verfahren für Systeme

Um das Newton-Verfahren für Gleichungssysteme und allgemeiner für Operatoren auf Banach-Räumen formulieren zu können, braucht man einen verallgemeinerten Ableitungsbegriff.

Definition 7.5. *Es sei $F : U \to W$ eine Abbildung zwischen zwei normierten Räumen U und W. Es sei $x_0 \in U$ fest. Dann heißt eine beschränkte, lineare Abbildung $T : U \to W$ Fréchet-Ableitung von F in x_0, wenn zu jedem $\varepsilon > 0$ eine Umgebung U_ε von x_0 in U existiert, sodass*

$$\|F(x) - F(x_0) - T(x - x_0)\| \le \varepsilon \|x - x_0\| \tag{7.4}$$

für alle $x \in U_\varepsilon$ gilt.

Man schreibt die Fréchet-Ableitung von F in x_0 auch als $F'(x_0)$, weil sie eindeutig ist, falls sie existiert. Würde es nämlich zwei Fréchet-Ableitungen T_1 und T_2, an x_0 geben, so hätten wir für $z = x - x_0$ mit $x \in U_\varepsilon$:

$$\|T_1(z) - T_2(z)\| \le \|F(x) - F(x_0) - T_2(z)\| + \|F(x_0) - F(x) + T_1(z)\| \le 2\varepsilon \|z\|.$$

Da dies für beliebiges $\varepsilon > 0$ gilt, haben wir sofort $T_1(0) = T_2(0)$. Ferner lässt sich jedes beliebige $z \in U$ so skalieren, dass die skalierte Form in U_ε

liegt. Da die Norm und die Abbildungen T_i homogen sind, haben wir also für jedes $z \in U$ und jedes $\varepsilon > 0$ die Abschätzung $\|T_1(z) - T_2(z)\| \leq 2\varepsilon\|z\|$, was Gleichheit der T_i bedeutet.

Im Fall $U = \mathbb{R}^n$, $W = \mathbb{R}^m$ und $F = (f_1, \ldots, f_m) : \mathbb{R}^n \to \mathbb{R}^m$ stimmt die Fréchet-Ableitung mit der üblichen Ableitungs- oder *Jacobi*-Matrix überein. Für $x^* \in \mathbb{R}^n$ gilt

$$F'(x^*) = \begin{pmatrix} \frac{\partial f_1}{\partial x_1}(x^*) & \cdots & \frac{\partial f_1}{\partial x_n}(x^*) \\ \vdots & & \vdots \\ \frac{\partial f_m}{\partial x_1}(x^*) & \cdots & \frac{\partial f_m}{\partial x_n}(x^*) \end{pmatrix}.$$

Ein weniger offensichtliches Beispiel soll jetzt folgen. Dazu betrachten wir $U = W = C[0,1]$ versehen mit der Tschebyscheff-Norm. Die Abbildung $F : C[0,1] \to C[0,1]$ sei gegeben durch

$$Ff(x) := \int_0^x \varphi(f(t))dt, \quad f \in C[0,1], \; x \in [0,1],$$

wobei $\varphi \in C^1(\mathbb{R})$ gegeben ist. Um die Fréchet-Ableitung in f auszurechnen, könnte man formal nach f differenzieren und würde als Ableitung $F'(f_0) :$ $C[0,1] \to C[0,1]$ die Abbildung

$$F'(f_0)(h)(x) = \int_0^x \varphi'(f_0(t))h(t)dt, \quad h \in C[0,1], \; x \in [0,1],$$

erhalten. Dies ist auch tatsächlich die Fréchet-Ableitung, wir wir uns schnell überlegen wollen. Zunächst einmal ist die so definierte Abbildung offensichtlich linear in $h \in C[0,1]$. Sie ist auch beschränkt, denn es gilt

$$\|F'(f_0)(h)\|_{L_\infty[0,1]} \leq \|h\|_{L_\infty[0,1]} \int_0^1 |\varphi'(f_0(t))|dt.$$

Somit bleibt nur die Abschätzung (7.4) nachzuweisen. Ist $f_0([0,1]) \subseteq [a,b]$, so folgt für jedes $\varepsilon_1 > 0$ und jedes $f \in C[0,1]$ mit $\|f - f_0\|_{L_\infty[0,1]} < \varepsilon_1$, dass die die Werte von f und natürlich auch von f_0 in $I := [a - \varepsilon_1, b + \varepsilon_1]$ liegen. Auf I ist φ einmal gleichmäßig stetig differenzierbar, also gibt es zu jedem $\varepsilon > 0$ ein $\delta > 0$, sodass für alle $x, y \in I$ mit $|x - y| < \delta$ die Ungleichung

$$|\varphi(x) - \varphi(y) - \varphi'(y)(x - y)| \leq \varepsilon|x - y|$$

gilt. Daher haben wir für alle $\varepsilon_2 \leq \min(\varepsilon_1, \delta)$ und alle Funktionen $f \in C[0,1]$ mit $\|f - f_0\|_{L_\infty[0,1]} < \varepsilon_2$ die Abschätzung

$$\|F(f) - F(f_0) - F'(f_0)(f - f_0)\|_{L_\infty[0,1]}$$
$$\leq \int_0^1 |\varphi(f(t)) - \varphi(f_0(t)) - \varphi'(f_0(t))(f(t) - f_0(t))|dt$$
$$\leq \varepsilon \int_0^1 |f(t) - f_0(t)|dt = \varepsilon\|f - f_0\|_{L_\infty[0,1]}.$$

Die Fréchet-Ableitungen $F'(x)$ einer Abbildung $F : U \to W$ kann man als Bilder einer Abbildung $F' : x \mapsto F'(x)$ auffassen. Von dieser Abbildung F' kann man unter geeigneten Voraussetzungen wiederum die Fréchet-Ableitung F'' (die *zweite Fréchet-Ableitung* von F) bilden, da nach Satz 3.9 der Raum $\mathcal{B}(U, W)$ wieder ein normierter linearer Raum ist.

Dies wollen wir hier aber nicht weiter ausführen. Stattdessen kommen wir zu unserem ursprünglichen Problem zurück, eine Nullstelle einer Funktion $F : U \to W$ zu finden, wenn U und W ganz allgemein zwei normierte Räume sind. Dazu wollen wir das Newton-Verfahren benutzen. Wir hatten das Newton-Verfahren im eindimensionalen Fall hergeleitet, indem wir eine Nullstelle der Tangente am aktuellen Punkt gesucht haben. Die Tangente wird nun sinngemäß durch

$$t(x) = F(x_j) + F'(x_j)(x - x_j)$$

ersetzt und wir erhalten, sofern die Abbildung $F'(x_j)$ invertierbar ist, als nächste Iteration

$$x_{j+1} = x_j - (F'(x_j))^{-1} F(x_j), \qquad j = 0, 1, 2, \ldots \qquad (7.5)$$

Im folgenden Satz wird bewiesen, dass das Newton-Verfahren konvergiert, falls man mit dem Anfangswert x_0 eine "hinreichend gute" Näherung für die Lösung x^* hat. Der hier gegebene Konvergenzbeweis macht nur eine verhältnismäßig schwache Aussage, benötigt dafür aber auch keine zweiten Ableitungen; dies ist in allgemeinen normierten Räumen sicherlich ein Vorteil. In der Formulierung des Satzes schränken wir uns bereits auf eine hinreichend kleine Umgebung der Nullstelle ein.

Satz 7.6. *Es sei $F : U \to W$ eine Abbildung von einer Teilmenge U eines Banach-Raums V in einen normierten Raum W, die auf ganz U Fréchet-differenzierbar ist.*

(1) Es gebe ein $\varepsilon > 0$, sodass $\|F(y) - F(x) - F'(x)(y - x)\| \leq \varepsilon \|y - x\|$ für alle $x, y \in U$ gilt.

(2) Die Fréchet-Ableitung $F'(x)$ sei für alle $x \in U$ invertierbar, und es gebe reelle Zahlen M und K mit $\varepsilon M =: k < 1$ und $\|F'(x)\| \leq K$ und $\|(F'(x))^{-1}\| \leq M$.

(3) Es gebe einen Punkt $x_0 \in U$, sodass $x_1 = x_0 - (F'(x_0))^{-1} F(x_0)$ in U liegt. Ferner soll die offene Kugel

$$K_\rho(x_1) := \{z \in U : \|z - x_1\| < \rho\} \ \text{ mit } \ \rho := \frac{k}{1-k} \|x_0 - x_1\|$$

ganz in U liegen.

Dann existiert in der abgeschlossenen Kugel $\overline{K_\rho(x_1)}$ eine Lösung x^* von $F(x) = 0$. Diese Lösung kann durch Iteration nach dem Newton-Verfahren (7.5), beginnend mit x_0, gefunden werden.

Beweis. Wir zeigen zuerst, dass die Folge $\{x_j\}$ ganz in $K_\rho(x_1)$ verläuft. Dazu können wir $x_1 \neq x_0$ voraussetzen, da sonst $x_1 = x_0$ bereits Nullstelle ist. Ferner reicht es

$$\|x_{j+1} - x_j\| \leq k^j \|x_1 - x_0\|, \qquad j \in \mathbb{N}_0, \qquad (7.6)$$

zu zeigen, denn dann gilt

$$\|x_{j+1} - x_1\| \leq \|x_{j+1} - x_j\| + \|x_j + x_{j-1}\| + \ldots + \|x_2 - x_1\|$$

$$\leq \|x_1 - x_0\| \sum_{i=1}^{j} k^i < \frac{k}{1-k} \|x_1 - x_0\| = \rho.$$

Der Beweis von (7.6) erfolgt durch vollständige Induktion. Für $j = 0$ ist nichts zu zeigen. Es sei nun (7.6) für j bewiesen. Aus (7.5) folgt

$$F(x_j) + F'(x_j)(x_{j+1} - x_j) = 0,$$

sodass nach der ersten Voraussetzung

$$\|F(x_{j+1})\| = \|F(x_{j+1}) - F(x_j) - F'(x_j)(x_{j+1} - x_j)\| \leq \varepsilon \|x_{j+1} - x_j\| \quad (7.7)$$

gilt. Damit erhält man mit der zweiten Voraussetzung

$$\|x_{j+2} - x_{j+1}\| \leq \|(F'(x_{j+1}))^{-1}\| \|F(x_{j+1})\| \leq M\varepsilon \|x_{j+1} - x_j\|$$

$$\leq k^{j+1} \|x_1 - x_0\|,$$

d.h. (7.6) ist bewiesen.

Aus (7.6) folgt ferner, dass die Punkte x_j eine Cauchy-Folge bilden, da die Abstände zweier sukzessiver Punkte jeweils durch ein Glied einer konvergenten geometrischen Reihe majorisiert werden können (siehe auch den Beweis zum Banachschen Fixpunktsatz 6.2). Da V vollständig ist, besitzt die ganz in $K_\rho(x_1)$ verlaufende Folge $\{x_j\}$ einen Grenzwert x^* in $\overline{K_\rho(x_1)}$. Aus (7.5) und unserer zweiten Voraussetzung ergibt sich

$$\|F(x_j)\| \leq \|F'(x_j)\| \|x_{j+1} - x_j\| \leq K \|x_{j+1} - x_j\|,$$

woraus $F(x^*) = 0$ folgt, da eine Fréchet-differenzierbare Abbildung auch stetig ist. $\square$

Man beachte, dass wir eigentlich nur $\|F'(x)\| \leq K$ auf $\overline{K_\rho(x_1)}$ benötigen. Wenn man den Satz in nahe bei x^* liegenden Punkten anwendet, erhält man nicht nur eine Existenzaussage, sondern auch eine Fehlerabschätzung, da die Nullstelle x^* von F in $\overline{K_\rho(x_1)}$ liegen muss.

Folgerung 7.7. *Gilt zusätzlich zu den Voraussetzungen des Satzes 7.6 in einer Umgebung $U_0 \subseteq U$ von x^* die Abschätzung*

$$\|F(y) - F(x) - F'(x)(y - x)\| \leq L \|y - x\|^2 \leq \varepsilon \|y - x\|, \qquad x, y \in U_0,$$

mit einer festen Zahl $L > 0$, so konvergiert x_j sogar quadratisch *gegen x^*.*

Beweis. Nach Definition der Folge und der zweiten Voraussetzung des Satzes gilt $\|x_{j+1} - x_j\| \leq M\|F(x_j)\|$. Setzen wir die neue Voraussetzung in (7.7) ein, so erhalten wir

$$\|F(x_{j+1})\| \leq L\|x_{j+1} - x_j\|^2 \leq LM^2\|F(x_j)\|^2,$$

d.h. die Folge $\{\|F(x_j)\|\}$ konvergiert quadratisch gegen Null. Benutzt man schließlich $F(x^*) = 0$ und

$$\|F(x_i) - F(x^*) - F'(x^*)(x_i - x^*)\| \leq \varepsilon\|x_i - x^*\|$$

für $i = j + 1$ und $i = j$, so folgen die Abschätzungen

$$\|x_{j+1} - x^*\| \leq M\|F'(x^*)(x_{j+1} - x^*)\| \leq M\varepsilon\|x_{j+1} - x^*\| + M\|F(x_{j+1})\|$$

und
$$K\|x_j - x^*\| \geq \|F'(x^*)(x_j - x^*)\| \geq \|F(x_j)\| - \varepsilon\|x_j - x^*\|,$$

die dann wegen $M\varepsilon < 1$ mit

$$\frac{\|x_{j+1} - x^*\|}{\|x_j - x^*\|^2} \leq \frac{M(K + \varepsilon)^2}{1 - M\varepsilon} \frac{\|F(x_{j+1})\|}{\|F(x_j)\|^2} \leq \frac{M^3 L(K + \varepsilon)^2}{1 - M\varepsilon}$$

auch quadratische Konvergenz zeigen.   □

7.5 Schrittweitensteuerung

Oft sind die gegebenen Startwerte für das Newton-Verfahren so ungünstig, dass keine Konvergenz eintritt. Um den "Einzugsbereich" des Verfahrens zu vergrößern und insbesondere die *Niveaumenge*

$$N := N(x_1) := \{x \in U : \|F(x)\| \leq \|F(x_1)\|\}$$

nicht zu verlassen, verwendet man eine *Schrittweitensteuerung*, indem man die neue Iterierte als

$$x_{j+1} = x_j + t_j y_j \quad \text{mit} \quad y_j = -(F'(x_j))^{-1}F(x_j)$$

ansetzt und die *Schrittweite* $t_j \in (0, 1]$ geeignet wählt, um mindestens einen Abstieg in der Norm, d.h. $\|F(x_{j+1})\| < \|F(x_j)\|$ zu erreichen.

Setzt man in Anlehnung an die Taylor-Formel die Abschätzung

$$\|F(y) - F(x) - F'(x)(y - x)\| \leq L\|y - x\|^2 \tag{7.8}$$

für alle x, y aus der Niveaumenge N voraus, so gilt für $x_j \in N$ und die Newton-*Richtung* $y_j \in V$ mit $F'(x_j)y_j = -F(x_j)$ wegen

$$\|F(x_j + ty_j)\| \le \|F(x_j + ty_j) - F(x_j) - tF'(x_j)y_j\| + \|F(x_j) + tF'(x_j)y_j\|$$
$$\le Lt^2\|y_j\|^2 + (1-t)\|F(x_j)\|$$

für alle $t \in [0,1]$ die Ungleichung

$$\|F(x_j)\| - \|F(x_j + ty_j)\| \ge t\|F(x_j)\| - Lt^2\|y_j\|^2. \tag{7.9}$$

Für kleine positive t erzielt man also einen Abstieg, falls nicht schon $F(x_j) = 0$ gilt. Deshalb ist die Newton-Richtung y_j eine *Abstiegsrichtung*. Ist eine Näherung L_j für L bekannt, so ist es leicht, das Optimum

$$\max_{t \in [0,1]} \left\{ t\|F(x_j)\| - L_j t^2\|y_j\|^2 \right\} = t_j\|F(x_j)\| - L_j t_j^2\|y_j\|^2$$

eines Parabelstücks über $[0,1]$ zu berechnen und zu prüfen, ob (7.9) mit $L = L_j$ und diesem $t = t_j$ gilt. Ist dies der Fall, wird t_j als Schrittweite akzeptiert, andernfalls war L_j zu klein, und man sollte die Berechnung von t_j unter Verwendung von $2L_j$ anstelle von L_j wiederholen. Weil nach endlich vielen Verdopplungen der Fall $L_j \ge L$ erreicht wird, muss nach endlichen vielen solchen Tests eine Schrittweite akzeptiert werden. Ferner gilt für das zuletzt benutzte L_j stets $L_j \le 2L$, weil im Falle $L_j \ge L$ nicht mehr verdoppelt zu werden braucht. Eine nicht zu große Anfangsschätzung L_0 für L erhält man über (7.8) für den Startwert x_0 und einen zweiten nahegelegenen Punkt.

Um die Konvergenz dieses *schrittweitengesteuerten* Newton-Verfahrens zu untersuchen, setzen wir ganz ähnlich wie in Satz 7.6 voraus, dass es ein $M > 0$ gibt mit

$$\|(F'(x))^{-1}\| \le M, \qquad x \in N = N(x_1). \tag{7.10}$$

Satz 7.8. *Unter den Voraussetzungen (7.8) und (7.10) konvergieren die Werte $\|F(x_j)\|$ für das schrittweitengesteuerte Newton-Verfahren mindestens linear gegen Null.*

Beweis. Nach Konstruktion der L_j und t_j gilt

$$\|F(x_j)\| - \|F(x_{j+1})\| \ge \max_{t \in [0,1]} \left\{ t\|F(x_j)\| - L_j t^2\|y_j\|^2 \right\}$$
$$\ge \max_{t \in [0,1]} \left\{ t\|F(x_j)\| - 2Lt^2\|y_j\|^2 \right\}.$$

Aus (7.10) und der Definition von y_j folgt $\|y_j\| \le M\|F(x_j)\|$, sodass wir mit $s = t\|F(x_j)\|$ weiter

$$\|F(x_j)\| - \|F(x_{j+1})\| \ge \max \left\{ s - 2LM^2 s^2 : 0 \le s \le \|F(x_j)\| \right\}$$

abschätzen können. Dieses Maximum ist leicht zu berechnen, und es folgt

$$\|F(x_j)\| - \|F(x_{j+1})\| \ge \begin{cases} 1/(8LM^2), & \text{falls } \|F(x_j)\| \ge 1/(4LM^2), \\ \frac{1}{2}\|F(x_j)\|, & \text{sonst.} \end{cases}$$

Der erste Fall kann nur endlich oft auftreten und der zweite ergibt lineare Konvergenz von $\|F(x_j)\|$ gegen Null. $\square$

Ist die Voraussetzung (7.10) nicht erfüllt, so können wir nicht mehr die Aussage $\|y_j\| \leq M\|F(x_j)\|$ folgern. Wir erhalten aber immer noch die Abschätzung

$$\|F(x_j)\| - \|F(x_{j+1})\| \geq \begin{cases} \frac{1}{2}\|F(x_j)\|, & \text{falls } \|F(x_j)\| \geq 4L\|y_j\|^2, \\ \|F(x_j)\|^2/(8L\|y_j\|^2), & \text{sonst.} \end{cases}$$

Im ungünstigsten Fall gilt $\|F(x_j)\| \geq \delta > 0$ für alle $j \in \mathbb{N}$. Dann konvergiert immerhin die Reihe

$$\sum_{j \in \mathbb{N}} \frac{\|F(x_j)\|^2}{\|y_j\|^2} < \infty,$$

weil die linke Seite der obigen Abschätzung summierbar ist, und $\|F(x_j)\|/\|y_j\|$ strebt deswegen gegen Null. Dann gilt aber

$$\left\| F'(x_j) \left(\frac{y_j}{\|y_j\|} \right) \right\| = \frac{\|F(x_j)\|}{\|y_j\|} \to 0, \qquad j \to \infty,$$

und man erkennt, dass die renormierten Newton-Richtungen dazu tendieren, Nullstellen von $F'(x_j)$ zu werden.

Satz 7.9. *Setzt man lediglich (7.8) auf der Niveaumenge N voraus, so gilt für das schrittweitengesteuerte Newton-Verfahren die Alternative*

$$\liminf_{j \to \infty} \|F(x_j)\| = 0 \text{ oder } \liminf_{i \to \infty} \|F'(x_j)(y_j/\|y_j\|)\| = 0.$$

Mit den Sätzen 7.8 und 7.9 ist noch nichts über die Konvergenz der x_j gesagt. Immerhin ist jeder Häufungspunkt der vom Newton-Verfahren mit Schrittweitensteuerung erzeugten Folge entweder eine Nullstelle von F oder ein singulärer Punkt von F'.

Das Newton-Verfahren zur Lösung eines Systems $F(x) = 0$ von n nichtlinearen Gleichungen in n Variablen erfordert pro Schritt die Berechnung aller n^2 Elemente der Jacobi-Matrix $F'(x_j)$ und die Lösung eines $(n \times n)$-Gleichungssystems. Verwendet man einfach eine feste LR-Zerlegung von $F'(x_j)$ auch für die nachfolgenden Schritte, so erhält man das *vereinfachte* Newton-Verfahren, das dann aber auch nur höchstens linear konvergiert.

Ferner kann man versuchen, statt $(F'(x_j))^{-1}$ eine passable numerische Näherung zu verwenden, die man durch einige simple Rechenoperationen nach dem j-ten Schritt zu einer Näherung für $(F'(x_{j+1}))^{-1}$ modifiziert (*Aufdatierung, Updating*). Dadurch entstehen die später noch genauer dargestellten *Quasi-Newton-Verfahren*. Sie lassen sich auch zur Minimierung einer skalaren Funktion f auf dem $\mathbb{R}^n$ verwenden und gehören deshalb zur *nichtlinearen Optimierung*. Wir werden in Kapitel 16 darauf zurückkommen.

7.6 Aufgaben

7.1 Um die k-te Wurzel einer positven Zahl $a > 0$ zu berechnen, kann man das Newton-Verfahren auf die Gleichung $x^k - a = 0$ anwenden. Für welche Startwerte konvergiert das Verfahren sicher?

7.2 Hat f an x^* eine k-fache Nullstelle, so hat $f^{1/k}$ dort eine einfache Nullstelle. Wie sieht das zugehörige Newton-Verfahren aus?

7.3 Man kann die Wurzel aus einer positiven Zahl a auch durch Anwendung des Newton-Verfahrens auf $f(x) = x - \frac{a}{x}$ berechnen. Was kann man über das globale Konvergenzverhalten sagen?

7.4 Man überlege sich Bedingungen, unter denen man die Monotonie der vom Newton-Verfahren erzeugten Folge beweisen kann.

7.5 Man zeige: Für eine $(n \times n)$-Matrix A und eine $(n \times n)$-Startmatrix B_0 mit $\|E - B_0 A\| < 1$ konvergiert die Iteration $B_{j+1} = B_j(2E - AB_j)$ quadratisch gegen A^{-1}.

7.6 Es sei f in dem Intervall $[a, b]$ zweimal stetig differenzierbar mit $f'' \geq 0$ und $f(a) < 0$ und $f(b) > 0$. Zeigen Sie, dass f genau eine Nullstelle x^* in (a, b) hat und dass die durch das Newton-Verfahren definierte Folge bei Startwert $x_0 < x^*$ monoton wachsend bzw. bei Startwert $x_0 > x^*$ monoton fallend gegen x^* konvergiert. Gilt zusätzlich $f'(x) \geq c$ für alle $x \in [a, b]$, so ist die Konvergenz quadratisch.

8 Interpolation mit Polynomen

In diesem Kapitel beschäftigen wir uns mit Interpolation im Allgemeinen und der Interpolation mit Polynomen im Speziellen. Ferner behandeln wir die effiziente Auswertung von Polynomen. Wir werden sowohl die Existenz von Interpolanten als auch deren effiziente Berechnung untersuchen.

Insbesondere die Polynominterpolation spielt in der Theorie wie auch in der Praxis eine herausragende Rolle, da die Polynome einerseits die einfachste Funktionenklasse darstellen, sie andererseits Grundlage für kompliziertere Klassen, wie z.B. die Splines bilden (siehe Kapitel 11) und schließlich über die Taylor-Formel eine gute lokale Beschreibung von glatten Funktionen erlauben.

In diesem Kapitel benutzen wir folgende Bezeichnungen. Die Menge der Polynome vom Grad höchstens n wird mit $\pi_n(\mathbb{R})$ bezeichnet. Eine typische Basis ist die *Monombasis* $1, x, x^2, \ldots, x^{n-1}, x^n$, sodass $\pi_n(\mathbb{R})$ ein $N = n+1$ dimensionaler Vektorraum ist. Wir werden zunächst nur reellwertige Polynome betrachten. Die Aussagen dieses Kapitels bleiben aber ebenso im komplexwertigen Fall gültig.

8.1 Allgemeines zur Interpolation

Bei vielen praktischen Anwendungen liegen diskrete Daten vor. Dies bedeutet, dass an gegebenen Stellen, oder zu gegebenen Zeiten $x_1, \ldots, x_N$ Werte $f_1, \ldots, f_N$ gemessen oder beobachtet wurden. Ferner wird davon ausgegangen, dass ein *funktionaler* Zusammenhang besteht, d.h., dass es eine (unbekannte) Funktion f gibt mit $f(x_j) = f_j$, $1 \leq j \leq N$, und man ist an dieser Funktion oder einer hinreichend guten Näherung interessiert. Dabei muss beachtet werden, ob die Daten exakt oder fehlerbehaftet sind, denn es könnten zum Beispiel Messfehler aufgetreten sein. Nur im ersten Fall macht es Sinn, auf einer exakten Reproduktion der Daten zu bestehen. Daher unterscheidet man prinzipiell auch zwischen

- *Interpolation*, wo eine Funktion s_f gesucht wird, die die Daten exakt reproduziert, d.h. die $s_f(x_j) = f_j$ für alle $1 \leq j \leq N$ erfüllt, und
- *Approximation*, wo die Rekonstruktion s_f die *Stütz-* oder *Funktionswerte* f_j nur näherungsweise an den *Stützstellen* annehmen muss, dafür aber

zusätzliche Bedingungen erfüllen sollte, wie z. B. gewisse Fehlermaße zu minimieren.

Vom mathematischen Standpunkt aus ist Interpolation nur ein Spezialfall der Approximation. Andererseits ist die Interpolation ein wichtiges Hilfsmittel für die Theorie und Praxis der Approximation. Deshalb wird sie vor der Approximation behandelt, die in Kapitel 12 dargestellt wird.

Neben der Frage der Lösbarkeit solcher Approximations- oder Interpolationsprobleme stellt sich in natürlicher Weise auch die Frage nach der Güte und der Stabilität. Ersteres bedeutet, dass mehr Beobachtungen auch zu einer besseren Näherung der unbekannten Funktion führen sollten. Dies schließt insbesondere auch die Frage ein, wieviele Beobachtungen man mindestens braucht, um eine gewisse Genauigkeit zu erreichen. Bei der Stabilität geht es darum, dass das Verfahren insensitiv gegenüber kleinen Fehlern in den Ausgangsdaten ist, d.h. ändern sich die gemessenen Werte nur minimal, so sollte auch die resultierende Rekonstruktion sich nur minimal ändern.

Wir beginnen unsere Untersuchungen mit der Interpolation. Dazu nehmen wir an, dass die Stützstellen $x_1 \ldots, x_N \in \Omega \subseteq \mathbb{R}^d$ gegeben sind und dass die Interpolante stetig auf Ω sein soll. Dabei kann Ω durchaus eine diskrete Menge sein. Wir wollen ferner annehmen, dass im Fall zweier Sätze von Beobachtungen f_j und g_j an den x_j die Rekonstruktion von $f_j + g_j$ einfach die Summe der Rekonstruktionen von f_j und g_j ist. Nimmt man zusätzlich an, dass die Rekonstruktion der Werte αf_j mit $\alpha \in \mathbb{R}$ fest durch das α-fache der Rekonstruktion der Werte f_j gegeben ist, so führt dies dazu, dass der Ansatzraum für die gesuchte Funktion linear sein muss.

Da wir N Wertepaare haben, betrachten wir einen N dimensionalen Raum $U \subseteq C(\Omega)$, aus dem wir die Interpolante wählen wollen. Ist $u_1, \ldots, u_N$ eine Basis von U, so lässt sich die Interpolante schreiben als

$$u(x) = \sum_{j=1}^{N} \alpha_j u_j. \tag{8.1}$$

Die unbekannten Koeffizienten werden durch die Interpolationsbedingungen $u(x_j) = f_j$, $1 \leq j \leq N$, bestimmt. Schreibt man diese aus, so erhält man ein lineares Gleichungssystem, das in Matrixschreibweise gegeben ist als

$$\begin{pmatrix} u_1(x_1) & u_2(x_1) & \ldots & u_N(x_1) \\ u_1(x_2) & u_2(x_2) & \ldots & u_N(x_2) \\ \vdots & \vdots & & \vdots \\ u_1(x_n) & u_2(x_n) & \ldots & u_N(x_N) \end{pmatrix} \begin{pmatrix} \alpha_1 \\ \alpha_2 \\ \vdots \\ \alpha_N \end{pmatrix} = \begin{pmatrix} f_1 \\ f_2 \\ \vdots \\ f_N \end{pmatrix}. \tag{8.2}$$

Da die Funktionen u_j linear unabhängig sind, ist die Funktion u in (8.1) eindeutig durch α bestimmt. Ist die dabei auftretende *Interpolationsmatrix* $A := (u_j(x_i)) \in \mathbb{R}^{N \times N}$ invertierbar, so ist α und damit auch u eindeutig durch die rechte Seite in (8.2) bestimmt. Damit kann die Interpolante durch

Lösen eines linearen Gleichungssystem berechnet werden, und man ist an einer möglichst einfachen Form der Interpolationsmatrix A interessiert. Der einfachste Fall liegt offensichtlich dann vor, wenn man die u_j in Abhängigkeit der Stützstellen so wählt, dass

$$u_j(x_i) = \delta_{i,j} = \begin{cases} 1, & \text{falls } i = j, \\ 0, & \text{falls } i \neq j \end{cases}$$

gilt, denn dann ist A die Einheitsmatrix und für die Koeffizienten gilt $\alpha_j = f(x_j)$, sodass die Interpolante u gegeben ist durch

$$u(x) = \sum_{j=1}^{N} f(x_j) u_j(x).$$

Eine Basis $\{u_j\}$ mit der Eigenschaft $u_j(x_i) = \delta_{i,j}$ heißt *Lagrange-Basis* oder auch *kardinale Basis* für U bzgl. $X = \{x_1, \ldots, x_N\}$. Auch wenn das Finden einer Lagrange-Basis oft ein schwieriges Problem ist, sollte man immer bemüht sein, eine möglichst "gute" Basis zu finden, also eine Basis, für die die Kondition von A kontrollierbar ist.

Die Lösbarkeit des Gleichungssystems (8.2) hängt von der Wahl der Basis und von den gegebenen Stützstellen ab. Man kann sich jetzt die Frage stellen, ob es lineare Räume U gibt, bei denen es für *jeden* beliebigen Datensatz bestehend aus N Stützstellen und -werten genau eine Interpolante gibt.

Definition 8.1. *$\Omega \subseteq \mathbb{R}^d$ enthalte mindestens $N \in \mathbb{N}$ Punkte. Ein linearer Unterraum $U \subseteq C(\Omega)$ der Dimension N heißt* Haarscher Raum *(der Dimension N) über Ω, falls es zu beliebigen, paarweise verschiedenen Punkten $x_1 \ldots, x_N \in \Omega$ und beliebigen $f_1, \ldots, f_N \in \mathbb{R}$ genau ein $u \in U$ gibt mit $u(x_j) = f_j$, $1 \leq j \leq N$. Eine Basis von U wird als* Haarsches System *oder auch* Tschebyscheff-System *bezeichnet.*

Die eindeutige Beziehung zwischen Koeffizientenvektor und Interpolanten erlaubt die folgende Charakterisierung.

Satz 8.2. *Unter den Voraussetzungen aus Definition 8.1 an Ω sei $U \subseteq C(\Omega)$ ein N-dimensionaler Unterraum. Dann sind äquivalent:*

(1) Jedes $u \in U \setminus \{0\}$ hat höchstens $N - 1$ Nullstellen.

(2) Für beliebige paarweise verschiedene $x_1, \ldots, x_N \in \Omega$ und jede Basis $u_1, \ldots, u_N$ von U gilt

$$\det(u_j(x_i)) \neq 0.$$

(3) U ist ein Haarscher Raum der Dimension N über Ω.

Beweis. Aus (1) folgt (2), denn wäre (2) falsch, so würde es ein $\alpha \neq 0$ im Nullraum der Matrix $A = (u_j(x_i)) \in \mathbb{R}^{N \times N}$ geben. Dieses bedeutet aber, dass $u = \sum \alpha_j u_j \neq 0$ die N verschiedenen Nullstellen $x_1, \ldots, x_N$ hätte, was nach (1) nicht sein kann.

Die zweite Bedingung impliziert die dritte. Man setzt einfach u an als $u = \sum \alpha_j u_j$. Die Interpolationsbedingungen besagen gerade, dass α gleich $A^{-1}\{f_k\}$ sein muss, was wohldefiniert und eindeutig ist.

Schließlich folgt (1) aus (3). Hat nämlich u die N Nullstellen $x_1, \ldots, x_N \in \Omega$, so ist neben der Nullfunktion auch u Interpolante aus U an die Null in diesen Stützstellen. Aus der Eindeutigkeit folgt $u \equiv 0$. $\quad\square$

Ein erstes wichtiges Beispiel für einen Haarschen Raum ist durch den Raum der univariaten Polynome gegeben. Der (hoffentlich bekannte) Fundamentalsatz der Algebra besagt, dass ein nicht triviales Polynom vom Grad kleiner oder gleich n höchstens n Nullstellen haben kann.

Folgerung 8.3. *Der Vektorraum der Polynome vom Grad kleiner gleich n bildet einen $N = n + 1$ dimensionalen Haarschen Raum über jeder Teilmenge von $\mathbb{R}$, die mindestens $N = n + 1$ Punkte enthält.*

In den nächsten Abschnitten werden wir uns ausführlich mit Polynominterpolation beschäftigen. Diesen Abschnitt beenden wir mit einem eher negativen Resultat, das auf Mairhuber zurückgeht. Es besagt, dass der eindimensionale (die Stützstellen liegen in $\mathbb{R}$) und der mehrdimensionale Fall grundverschieden sind.

Satz 8.4. *Die Menge $\Omega \subseteq \mathbb{R}^d$, $d \geq 2$, enthalte einen inneren Punkt. Dann existiert kein Haarscher Raum der Dimension $N \geq 2$ auf Ω.*

Beweis. Nehmen wir an U ist ein Haarscher Raum der Dimension $N \geq 2$ mit Basis $u_1, \ldots, u_N$. Da Ω einen inneren Punkt x_0 enthält, muss Ω eine ganze Kugel $K = K_\delta(x_0) := \{x \in \mathbb{R}^d : \|x - x_0\|_2 < \delta\}$ enthalten. Wir wählen jetzt paarweise verschiedene $x_3, \ldots, x_N \in K$ und zwei Kurven $x_1(t), x_2(t)$, $t \in [0,1]$, die ganz in K verlaufen. Da die Dimension $d \geq 2$ ist, können wir die Kurven so wählen, dass $x_1(0) = x_2(1)$, $x_1(1) = x_2(0)$ und dass sie keinen weiteren Schnittpunkt haben und auch nicht die $x_3, \ldots, x_N$ treffen. Dies bedeutet aber, dass die stetige Funktion $D(t) := \det(u_j(x_i))$ für jedes $t \in [0,1]$ von Null verschieden und damit auf $[0,1]$ von einem Vorzeichen sein muss. Andererseits unterscheiden sich die zugehörigen Matrizen für $t = 0$ und $t = 1$ nur darin, dass die ersten beiden Zeilen ausgetauscht wurden, was aber $D(0) = -D(1)$ bedeutet. $\quad\square$

Offensichtlich braucht Ω nicht einmal einen inneren Punkt zu enthalten, es reicht eine Zusammenhangskomponente, die es erlaubt, die Punkte x_1 und x_2 in der im Beweis genannten Weise auszutauschen. So genügt letzlich, dass Ω ein Gebilde wie in Abbildung 8.1 enthält.

8.2 Auswertung von Polynomen

Bevor wir uns Gedanken über die Interpolation mit Polynomen machen, wollen wir uns mit der Auswertung von Polynomen im Allgemeinen beschäftigen.

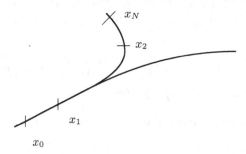

Abb. 8.1. Verzweigungspunkt

Zunächst betrachten wir Polynome in der Monombasis, die nach Beispiel 1.9 allerdings nur in der Umgebung der Null unproblematisch ist. Anschließend gehen wir auf andere Basen ein.

Für die numerische Praxis ist es wünschenswert, dass sich die Werte $p(x_0)$ und $p'(x_0)$ (z.B. für das Newton-Verfahren) eines Polynoms

$$p(x) = a_0 + a_1 x + \ldots + a_n x^n \in \pi_n(\mathbb{R})$$

an einer Stelle x_0 leicht, übersichtlich und rundungsfehlergünstig berechnen lassen. Um Multiplikationen zu sparen, wird man $p(x_0)$ zweckmäßigerweise durch Klammerung aufspalten:

$$p(x_0) = a_0 + x_0 \cdot (a_1 + x_0 \cdot (a_2 + x_0 \cdot (\ldots (a_{n-1} + x_0 \cdot a_n)))).$$

Das *Horner-Schema* zur Berechnung von $p(x_0)$ entspricht genau dieser Klammerungsweise; es definiert rekursiv die Polynome $p_n \equiv a_n$ und dann für $j = n-1, n-2, \ldots, 0$,

$$p_j(x) := a_j + x p_{j+1}(x) = a_j + a_{j+1} x + \ldots + a_n x^{n-j} \in \pi_{n-j}(\mathbb{R}).$$

Algorithmus 4: Das Horner-Schema zur Berechnung von $p = p(x_0)$

Input   : $a_0, \ldots, a_n$ und x_0.

$p := a_n$
for $j = n-1$ **to** 0 **step** -1 **do**
$\quad \lfloor \; p := a_j + p x_0$
Output   : $p = p(x_n)$.

Bestimmte Polynome lassen sich natürlich auch mit speziellen Faktorisierungsmethoden schneller auswerten, z.B. $(x+1)^8 = (((x+1)^2)^2)^2$ mit 3 Multiplikationen.

Um auch Ableitungen zu berechnen, geht man analog vor. Die Polynome $p_{j,k} := p_j^{(k)}/k!$ erfüllen $p_{n-k,k} = a_n$ für $0 \leq k \leq n$ und für $k \geq 1$ die Rekursionsformel

$$p_{j,k}(x) = \frac{1}{k!}\frac{d^k}{dx^k}\left(a_j + xp_{j+1}(x)\right) = \frac{1}{k!}\left(xp_{j+1}^{(k)}(x) + kp_{j+1}^{(k-1)}(x)\right)$$
$$= xp_{j+1,k}(x) + p_{j+1,k-1}(x).$$

Speichert man $p_{j,k}(x)$ auf einen Platz b_{j+k}, so kann man für $\ell = j + k$ gemäß

$$b_\ell := xb_{\ell+1} + b_\ell, \quad b_n = b_{n-k+k} = p_{n-k,k}(x) = a_n$$

iterieren und bei festem $k \geq 0$ die Werte $\ell = n-1,\ n-2,\ldots,k$ durchlaufen. Für $k = 0$ und die Initialisierung $b_j = a_j$, $0 \leq j \leq n$, ergibt sich wieder das ursprüngliche Horner-Schema. Bei Überspeicherung auf $a_0,\ldots,a_n$ erhält man Algorithmus 5.

Algorithmus 5: Das Horner-Schema zur Berechnung von Ableitungen

Input   : $a_0,\ldots,a_n$ und x_0, $m \in \{0,\ldots,n\}$.

for $k = 0$ **to** m **do**

    for $\ell = n-1$ **to** k **step** -1 **do**

        $a_\ell = a_\ell + x_0 a_{\ell+1}$

Output   : $a_0 = p^{(0)}(x_0)/0!,\ldots,a_m = p^{(m)}(x_0)/m!$

Die Basis der Monome ist nur in einer Umgebung des Nullpunktes numerisch günstig. Deshalb verwendet man in der Praxis oft andere Basen, die zwecks Rechenvereinfachung ähnliche Rekursionsformeln wie $x^{m+1} = x \cdot x^m$ besitzen sollten. Auf endlichen Intervallen sind die (entsprechend transformierten) *Tschebyscheff*-Polynome besonders empfehlenswert.

Definition 8.5. *Das n-te Tschebyscheff-Polynom ist auf $[-1,1]$ definiert durch*

$$T_n(x) = \cos(n \arccos x), \quad x \in [-1,1],\ n \in \mathbb{N}_0.$$

Der folgende Satz zeigt, dass es sich hierbei wirklich um Polynome auf $[-1,1]$ handelt. Daher sind sie insbesondere auch auf ganz $\mathbb{R}$ definiert. Wir fassen ferner einige einfache Eigenschaften zusammen.

Satz 8.6. *Die Tschebyscheff-Polynome genügen der Rekursionsformel*

$$T_{n+1}(x) = 2xT_n(x) - T_{n-1}(x), \quad n \geq 1, \tag{8.3}$$

mit den Anfangsbedingungen $T_0(x) = 1$ und $T_1(x) = x$. Insbesondere liegt T_n in $\pi_n(\mathbb{R})$ und hat den Grad n. Der Koeffizient vor x^n ist für $n \geq 1$ gegeben durch 2^{n-1}. Die Rekursionsformel lässt sich verallgemeinern zu

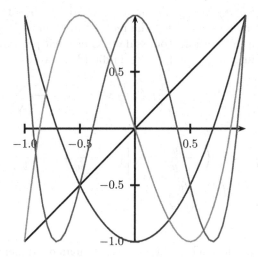

Abb. 8.2. Die Tschebyscheff-Polynome T_1, T_2, T_3 und T_4

$$T_{m+n}(x) = 2T_m(x)T_n(x) - T_{|m-n|}(x), \qquad m, n \in \mathbb{N}_0. \qquad (8.4)$$

Ferner gilt für $|x| \geq 1$:

$$T_n(x) = \frac{1}{2}\left((x + \sqrt{x^2 - 1})^n + (x - \sqrt{x^2 - 1})^n\right). \qquad (8.5)$$

Hieraus folgt, dass sich das Verhalten für große Argumente beschreiben lässt durch

$$\frac{1}{2}\left(\frac{1 + \sqrt{y}}{1 - \sqrt{y}}\right)^n \leq T_n\left(\frac{1 + y}{1 - y}\right) \leq \left(\frac{1 + \sqrt{y}}{1 - \sqrt{y}}\right)^n, \qquad y \in [0, 1).$$

Beweis. Die Darstellung für T_0 und T_1 ergibt sich unmittelbar aus der Definition. Die Rekursionsformel (8.3) ist ein Spezialfall von (8.4). Um diese Formel zu beweisen, benutzt man

$$\cos(\varphi + \psi) + \cos(\varphi - \psi) = 2\cos\varphi\cos\psi,$$

um, mit $\phi = \arccos x$ und der Tatsache, dass der Cosinus eine gerade Funktion ist, zu folgern

$$T_{n+m}(x) = \cos(n + m)\phi = 2\cos n\phi\cos m\phi - \cos(n - m)\phi$$
$$= 2T_n(x)T_m(x) - T_{|n-m|}(x).$$

Mit Hilfe der Rekursionsformel (8.3) beweist man nun auch durch Induktion, dass T_n ein Polynom vom Grad n ist, und dass es für $n \geq 1$ den höchsten Koeffizienten 2^{n-1} hat.

Die Identität (8.5) rechnet man für $n = 0$ und $n = 1$ sofort nach. Für allgemeines n zeigt man einfach, dass die rechte Seite von (8.5) ebenfalls eine Rekursion der Form (8.3) erfüllt, sodass dann Gleichheit per Induktion folgt. Schließlich gelten für $x = \frac{1+y}{1-y}$ mit $y \in [0, 1)$ die Identitäten

$$x + \sqrt{x^2 - 1} = \frac{1 + \sqrt{y}}{1 - \sqrt{y}}, \quad x - \sqrt{x^2 - 1} = \frac{1 - \sqrt{y}}{1 + \sqrt{y}},$$

woraus wir sofort

$$\frac{1}{2} \left(\frac{1 + \sqrt{y}}{1 - \sqrt{y}} \right)^n \leq T_n \left(\frac{1 + y}{1 - y} \right) = \frac{1}{2} \left[\left(\frac{1 + \sqrt{y}}{1 - \sqrt{y}} \right)^n + \left(\frac{1 - \sqrt{y}}{1 + \sqrt{y}} \right)^n \right]$$
$$\leq \left(\frac{1 + \sqrt{y}}{1 - \sqrt{y}} \right)^n$$

schließen können. $\square$

Die Darstellung (8.5) gilt auch für $|x| < 1$, sofern man die dabei auftretenden Wurzeln im komplexen Sinn interpretiert.

Da das Tschebyscheff-Polynom T_n den Grad n hat, bilden die Polynome $T_0, \ldots, T_n$ eine Basis für $\pi_n(\mathbb{R})$ und jedes Polynom $p \in \pi_n(\mathbb{R})$ lässt sich in dieser Basis darstellen,

$$p(x) = \frac{a_0}{2} + \sum_{j=1}^{n} a_j T_j(x). \tag{8.6}$$

Die hier etwas merkwürdig erscheinende Wahl des Koeffizienten vor $T_0 = 1$ wird später erklärt werden. Für eine effiziente Auswertung ist es wünschenswert, ein Verfahren zu haben, das dem Horner-Schema vergleichbar ist.

Folgerung 8.7. *Definiert man für das Polynom in (8.6)* $b_{n+2} = b_{n+1} = 0$ *und dann für* $k = n, n-1, \ldots, 0$ *sukzessiv* $b_k = 2x b_{k+1} - b_{k+2} + a_k$, *so gilt*

$$p(x) = \frac{b_0 - b_2}{2}.$$

Beweis. Für $n = 0$ und $n = 1$ rechnet man die Behauptung einfach nach. Der allgemeine Fall folgt per Induktion unter Benutzung von (8.3). $\square$

Man beachte, dass der Aufwand bei dieser Rekursion vergleichbar ist mit dem Aufwand beim Horner-Schema. Es treten nur zusätzliche Additionen/Subtraktionen bzw. eine Multiplikationen mit zwei auf.

Wie wir in Kapitel 12 sehen werden, lassen sich glatte Funktionen f auf $[-1, 1]$ in Reihen

$$f(x) = \frac{a_0}{2} + \sum_{n=1}^{\infty} a_n T_n(x)$$

entwickeln, bei denen die Koeffizienten a_n mit wachsendem n rasch abfallen. Dies wirkt sich bei der Durchrechnung von Partialsummen von $f(x)$ günstig aus, da in der Rekursion in Folgerung 8.7 mit kleinen Zahlen begonnen wird.

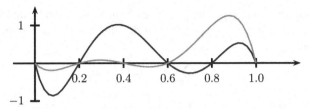

Abb. 8.3. Lagrange Funktionen

8.3 Die Lagrange-Interpolationsformel

Wir wollen jetzt annehmen, dass die Interpolationspunkte im Intervall $I = [a, b] \subseteq \mathbb{R}$ liegen und mit $x_0 < x_1 < \ldots < x_n$ bezeichnet werden. Ferner seien die Interpolationswerte gegeben als $f_0, \ldots, f_n \in \mathbb{R}$. Wir wissen bereits nach Folgerung 8.3, dass die Polynome $\pi_n(\mathbb{R})$ einen Haarschen Raum der Dimension $N = n + 1$ bilden, unser Interpolationsproblem also eindeutig lösbar ist. Wir wissen auch, dass wir die Interpolante durch das Lösen eines Gleichungssystems berechnen können und dass die Wahl der Basis eine entscheidende Rolle spielt.

Bei den Polynomen ist es nun besonders, einfach eine Lagrange-Basis zu finden. Dazu betrachten wir für $0 \leq j \leq n$ die Polynome

$$L_j(x) = \prod_{\substack{i=0 \\ i \neq j}}^{n} \frac{x - x_i}{x_j - x_i} \in \pi_n(\mathbb{R}), \qquad x \in \mathbb{R}. \tag{8.7}$$

Zwei typische solche Polynome für $n = 5$ und $j = 2$ bzw. $j = 4$ bei äquidistanten Stützstellen $x_i = i/n$ sind in Abbildung 8.3 zu sehen. Die Abbildung bestätigt, was man sich leicht überlegt, nämlich dass die Funktionen in (8.7) ganz besondere Interpolanten sind. Es gilt

$$L_j(x_k) = \prod_{\substack{i=0 \\ i \neq j}}^{n} \frac{x_k - x_i}{x_j - x_i} = \delta_{jk} := \begin{cases} 1, & \text{falls } j = k, \\ 0, & \text{falls } j \neq k. \end{cases}$$

Damit lässt sich jetzt die Interpolante also direkt hinschreiben.

Satz 8.8. *Die zu $n + 1$ paarweise verschiedenen Punkten $x_0, \ldots, x_n$ durch (8.7) definierten Lagrange Funktionen bilden eine Basis für $\pi_n(\mathbb{R})$, die $L_j(x_k) = \delta_{jk}$ erfüllt. Sind ferner Werte $f_0, \ldots, f_n$ gegeben, so lässt sich das eindeutig bestimmte Interpolationspolynom aus $\pi_n(\mathbb{R})$ schreiben als*

$$p_f(x) = \sum_{j=0}^{n} f_j L_j(x), \qquad x \in \mathbb{R}. \tag{8.8}$$

Die Abbildung $P : \mathbb{R}^{n+1} \to \pi_n(\mathbb{R})$ mit $(f_0, \ldots, f_n)^T \mapsto p_f$ ist linear und bijektiv.

Beweis. Um zu sehen, dass die Lagrange Funktionen linear unabhängig sind, nehmen wir an, dass $\sum_{j=0}^{n} a_j L_j(x) = 0$ für alle $x \in \mathbb{R}$ gilt. Setzen wir $x = x_k$ ein, so sehen wir

$$0 = \sum_{j=0}^{n} a_j L_j(x_k) = a_k,$$

sodass alle Koeffizienten verschwinden. Also sind die Lagrange Funktionen linear unabhängig. Da ihre Anzahl auch $n + 1 = \dim(\pi_n(\mathbb{R}))$ ist, bilden sie eine Basis. Schließlich rechnet man in genau der gleichen Weise nach, dass die in (8.8) gegebene Funktion die Interpolationsbedingungen erfüllt und daher die eindeutig bestimmte Interpolante ist. □

Bei Verwendung der Monombasis würde man das Interpolationspolynom schreiben als

$$p(x) = \sum_{j=0}^{n} a_j x^j,$$

und der Koeffizientenvektor $a \in \mathbb{R}^{n+1}$ wäre eindeutig durch das lineare Gleichungssystem

$$p(x_i) = \sum_{j=0}^{n} a_j x_i^j = f_i, \qquad 0 \leq i \leq n,$$

bestimmt. Die zugehörige Interpolationsmatrix ist gegeben durch

$$V = (x_i^j) = \begin{pmatrix} 1 & x_0 & x_0^2 & \dots & x_0^n \\ 1 & x_1 & x_1^2 & \dots & x_1^n \\ \vdots & \vdots & \vdots & \ddots & \vdots \\ 1 & x_n & x_n^2 & \dots & x_n^n \end{pmatrix}, \tag{8.9}$$

und ihre Transponierte V^T wird auch als *Vandermonde-Matrix* bezeichnet. Sie muss nach unseren bisherigen Überlegungen invertierbar sein. Tatsächlich lässt sich ihre Determinante explizit angeben (siehe Aufgabe 8.1). Es sollte aber klar sein, dass die Invertierung in der Praxis vermieden werden sollte.

8.4 Hermite-Interpolation

Die bisherige Überlegung ging davon aus, dass die Interpolationswerte f_j einfache Funktionswerte sind, d.h. dass sie als $f_j = f(x_j)$ von einer (unbekannten) Funktion f stammen. Die Interpolante war dann eine Näherung an f. Wir werden später Fehlerabschätzungen für den Fehler $f - p$ angeben. Zuvor wollen wir uns mit einem allgemeineren Interpolationsproblem beschäftigen, wo neben Funktionswerten $f(x_0), \dots, f(x_m)$ auch noch Werte für Ableitungen $f^{(i)}(x_j)$ vorgegeben sind. Da ein Polynom n-ten Grades $n + 1$ Koeffizienten hat, liegt es nahe, bei insgesamt $n + 1$ vorgegebenen

Größen ein Polynom n-ten Grades zur Interpolation zu wählen. Wie bei der Lagrange-Interpolationsformel kann man eine geeignete Basis des Raumes der Polynome konstruieren. Bei der *Hermite-Interpolation* gibt man in jedem der $m+1$ paarweise verschiedenen Punkte x_j die Funktionswerte und *alle* Ableitungen bis zu einer Ordnung $\mu_j \in \mathbb{N}_0$ vor. Setzen wir $m_j = \mu_j + 1$, so haben wir insgesamt $\sum_{j=0}^{m} m_j$ Interpolationsbedingungen, und die Daten gebende Funktion f sollte mindestens $\max_{0 \le j \le m} \mu_j$ stetige Ableitungen besitzen. Setzen wir also

$$n + 1 := \sum_{j=0}^{m} m_j, \quad \ell = \max_{0 \le j \le m} \mu_j,$$

so lässt sich die Datenvorgabe zusammenfassen zu einer Abbildung

$$T : C^{\ell}(I) \to \mathbb{R}^{n+1} \tag{8.10}$$

mit

$$Tf := (f(x_0), f'(x_0), \dots, f^{(\mu_0)}(x_0), \dots, f(x_m), f'(x_m), \dots, f^{(\mu_m)}(x_m))^T. \tag{8.11}$$

und wir suchen ein Polynom $p \in \pi_n(\mathbb{R})$ mit $Tp = Tf$.

Satz 8.9. *Zu jedem $y \in \mathbb{R}^{n+1}$ gibt es genau ein Polynom $p \in \pi_n(\mathbb{R})$, welches das Hermite-Interpolationsproblem $Tp = y$ löst.*

Beweis. Durch die in (8.10) und (8.11) definierte Abbildung T wird der $(n+1)$-dimensionale Raum $\pi_n(\mathbb{R})$ auf $\mathbb{R}^{n+1}$ abgebildet. Es reicht also zu zeigen, dass die Abbildung injektiv ist, da sie damit automatisch auch bijektiv ist. Ist aber $Tp = 0$ für ein $p \in \pi_n(\mathbb{R})$, so hat p wiederum $n+1$ Nullstellen, wenn man jede Nullstelle mit ihrer Vielfachheit zählt. Der Fundamentalsatz der Algebra liefert dann wieder $p = 0$. $\square$

Da der Beweis nicht konstruktiv ist, wollen wir jetzt eine Darstellung für p herleiten, die mit der Lagrange Darstellung vergleichbar ist. Dazu wählen wir den Ansatz

$$p(x) = \sum_{j=0}^{m} \sum_{k=0}^{\mu_j} f^{(k)}(x_j) H_{j,k}(x) \tag{8.12}$$

mit Polynomen $H_{j,k} \in \pi_n(\mathbb{R})$, die die Rolle der Lagrange-Funktionen (8.7) übernehmen sollen. Differenzieren von (8.12) führt zu den Forderungen

$$\frac{d^{\ell}}{dx^{\ell}} p(x_i) = \sum_{j=0}^{m} \sum_{k=0}^{\mu_j} f^{(k)}(x_j) \frac{d^{\ell}}{dx^{\ell}} H_{j,k}(x_i) = f^{(\ell)}(x_i), \quad \begin{matrix} 0 \le i \le m, \\ 0 \le \ell \le \mu_i, \end{matrix}$$

sodass jedes $H_{j,k}$ mit $0 \le j \le m$ und $0 \le k \le \mu_j$ bestimmt werden sollte durch die $n+1$ Bedingungen

$$\frac{d^\ell}{dx^\ell} H_{j,k}(x_i) = \delta_{\ell k}\delta_{ij}, \qquad \begin{aligned} 0 &\le i \le m, \\ 0 &\le \ell \le \mu_i. \end{aligned} \qquad (8.13)$$

Dies bedeutet insbesondere, dass $H_{j,k}$ an $x_i \ne x_j$ eine Nullstelle der Ordnung $\mu_i + 1 = m_i$ haben muss. An der Stelle x_j muss $H_{j,k}$ eine Nullstelle der Ordnung k haben, da die k-te Ableitung dort nicht verschwinden darf. Dies führt bereits zu einem Polynom vom Grad $\left(\sum_{i\ne j} m_i\right) + k = n + 1 - m_j + k = n - \mu_j + k$. Die übrigen Freiheitsgrade werden benötigt, um auch die Ableitungen der Ordnung $\ell > k$ an x_j verschwinden zu lassen. Da diese für $k = \mu_j$ nicht beachtet werden müssen, zeigen die gerade gemachten Überlegungen, dass H_{j,μ_j} gegeben ist durch

$$H_{j,\mu_j}(x) = \frac{(x - x_j)^{\mu_j}}{\mu_j!} \prod_{\substack{i=0 \\ i\ne j}}^{m} \left(\frac{x - x_i}{x_j - x_i}\right)^{\mu_i+1}, \qquad (8.14)$$

wobei die Normierung, ähnlich wie bei der Lagrange-Interpolation, so gewählt werden muss, dass die μ_j-te Ableitung an x_j den Wert Eins liefert. Für die übrigen $0 \le k < \mu_j$ geht man rekursiv vor.

Satz 8.10. *Die Funktionen H_{j,μ_j} seien wie in (8.14) definiert. Für $0 \le j \le m$ und $k = \mu_j - 1, \mu_j - 2, \ldots, 0$ sei*

$$H_{j,k}(x) = \frac{(x - x_j)^k}{k!} \prod_{\substack{i=0 \\ i\ne j}}^{m} \left(\frac{x - x_i}{x_j - x_i}\right)^{\mu_i+1} - \sum_{\nu=k+1}^{\mu_j} b_\nu^{(j,k)} H_{j,\nu}(x), \qquad (8.15)$$

wobei die $b_\nu^{(j,k)}$ für $k + 1 \le \nu \le \mu_j$ definiert sind als

$$b_\nu^{(j,k)} = \frac{d^\nu}{dx^\nu} \left[\frac{(x - x_j)^k}{k!} \prod_{\substack{i=0 \\ i\ne j}}^{m} \left(\frac{x - x_i}{x_j - x_i}\right)^{\mu_i+1}\right]_{x=x_j}.$$

Dann erfüllen die so definierten $H_{j,k}$ für $0 \le j \le m$ und $0 \le k \le \mu_j$ die Bedingungen (8.13).

Beweis. Der Beweis wird bei festem j durch Induktion über k geführt. Wir wissen bereits, dass die Bedingungen (8.13) für $k = \mu_j$ erfüllt sind. Nehmen wir also jetzt an, dass $k < \mu_j$ gilt. Dann wissen wir, dass $H_{j,k}$ aus (8.15) im Fall $x_i \ne x_j$ bereits $H_{j,k}^{(\ell)}(x_i) = 0$ für $0 \le \ell \le \mu_i$ erfüllt. Ferner folgt für $x_i = x_j$ aus der Definition, dass $H_{j,k}^{(\ell)}(x_j) = \delta_{\ell k}$ für $0 \le \ell \le k$ gilt. Für $\ell > k$ folgt schließlich

$$\frac{d^\ell}{dx^\ell} H_{j,k}(x_j) = b_\ell^{(j,k)} - \sum_{\nu=k+1}^{\mu_j} b_\nu^{(j,k)} \frac{d^\ell}{dx^\ell} H_{j,\nu}(x_j) = b_\ell^{(j,k)} - b_\ell^{(j,k)} = 0,$$

da die $H_{j,\nu}$ nach Induktionsvoraussetzung bereits die gewünschte Eigenschaft haben. □

Wir wollen diesen Satz an Hand eines Beispiels demonstrieren.

Beispiel 8.11. Nehmen wir an, wir haben zwei Stützstellen x_0 und x_1 und wollen in beiden jeweils bis zur ersten Ableitung interpolieren. Dann folgt aus (8.14), dass

$$H_{0,1}(x) = (x - x_0)\left(\frac{x - x_1}{x_0 - x_1}\right)^2 \quad \text{und} \quad H_{1,1}(x) = (x - x_1)\left(\frac{x - x_0}{x_1 - x_0}\right)^2.$$

Die übrigen Ansatzfunktionen lassen sich nun aus (8.15) z.B. zu

$$H_{0,0}(x) = \left(\frac{x - x_1}{x_0 - x_1}\right)^2 - b_1^{(0,0)} H_{0,1}(x) = \left(\frac{x - x_1}{x_0 - x_1}\right)^2 \left\{1 - 2\frac{x - x_0}{x_0 - x_1}\right\}$$

berechnen. Vertauscht man in der letzten Formel x_0 und x_1 so erhält man die verbleibende Funktion $H_{1,0}$.

Mit diesen Ansatzfunktionen ist das Hermite-Interpolationsproblem bereits eindeutig gelöst. So finden wir z.B. für $f(x) = \sin x$ und $x_0 = 0$, $x_1 = \pi/2$, dass das Interpolationspolynom gegeben ist durch

$$p(x) = 0 \cdot H_{0,0}(x) + 1 \cdot H_{0,1}(x) + 1 \cdot H_{1,0} + 0 \cdot H_{1,1}(x)$$

$$= x\left(\frac{2}{\pi}x - 1\right)^2 + \frac{4}{\pi^2}x^2\left(3 - \frac{4}{\pi}x\right).$$

Die hier beschriebene Lagrange- und Hermite-Darstellung für Interpolationspolynome ist für große n numerisch nicht geeignet. Wir werden im Folgenden bessere Alternativen kennen lernen.

8.5 Das Interpolationsverfahren von Neville und Aitken

In diesem Abschnitt geht es jetzt um die Auswertung von Interpolationspolynomen. Die hier vorgestellte Methode dient in der Regel der Bestimmung von Werten $p(\tilde{x})$ des Interpolationspolynoms an einer oder einigen wenigen Stellen $\tilde{x}$ und nicht der Berechnung des gesamten Polynoms. Es kommt zu diesem Zweck mit $3(n-1)n/2 = \mathcal{O}(n^2)$ Punktoperationen pro Argument $\tilde{x}$ aus.

Gegeben seien wieder Werte $f_0, \ldots, f_n$ zu paarweise verschiedenen Punkten $x_0, \ldots, x_n$. Die Idee des *Verfahrens von Neville und Aitken* besteht darin, sukzessive Polynome $p_i^{[k]} \in \pi_k(\mathbb{R})$ aufzubauen, die in den Punkten $x_i, \ldots, x_{i+k}$ interpolieren. Offensichtlich gilt $p_i^{[0]} \equiv f_i$.

Satz 8.12. *Definieren wir bei gegebenen $f_0, \ldots, f_n$ und paarweise verschiedenen Punkten $x_0, \ldots, x_n$ zunächst $p_i^{[0]} := f_i \in \pi_0(\mathbb{R})$ und dann für $0 \leq k \leq n - 1$ sukzessiv*

$$p_i^{[k+1]}(x) = \frac{x - x_i}{x_{i+k+1} - x_i} p_{i+1}^{[k]}(x) + \left(1 - \frac{x - x_i}{x_{i+k+1} - x_i}\right) p_i^{[k]}(x)$$

$$= \frac{(x - x_i)p_{i+1}^{[k]}(x) - (x - x_{i+k+1})p_i^{[k]}(x)}{x_{i+k+1} - x_i}, \qquad 0 \le i \le n - k - 1,$$

so ist $p_i^{[k]} \in \pi_k(\mathbb{R})$ das eindeutige Interpolationspolynom in $x_i, \ldots, x_{i+k}$ zu $f_i, \ldots, f_{i+k}$. Insbesondere ist $p_0^{[n]}$ das Interpolationspolynom zu allen gegebenen Daten.

Beweis. Der Beweis wird natürlich durch Induktion nach k geführt. Für $k = 0$ ist die Behauptung offensichtlich richtig. Stimmen für $k \ge 0$ die Werte von $p_i^{[k]}$ und $p_{i+1}^{[k]}$ an einer Stelle überein, so muss auch $p_i^{[k+1]}$ denselben Wert dort annehmen. Insbesondere interpoliert $p_i^{[k+1]}$ in den "inneren" Stützstellen $x_{i+1}, \ldots, x_k$. Ferner überzeugt man sich leicht, dass $p_i^{[k+1]}$ auch in x_i und x_{i+k+1} interpoliert, da der jeweils nicht interpolierende Anteil in der Definition von $p_i^{[k+1]}$ dort jeweils mit Null gewichtet wird. $\square$

Die praktische Realisierung kann am besten geschehen, indem man den Rechenprozess durch ein Dreiecksschema darstellt, wie hier für $n = 3$ angedeutet:

$$
\begin{array}{ccccccc}
f_0 = p_0^{[0]} & & & & & & \\
 & p_0^{[1]} & & & & & \\
f_1 = p_1^{[0]} & & p_0^{[2]} & & & & \\
 & p_1^{[1]} & & p_0^{[3]} & & & \\
f_2 = p_2^{[0]} & & p_1^{[2]} & & & & \\
 & P_2^{[1]} & & & & & \\
f_3 = p_3^{[0]} & & & & & & \\
\end{array}
$$

Wie bereits erwähnt, ist der Algorithmus von Neville und Aitken eher zur Auswertung an wenigen Stellen x geeignet. Er sollte nicht benutzt werden, um das Interpolationspolynom zu berechnen, oder es an vielen Stellen auszuwerten. Zur Umsetzung lassen sich natürlich die neu berechneten Werte über die alten speichern. Genauer wird dies in Algorithmus 6 beschrieben.

Sind auch Ableitungsdaten gegeben, so zählt man formal jede Stützstelle $(r + 1)$-fach, wenn dort Ableitungen bis zur Ordnung r gegeben sind. Dann ordnet man die resultierenden Stützstellen zu einer schwach monotonen Folge $x_0 \le x_1 \le \ldots \le x_n$ und behandelt zuerst die maximal zusammenfallenden Teile. Gilt $x_i = x_{i+1} = \ldots = x_{i+k}$, so leistet das Taylor-Polynom

$$p_i^{[k]}(x) = \sum_{j=0}^{k} \frac{f^{(j)}(x_i)}{j!}(x - x_i)^j \tag{8.16}$$

die Hermite-Interpolation im $(k + 1)$-fachen Knoten x_i. Die Auswertung von diesem $p_i^{[k]}$ kann leicht mit dem Horner-Schema erfolgen. Dieses $p_i^{[k]}$ ersetzt

---

Algorithmus 6: Neville-Aitken

 Input   : $x_0, \ldots, x_n, f(x_0), \ldots, f(x_n)$ und x.

 for $i = 0$ **to** n **do**
  | $p_i := f(x_i)$
  | $t_i = x - x_i$
 for $k = 0$ **to** $n - 1$ **do**
  | **for** $i = 0$ **to** $n - k - 1$ **do**
  | | $p_i := (t_i p_{i+1} - t_{i+k+1} p_i)/(t_i - t_{i+k+1})$

 Output : p_0=Wert des Interpolationspolynomes an x.

---

formal dasjenige aus Satz 8.12, wenn immer alle zugehörigen Stützstellen gleich sind. Ansonsten benutzt man den im Satz angegebenen Iterationsschritt. Wir müssen uns jetzt nur noch davon überzeugen, dass die so entstehenden Polynome auch die Hermite-Interpolationsbedingungen erfüllen. Es gilt für die j-te Ableitung

$$(x_{i+k+1} - x_i)\frac{d^j}{dx^j}p_i^{[k+1]}(x) = (x - x_i)\frac{d^j}{dx^j}p_{i+1}^{[k]}(x) - (x - x_{i+k+1})\frac{d^j}{dx^j}p_i^{[k]}(x)$$
$$+ j\frac{d^{j-1}}{dx^{j-1}}\left\{p_{i+1}^{[k]}(x) - p_i^{[k]}(x)\right\}, \tag{8.17}$$

und man sieht, dass sich die Interpolationseigenschaften auch auf die Ableitungen übertragen. Dies gilt auch, wenn etwa x_i ein mehrfacher Knoten ist, denn wenn dort $p_i^{[k]}$ bis zur Ordnung r interpoliert, muss $p_{i+1}^{[k]}$ noch bis zur Ordnung $r - 1$ interpolieren. Dann liefert (8.17) auch für $p_i^{[k+1]}$ die Interpolationseigenschaft bis zur Ordnung r, weil j von 1 bis r laufen kann.

8.6 Die Newtonsche Interpolationsformel

In diesem Abschnitt wollen wir eine weitere Darstellungmöglichkeit für Interpolationspolynome herleiten, die auf Newton zurückgeht und vorteilhaft ist, wenn zu einem bereits bekannten Interpolationspolynom ein weiterer Punkt hinzugefügt werden soll. Das Verfahren lässt sich folgendermaßen motivieren.

 Das Lagrange-Interpolationspolynom zu einer Funktion f in Stützstellen x_0, x_1 lässt sich auch in der Form

$$p_L(x) = f(x_0) + (x - x_0)\frac{f(x_1) - f(x_0)}{x_1 - x_0}$$

schreiben, wie man durch Einsetzen leicht verifiziert. Ist f differenzierbar und betrachtet man den Grenzübergang $x_1 \to x_0$, so erhält man als Grenzfunktion

$$p_H(x) = f(x_0) + (x - x_0)f'(x_0),$$

welches gerade das Hermite-Interpolationspolynom im Fall einer Stützstelle (also $m = 0$) und einer Ableitung (also $n = 1$) ist. Der höchste Koeffizient der beiden Polynome ist

$$\frac{f(x_1) - f(x_0)}{x_1 - x_0} \qquad \text{bzw.} \qquad f'(x_0),$$

und wir wollen diese Beobachtung nun auf Interpolationspolynome mit mehr Punkten verallgemeinern.

Definition 8.13. *Ist $f \in C^n[a, b]$ gegeben und sind $X = \{x_0, \ldots, x_n\}$ Punkte aus $[a, b]$, so sei $p_{f,X} \in \pi_n(\mathbb{R})$ das eindeutig bestimmte Polynom vom Grade $\leq n$, das folgendes Hermite-Interpolationsproblem löst:*

Fallen r der $x_0, \ldots, x_n$ in einen Punkt $z \in [a, b]$ zusammen, so interpoliert $p_{f,X}$ die Funktion f in z bis zur $(r-1)$-ten Ableitung.

Dann nennt man den Koeffizienten von x^n in der Darstellung von $p_{f,X}$ in der Monombasis $1, x, \ldots, x^n$ den (verallgemeinerten) n-ten Differenzenquotienten. Wir werden für ihn die Notation $[x_0, \ldots, x_n]f$ benutzen.

Die Notation $[x_0, \ldots, x_n]f$ soll andeuten, dass die Punkte $x_0, \ldots, x_n$ wie ein Funktional auf f wirken. Man spricht in diesem Zusammenhang auch manchmal von der *dividierten Differenz* oder *Steigung*.

Man beachte, dass $[x_0, \ldots, x_n]f$ auch Null sein kann. Dies ist immer dann der Fall, wenn die Daten bereits durch ein Polynom geringeren Grades interpoliert werden können.

Der Differenzenquotient lässt sich in sinngemäßer Weise definieren, wenn zwar keine Funktion $f \in C^n[a, b]$ vorliegt, man aber einen Datenvektor $y \in \mathbb{R}^{n+1}$ zu einem Hermite-Interpolationsproblem hat, das genau $n + 1$ Stützstellen besitzt, wobei man eine Stützstelle r-fach zählt, falls dort bis zur Ableitung der Ordnung $r - 1$ interpoliert wird.

Die Definition erlaubt es uns, einige einfache Schlussfolgerungen zu ziehen.

Proposition 8.14. *Die dividierten Differenzen besitzen folgende Eigenschaften.*

(1) Es gilt $[x_0]f = f(x_0)$ für alle f und x_0.

(2) Es gilt

$$[x_0, x_1]f = \begin{cases} \dfrac{f(x_1) - f(x_0)}{x_1 - x_0}, & \text{falls } x_1 \neq x_0, \\ f'(x_0), & \text{falls } x_1 = x_0. \end{cases}$$

(3) $[x_0, \ldots, x_n]f$ ist eine lineare Abbildung bezüglich $f \in C^n[a, b]$, d.h. für $\alpha, \beta \in \mathbb{R}$ und $f, g \in C^n[a, b]$ gilt

$$[x_0, \ldots, x_n](\alpha f + \beta g) = \alpha[x_0, \ldots, x_n]f + \beta[x_0, \ldots, x_n]g.$$

(4) $[x_0, \ldots, x_n]f$ ist unabhängig von der Reihenfolge der Punkte $x_0, \ldots, x_n$.

Beweis. Die ersten beiden Eigenschaften sind hoffentlich klar. Die dritte folgt aus der Tatsache, dass der Interpolationsprozess selber linear ist, also auch die Koeffizienten der Interpolationspolynome. Da das Interpolationspolynom nicht von der Punktreihenfolge abhängt, gilt auch die letzte Aussage. □

Der Differenzenquotient ist über das Hermite-Interpolationspolynom definiert, man kann ihn aber auch direkt aus den Interpolationsdaten berechnen.

Satz 8.15. *Für $f \in C^n[a,b]$ und Punkte $a \leq x_0 \leq \ldots \leq x_n \leq b$ sind die Differenzenquotienten folgendermaßen berechenbar. Fallen die Punkte $x_i = \ldots = x_{i+k}$ zusammen, so gilt*

$$[x_i, \ldots, x_{i+k}]f = \frac{f^{(k)}(x_i)}{k!}. \tag{8.18}$$

Im Fall $x_i \neq x_{i+k}$ haben wir

$$[x_i, \ldots, x_{i+k}]f = \frac{[x_{i+1}, \ldots x_{i+k}]f - [x_i, \ldots, x_{i+k-1}]f}{x_{i+k} - x_i}.$$

Beweis. Falls alle Stützstellen zusammenfallen, wissen wir bereits aus (8.16), dass das Hermite-Interpolationspolynom mit dem Taylor-Polynom vom Grad k um x_i übereinstimmt, woraus sofort (8.18) folgt. Für den Fall $x_i \neq x_{i+k}$ seien $p_i^{[k-1]}$ bzw. $p_{i+1}^{[k-1]}$ wieder die Polynome aus $\pi_{k-1}(\mathbb{R})$, die in $x_i, \ldots, x_{i+k-1}$ bzw. in $x_{i+1}, \ldots, x_{i+k}$ interpolieren. Dann wissen wir aus Satz 8.12 und den anschließenden Überlegungen, dass das in $x_i, \ldots, x_{i+k}$ interpolierende Polynom gegeben ist durch

$$p_i^{[k]}(x) = \frac{(x - x_i)p_{i+1}^{[k-1]}(x) - (x - x_{i+k})p_i^{[k-1]}(x)}{x_{i+k} - x_i},$$

und ein Koeffizientenvergleich liefert die Behauptung. □

Wir kommen nun zur Newtonschen Darstellung des Interpolationspolynoms. Gegeben sei also eine Hermitesche Vorgabe gemäß Definition 8.13. Wir wollen nun die Lösung des Hermite-Interpolationsproblems aus einer Folge von Interpolationsproblemen sukzessive aufbauen, indem wir von den $n+1$ Bedingungen zunächst nur eine, dann zwei usw. erfüllen. Dazu sind für $j = 0, \ldots, n$ Polynome p_j vom Grade j zu konstruieren, die jeweils die ersten $j+1$ Vorgaben erfüllen. Zu Beginn setze man natürlich $p_0(x) \equiv f_0$. Erfüllt nun p_{j-1} die ersten j Bedingungen, so muss auch

$$p_j(x) := p_{j-1}(x) + \Omega_j(x)[x_0, \ldots, x_j]f, \qquad x \in \mathbb{R}, \tag{8.19}$$

mit $\Omega_j(x) := \prod_{k=0}^{j-1}(x - x_k)$ die ersten j Vorgaben erfüllen, denn die Addition von Ω_j ändert nichts an den Werten von p_{j-1} für diese Vorgaben. Ist nun aber q_j das Interpolationspolynom vom Grade j, welches die ersten $j+1$

Vorgaben erfüllt, so hat q_j per Definition als höchsten Koeffizienten den Differenzenquotienten $[x_0, \ldots, x_j]f$. Da auch das gerade definierte p_j den höchsten Koeffizienten $[x_0, \ldots, x_j]f$ hat, ist die Differenz $q_j - p_j$ aus $\pi_{j-1}(\mathbb{R})$ und verschwindet für die ersten j Vorgaben. Da ein solches Interpolationspolynom eindeutig ist, folgt $q_j - p_j \equiv 0$ oder auch $q_j \equiv p_j$. Das Polynom p_j aus (8.19) erfüllt deshalb die ersten $j + 1$ Vorgaben.

Speziell erhält man für $j = n$:

Satz 8.16. *Sei $\Omega_0(x) = 1$ und $\Omega_j(x) = \prod_{k=0}^{j-1}(x - x_k)$ für $j \geq 1$. Das Polynom*

$$p_n(x) = \sum_{j=0}^{n} \Omega_j(x)[x_0, \ldots, x_j]f, \qquad x \in \mathbb{R}, \tag{8.20}$$

löst das in Definition 8.13 beschriebene Hermitesche Interpolationsproblem.

Definition 8.17. *Die Darstellung (8.20) wird als* Newtonsche Interpolationsformel *bezeichnet.*

Durch (8.20) hat man eine weitere Methode, Interpolationspolynome zu konstruieren; das Resultat ist allerdings wegen der Eindeutigkeitsaussage in Satz 8.9 dasselbe wie das aus Satz 8.10.

In der Praxis wird man die Newtonsche Interpolationsformel folgendermaßen verwenden: man schreibt wie beim Horner-Schema

$$p_n(x) = f_0 + (x - x_0)([x_0, x_1]f + (x - x_1)([x_0, x_1, x_2]f + \ldots$$
$$\ldots + (x - x_{n-1})[x_0, \ldots, x_n]f\,)\ldots))$$

und wertet die Klammern von innen heraus rekursiv aus. Dazu werden nacheinander die Differenzenquotienten

$$[x_0, \ldots, x_n]f, [x_0, \ldots, x_{n-1}]f, \ldots, [x_0, x_1]f, [x_0]f$$

benötigt. Daher stellt man zunächst mit Hilfe der Rekursionsformeln aus Satz 8.15 ein Schema, wie hier für $n = 3$ angedeutet,

$$
\begin{array}{llll}
x_0 \quad f_0 & & & \\
& [x_0, x_1]f & & \\
x_1 \quad f_1 & & [x_0, x_1, x_2]f & \\
& [x_1, x_2]f & & [x_0, x_1, x_2, x_3]f \qquad (8.21) \\
x_2 \quad f_2 & & [x_1, x_2, x_3]f & \\
& [x_2, x_3]f & & \\
x_3 \quad f_3 & & &
\end{array}
$$

spaltenweise auf und entnimmt dann die benötigten Differenzenquotienten aus der obersten Diagonalen. Dabei ist natürlich zu berücksichtigen, dass bei zusammenfallenden Punkten die Ableitungswerte zu benutzen sind.

Fügt man zum Interpolationsproblem noch ein Wertepaar (x_{n+1}, f_{n+1}) hinzu, so muss in (8.21) eine weitere Schrägzeile berechnet werden und das neue Interpolationspolynom p_{n+1} kann gemäß (8.20) aus dem alten durch

$$p_{n+1}(x) = p_n(x) + \left(\prod_{j=0}^{n} (x - x_j) \right) [x_0, \ldots, x_{n+1}] f$$

gebildet werden. Dieser Übergang ist also wesentlich leichter als bei der Lagrange-Formel zu vollziehen. Die bereits geleistete Vorarbeit für $p_n(x)$ wird voll ausgenutzt.

Beispiel 8.18. Wir wollen die Newtonsche Formel auf das Beispiel 8.11 anwenden. Wir haben also $x_0 = 0$, $x_1 = \pi/2$ und $f(x_0) = 0$, $f'(x_0) = 1$, $f(x_1) = 1$, $f'(x_1) = 0$. Wir erhalten zunächst das Differenzenquotientenschema

$$
\begin{array}{llll}
0 & 0 & & \\
 & & 1 & \\
0 & 0 & & 2 \cdot (2/\pi - 1)/\pi \\
 & & 2/\pi & & 2 \cdot (-8/\pi^2 + 2/\pi)/\pi \\
\pi/2 & 1 & & -4/\pi^2 \\
 & & 0 & \\
\pi/2 & 1 & &
\end{array}
$$

und damit das Interpolationspolynom nach der Newtonschen Formel als

$$p(x) = 0 + x \left(1 + x \left(\frac{2}{\pi} \left(\frac{2}{\pi} - 1 \right) + \left(x - \frac{\pi}{2} \right) \left(\frac{4}{\pi^2} - \frac{16}{\pi^3} \right) \right) \right)$$

$$= x + x^2 \left(\frac{12}{\pi^2} - \frac{4}{\pi} \right) + x^3 \left(\frac{4}{\pi^2} - \frac{16}{\pi^3} \right).$$

Dies liefert dasselbe Polynom wie in Beispiel 8.11.

8.7 Fehlerabschätzung

Bisher haben wir uns mit der Existenz, der Eindeutigkeit und der konkreten Berechnung von Interpolationspolynomen beschäftigt. Jetzt wollen wir einen anderen Aspekt betrachten, nämlich die Frage, inwiefern man den Fehler zwischen der ursprünglichen (unbekannten) Funktion und dem Interpolationspolynom abschätzen kann.

Wir wollen davon ausgehen, dass wir eine Hermite-Interpolante im Sinn von Abschnitt 8.4 vorliegen haben, d.h. wir haben $m+1$ verschiedene Punkte $x_0 < x_1 < \ldots < x_m$ im Intervall $I = [a, b]$ gegeben und wollen in x_j alle Ableitungen bis zur Ordnung $\mu_j \in \mathbb{N}_0$ interpolieren, haben also in x_j genau $m_j = \mu_j + 1$ und damit insgesamt $n + 1 = \sum m_j$ Datenvorgaben.

Satz 8.19. *Es sei $f \in C^{n+1}(I)$ und $x_0 < x_1 < \ldots < x_m \in I$. Das Polynom p sei die Hermite-Interpolierende an f mit den Daten $Tp = Tf$. Sei $\Omega(x) = \prod_{j=0}^{m}(x - x_j)^{m_j}$. Dann gibt es zu jedem $x \in I$ ein $\xi = \xi(x) \in I$, sodass*

$$f(x) - p(x) = \frac{\Omega(x)}{(n+1)!} \, f^{(n+1)}(\xi). \tag{8.22}$$

Beweis. Der Beweis benutzt den Satz von Rolle, der besagt, dass bei einer differenzierbaren Funktion immer eine Nullstelle der Ableitung echt zwischen zwei verschiedenen Nullstellen der Funktion liegt. Nach Konstruktion folgt $f(x_j) - p(x_j) = \Omega(x_j) = 0$ und die behauptete Gleichung gilt für $x = x_j$ mit beliebigem $\xi \in I$. Daher genügt es, einen beliebigen von $x_0, \ldots, x_m$ verschiedenen Punkt $\tilde{x} \in I$ zu betrachten. Dann verschwindet $\Omega(\tilde{x})$ nicht, und man kann

$$\rho := \frac{f(\tilde{x}) - p(\tilde{x})}{\Omega(\tilde{x})}$$

setzen. Diese Wahl von ρ garantiert, dass die Funktion

$$r := f - p - \rho\Omega$$

die Nullstellen $x_0, \ldots, x_m$ und $\tilde{x}$ hat, also insgesamt mindestens $m + 2$. Nach dem Satz von Rolle hat die Ableitung r' also mindestens $m + 1$ verschiedene Nullstellen, die auch noch von $x_0, \ldots, x_m, \tilde{x}$ verschieden sind. Da die Ableitung r' aber auch in denjenigen x_j verschwinden muss, in denen $m_j > 1$ gilt, hat r' also insgesamt mindestens

$$m + 1 + \sum_{\substack{j=0 \\ m_j > 1}}^{m} 1 = \sum_{i=0}^{1} \sum_{\substack{j=0 \\ m_j > i}}^{m} 1$$

Nullstellen in I. Wir wiederholen jetzt dieses Argument, um eine Induktion über die Anzahl der Nullstellen für die k-te Ableitung zu führen. Wenn die k-te Ableitung von r mindestens

$$1 - k + \sum_{i=0}^{k} \sum_{\substack{j=0 \\ m_j > i}}^{m} 1$$

Nullstellen hat, so liegt echt zwischen zwei dieser Nullstellen eine Nullstelle der $(k+1)$-ten Ableitung. Unter diesen Nullstellen kann keiner der gegebenen Punkte x_j vorkommen, in denen $r^{(k)}$ verschwindet. Insbesondere fällt damit auch keine dieser Nullstellen mit irgendeinem der Punkte x_j zusammen, für die $m_j > k + 1$ gilt und in denen $r^{(k+1)}$ (und damit nach Aufgabenstellung auch $r^{(k)}$) verschwindet. Da $r^{(k+1)}$ aber auch in diesen Punkten eine Nullstelle hat, hat es also insgesamt mindestens

$$\left(1 - k + \sum_{i=0}^{k} \sum_{\substack{j=0 \\ m_j > i}}^{m} 1\right) - 1 + \sum_{\substack{j=0 \\ m_j > k+1}}^{m} 1 = 1 - (k+1) + \sum_{i=0}^{k+1} \sum_{\substack{j=0 \\ m_j > i}}^{m} 1$$

Nullstellen. Damit ist der Induktionsschritt vollzogen. Die Zahl der Nullstellen der Ableitung $r^{(n+1)}$ ist daher mindestens

$$1 - (n+1) + \sum_{i=0}^{n+1} \sum_{\substack{j=0 \\ m_j > i}}^{m} 1 = 1,$$

denn die Doppelsumme in der obigen Formel ist gerade gleich der Anzahl der gegebenen Funktions- und Ableitungswerte. Es gibt also ein $\xi = \xi(\tilde{x}) \in I$ mit

$$0 = r^{(n+1)}(\xi) = f^{(n+1)}(\xi) - p^{(n+1)}(\xi) - \rho \Omega^{(n+1)}(\xi)$$
$$= f^{(n+1)}(\xi) - \rho(n+1)!$$

d.h. mit diesem ξ gilt

$$\rho = \frac{f^{(n+1)}(\xi)}{(n+1)!},$$

was zusammen mit unserer ursprünglichen Definition von ρ die Behauptung liefert. $\square$

Sind alle x_j gleich x_0, so ist die Hermite-Interpolierende gleich dem Taylor-Polynom und die Fehlerdarstellung in Satz 8.19 ist die übliche Restglieddarstellung für die Taylor-Formel.

Die Abbildung $P : C^{n+1}(I) \to \pi_n(\mathbb{R})$, die jedem $f \in C^{n+1}(I)$ genau das Interpolationspolynom Pf mit den Daten von f zuordnet, die mit anderen Worten also $TPf = Tf$ erfüllt, ist offensichtlich eine lineare Abbildung. Stammen die Daten von einem Polynom aus $\pi_n(\mathbb{R})$ selbst, d.h. gilt $f \in \pi_n(\mathbb{R})$, so liefert die Eindeutigkeit, dass $Pf = f$ folgt. Also erfüllt die Abbildung P die Identität $P^2 = P$ (Idempotenz). Eine Abbildung, die linear und idempotent ist, nennt man auch *Projektion*. Wir werden später noch andere Projektionen kennen lernen.

Zum Abschluss dieses Abschnittes wollen wir die Fehlerabschätzung aus Satz 8.19 noch etwas weiter untersuchen. Dabei interessieren wir uns zunächst für die Frage, was passiert, wenn die Stützstellen das Intervall $I = [a, b]$ immer besser ausfüllen. Der Einfachheit halber betrachten wir jetzt nur noch Lagrange-Daten, d.h. wir haben Stützstellen $X : a = x_0 < x_1 < \ldots < x_n = b$. Sei

$$h_X = \max_{0 \le j \le n-1} (x_{j+1} - x_j)$$

der maximale Abstand zweier benachbarter Stützstellen. Für $x \in [x_j, x_{j+1}]$ gilt $|(x-x_j)(x-x_{j+1})| \le h_X^2/4$. Zieht man nun die übrigen Intervalle zwischen je zwei Stützstellen in Betracht, so sieht man leicht, dass

$$\prod_{j=0}^{n}(x-x_j) \le \frac{n!}{4}h_X^{n+1}, \qquad x \in I = [a,b],$$

gilt.

Folgerung 8.20. *Gilt* $f \in C^{n+1}(I)$ *und ist* $p_n \in \pi_n(\mathbb{R})$ *das Lagrange-Interpolationspolynom an* f *in* $a = x_0 < x_1 < \ldots < x_n = b$, *so gilt die Fehlerabschätzung*

$$|f(x)-p(x)| \le \frac{1}{4(n+1)}h_X^{n+1}\|f^{(n+1)}\|_{L_\infty(I)}, \qquad x \in I.$$

Diese Aussage lässt sich jetzt auf verschiedene Weise interpretieren. Ist z.B. $f \in C^\infty(I)$ so gegeben, dass sämtliche Ableitungen gleichmäßig beschränkt sind, und ist $X^{(n)}$ eine Folge von Punktmengen in I mit $h_n := h_{X^{(n)}} \to 0$, so konvergiert die Folge der Interpolationspolynome gegen f mit Geschwindigkeit $\mathcal{O}(h_n^{n+1}/(n+1))$ gegen Null. Sind die Punkte annähernd gleichmäßig verteilt, so ist h_n proportional zu $1/n$ und wir haben insgesamt ein Verhalten wie $\mathcal{O}(h_n^{n+2})$.

Eine andere mögliche Interpretation besteht darin, den Polynomgrad festzuhalten und das Intervall zu verkleinern. Dies ist insbesondere dann nützlich, wenn man die Interpolante stückweise aus Polynomen vom gleichen Grad zusammensetzt. Wir werden auf diese Idee später zurückkommen.

Wir bleiben beim Lagrange-Fall und wollen jetzt die Fehlerabschätzung aus Satz 8.19 benutzen, um eine möglichst gute Wahl der Stützstellen zu treffen. Da man in der Regel wenig über den Ableitungsfaktor in (8.22) aussagen kann, stellt sich die Frage, wie sich

$$\Omega(x) = \prod_{i=0}^{n}(x-x_i).$$

gleichmäßig auf I durch geeignete Wahl der x_i klein halten lässt, d.h. wollen das folgende Problem lösen

$$\min_{a \le x_0 < x_1 < \ldots < x_n \le b} \max_{x \in [a,b]} |\Omega(x)|.$$

Dies ist ein Spezialfall der Tschebyscheff-Approximation, auf die wir später noch ausführlich eingehen werden. Die Lösung lässt sich in geschlossener Form darstellen. Der Einfachheit halber gelte $I = [-1,1]$. Für andere Intervalle $[a,b]$ hat man eine Transformation $y = \frac{2}{b-a}(x-a) - 1$ auf $[-1,1]$ durchzuführen. Die Nullstellen des Tschebyscheff-Polynoms

$$T_{n+1}(x) = \cos((n+1)\arccos x), \qquad x \in [-1,1],$$

lösen die oben gestellte Aufgabe, wie wir uns jetzt überlegen wollen.

Lemma 8.21. *Das n-te Tschebyscheff Polynom T_n hat die n Nullstellen*

$$x_j = \cos \frac{(2j+1)\pi}{2n}, \qquad 0 \le j \le n - 1.$$

Ferner nimmt T_n in den $n+1$ Punkten

$$x_j^e = \cos \frac{j\pi}{n}, \qquad 0 \le j \le n,$$

abwechselnd den Wert $+1$ und -1 an.

Beweis. Sei $\phi = \phi(x) = \arccos x$. Dann gilt $T_n(x) = 0$ genau dann wenn $\cos n\phi = 0$, und dies ist genau dann der Fall, wenn $n\phi$ gleich $\frac{\pi}{2} + j\pi$ ist. Auflösen nach x gibt dann die erste Behauptung. Für den zweiten Teil berechnet man einfach $T_n(x_j^e) = \cos n \frac{j\pi}{n} = (-1)^j$. □

Man beachte, dass $|T_n(x)| \le 1$ für alle $x \in [-1, 1]$ gilt, sodass T_n in den Punkten x_j^e also $n + 1$ Extremalstellen mit alternierendem Vorzeichen hat.

Satz 8.22. *Sei $Q := 2^{-n} T_{n+1}$. Dann ist Q ein Polynom vom Grade $n + 1$ mit höchstem Koeffizienten Eins, und es gilt*

$$2^{-n} = \max_{x \in I} |Q(x)| \le \max_{x \in I} |p(x)| \tag{8.23}$$

für jedes Polynom $p \in \pi_{n+1}(\mathbb{R})$ mit höchstem Koeffizienten Eins.

Beweis. Wir wissen bereits aus Satz 8.6, dass $Q \in \pi_{n+1}(\mathbb{R})$ und dass Q den höchsten Koeffizienten Eins hat. Das Polynom Q nimmt nach Lemma 8.21 in den $n + 2$ Punkten $x_j^e = \cos j\pi/(n + 1)$ für $0 \le j \le n + 1$ abwechselnd den Extremalwert $+2^{-n}$ oder -2^{-n} an. Sei $p \in \pi_{n+1}(\mathbb{R})$ ein beliebiges zur Konkurrenz zugelassenes Polynom. Würde $|p(x)| < 2^{-n}$ für alle $x \in I$ gelten, so hätte die Differenz $r = Q - p$ in den Punkten x_j^e dasselbe Vorzeichen wie Q, nämlich $(-1)^j$. Daher muss r als stetige Funktion nach dem Zwischenwertsatz mindestens $n + 1$ Nullstellen haben. Da aber sowohl Q als auch p höchsten Koeffizienten Eins haben, hat r höchstens den Grad n und muss daher identisch verschwinden. d.h. es gilt $p \equiv Q$, was aber nicht sein kann, da Q den Wert 2^{-n} annimmt, p aber nicht. □

Durch Verschärfung dieses Nullstellenarguments läßt sich sogar zeigen, daß Q die einzige Lösung von (8.23) ist.

Dieses Resultat legt es nahe, zur Interpolation gerade die Nullstellen

$$x_j = \cos \frac{(2j+1)\pi}{2n + 2}, \qquad 0 \le j \le n,$$

von $T_{n+1}(x)$ zu verwenden. Die Lagrange Basispolynome gemäß (8.7) kann man dann in geschlossener Form

$$L_j(x) = \frac{1}{T'_{n+1}(x_j)} \frac{T_{n+1}(x)}{x - x_j} = \frac{(-1)^j}{n + 1} \sqrt{1 - x_j^2} \frac{T_{n+1}(x)}{x - x_j}$$

angeben.

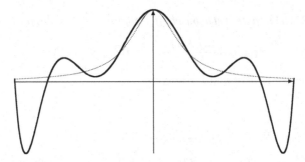

Abb. 8.4. Beispiel von Runge, äquidistante Stützstellen

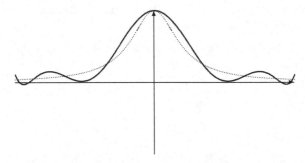

Abb. 8.5. Beispiel von Runge, Tschebyscheff-Stützstellen

Beispiel 8.23. (Runge)
Interpoliert man $f(x) = 1/(x^2 + 25)$ in äquidistanten Punkten $x_i = -1 + 2i/n$ für $i = 0, \dots, n$ auf $I = [-1, 1]$ durch ein Polynom $p_n \in \pi_n(\mathbb{R})$, so erhält man für größere n sehr schlechte Ergebnisse (siehe Abb. 8.4) und keine Konvergenz $\|p_n - f\|_{L_\infty(I)} \to 0$ für $n \to \infty$. In den Nullstellen von T_{n+1} ist die Interpolation viel besser (siehe Abb. 8.5). Wir werden später sehen, dass die Wahl der Nullstellen von T_{n+1} als Interpolationspunkte für Funktionen $f \in C^k(I)$ mit $k \geq 2$ noch zu

$$\|p_n - f\|_{L_\infty(I)} = \mathcal{O}(n^{1-k} \log n)$$

für $n \to \infty$ führt. Weil hier k beliebig groß gewählt werden kann, strebt $\|p_n - f\|_{L_\infty(I)}$ schneller gegen Null als jede negative Potenz von n.

Wir wollen zum Schluss dieses Kapitels noch einmal auf die Stabilität von Polynombasen eingehen. Ist $p_0, \dots, p_n$ eine Basis für $\pi_n(\mathbb{R})$, so können wir die Norm eines Polynoms $p = \sum \alpha_j p_j =: p_\alpha$ mit der Norm des zugehörigen Koeffizientenvektors vergleichen. Genauer können wir auf $\pi_n(\mathbb{R})$ über die Norm des Koeffizientenvektors eine weitere Norm definieren, die, da $\pi_n(\mathbb{R})$ endlichdimensional ist, äquivalent zu jeder anderen Norm auf $\pi_n(\mathbb{R})$ sein muss. Wählen wir zum Beispiel $\|\cdot\|_1$ für die Koeffizienten und $\|\cdot\|_{L_\infty(I)}$ für die Polynome, so gilt

$$m\|\alpha\|_1 \le \|p_\alpha\|_{L_\infty(I)} \le M\|\alpha\|_1$$

mit noch zu bestimmenden Konstanten $m, M > 0$. Diese Konstanten sind wichtig, da sie eine obere Schranke dafür liefern, wie relative Änderungen in den Koeffizienten auf die Polynome durchschlagen. Es gilt nämlich

$$\frac{\|p_{\alpha+\Delta\alpha} - p_\alpha\|_{L_\infty(I)}}{\|p_\alpha\|_{L_\infty(I)}} = \frac{\|p_{\Delta\alpha}\|_{L_\infty(I)}}{\|p_\alpha\|_{L_\infty(I)}} \le \frac{M}{m}\frac{\|\Delta\alpha\|_1}{\|\alpha\|_1},$$

sodass ein großer Wert von $\kappa := M/m$ Stabilitätsprobleme erwarten lässt. Eine vollständige Diskussion der Konstanten würde hier zu weit führen. Trotzdem wollen wir uns den Fall $I = [-1, 1]$ und die Monom- bzw. Tschebyscheff-Basis etwas genauer ansehen. In diesem speziellen Fall folgt dann für beide Basen sofort, dass wir $M = 1$ wählen können. In der unteren Schranke unterscheiden sie sich aber dramatisch.

Bei der Monombasis gilt zunächst $|\alpha_0| = |p(0)| \le \|p\|_{L_\infty(I)}$ und für $1 \le k \le n$ erhält man aus Satz 8.22 angewandt auf $\widetilde{p}_k(x) = \sum_{j=0}^{k}(\alpha_j/\alpha_k)x^j$ die Abschätzung $\|\widetilde{p}_k\|_{L_\infty(I)} \ge 2^{-k+1}$ sofern $\alpha_k \ne 0$. Diese liefert aber die für alle $1 \le k \le n$ gültige Schranke $|\alpha_k| \le 2^{k-1}\|p\|_{L_\infty(I)}$. Damit erhalten wir

$$\|\alpha\|_1 \le \left(1 + \sum_{k=1}^{n-1} 2^{k-1}\right)\|p\|_{L_\infty(I)} \le 2^n\|p\|_{L_\infty(I)},$$

sodass wir mit exponentieller Verschlechterung rechnen müssen.

Anders sieht es bei der Tschebyscheff-Basis aus. Wir werden später sehen, dass sie eine *Orthonormalbasis* ist. Orthonormalbasen liefern immer eine nur linear wachsende Schranke $1/m$. Dabei gehen wir davon aus, dass es eine nichtnegative Gewichtsfunktion $w : I \to [0, \infty)$ gibt, sodass die Orthonormalbasis $p_0, p_1, \ldots, p_n$ von $\pi_n(\mathbb{R})$ die Bedingung

$$(p_j, p_k)_w := \int_I p_j(x)p_k(x)w(x)dx = \delta_{jk}$$

erfüllt. Unter dieser Voraussetzung folgt die explizite Darstellung

$$(p, p_k)_w = \sum_{j=0}^{n} \alpha_j(p_j, p_k)_w = \alpha_k, \qquad 0 \le k \le n,$$

die mit Hilfe der Cauchy-Schwarzschen Ungleichung und der Normierung $\|p_k\|_w = 1$ die Abschätzung

$$|\alpha_k| \le \|p\|_{L_\infty(I)} \int_I |w(x)|^{1/2}|w(x)|^{1/2}|p_k(x)|dx$$

$$\le \|p\|_{L_\infty(I)}\|p_k\|_w \left(\int_I w(x)dx\right)^{1/2}$$

$$=: W\|p\|_{L_\infty(I)}$$

nach sich zieht. Aufsummieren liefert dann

$$\|\alpha\|_1 \leq (n+1)W\|p\|_{L_\infty(I)}.$$

Wir werden später sehen, dass für die Tschebyscheff-Polynome die Gewichtsfunktion als $w(x) = \pi/\sqrt{1-x^2}$ und die Darstellung (8.6) gewählt werden sollte, und dies dann zu $W = \pi^2$ führt (siehe Satz 12.34).

8.8 Aufgaben

8.1 Zeigen Sie, dass die Determinante der Vandermonde-Matrix (8.9) gegeben ist durch

$$\det V = \prod_{0 \leq i < j \leq n} (x_j - x_i) \neq 0.$$

8.2 Man zeige: Stammen die Interpolationsdaten von einer geraden bzw, ungeraden Funktion, so ist das Interpolationspolynom gerade bzw. ungerade, d.h. eine Linearkombination von Monomen mit geraden bzw. ungeraden Exponenten.

8.3 Zeigen Sie, dass die Lagrange Polynome L_j aus (8.7) die Gleichung

$$\sum_{j=0}^{n} L_j(x)p(x_j) = p(x), \qquad x \in \mathbb{R},$$

für alle $p \in \pi_n(\mathbb{R})$ gilt.

8.4 Man beweise für $f \in C^n[x_0, x_n]$ die Rekursionsformel

$$[x_0, \ldots, x_n]f = [x_0, \ldots, x_{n-1}]_t[t, x_n]f.$$

Dabei soll der untere Index andeuten, dass der Differenzenquotient bzgl. dieser Variablen anzuwenden ist.

8.5 Sei $f \in C^n[a,b]$ und $a \leq x_0 \leq x_1 \leq \ldots \leq x_n \leq b$. Dann gibt ein $\zeta \in [x_0, x_n]$, sodass

$$[x_0, \ldots, x_n]f = f^{(n)}(\zeta)/n!.$$

8.6 Sei $P : C[a,b] \to \pi_n(\mathbb{R})$ die Abbildung, die jeder Funktion $f \in C[a,b]$ ihr eindeutig bestimmtes Interpolationspolynom in $a \leq x_0 < x_1 < \ldots < x_n \leq b$ zuordnet. Bestimmen Sie

$$\|P\|_\infty = \max_{f \in C[a,b] \setminus \{0\}} \frac{\|P(f)\|_{L_\infty[a,b]}}{\|f\|_{L_\infty[a,b]}}.$$

Hinweis: Benutzen Sie die Lagrange-Darstellung.

9 Numerische Integration

Bei der numerischen Integration geht es darum, Integrale

$$I(f) := \int_a^b f(x)dx,$$

die man nicht explizit ausrechnen kann, numerisch näherungsweise zu berechnen. Besonderes Interesse liegt dabei auf möglichst einfachen numerischen Formeln, die man auch *Quadraturformeln* nennt. Beispielsweise nimmt man bei der *Trapezregel* die Fläche des von $(a, 0)$, $(a, f(a))$, $(b, f(b))$ und $(0, f(b))$ aufgespannten Trapez als Näherung (siehe Abb. 9.1):

$$\int_a^b f(x)dx \approx \frac{1}{2}(b-a)(f(a) + f(b)). \tag{9.1}$$

Diese spezielle Quadraturformel besteht also aus einer Summe von gewichteten Funktionsauswertungen. Daher definieren wir jetzt allgemeiner:

Definition 9.1. *Eine lineare Abbildung* $Q : C[a, b] \to \mathbb{R}$ *heißt* Quadraturformel, *falls sie sich schreiben lässt als*

$$Q(f) = \sum_{j=0}^n a_j f(x_j) \approx \int_a^b f(x)dx$$

mit gewissen Stützstellen $x_j \in [a, b]$ *und Gewichten* $a_j \in \mathbb{R}$.

Es ist übrigens nicht wirklich wichtig, dass die Funktion f stetig ist, vielmehr reicht es, dass die Funktion an den Stützstellen definiert ist. Schön wäre es, wenn die Gewichte a_j alle positiv wären, denn man kann eine Quadraturformel als eine Art Riemann-Summe für das Integral auffassen. Ferner hätte dies den Vorteil, Auslöschung zu vermeiden, und es würde auch sofort Monotonie garantiert werden, d.h. dass die Quadratur einer nichtnegativen Funktion ebenfalls nichtnegativ ist. Leider lässt sich diese Forderung nicht immer aufrecht erhalten.

Ersetzt man das exakte Integral $I(f)$ durch eine Quadraturformel $Q(f)$, so wird natürlich ein Fehler begangen, der analysiert werden muss. Hilfreich für die Analyse ist die Tatsache, dass sowohl das Integral als auch die Quadraturformel *lineare* Funktionale z.B. auf dem Raum der stetigen Funktionen sind, was wir im Satz von Peano ausnutzen werden.

9.1 Interpolations-Quadraturen

Eine einfache Möglichkeit Quadraturformeln herzuleiten, ist dadurch gegeben, dass man einfach statt f das Interpolationspolynom in $n + 1$ Punkten zu f integriert, was natürlich explizit möglich ist. Wir müssen uns jetzt nur noch davon überzeugen, dass wir damit tatsächlich eine Quadraturformel wie in Definition 9.1 erhalten. Hilfreich ist hierbei die Darstellung des Interpolationspolynomes mit Lagrange-Funktionen

$$p_f(x) = \sum_{j=0}^{n} f(x_j) L_j(x),$$

dabei sind die L_j die in (8.7) angegebenen Polynome. Integriert man diese Identität, so folgt sofort, dass die a_j gerade die Integrale über die L_j sein müssen.

Da das Interpolationspolynom vom Grad kleiner gleich n zu einem Polynom p aus $\pi_n(\mathbb{R})$ wieder p selbst ist, ist eine Interpolations-Quadraturformel vom Grad kleiner gleich n immer exakt auf $\pi_n(\mathbb{R})$, d.h. es gilt $Q(p) = I(p)$ für alle $p \in \pi_n(\mathbb{R})$. Erstaunlicherweise gilt auch die Umkehrung dieser Tatsache.

Satz 9.2. *Bei gegebenen $x_0, \ldots, x_n \in [a, b]$ und gegebenem Interpolationspolynom p_f zu f hat die durch $Q(f) = I(p_f)$ definierte Quadraturformel die Gewichte $a_j = I(L_j)$, $0 \leq j \leq n$, und erfüllt $Q(p) = I(p)$ für alle $p \in \pi_n(\mathbb{R})$. Gilt andererseits $Q(p) = I(p)$ für alle $p \in \pi_n(\mathbb{R})$ für eine Quadraturformel Q im Sinn der Definition 9.1, so ist Q automatisch eine Interpolations-Quadraturformel.*

Beweis. Wir müssen nur noch den letzten Teil zeigen. Sei also Q eine Quadraturformel mit $Q(p) = I(p)$ für alle $p \in \pi_n(\mathbb{R})$. Dann gilt

$$I(p_f) = Q(p_f) = \sum_{j=0}^{n} a_j p_f(x_j) = \sum_{j=0}^{n} a_j f(x_j) = Q(f),$$

da p_f mit f auf den Datenpunkten x_j übereinstimmt. $\square$

Relativ einfach lassen sich die Koeffizienten im Fall von äquidistanten Stützstellen ausrechnen. Die resultierenden Quadraturformeln heißen *Newton-Cotes Formeln*, und zwar *geschlossene Newton-Cotes Formeln*, falls $x_0 = a$ und $x_n = b$ gilt, ansonsten *offene Newton-Cotes Formeln*. Im Fall der geschlossenen Newton-Cotes Formeln haben wir also $x_j = a + jh$, $0 \leq j \leq n$, mit $h = (b - a)/n$. Man überlegt sich leicht, dass die Gewichte sich als

$$a_j = \int_a^b \prod_{\substack{i=0 \\ i \neq j}}^{n} \frac{x - x_i}{x_j - x_i} dx = \frac{(-1)^{n-j}}{j!(n-j)!} h \int_0^n \prod_{\substack{i=0 \\ i \neq j}}^{n} (x - i) dx$$

ergeben. Ähnliches gilt natürlich auch für die offenen Newton-Cotes Formeln.

Die geschlossenen Newton-Cotes Formeln sind für $n = 0, 1, 2$ auch unter anderen Namen bekannt. Im Fall $n = 0$ gilt $x_0 = a$ und $a_0 = b-a$. Dies ist die sogenannte Rechteckregel (siehe Abbildung 9.1). Eine bessere Approximation erhofft man sich bei der Wahl von $n = 1$ mit $x_0 = a$ und $x_1 = b$ und mit $h = b - a$. Dies führt zu den Gewichten $a_0 = a_1 = (b - a)/2$, sodass die zugehörige Newton-Cotes Formel gerade der Trapezregel entspricht. Dass diese nicht unbedingt besser als die Rechteck-Regel sein muss, zeigt ebenfalls Abbildung 9.1. Im Fall $n = 2$ haben wir $x_0 = a$, $x_1 = (a + b)/2$ und $x_2 = b$. Mit ein wenig Rechnen erhält man die Gewichte $a_0 = a_2 = (b - a)/6$ und $a_1 = 2(b - a)/3$. Die zugehörige Quadraturformel

$$Q_2(f) = \frac{b - a}{6} \left(f(a) + 4f(\frac{a + b}{2}) + f(b) \right) \tag{9.2}$$

nennt man auch *Simpson-Regel*. Im Allgemeinen benutzt man diese Regeln nur auf kleinen Intervallen, indem man das ganze Integrationsintervall $[a, b]$ zerlegt in

$$a =: x_0 < x_1 < \ldots < x_n := b$$

und dann in jedem Teilintervall $[x_j, x_{j+1}]$, $0 \leq j < n$, die entsprechende Regel anwendet. Wir kommen später darauf zurück.

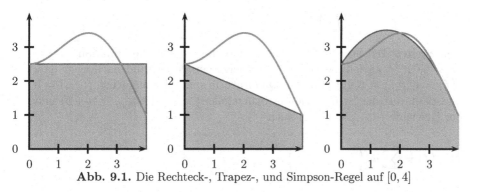

Abb. 9.1. Die Rechteck-, Trapez-, und Simpson-Regel auf $[0, 4]$

Die angegebenen Beispiele lassen die Hoffnung aufkommen, dass die Gewichte bei Newton-Cotes Formeln immer nichtnegativ sind. Diese Hoffnung stellt sich allerdings schnell als falsch heraus. So findet man bei inneren Newton-Cotes Formeln schon für $n = 2$ negative Gewichte, bei geschlossenen Newton-Cotes Formeln immerhin erst für $n = 8$.

Nach Herleitung der Simpson-Regel integriert diese alle Polynome bis zum Grad zwei exakt. Setzen wir aber z.B. $f(x) = (x - \frac{a+b}{2})^3$, so gilt einerseits $\int_a^b f(x)dx = 0$, da die Funktion punktsymmetrisch bzgl. $(a + b)/2$ ist. Andererseits haben wir auch

$$Q_2(f) = \frac{b - a}{6} \left((a - \frac{a + b}{2})^3 + 4(\frac{a + b}{2} - \frac{a + b}{2})^3 + (b - \frac{a + b}{2})^3 \right) = 0,$$

sodass die Simpson-Regel sogar exakt auf kubischen Polynomen ist. Dies ist kein Zufall und lässt sich folgendermaßen verallgemeinern.

Satz 9.3. *Ist* $Q_n(f) = \sum_{j=0}^{n} a_j f(x_j)$ *eine Interpolations-Quadraturformel mit Stützstellen, die symmetrisch zum Intervallmittelpunkt verteilt sind, d.h. für die* $x_j + x_{n-j} = a + b$ *gilt, so folgt:*

(1) $a_j = a_{n-j}$ *für alle* $0 \leq j \leq n$, *d.h.* Q_n *ist symmetrisch.*
(2) Ist $n \in \mathbb{N}$ *gerade, so ist* Q_n *sogar auf* $\pi_{n+1}(\mathbb{R})$ *exakt.*

Beweis. Sei $\widetilde{Q}_n$ definiert durch $\widetilde{Q}_n(f) = \sum_{j=0}^{n} a_{n-j} f(x_j)$. Ist $\widetilde{Q}_n$ ebenfalls wie Q_n auf $\pi_n(\mathbb{R})$ exakt, so hat man zwei Interpolations-Quadraturformeln, deren Gewichte durch die Integrale der Lagrange-Funktionen eindeutig bestimmt sind, d.h. es muss dann die erste Aussage gelten. Für $0 \leq k \leq n$ gilt nun aber

$$\widetilde{Q}_n((\cdot - \frac{a+b}{2})^k) = \sum_{j=0}^{n} a_{n-j} \left(x_j - \frac{a+b}{2}\right)^k = \sum_{j=0}^{n} a_{n-j} \left(\frac{a+b}{2} - x_{n-j}\right)^k$$

$$= Q_n((\frac{a+b}{2} - \cdot)^k) = \int_a^b \left(\frac{a+b}{2} - x\right)^k dx$$

$$= \int_a^b \left(x - \frac{a+b}{2}\right)^k dx.$$

Den zweiten Teil beweist man wieder, indem man sich die Funktion $f(x) = (x - \frac{a+b}{2})^{n+1}$ ansieht, wobei $n = 2m$ jetzt gerade ist, und nachweist, dass $I(f) = Q_n(f) = 0$ gilt. Für die Quadraturformel folgt zunächst $f(x_m) = 0$ und dann aus der Symmetrie der Stützstellen ($x_{m-j} + x_{m+j} = a + b$) und der Gewichte ($a_{m-j} = a_{m+j}$) auch

$$Q_{2m}(f) = \sum_{j=0}^{2m} a_j \left(x_j - \frac{a+b}{2}\right)^{2m+1}$$

$$= \sum_{j=1}^{m} \left[a_{m-j} \left(x_{m-j} - \frac{a+b}{2}\right)^{2m+1} + a_{m+j} \left(x_{m+j} - \frac{a+b}{2}\right)^{2m+1} \right]$$

$$= 0.$$

Die Identität für das Integral folgt wieder aus der Symmetrie von f. $\square$

9.2 Gauß-Quadratur

Bei den Interpolations-Quadraturformeln waren die Stützstellen fest vorgegeben. Dies kann z.B. der Fall sein, wenn die zu integrierende Funktion f nicht überall bekannt ist, sondern eben nur an den vorliegenden Stützstellen, wie es

bei Messwerten oft der Fall ist. Hat man dagegen die Möglichkeit die Stützstellen vor der Messung zu bestimmen oder kann man die Funktion f überall
auswerten, drängt sich die Frage auf, wie die Stützstellen gewählt werden
sollen. Bei der *Gauß-Quadratur* wählt man die Stützstellen so, dass auch Polynome eines höheren Grades exakt integriert werden. Bei $n + 1$ Stützstellen
$x_0, \ldots, x_n$ und $n + 1$ Koeffizienten $a_0, \ldots, a_n$ hat man $2n + 2$ Unbekannte und
man kann darauf hoffen, Polynome bis zum Grad $2n + 1$ exakt zu integrie-
ren. Die Vorgehensweise ist dabei so, dass zuerst die Stützstellen bestimmt
werden und dann analog zum vorherigen Abschnitt die Gewichte.

Wir wollen das Ganze für etwas allgemeinere Integrale der Form

$$I_w(f) = \int_I f(x)w(x)dx$$

betrachten, wobei I ein zusammenhängendes Intervall und $w : I \to (0, \infty)$
eine nichtnegative Gewichtsfunktion ist, die in die Koeffizienten der Quadraturformel

$$Q_w(f) = \sum_{j=0}^n a_j f(x_j) \tag{9.3}$$

einfließen soll. Dies hat den Vorteil, dass auch unendliche Intervalle $I = \mathbb{R}$
bzw. $I = [0, \infty)$ möglich sind, z.B. bei der Wahl von $w(x) = \exp(-x^2)$ oder
$w(x) = \exp(-\alpha x)$, $\alpha > 0$. Ferner erlaubt uns w ein gewichtetes Skalarprodukt

$$(f, g)_w := \int_I f(x)g(x)w(x)dx$$

zu definieren.

Die Idee der Bestimmung der Stützstellen beruht auf folgender notwendigen (und hinreichenden) Bedingung. Sind $x_0 < x_1 < \ldots < x_n$ die Stützstellen, so definieren wir

$$\Omega(x) = \prod_{j=0}^n (x - x_j) \in \pi_{n+1}(\mathbb{R}),$$

welches genau die x_j als Nullstellen hat. Ist $p \in \pi_{2n+1}(\mathbb{R})$ ein beliebiges
Polynom, so gibt Division von p durch Ω mit Rest die Existenz von zwei
Polynomen $r, s \in \pi_n(\mathbb{R})$ mit $p = r\Omega + s$. Ist die Quadraturformel $Q_w(f) =
\sum_{j=0}^n a_j f(x_j)$ exakt auf $\pi_{2n+1}(\mathbb{R})$, so folgt

$$\begin{aligned}
I_w(p) = I_w(r\Omega + s) &= Q_w(r\Omega + s) \\
&= \sum_{j=0}^n a_j \left[r(x_j)\Omega(x_j) + s(x_j) \right] \\
&= \sum_{j=0}^n a_j s(x_j) = Q_w(s) = I_w(s),
\end{aligned}$$

und diese Formel kann nur richtig sein, wenn

$$I_w(r\Omega) = \int_I r(x)\Omega(x)w(x)dx = 0 \tag{9.4}$$

für alle $r \in \pi_n(\mathbb{R})$ gilt. Die Stützstellen müssen also die Nullstellen eines Polynomes vom Grad $n+1$ sein, das w-*orthogonal* zu $\pi_n(\mathbb{R})$im Sinn von (9.4) ist. Gilt andererseits diese Bedingung, so folgt genauso aus

$$I_w(p) = I_w(r\Omega + s) = I_w(s) = Q_w(s) = Q_w(r\Omega + s) = Q_w(p),$$

dass die Exaktheit der Quadraturformel auf $\pi_n(\mathbb{R})$ auch die Exaktheit auf $\pi_{2n+1}(\mathbb{R})$ nach sich zieht.

Nachdem wir uns bereits eine notwendige und hinreichende Bedingung für die Wahl der Stützstellen überlegt haben, wollen wir uns jetzt überlegen, dass diese auch erfüllt werden kann.

Satz 9.4. *Es sei $g \in C_w(I) \setminus \{0\}$ w-orthogonal zu $\pi_n(\mathbb{R})$. Dann hat g mindestens $n + 1$ Nullstellen mit Vorzeichenwechsel in I. Ist $g \in \pi_{n+1}(\mathbb{R})$, so hat g genau den Grad $n + 1$ und ist bis auf einen skalaren Faktor eindeutig bestimmt.*

Beweis. Nehmen wir an, g habe nur $k < n + 1$ Nullstellen $z_1 < \ldots < z_k$ mit Vorzeichenwechsel. Für das Polynom

$$p(x) := \prod_{j=1}^{k}(x - z_j) \in \pi_k(\mathbb{R}) \subseteq \pi_n(\mathbb{R})$$

ist dann gp in allen Teilintervallen $(a, z_1), (z_1, z_2), \ldots, (z_{k-1}, z_k), (z_k, b)$ von Null verschieden und hat stets gleiches Vorzeichen, sodass das Skalarprodukt

$$(g, p)_w = \int_I g(x)p(x)w(x)dx$$

nicht verschwinden kann, was im Widerspruch zur w-Orthogonalität von g zu $\pi_n(\mathbb{R})$ steht. Daher muss g mindestens $n+1$ Nullstellen mit Vorzeichenwechsel haben. Ist g zusätzlich in $\pi_{n+1}(\mathbb{R})$, so ist g bis auf einen Faktor durch seine $n + 1$ Nullstellen eindeutig bestimmt. $\square$

Der vorherige Satz garantiert uns also die Existenz von $n + 1$ Stützstellen als die Nullstellen eines w-orthogonalen Polynoms. Wir müssen nur noch die Existenz eines solchen Polynomes nachweisen. Diese folgt aber konstruktiv z.B. aus dem Schmidtschen Orthonormalisierungsverfahren. Dieses erlaubt es, eine Folge von Polynomen $p_j \in \pi_j(\mathbb{R})$ mit $(p_j, p_k)_w = 0$, $k < j$, und $\|p_j\|_w = 1$ zu konstruieren. Wegen numerischer Instabilität sollte man besser den folgenden Satz anwenden, wenn die darin angegebenen Größen berechenbar sind.

Satz 9.5. *Die bezüglich einer Gewichtsfunktion w paarweise orthogonalen und nicht identisch verschwindenen Polynome $p_0, p_1, \ldots$ vom Grade $0, 1, \ldots$ genügen einer Rekursionsformel der Form*

$$p_{n+1}(x) = (a_{n+1}x + b_{n+1})p_n(x) - c_{n+1}p_{n-1}(x) \tag{9.5}$$

mit Koeffizienten $a_{n+1}, b_{n+1}, c_{n+1} \in \mathbb{R}$, und es gilt

$$a_{n+1} = c_{n+1}\, a_n \frac{\|p_{n-1}\|_w^2}{\|p_n\|_w^2} \qquad \text{für } n \in \mathbb{N}. \tag{9.6}$$

Beweis. Da $xp_n(x)$ in $\pi_{n+1}(\mathbb{R})$ liegt, hat man eine Darstellung

$$xp_n(x) = \sum_{j=0}^{n+1} c_j^* p_j(x)$$

und wegen der w-Orthogonalität der Polynome p_j untereinander sowie von p_n und $xp_j(x)$ für $j < n - 1$ gilt:

$$0 = \int_I p_n(x)(xp_j(x))w(x)dx = \int_I xp_n(x)p_j(x)w(x)dx = c_j^* \int_I p_j^2(x)w(x)dx,$$

d.h. $xp_n(x)$ ist Linearkombination von p_{n-1}, p_n und p_{n+1}, und der Koeffizient vor p_{n+1} kann nicht verschwinden. Dadurch ergibt sich der erste Teil der Behauptung. Geht man von (9.5) mit n ersetzt durch $n - 1$ aus, multipliziert mit $a_{n+1}p_n w$, integriert, berücksichtigt die Orthogonalität der p_j und nochmals (9.5), so folgt

$$a_{n+1} \int_I p_n^2(x)w(x)dx = a_{n+1} \int_I p_n(x)(a_n x p_{n-1}(x))w(x)dx$$
$$= a_n \int_I p_{n-1}(x)(a_{n+1} x p_n(x))w(x)dx$$
$$= a_n c_{n+1}\|p_{n-1}\|_w^2,$$

also (9.6). □

Wie bereits erwähnt, bestimmt man bei den jetzt gegebenen Stützstellen $x_0 < x_1 < \ldots < x_n$ die Gewichte der Quadraturformel wie bei den Interpolations-Quadraturformeln für $\pi_n(\mathbb{R})$. Zusammenfassend haben wir:

Satz 9.6. *Sei $p_{n+1} \in \pi_{n+1}(\mathbb{R})$ das bis auf Normierung eindeutige Polynom, das w-orthogonal zu $\pi_n(\mathbb{R})$ ist, und seien $x_0 < x_1 < \ldots < x_n$ die Nullstellen von p_{n+1} in I. Werden die Koeffizienten der Quadraturformel Q_w aus (9.3) gemäß der Bedingung*

$$Q_w(p) = I_w(p) \tag{9.7}$$

für alle $p \in \pi_n(\mathbb{R})$ bestimmt, so gilt (9.7) sogar auf $\pi_{2n+1}(\mathbb{R})$.

Eine numerisch wertvolle Eigenschaft der Gauß-Quadratur ist die Tatsache, dass die Gewichte immer positiv sind, denn ist $L_j \in \pi_n(\mathbb{R})$ die Lagrange-Funktion mit $L_j(x_k) = \delta_{j,k}$, so folgt neben

$$\int_I L_j(x)w(x)dx = \sum_{i=0}^{n} a_i L_j(x_i) = a_j$$

jetzt wegen $L_j^2 \in \pi_{2n}(\mathbb{R})$ auch

$$0 < \int_I |L_j(x)|^2 w(x)dx = \sum_{i=0}^{n} a_i L_j^2(x_i) = a_j.$$

Zum Abschluss dieses Abschnittes wollen wir einige Beispiele betrachten. Ist $I = [-1, 1]$ und $w \equiv 1$, so ist $(\cdot, \cdot)_w$ das gewöhnliche $L_2(I)$-Skalarprodukt. Die zugehörigen orthogonalen Polynome sind die sogenannten *Legendre-Polynome* P_n. Für $n = 1, 2, 3, 4$ sind die Legendre-Polynome und zugehörigen Nullstellen in Tabelle 9.1 aufgelistet und in Abbildung 9.2 dargestellt.

Tabelle 9.1. Die Legendre-Polynome P_1, P_2, P_3 und P_4

n	P_n	Nullstellen
1	x	0
2	$x^2 - \dfrac{1}{3}$	$\pm\sqrt{\dfrac{1}{3}}$
3	$x^3 - \dfrac{3}{5}x$	$\pm\sqrt{\dfrac{3}{5}},\, 0$
4	$x^4 - \dfrac{6}{7}x^2 + \dfrac{3}{35}$	$\pm\sqrt{\dfrac{3}{7} \pm \dfrac{1}{7}\sqrt{\dfrac{24}{5}}}$

Sie genügen (was wir hier nicht beweisen wollen) der sogenannten *Rodriguez-Formel*

$$P_n(x) = \frac{n!}{(2n)!} \frac{d^n}{dx^n}((x^2-1)^n) = \frac{(n!)^3}{(2n)!} \frac{d^n}{dx^n}\left(\frac{(x-1)^n}{n!} \cdot \frac{(x+1)^n}{n!}\right).$$

Daraus entnimmt man

$$P_n(1) = \frac{(n!)^2}{(2n)!} 2^n, \qquad P_n(-1) = (-1)^n P_n(1),$$

und die Rekursionsformel (9.5) muss wegen dieser Gleichungen und der Normierung des höchsten Koeffizienten die Form

$$P_{n+1}(x) = xP_n(x) - \frac{n^2}{4n^2 - 1}P_{n-1}(x), \qquad n \geq 1,$$

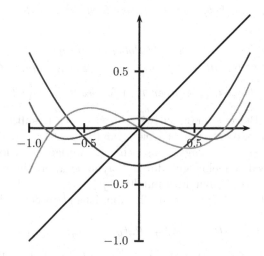

Abb. 9.2. Die Legendre-Polynome P_1, P_2, P_3 und P_4

haben. Aus (9.6) folgt dann induktiv

$$\|P_n\|^2 = \frac{4n^4}{(2n+1)2n \cdot 2n \cdot (2n-1)}\|P_{n-1}\|^2 = 2\frac{4^n(n!)^4}{(2n+1)!(2n)!}. \qquad (9.8)$$

Im Fall $I = (-1, 1)$ und $w(x) = 1/\sqrt{1-x^2}$ werden wir später sehen, dass die zugehörigen orthogonalen Funktionen gerade die Tschebyscheff-Polynome sind. Man sieht hier auch sehr schön, wie das Einführen einer Gewichtsfunktion beim Integrieren schwachsingulärer Funktionen helfen kann.

Beispiele für nicht endliche Intervalle liefert $w(x) = \exp(-x^2)$ auf $I = (-\infty, \infty)$ und $w(x) = \exp(-x)$ auf $I = [0, \infty)$. Im ersten Fall bezeichnet man die zugehörigen orthogonalen Polynome als *Hermitesche Polynome* und im zweiten Fall als *Laguerre-Polynome*.

9.3 Fehlerabschätzungen und Konvergenz

Wir wollen uns jetzt Gedanken über den Fehler machen, der entsteht, wenn man das exakte Integral durch eine Quadraturformel annähert. Zunächst nehmen wir an, dass wir für jedes $n \in \mathbb{N}$ Stützstellen $x_0^{(n)} < x_1^{(n)} < \ldots < x_n^{(n)}$ und zugehörige Gewichte $a_0^{(n)}, \ldots, a_n^{(n)}$ haben und definieren

$$R_n(f) := I(f) - Q_n(f) = \int_a^b w(x)f(x)dx - \sum_{j=0}^n a_j^{(n)} f(x_j^{(n)}).$$

Die Frage, die uns jetzt interessiert, ist, ob die Folge $Q_n(f)$ gegen $I(f)$ konvergiert.

Satz 9.7. *Sei Q_n eine Folge von Quadraturformeln über dem endlichen Intervall $[a, b]$. Gilt*

(1) $Q_n(p) \to I(p)$ für $n \to \infty$ für alle Polynome p und
(2) $\sum_{j=0}^n |a_j^{(n)}| \le C$ für alle $n \in \mathbb{N}$ mit einer festen Konstante $C > 0$,

so konvergiert die Folge $Q_n(f)$ gegen $I(f)$ für jedes $f \in C[a, b]$.

Beweis. Für den Beweis benötigen wir ein wichtiges Resultat aus der Approximationstheorie, den Satz von Weierstraß (Satz 12.4), den wir in Kapitel 12 beweisen werden. Er besagt, dass sich jede stetige Funktion auf einem kompakten Intervall beliebig gut durch Polynome approximieren lässt. Zu $\varepsilon > 0$ gibt es also ein Polynom p mit $\|f - p\|_{L_\infty[a,b]} < \varepsilon$. Ferner gilt nach Voraussetzung $|I(p) - Q_n(p)| < \varepsilon$ für alle hinreichend großen n. Damit haben wir

$$|R_n(f)| \le |R_n(f - p)| + |R_n(p)| \le |R_n(f - p)| + \varepsilon.$$

Da sich $|I(f - p)|$ offensichtlich durch $\varepsilon \int_a^b w(x)dx$ abschätzen lässt, und die zweite Voraussetzung noch

$$|Q_n(f - p)| \le \sum_{j=0}^n |a_j^{(n)}|\varepsilon \le C\varepsilon$$

bedeutet, liefert dies insgesamt $|R_n(f)| \le (\int_a^b w(x)dx + C + 1)\varepsilon$ für alle hinreichend großen $n \in \mathbb{N}$. □

Die erste Bedingung dieses Satzes ist natürlich erfüllt, wenn alle Q_n interpolatorische Quadraturformeln sind. Die zweite ist z.B. bei interpolatorischen Quadraturformeln erfüllt, wenn alle Gewichte nichtnegativ sind, denn dann gilt

$$\sum_{j=0}^n |a_j^{(n)}| = \sum_{j=0}^n a_j^{(n)} \cdot 1 = \int_a^b w(x)dx =: C.$$

Folgerung 9.8. *Für jeden stetigen Integranden auf einem endlichen abgeschlossenen Intervall konvergiert die Folge der Gauß-Quadraturen Q_n gegen das Integral.*

Im Gegensatz zur Gauß-Quadratur hat die Folge der Newton-Cotes-Formeln das Problem negativer Koeffizienten, und man kann zeigen, dass es eine stetige Funktion f gibt, bei der die Newton-Cotes-Formeln nicht gegen das Integral konvergieren.

In der Praxis wird man natürlich nicht n gegen Unendlich streben lassen. Stattdessen zerlegt man das Intervall in Teilintervalle und nutzt die Quadraturformeln nur auf den Teilintervallen. Um dies später genauer zu analysieren, benötigen wir Fehlerabschätzungen für die Quadraturformeln auf kleinen Intervallen $[a, b]$. Ein möglicher Zugang zu solchen Fehlerabschätzungen ist bei

Interpolations-Quadraturformeln durch $R(f) = I(f - p_{n,f})$ gegeben, falls $p_{n,f}$ das zugehörige Interpolationspolynom an f in den Stützstellen bezeichnet. Man kann dann einfach Satz 8.19 über den Interpolationsfehler heranziehen und geeignet weiter abschätzen. Dies hat zwei Nachteile: zum einen bekommt man keine Darstellung, sondern nur eine Abschätzung für den Fehler, zum anderen ist diese auch nicht so gut, wie sie sein könnte (siehe Aufgabe 9.2). Wir wollen daher hier einen anderen Weg verfolgen.

Die Idee besteht darin, dass wir $R_n(p) = 0$ für alle $p \in \pi_m(\mathbb{R})$ ausnutzen wollen. Dabei ist $m = n$ für interpolatorische Quadraturformeln immer möglich, im Falle von symmetrischen Quadraturformeln auch $m = n + 1$ und für Gauß-Quadraturen sogar $m = 2n + 1$. Im Folgenden werden wir immer den maximal möglichen Wert für m benutzen. Da wir aber gleichzeitig voraussetzen werden, dass die zu integrierende Funktion f in $C^{m+1}[a, b]$ liegt, kann das für einige Anwendungen eine zu starke Forderung sein. Man mache sich daher in den einzelnen Fällen klar, was eine kleinere Wahl von m bedeutet.

Ein $f \in C^{m+1}[a, b]$ besitzt eine Taylor-Entwicklung der Form

$$f(x) = \sum_{j=0}^{m} \frac{f^{(j)}(a)}{j!}(x - a)^j + \int_a^b \frac{(x - t)_+^m}{m!} f^{(m+1)}(t)dt,$$

wobei wir im Integral-Restglied die obere Grenze unabhängig von x gemacht haben, indem wir die *abgeschnittene Potenzfunktion*

$$(x - t)_+^m := \begin{cases} (x - t)^m, & \text{falls } x \geq t, \\ 0, & \text{sonst} \end{cases}$$

benutzt haben. Definieren wir nun den *Peano-Kern*

$$K_m(t) := \frac{1}{m!} R_n((\cdot - t)_+^m), \qquad t \in [a, b], \tag{9.9}$$

so folgt

$$R_n(f) = R_n \left(\sum_{j=0}^{m} \frac{f^{(j)}}{j!}(\cdot - a)^j \right) + R_n \left(\int_a^b \frac{(\cdot - t)_+^m}{m!} f^{(m+1)}(t)dt \right)$$

$$= \int_a^b K_m(t) f^{(m+1)}(t)dt,$$

da R_n ja auf $\pi_m(\mathbb{R})$ verschwindet. Der Operator R_n durfte mit dem Integral vertauscht werden, da einerseits der Satz von Fubini die Vertauschung der Integrationsreihenfolge erlaubt, andererseits Q_n nur aus Punktauswertungen besteht.

Satz 9.9 (Peano). *Sei Q_n eine Quadraturformel, die auf $\pi_m(\mathbb{R})$ exakt ist. Dann gilt für jedes $f \in C^{m+1}[a, b]$ die Fehler-Darstellung*

$$R_n(f) = \int_a^b K_m(t) f^{(m+1)}(t) dt,$$

wobei K_m die Kernfunktion aus (9.9) ist. Wechselt K_m auf $[a, b]$ nicht sein Vorzeichen, so existiert ein $\xi \in [a, b]$ sodass

$$R_n(f) = f^{(m+1)}(\xi) \int_a^b K_m(t) dt = \frac{f^{(m+1)}(\xi)}{(m+1)!} R_n(x^{m+1}).$$

Beweis. Es ist nur noch die letzte Aussage zu beweisen. Dabei folgt die erste Identität unmittelbar aus dem zweiten Mittelwertsatz der Integralrechnung. Setzt man in diese $f(x) = x^{m+1}$ ein, so folgt $R_n(x^{m+1}) = (m+1)! \int_a^b K_m(t) dt$ und damit die zweite Identität.   □

Schauen wir uns an, was dies für die geschlossenen Newton-Cotes Formeln bedeutet. Im Fall $n = 1$ der Trapezregel-Regel (9.1) haben wir auch $m = 1$ und erhalten für den Peano-Kern

$$K_1(t) = \int_a^b (x-t)_+^1 dx - \frac{b-a}{2}[(a-t)_+^1 + (b-t)_+^1] = -\frac{1}{2}(t-a)(b-t), \quad t \in [a, b],$$

der offensichtlich auf $[a, b]$ nichtpositiv ist. Nach Satz 9.9 folgt mit

$$R_1(x^2) = \int_a^b x^2 dx - \frac{b-a}{2}(a^2 + b^2) = -\frac{1}{6}(b-a)^3,$$

dass zu $f \in C^2[a, b]$ ein $\xi \in [a, b]$ existiert mit

$$R_1(f) = -\frac{1}{12}(b-a)^3 f''(\xi) = -\frac{h^3}{12} f''(\xi) \qquad \text{mit } h := \frac{b-a}{1}. \tag{9.10}$$

Im Fall der Simpson-Regel hatten wir $n = 2$, diesmal aber $m = 3$. Der

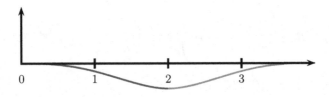

Abb. 9.3. Der Peano-Kern K_3 auf $[0, 4]$

Peano-Kern berechnet sich diesmal (mit ein wenig Aufwand) zu

$$K_3(t) = - \begin{cases} \frac{(t-a)^3}{72}(a + 2b - 3t) & \text{für } a \le t \le (a+b)/2 \\ \frac{(b-t)^3}{72}(3t - 2a - b) & \text{für } (a+b)/2 \le t \le b. \end{cases}$$

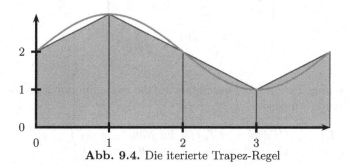

Abb. 9.4. Die iterierte Trapez-Regel

Er ist nichtpositiv auf $[a, b]$ (siehe auch Abbildung 9.3). Da wir ferner

$$R_2(x^4) = R_2((\cdot - \frac{a+b}{2})^4) = -\frac{(b-a)^5}{120}$$

nachrechnen können, erhalten wir für die Simpson-Regel die Fehlerdarstellung

$$R_2(f) = \int_a^b f(x)dx - \frac{b-a}{6}\left[f(a) + 4f(\frac{a+b}{2}) + f(b)\right] = -\frac{(b-a)^5}{2880}f^{(4)}(\xi)$$

$$= -\frac{h^5}{90}f^{(4)}(\xi) \quad \text{mit } h := \frac{b-a}{2}.$$

Statt Newton-Cotes-Formeln höherer Ordnung zu benutzen, wird in der Regel das Intervall in Teilintervalle zerlegt und auf den Teilintervallen dann eine Quadraturformel niedriger Ordnung verwendet. Ist z.B. wieder $x_j = a + jh$ mit $h = (b-a)/n$ und $0 \le j \le n$ und verwendet man auf $[x_j, x_{j+1}]$ jeweils die Trapezregel, so erhält man die *zusammengesetzte Trapezregel*

$$T_n(f) := h\left\{\frac{f(a)}{2} + \sum_{j=1}^{n-1} f(x_j) + \frac{f(b)}{2}\right\}. \qquad (9.11)$$

Anschaulich bedeutet die zusammengesetzte Trapezregel, dass man statt f den linearen *Polygonzug*, der die Punkte $(x_j, f(x_j))$ miteinander verbindet, integriert, siehe auch Abbildung 9.4.

Für die Fehlerabschätzung benutzen wir (9.10) auf jedem Teilintervall $[x_j, x_{j+1}]$, sodass wir mit $h = (b-a)/n$ ein $\xi_j \in [x_j, x_{j+1}]$ finden mit

$$\int_a^b f(x)dx = \sum_{j=0}^{n-1} \int_{x_j}^{x_{j+1}} f(x)dx$$

$$= \sum_{j=0}^{n-1}\left\{\frac{h}{2}(f(x_j) + f(x_{j+1})) - \frac{h^3}{12}f''(\xi_j)\right\}$$

$$= h \left\{ \frac{f(x_0)}{2} + \sum_{j=1}^{n-1} f(x_j) + \frac{f(x_n)}{2} \right\} - \frac{h^3}{12} \sum_{j=0}^{n-1} f''(\xi_j)$$

$$= T_n(f) - \frac{h^2(b-a)}{12} \frac{1}{n} \sum_{j=0}^{n-1} f''(\xi_j).$$

Eine Anwendung des Zwischenwertsatzes auf die letzte Summe liefert schließlich die folgende Aussage.

Satz 9.10. *Ist* $f \in C^2[a,b]$ *und* $T_n(f)$ *die Näherung an* $\int_a^b f(x)dx$ *aus der zusammengesetzten Trapez-Regel (9.11), so gilt für den Fehler*

$$R(f) = I(f) - T_n(f) = -\frac{h^2(b-a)}{12} f''(\xi)$$

mit einem ξ *aus* $[a,b]$.

Man spricht in diesem Fall von *quadratischer Konvergenz* und allgemein von *Konvergenz der Ordnung p*, falls sich $R(f)$ wie $\mathcal{O}(h^p)$ für $h \to 0$ verhält. Man beachte, dass es sich um eine andere Ordnung handelt als die für Folgen in Definition 7.1.

Man erhält Satz 9.10 übrigens auch, wenn man die später noch zu besprechende Fehlerabschätzung für lineare Splines aus Satz 11.3 integriert. Dieser Ansatz lässt sich aber bei höheren zusammengesetzten Newton-Cotes-Formeln nicht benutzen, da die zugehörigen, stückweise polynomialen Funktionen nicht glatt genug verheftet sind. Der hier gemachte Ansatz führt aber auch in diesen Fällen zum Erfolg. So rechnet man z.B. ganz ähnlich nach, dass im Fall $n = 2m$ und $f \in C^4[a,b]$ für die *zusammengesetzte Simpson-Regel*

$$S_n(f) = \frac{h}{3} \left\{ f(a) + 4 \sum_{j=1}^{m} f(x_{2j-1}) + 2 \sum_{j=1}^{m-1} f(x_{2j}) + f(b) \right\} \qquad (9.12)$$

die Fehlerdarstellung

$$I(f) - S_n(f) = -\frac{h^4(b-a)}{180} f^{(4)}(\xi)$$

wieder mit einem $\xi \in [a,b]$ gilt.

Als nächstes kommen wir zur Fehler-Darstellung bei der Gauß-Quadratur. Die Quadraturformel Q_n integriert hier Polynome vom Grad $m = 2n + 1$ exakt. Wenn wir bereits wüssten, dass K_{2n+1} nicht das Vorzeichen auf $[a,b]$ wechselt, hätten wir nach Satz 9.9 die Fehlerdarstellung

$$R_n(f) = \frac{f^{(2n+2)}(\xi)}{(2n+2)!} R_n(x^{2n+2}).$$

Ist wieder $\Omega(x) := \prod_{j=0}^{n}(x - x_j)$, so folgt

$$R_n(x^{2n+2}) = R_n(\Omega^2) = \int_a^b w(x)\Omega^2(x)dx - Q_n(\Omega^2) = \int_a^b w(x)\Omega^2(x)dx,$$

was zu der Fehlerdarstellung

$$R_n(f) = \frac{f^{(2n+2)}(\xi)}{(2n+2)!} \int_a^b w(x)\Omega^2(x)dx$$

führt. Da Ω bis auf Normierung mit dem w-orthogonalen Polynom aus Satz 9.4 übereinstimmt, kann man bei gegebener Gewichtsfunktion w hier auf eine explizite Darstellung hoffen.

Lemma 9.11. *Sei Q_n die Gauß-Quadratur in $n + 1$ Punkten über $[a, b]$ mit zulässiger Gewichtsfunktion w. Dann hat für $0 \leq m \leq 2n + 1$ der zugehörige Peano-Kern K_m aus (9.9) genau $2n+1-m$ Nullstellen in $[a, b]$. Insbesondere wechselt K_{2n+1} auf $[a, b]$ das Vorzeichen nicht.*

Wir wollen dieses Lemma nicht beweisen und verweisen lieber auf [32]. Da wir nun wissen, dass wir Satz 9.9 anwenden durften, können wir zusammenfassend formulieren

Satz 9.12. *Sei Q_n die Gauß-Quadratur in $n + 1$ Punkten über $[a, b]$ mit zulässiger Gewichtsfunktion w. Zu $f \in C^{2n+2}[a, b]$ gibt es ein $\xi \in [a, b]$, sodass*

$$R_n(f) = \frac{f^{(2n+2)}(\xi)}{(2n+2)!} \int_a^b w(x)\Omega^2(x)dx.$$

Als Beispiel betrachten wir das Intervall $[-1, 1]$ mit der Gewichtsfunktion $w \equiv 1$. Dann ist Ω gerade das $(n + 1)$-te Legendre Polynom P_{n+1}, und aus (9.8) folgt

$$|R_n(f)| = \frac{2^{2n+3}[(n + 1)!]^4}{[(2n + 2)!]^3(2n + 3)}|f^{(2n+2)}(\xi)|$$

mit einem ξ aus $[-1, 1]$.

Zum Abschluss dieses Abschnittes wollen wir noch einmal kurz auf die Grundidee des Satzes von Peano eingehen. Wir hatten ein lineares Funktional R mit $R(p) = 0$ für alle $p \in \pi_m(\mathbb{R})$ und haben dann durch die Taylor-Entwicklung von einer Funktion $f \in C^{m+1}[a, b]$ die Darstellung

$$R(f) = \int_a^b K_m(t)f^{(m+1)}(t)dt$$

mit dem Peano-Kern

$$K_m(t) := \frac{1}{m!}R((\cdot - t)_+^m), \qquad t \in [a, b],$$

hergeleitet. Neben der Tatsache, dass R auf $\pi_m(\mathbb{R})$ verschwindet, wurde nur benötigt, dass R mit dem Integral im Taylor-Rest vertauschbar war. Dementsprechend gilt diese Darstellung in einem viel allgemeineren Zusammenhang, nämlich immer, wenn R *zulässig* im folgenden Sinn ist und auf $\pi_m(\mathbb{R})$ verschwindet.

Definition 9.13. *Ein lineares Funktional R heißt zulässig, falls*

$$R\left(\int_a^b \frac{(\cdot - t)_+^m}{m!} f^{(m+1)}(t)dt\right) = \int_a^b K_m(t) f^{(m+1)}(t)dt$$

für alle $f \in C^{m+1}[a,b]$ gilt.

Folgerung 9.14. *Ist R ein zulässiges Funktional, das $R(p) = 0$ für alle $p \in \pi_m(\mathbb{R})$ erfüllt, so gilt die Aussage von Satz 9.9 auch für R.*

Betrachten wir hierzu ein weiteres Beispiel. Statt zu integrieren wollen wir jetzt numerisch *differenzieren*. Als Näherung für die erste Ableitung $f'(0)$ einer Funktion $f \in C^2[0,h]$ kann man z.B. die erste dividierte Differenz $[0,h]f = (f(h) - f(0))/h$ benutzen. Da $R(p) = 0$ für lineare Funktionen $p \in \pi_1(\mathbb{R})$ gilt, und man

$$R\left((\cdot - t)_+^1\right) = 0 - \frac{(h-t) - 0}{h} \qquad \text{für } 0 < t < h$$

hat, erhält man aus dem Satz von Peano

$$R(f) = f'(0) - [0,h]f = -\int_0^h \frac{h-t}{h} f''(t)dt = -f''(\xi)\frac{h}{2}.$$

Natürlich hätte man dies auch direkt aus der Taylor-Entwicklung für $f \in C^{m+1}[0,h]$ sehen können:

$$[0,h]f = \frac{f(h) - f(0)}{h} = f'(0) + \sum_{j=2}^m \frac{f^{(j)}(0)}{j!} h^{j-1} + \mathcal{O}(h^m). \tag{9.13}$$

Eine bessere Näherung von $f'(0)$ liefert für $f \in C^3[-h,h]$ der symmetrische Differenzenquotient $[-h,h]f$, wie folgende Rechnung zeigt. Sei

$$R(f) := f'(0) - \frac{f(h) - f(-h)}{2h}.$$

Dann gilt $R(p) = 0$ für $p \in \pi_2(\mathbb{R})$. Also folgt mit $m = 2$ und $a = -h$, $b = h$,

$$\frac{1}{2!} R\left((\cdot - t)_+^2\right) = (-t)_+^1 - \frac{(h-t)^2}{2 \cdot 2h} = -\frac{h^2 - 2ht - 4h(-t)_+ + t^2}{4h}$$

$$= -\frac{(h - |t|)^2}{4h}$$

für $a \leq t \leq b$. Der Satz von Peano liefert

$$|R(f)| = \left| \int_{-h}^{h} \frac{(h - |t|)^2}{4h} f'''(t)dt \right| = \frac{h^2}{6} |f'''(\xi)|$$

mit einem $\xi \in [-h, h]$.

9.4 Extrapolationsverfahren nach Richardson

Betrachten wir noch einmal die Fehlerabschätzung bei der numerischen Berechnung von $f'(0)$ mittels $L_h(f) := [0, h]f$. Nach (9.13) gilt

$$L_h(f) = f'(0) + \frac{f''(0)}{2} h + \sum_{j=3}^{m} \frac{f^{(j)}(0)}{j!} h^{j-1} + \mathcal{O}(h^m).$$

Führen wir die Berechnung auch für $h/2$ aus, so liefert dies

$$L_{h/2}(f) = f'(0) + \frac{f''(0)}{2} \frac{h}{2} + \sum_{j=3}^{m} \frac{f^{(j)}(0)}{j!} \left(\frac{h}{2} \right)^{j-1} + \mathcal{O}(h^m).$$

Durch geschickte Linearkombination dieser Werte kann man den störenden Term, der für die lineare Konvergenz verantwortlich ist, eliminieren:

$$2L_{h/2}(f) - L_h(f) = f'(0) - \frac{1}{12} h^2 f'''(0) + \mathcal{O}(h^3).$$

Wir haben also aus der Kenntnis zweier Werte $L_h(f)$ und $L_{h/2}(f)$ eine bessere Konvergenz erhalten. Der neue Wert $2L_{h/2}(f) - L_h(f)$ entspricht gerade dem Wert des linearen Interpolationspolynomes

$$p(x) = \frac{2}{h} \left(L_h(f) - L_{h/2}(f) \right) \left(x - \frac{h}{2} \right) + L_{h/2}(f)$$

an der Stelle Null. Man spricht daher auch von einer *Extrapolation*. Natürlich ist man dabei nicht auf zwei Werte beschränkt, und es folgt jetzt eine systematische, allgemeine Untersuchung dieses Zusammenhanges.

Der Wert $L(f)$ eines Funktionals L für eine Funktion f werde also näherungsweise berechnet durch ein numerisches Verfahren $L_h(f)$, das von einem Parameter h (etwa einem Stützstellenabstand) abhängt. Hat $L_h(f)$ bei festem f für kleine h eine Taylor-Entwicklung nach h, so kann man durch Interpolation von Werten $L_{h_0}(f), L_{h_1}(f), \ldots$ für $h_0 > h_1 > \ldots > 0$ durch eine Funktion $P(h)$ und Auswertung der Interpolierenden an der Stelle $h = 0$ eine "Extrapolation in Richtung $L_0(f)$" vornehmen und dadurch die Konvergenz $L_h(f) \to L_0(f)$ für $h \to 0$ beschleunigen. Führt man dies mit polynomialer

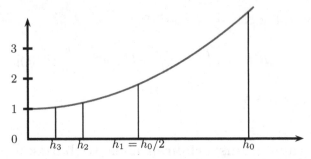

Abb. 9.5. Richardson–Extrapolation

Interpolation aus, so erhält man die sogenannte *Extrapolation* für $h \to 0$ nach *Richardson*.

Verwendet man zur Interpolation das Verfahren von Neville und Aitken (Abschnitt 8.5), so ist der Wert $b_{j,k} := P^{[k]}_{j-k}(0)$ des in $h_{j-k}, \ldots, h_j$ interpolierenden Polynoms k-ten Grades nach Satz 8.12 rekursiv berechenbar durch

$$
\begin{aligned}
b_{j,k} = P^{[k]}_{j-k}(0) &= \frac{h_{j-k}b_{j,k-1} - h_j b_{j-1,k-1}}{h_{j-k} - h_j} \\
&= b_{j,k-1} + \frac{1}{\mu_{j,k}}(b_{j,k-1} - b_{j-1,k-1}) \quad \text{mit } \mu_{j,k} = \frac{h_{j-k}}{h_j} - 1.
\end{aligned} \tag{9.14}
$$

In dieser Form ist der zweite Term lediglich eine kleine Korrektur des ersten Terms, was bezüglich des Rundungsfehlerverhaltens günstig ist.

Ordnet man die Werte als Tabelle an, so erhält man das mit (9.14) spalten- oder zeilenweise zu berechnende Schema (9.15). Bei Benutzung einer Rechenanlage braucht man dabei nur jeweils eine Zeile oder Spalte zu speichern. Der Hauptteil des Rechenaufwandes liegt somit praktisch immer in der Bereitstellung der Ausgangsdaten. Das Schema erinnert in seiner Form an das Differenzenschema der Polynominterpolation:

$$
\begin{array}{cccccc}
b_{0,0} & & & & & \\
 & b_{1,1} & & & & \\
b_{1,0} & & b_{2,2} & & & \\
 & b_{2,1} & & \ddots & & \\
b_{2,0} & & b_{3,2} & & b_{k,k} & \\
\vdots & \vdots & \vdots & \ddots & & \\
b_{k-1,0} & & b_{k,2} & & & \\
 & b_{k,1} & & & & \\
b_{k,0} & & & & &
\end{array} \tag{9.15}
$$

Als Modell für einen Konvergenzsatz zur Richardson-Extrapolation hat man

Satz 9.15. *Gestattet das Funktional $L_h(f)$ zu festem f eine für $|h| \leq 1$ absolut konvergente Reihenentwicklung*

$$L_h(f) = \sum_{j=0}^{\infty} a_j h^j \quad mit \ K_n := \sum_{j=n}^{\infty} |a_j| \to 0$$

und bildet man für eine feste Zahl q mit $0 < q < 1$ die Funktionen

$$\varphi_i(h) := a_0 + \sum_{j=i+1}^{\infty} a_j h^j \prod_{k=1}^{i} \frac{q^j - q^k}{1 - q^k}, \qquad 0 \le i < \infty, \tag{9.16}$$

so besteht das Schema (9.14) im Falle $h_j = q^j h$ aus

$$b_{j,k} = \varphi_k(q^{j-k} h), \qquad 0 \le k \le j < \infty, \tag{9.17}$$

und es folgt die Fehlerabschätzung

$$|b_{j,k} - L_0(f)| \le (q^{j-k} h)^{k+1} \frac{q}{1-q} \cdot \ldots \cdot \frac{q^k}{1-q^k} K_{k+1}, \quad 1 \le k \le j < \infty, \tag{9.18}$$

für den gesuchten Wert $a_0 = L_0(f)$. In der k-ten Spalte von (9.15) hat man mindestens lineare Konvergenz mit einem Konvergenzfaktor $\le q^{k+1}$; für festes j und k streben die Werte $b_{j,k} = b_{j,k}(h)$ gegen $L_0(f)$ wie $\mathcal{O}(h^{k+1})$ und längs der Diagonale von (9.15) hat man superlineare Konvergenz.

Beweis. Die Gleichung (9.17) ist für $k = 0$ und alle j trivial. Durch Kombination von $L_{qh}(f)$ und $L_h(f)$ mit den Faktoren $1/(1-q)$ und $q/(1-q)$ wird gemäß (9.16) die Funktion $\varphi_1(h)$ gebildet, bei der $a_1 h$ eliminiert ist. Analog verfährt man für $k > 1$, die einfache Induktion über k überspringen wir hier. Das beweist (9.17). Setzt man (9.16) in (9.17) ein, so folgt (9.18) aus

$$|b_{j,k} - L_0(f)| = \left| \sum_{m=k+1}^{\infty} a_m q^{m(j-k)} h^m \prod_{n=1}^{k} \frac{q^m - q^n}{1 - q^n} \right|$$

$$\le \sum_{m=k+1}^{\infty} |a_m| q^{m(j-k)} h^m \frac{q - q^m}{1 - q} \cdot \ldots \cdot \frac{q^k - q^m}{1 - q^k}$$

$$\le \frac{q}{1-q} \cdot \ldots \cdot \frac{q^k}{1-q^k} (q^{j-k} h)^{k+1} \sum_{m=k+1}^{\infty} |a_m|.$$

Hält man den Spaltenindex k fest, so ergibt sich

$$|b_{j,k} - L_0(f)| \le C q^{(k+1)j} \to 0 \quad \text{für } j \to \infty,$$

während in der Diagonale (für $j = k$) der Fehler durch die Folge

$$\alpha_k = h^{k+1} K_{k+1} \prod_{j=1}^{k} \frac{q^j}{1 - q^j}, \qquad k \ge 1,$$

beschränkt ist, die wegen

$$\frac{\alpha_{k+1}}{\alpha_k} = h \frac{K_{k+1}}{K_k} \frac{q^{k+1}}{1 - q^{k+1}} \le h \frac{q^{k+1}}{1 - q^{k+1}} \to 0$$

superlinear konvergiert. $\square$

9.5 Das Romberg-Verfahren

Die Anwendung der Richardson-Extrapolation auf die zusammengesetzte Trapez-Regel (9.11) nennt man *Romberg-Verfahren*. Für die konkrete Umsetzung benötigen wir eine Taylor-Entwicklung, die über die Fehlerdarstellung aus Satz 9.10 hinausgeht. Es wird sich herausstellen, dass sogar eine Entwicklung in h^2 statt nur in h möglich ist. Diese verbesserte Fehlerdarstellung, die *Euler-Maclaurinsche Summenformel*, wollen wir jetzt herleiten. Dazu benötigen wir *Bernoulli-Polynome* und *Bernoulli-Zahlen*, die wir zunächst definieren und für die wir zuerst einige Eigenschaften beweisen.

Definition 9.16. *Die durch $B_0 \equiv 1$ und für $k = 1, 2, \ldots$ rekursiv durch*

$$B'_k = B_{k-1} \quad \text{mit} \quad \int_0^1 B_k(t)dt = 0$$

definierten Polynome heißen Bernoulli-Polynome. *Die Zahlen $b_k := B_k(0)$ heißen* Bernoulli-Zahlen.

Das k-te Bernoulli-Polynom entsteht also aus dem $(k-1)$-ten durch Integration, wobei die Integrations-Konstante durch $\int_0^1 B_k(t)dt = 0$ festgelegt ist. Oft werden die Bernoulli-Zahlen auch durch $b_k = B_k(0)k!$ definiert.

Lemma 9.17. *Für $k \geq 2$ gilt $B_k(0) = B_k(1)$ und für $k \geq 0$ ferner $B_k(t) = (-1)^k B_k(1-t)$. Insbesondere ist $B_{2j+1}(0) = B_{2j+1}(1/2) = B_{2j+1}(1) = 0$ für $j \geq 1$.*

Beweis. Zunächst gilt per Definition $B_k(1) = B_k(0) + \int_0^1 B_{k-1}(t)dt = B_k(0)$ für alle $k-1 \geq 1$. Sei jetzt $\widetilde{B}_k(t) := (-1)^k B_k(1-t)$. Dann erfüllt $\widetilde{B}_k$ ebenfalls $\widetilde{B}_0 \equiv 1$ und für $k \geq 1$ auch

$$\widetilde{B}'_k(t) = (-1)^{k-1} B'_k(1-t) = (-1)^{k-1} B_{k-1}(1-t) = \widetilde{B}_{k-1}(t)$$

und

$$\int_0^1 \widetilde{B}_k(t)dt = (-1)^k \int_0^1 B_k(1-t)dt = (-1)^k \int_0^1 B_k(t)dt = 0,$$

d.h. $\widetilde{B}_k$ und B_k sind identisch. $\square$

Satz 9.18 (Euler-MacLaurinsche Summenformel). *Sei $m \in \mathbb{N}$ und $f \in C^{2m}[a,b]$. Für $n \in \mathbb{N}$ sei $h = (b-a)/n$ und $x_j = a + jh$, $0 \leq j \leq n$. Dann gilt für die zusammengesetzte Trapezregel*

$$T_h(f) := h \left\{ \frac{1}{2}f(a) + \sum_{j=1}^{n-1} f(x_j) + \frac{1}{2}f(b) \right\}$$

die Darstellung

$$\int_a^b f(x)dx = T_h(f) - \sum_{j=1}^{m-1} b_{2j}h^{2j}\left\{ f^{(2j-1)}(b) - f^{(2j-1)}(a) \right\}$$

$$+ h^{2m}\int_a^b r_{2m}(t)f^{(2m)}(t)dt.$$

Hierbei ist r_{2m} auf $[x_j, x_{j+1}]$ definiert durch $r_{2m}(t) = B_{2m}((t-x_j)/h) - b_{2m}$.

Beweis. Sei $g \in C^{2m}[0,1]$. Unter Benutzung von $B_1(0) = -B_1(1) = -1/2$ und Lemma 9.17 erhält man durch wiederholte partielle Integration

$$\int_0^1 g(t)dt = \int_0^1 B_1'(t)g(t)dt = \frac{1}{2}\left\{g(0) + g(1)\right\} - \int_0^1 B_2'(t)g'(t)dt$$

$$= \frac{1}{2}\left\{g(0) + g(1)\right\} - b_2\left\{g'(1) - g'(0)\right\} + \int_0^1 B_3'(t)g''(t)dt$$

$$\vdots$$

$$= \frac{1}{2}\left\{g(0) + g(1)\right\} - \sum_{j=1}^{m-1} b_{2j}\left\{g^{(2j-1)}(1) - g^{(2j-1)}(0)\right\}$$

$$- \int_0^1 \left\{B_{2m} - b_{2m}\right\}'(t)g^{(2m-1)}(t)dt$$

$$= \frac{1}{2}\left\{g(0) + g(1)\right\} - \sum_{j=1}^{m-1} b_{2j}\left\{g^{(2j-1)}(1) - g^{(2j-1)}(0)\right\}$$

$$+ \int_0^1 \left\{B_{2m}(t) - b_{2m}\right\}g^{(2m)}(t)dt.$$

Dieses Ergebnis wenden wir nun auf jedes Teilintervall $[x_k, x_{k+1}]$ an, indem wir die Funktionen $g_k(t) := f(x_k + th)$ für $0 \le k \le n-1$ betrachten:

$$\int_a^b f(x)dx = \sum_{k=0}^{n-1}\int_{x_k}^{x_{k+1}} f(x)dx = h\sum_{k=0}^{n-1}\int_0^1 g_k(t)dt$$

$$= T_h(f) - \sum_{j=1}^{m-1} b_{2j}h^{2j}\left\{ f^{(2j-1)}(b) - f^{(2j-1)}(a) \right\}$$

$$+ h^{2m}\sum_{k=0}^{n-1}\int_{x_k}^{x_{k+1}}\left\{ B_{2m}\left(\frac{x - x_k}{h}\right) - b_{2m} \right\}f^{(2m)}(x)dx$$

$$= T_h(f) - \sum_{j=1}^{m-1} b_{2j}h^{2j}\left\{ f^{(2j-1)}(b) - f^{(2j-1)}(a) \right\}$$

$$+ h^{2m}\int_a^b r_{2m}(x)f^{(2m)}(x)dx,$$

was zu zeigen war. □

Der zunächst merkwürdig erscheinende konstante Term in der Definition des Restes r_{2m} erklärt sich sofort.

Folgerung 9.19. *Unter den Voraussetzungen von Satz 9.18 wechselt r_{2m} sein Vorzeichen auf $[a, b]$ nicht. Es gibt daher ein $\xi \in [a, b]$, sodass*

$$\int_a^b f(x)dx = T_h(f) - \sum_{j=1}^{m-1} b_{2j} h^{2j} \left\{ f^{(2j-1)}(b) - f^{(2j-1)}(a) \right\}$$
$$- (b-a) b_{2m} h^{2m} f^{(2m)}(\xi).$$

Beweis. Es reicht zu zeigen, dass $B_{2m} - b_{2m}$ auf $[0, 1]$ von einem Vorzeichen ist. Dies erreichen wir, indem wir per Induktion über m zeigen, dass $B_{2m} - b_{2m}$ in $[0, 1]$ genau die zwei Nullstellen 0 und 1 hat und dass B_{2m+1} genau die drei Nullstellen $0, \frac{1}{2}$ und 1 hat. Für $m = 1$ ist $B_2 - b_2$ ein quadratisches Polynom, das die Nullstellen 0 und 1 hat und daher keine weiteren haben kann. Genauso hat $B_3 - b_3$ nach Lemma 9.17 als kubisches Polynom genau die drei Nullstellen $0, 1/2, 1$. Nehmen wir also an, dass die Aussage für m richtig ist. Falls $B_{2m+2} - b_{2m+2}$ noch andere Nullstellen außer 0 und 1 hätte, so muss nach dem Satz von Rolle $B_{2m+1} = B'_{2m+2}$ mindestens zwei Nullstellen in $(0, 1)$ haben, was im Widerspruch zur Induktionsannahme steht. Nehmen wir schließlich an, dass B_{2m+3} neben 0, 1/2, und 1 eine weitere Nullstelle hätte, z.B. in $(0, 1/2)$. Diese liefert dann zusammen mit den Nullstellen 0 und 1/2 eine Nullstelle von $B_{2m+1} = B''_{2m+3}$ in $(0, 1/2)$, was wiederum der Annahme widerspricht.

Aus dem zweiten Mittelwertsatz der Integralrechnung und aus

$$\int_a^b r_{2m}(t)dt = \sum_{k=0}^{n-1} \int_{x_k}^{x_{k+1}} \left\{ B_{2m}(\frac{x-x_k}{h}) - b_{2m} \right\} dx$$
$$= h \sum_{k=0}^{n-1} \int_0^1 B_{2m}(t)dt - (b-a) b_{2m}$$
$$= -(b-a) b_{2m}$$

folgt schließlich der letzte Teil des Beweises. □

Man sieht sofort, dass die zusammengesetzte Trapez-Regel besonders gut geeignet für periodische, glatte Funktionen ist. Dabei heißt eine Funktion f periodisch mit Periode $p > 0$, falls $f(x + p) = f(x)$ für alle x gilt.

Folgerung 9.20. *Sei $f \in C^{2m}[a, b]$ periodisch mit Periode $b - a$. Dann gibt es ein $\xi \in [a, b]$, sodass*

$$\int_a^b f(x)dx - T_h(f) = -(b-a) b_{2m} h^{2m} f^{(2m)}(\xi).$$

Auf Grund der hergeleiteten Entwicklung kann man Richardson-Extrapolation bezüglich h^2 auf die Werte $T_h(f)$ der iterierten Trapezregel anwenden. Nach Romberg wählt man dazu

$$q = 1/2, \quad h_0 := b - a, \quad h_j := h_{j-1}/2 = 2^{-j} h_0.$$

Da $T_h(f)$ eine Reihenentwicklung nach Potenzen von h^2 hat, benutzt man (9.14) mit h_j^2 statt h_j. Ausgehend von den Werten $T_{k,0} := T_{h_k}(f)$ kann man dann durch die Formel

$$T_{j,k} := T_{j,k-1} + \frac{T_{j,k-1} - T_{j-1,k-1}}{4^k - 1}, \quad 1 \leq k < j, \tag{9.19}$$

das in (9.15) dargestellte Schema durchrechnen, wobei es unerheblich ist, ob man spaltenweise oder nach Schrägzeilen fortschreitet.

Auch die Berechnung der Startwerte $T_{k,0}$ kann man noch vereinfachen. Es gilt:

$$T_{k,0} = \frac{h_k}{2} \left[f(a) + 2f(a + h_k) + \ldots + 2f(b - h_k) + f(b) \right]$$

$$= \frac{1}{2} \frac{h_{k-1}}{2} \left[f(a) + 2f(a + 2h_k) + \ldots + 2f(b - 2h_k) + f(b) \right]$$

$$+ h_k [f(a + h_k) + f(a + 3h_k) + \ldots + f(b - h_k)]$$

$$= \frac{1}{2} T_{k-1,0} + h_k \sum_{j=1}^{2^{k-1}} f(a + (2j - 1)h_k).$$

Dadurch wird verhindert, dass Funktionswerte doppelt berechnet werden.

Um das schnelle Abfallen der Romberg-Folge zu vermeiden, kann man stattdessen die *Bulirsch-Folge* h, $h/2$, $h/3$, $h/4$, $h/6$ ... verwenden, bei der die Formel (9.19) beim Übergang von h_i zu $h_{i+2} = h_i/2$ nutzbar bleibt.

9.6 Aufgaben

9.1 Man beweise, dass bei Interpolationsquadraturen die Summe der Gewichte immer gleich der Länge des Integrationsintervalls ist. Wie groß ist die Summe der Gewichte bei einer Gaußquadratur?

9.2 Man leite für die Interpolationsquadratur eine vereinfachte Fehlerabschätzung durch Verwendung der Ergebnisse der Folgerung 8.20 her. Das Ergebnis für die Trapez- und Simpsonregel vergleiche man mit den Ergebnissen aus dem Satz von Peano.

9.3 Die Exponentialfunktion sei auf $[-1, 1]$ numerisch zu integrieren, und zwar bis auf einen absoluten Fehler von 10^{-6}. Wieviele Stützstellen braucht die iterierte Trapezregel und wieviel die Gaußquadratur mit Legendre-Polynomen?

9.4 Man berechne die Gewichte und Stützstellen der Gaußquadratur auf $[-1, 1]$ zur Gewichtsfunktion $w(x) = (1 - x^2)^{-1/2}$. Tip: Die Orthogonalpolynome sind die Tschebyscheffpolynome.

9.5 Beweisen Sie die Fehlerdarstellung (9.12) der zusammengesetzten Simpson-Regel.

10 Trigonometrische Interpolation

In diesem Kapitel beschäftigen wir uns mit der Interpolation periodischer Funktionen. Neben allgemeinen Aussagen zur Existenz und Eindeutigkeit der Interpolierenden, werden wir die diskrete Fourier-Transformation für äquidistante Stützstellen und die schnelle Fourier-Transformation (FFT) zur effizienten Berechnung untersuchen.

10.1 Das allgemeine Interpolationsproblem

Wir beginnen mit der Definition periodischer Funktionen.

Definition 10.1. *Eine Funktion* $f : \mathbb{R} \to \mathbb{R}$ *heißt* periodisch *mit* Periode $T > 0$, *falls* $f(x + T) = f(x)$ *für alle* $x \in \mathbb{R}$ *gilt.*

Offensichtlich ist eine T-periodische Funktion eindeutig durch ihre Werte auf $[0, T)$ bestimmt. Hat die Funktion f die Periode $T > 0$, so hat die Funktion $\tilde{f}(x) := f(Tx/(2\pi))$ die Periode 2π. Daher werden wir uns im Folgenden nur noch mit 2π-periodischen Funktionen beschäftigen. Die einfachsten Beispiele sind $f(x) = 1$, $\cos x$, $\sin x$, $\cos 2x$, $\sin 2x$,....

Definition 10.2. *Die Elemente der Menge*

$$
\mathcal{T}_m^{\mathbb{R}} := \left\{ T(x) = \frac{a_0}{2} + \sum_{j=1}^{m} (a_j \cos jx + b_j \sin jx) : a_j, b_j \in \mathbb{R} \right\} \tag{10.1}
$$

heißen (reelle) trigonometrische Polynome vom Grad $\leq m$.

Offensichtlich ist $\mathcal{T}_m^{\mathbb{R}}$ ein $\mathbb{R}$-linearer, endlichdimensionaler Vektorraum mit Dimension $\leq 2m + 1$. Da wir in diesem Kapitel lineare Räume sowohl über $\mathbb{R}$ als auch über $\mathbb{C}$ betrachten, wollen wir in der Bezeichnung etwas formaler sein. Wir werden später sehen, dass die Dimension in der Tat $2m + 1$ ist. Dies hat aber zur Konsequenz, dass Interpolationsaufgaben mit reellen trigonometrischen Polynomen zunächst auf eine ungerade Anzahl $n = 2m + 1$ von Stützstellen und -werten beschränkt sind.

Die Behandlung reeller trigonometrischer Polynome wird wesentlich erleichtert, indem man ein reelles trigonometrisches Polynom mittels der Eulerschen Formeln (hier und im ganzen Kapitel ist i für die imaginäre Einheit reserviert)

$$e^{ix} = \cos x + i \sin x, \quad \cos x = \frac{1}{2}(e^{ix} + e^{-ix}), \quad \sin x = \frac{-i}{2}(e^{ix} - e^{-ix}), \quad (10.2)$$

in ein komplexes trigonometrisches Polynom überführt:

$$
\begin{aligned}
T(x) &= \frac{a_0}{2} + \sum_{j=1}^{m}(a_j \cos jx + b_j \sin jx) \\
&= e^{-imx}\left(\frac{a_0}{2}e^{imx} + \sum_{j=1}^{m}\frac{1}{2}(a_j - ib_j)e^{i(m+j)x} + \frac{1}{2}(a_j + ib_j)e^{i(m-j)x}\right) \\
&=: e^{-imx}\sum_{j=0}^{2m} c_j e^{ijx} =: e^{-imx}p(x).
\end{aligned}
$$

Dabei stehen die Koeffizienten von T und p in folgendem Zusammenhang:

$$
\begin{aligned}
c_{m-j} &= \frac{a_j + ib_j}{2}, \quad 1 \le j \le m, \\
c_{m+j} &= \frac{a_j - ib_j}{2}, \quad 1 \le j \le m, \quad (10.3) \\
c_m &= \frac{a_0}{2}.
\end{aligned}
$$

Man beachte, dass (10.3) eine bijektive Abbildung zwischen den Koeffizienten von T und p liefert. Startet man allerdings mit den $c_j \in \mathbb{C}$, so ist zunächst nicht garantiert, dass die a_j und b_j in $\mathbb{R}$ liegen, also $T \in \mathcal{T}_m^{\mathbb{R}}$ ist. Dazu benötigt man die zusätzliche Voraussetzung $c_{m-j} = \overline{c_{m+j}}$. Nichtsdestoweniger liefert (10.3) eine bijektive Abbildung von $\mathbb{C}^{2m+1} \to \mathbb{C}^{2m+1}$.

Der gerade beschriebene Zusammenhang legt es nahe, zunächst komplexe Interpolationsaufgaben zu untersuchen. Dies lässt sich für allgemeines, nicht notwendig ungerades $n \in \mathbb{N}$ machen.

Definition 10.3. *Die Elemente der Menge*

$$\mathcal{T}_{n-1}^{\mathbb{C}} := \left\{ T : T(x) = \sum_{j=0}^{n-1} c_j e^{ijx} : c_j \in \mathbb{C} \right\} \quad (10.4)$$

heißen (komplexe) trigonometrische Polynome vom Grad $\le n - 1$.

Die Abbildung $[0, 2\pi) \to \mathbb{C}$, $x \mapsto e^{ix}$ überführt jedes komplexe trigonometrische Polynom in die Einschränkung eines komplexen, algebraischen Polynoms auf den Einheitskreis. Dies motiviert den Begriff Polynom im Namen.

Der Raum $\mathcal{T}_{n-1}^{\mathbb{C}}$ ist ein $\mathbb{C}$-linearer, endlichdimensionaler Raum.

Satz 10.4. *Der Raum $\mathcal{T}_{n-1}^{\mathbb{C}}$ hat für $n \in \mathbb{N}$ die Dimension n.*

Beweis. Aus $\sum_{j=0}^{n-1} c_j e^{ijx} = 0$ für alle $x \in [0, 2\pi)$ folgt wegen

$$\int_0^{2\pi} e^{ijx} dx = 2\pi\delta_{j,0}, \qquad j \in \mathbb{Z},$$

sofort

$$0 = \int_0^{2\pi} \sum_{j=0}^{n-1} c_j e^{i(j-k)x} dx = 2\pi c_k$$

für $0 \le k \le n - 1$, was die lineare Unabhängigkeit des Erzeugendensystems liefert. $\square$

Da auf Grund von (10.3) die Koeffizienten eines reellen trigonometrischen Polynoms in eindeutiger Weise den Koeffizienten des zugehörigen komplexen trigonometrischen Polynoms zugeordnet werden können, kennen wir jetzt auch die Dimension von $\mathcal{T}_m^{\mathbb{R}}$.

Folgerung 10.5. *Der Raum $\mathcal{T}_m^{\mathbb{R}}$ hat die Dimension $2m + 1$.*

Bleiben wir beim komplexen Interpolationsproblem. Entscheidend ist im Folgenden, dass zu zwei verschiedenen $x_1 \ne x_2 \in [0, 2\pi)$ auch $z_1 := e^{ix_1} \ne z_2 := e^{ix_2}$ gilt. Dies ist aber klar, da die x_j gerade die eindeutig bestimmten Winkel aus $[0, 2\pi)$ der Punkte z_j auf dem Einheitskreis sind.

Satz 10.6. *Zu $n \in \mathbb{N}$ paarweise verschiedenen Stützstellen $x_0, \dots, x_{n-1} \in [0, 2\pi)$ und Stützwerten $f_0, \dots, f_{n-1}$ gibt es genau ein komplexes trigonometrisches Polynom $p \in \mathcal{T}_{n-1}^{\mathbb{C}}$ mit $p(x_j) = f_j$, $0 \le j \le n - 1$.*

Beweis. Nach der vorhergehenden Bemerkung sind die $z_j := e^{ix_j} \in \mathbb{C}$ ebenfalls paarweise verschieden. Daher ist die hier gemachte Behauptung nur ein Spezialfall der Interpolation mit komplexen Polynomen. Die Einschränkung besteht gerade darin, dass die Stützstellen auf dem Einheitskreis liegen, statt beliebig in $\mathbb{C}$. Existenz und Eindeutigkeit bei dem allgemeineren komplexen Interpolationsproblem lassen sich aber wie im reellen Fall zeigen. Man überzeuge sich z.B. davon, dass die Lagrange- und Newtonformeln hier genauso gelten. $\square$

Bei der Anwendung dieses Resultats auf die reelle trigonometrische Interpolation müssen wir nachweisen, dass bei der Rücktransformation in (10.3) tatsächlich auch reelle Koeffizienten a_j, b_j herauskommen. Natürlich müssen wir uns zunächst auf $n = 2m + 1$ beschränken.

Satz 10.7. *Gegeben seien paarweise verschiedene $x_0, \dots, x_{2m} \in [0, 2\pi)$ und $f_0, \dots, f_{2m} \in \mathbb{R}$. Dann existiert genau ein reelles trigonometrisches Polynom $T \in \mathcal{T}_m^{\mathbb{R}}$ mit $T(x_j) = f_j$, $0 \le j \le 2m$.*

Beweis. Sei $p(x) = \sum_{j=0}^{2m} c_j e^{ijx}$ das nach Satz 10.6 eindeutig existierende, komplexe trigonometrische Interpolationspolynom mit $p(x_j) = e^{imx_j} f_j$, $0 \leq j \leq 2m$. Sei $\widetilde{p}$ definiert durch

$$\widetilde{p}(x) := e^{2imx}\overline{p(x)} = \sum_{j=0}^{2m} \overline{c_j} e^{i(2m-j)x} = \sum_{j=0}^{2m} \overline{c_{2m-j}} e^{ijx}, \qquad x \in [0, 2\pi).$$

Dann ist offensichtlich $\widetilde{p} \in T_{2m}^{\mathbb{C}}$ und $\widetilde{p}(x_j) = f_j e^{imx_j} = p(x_j)$, $0 \leq j \leq 2m$, da die Funktionswerte f_j reellwertig sind. Aus der Eindeutigkeitsaussage aus Satz 10.6 folgt also $\widetilde{p} \equiv p$ und damit nach Satz 10.4 auch $c_j = \overline{c_{2m-j}}$, $0 \leq j \leq 2m$. Aus der Rücktransformation mit (10.3) erhalten wir insbesondere $a_0 = 2c_m \in \mathbb{R}$, aber auch $a_j = c_{m-j} + c_{m+j} = 2\Re(c_{m-j}) \in \mathbb{R}$ und $b_j = i(c_{m+j} - c_{m-j}) = 2\Im(c_{m-j}) \in \mathbb{R}$ jeweils für $1 \leq j \leq m$. □

Anders ausgedrückt besagt Satz 10.7, dass $T_m^{\mathbb{R}}$ ein Haarscher Raum der Dimension $2m + 1$ über $[0, 2\pi)$ ist.

10.2 Äquidistante Stützstellen

Nach dem allgemeinen Interpolationsproblem wollen wir jetzt untersuchen, was man zusätzlich gewinnt, wenn die Stützstellen äquidistant sind, d.h. wenn $x_j = \frac{2\pi j}{n}$, $0 \leq j \leq n - 1$, gilt. Es wird sich herausstellen, dass in diesem Fall auch ein reelles trigonometrisches Interpolationspolynom für gerades n existiert und dass sich die Koeffizienten explizit angeben lassen. Eine wichtige Rolle spielen dabei die *n-ten Einheitswurzeln*

$$\zeta_n := e^{\frac{2\pi i}{n}}. \tag{10.5}$$

Sie erfüllen offensichtlich die Beziehungen

$$\zeta_n^n = 1, \quad \zeta_n^j = e^{ix_j}, \quad \zeta_n^{j+k} = \zeta_n^j \zeta_n^k, \quad \zeta_n^{jk} = e^{ijx_k}, \quad \zeta_n^{-j} = \overline{\zeta_n^j}. \tag{10.6}$$

Wesentlich wird noch die folgende Eigenschaft sein.

Lemma 10.8. *Für $n \in \mathbb{N}$ und $\ell, k \in \mathbb{N}_0$ mit $0 \leq \ell, k \leq n - 1$ gilt*

$$\frac{1}{n} \sum_{j=0}^{n-1} \zeta_n^{(\ell-k)j} = \delta_{\ell,k}.$$

Beweis. Die Sache ist klar für $\ell = k$. Im Falle $\ell \neq k$ liefert die Einschränkung an ℓ und k, dass $\zeta_n^{\ell-k} \neq 1$ gilt, sodass die Behauptung aus

$$\sum_{j=0}^{n-1} \left(\zeta_n^{\ell-k}\right)^j = \frac{\zeta_n^{(\ell-k)n} - 1}{\zeta_n^{\ell-k} - 1} = 0$$

folgt. □

Dieses Lemma erlaubt es uns, den komplexen Fall leicht abzuhandeln.

Satz 10.9. *Sind für $n \in \mathbb{N}$ die Stützstellen $x_j = \frac{2\pi j}{n}$, $0 \leq j \leq n-1$, und die Stützwerte $f_0, \ldots, f_{n-1} \in \mathbb{C}$ gegeben, so hat das eindeutig bestimmte komplexe trigonometrische Interpolationspolynom*

$$p(x) = \sum_{j=0}^{n-1} c_j e^{ijx}, \qquad x \in [0, 2\pi),$$

die Koeffizienten

$$c_j = \frac{1}{n} \sum_{k=0}^{n-1} f_k \zeta_n^{-jk}, \qquad 0 \leq j \leq n-1. \tag{10.7}$$

Beweis. Da nach Satz 10.6 das Interpolationspolynom eindeutig existiert, reicht es nachzurechnen, dass das hier angegebene Polynom ebenfalls die Daten interpoliert. Dies folgt aber nach Lemma 10.8 aus

$$p(x_\ell) = \sum_{j=0}^{n-1} \frac{1}{n} \sum_{k=0}^{n-1} \zeta_n^{-jk} f_k e^{ijx_\ell} = \sum_{k=0}^{n-1} f_k \frac{1}{n} \sum_{j=0}^{n-1} \zeta_n^{(\ell-k)j} = f_\ell$$

für $0 \leq \ell \leq n-1$. $\square$

Schreibt man zum Vergleich

$$f_k = \sum_{j=0}^{n-1} c_j \zeta_n^{jk} \qquad 0 \leq k \leq n-1, \tag{10.8}$$

so sieht man, dass die Abbildung $F_n : \mathbb{C}^n \to \mathbb{C}^n$, $\{f_k\} \mapsto \{c_j\}$ und ihre Umkehrabbildung eine sehr ähnliche Struktur haben und deswegen numerisch gleich behandelt werden können.

Definition 10.10. *Die bijektive Abbildung $F_n : \mathbb{C}^n \to \mathbb{C}^n$, $\{f_k\} \mapsto \{c_j\}$, die durch (10.7) definiert ist, heißt die* diskrete Fourier-Analyse *der Daten $\{f_k\}$. Ihre Umkehrabbildung ist gegeben durch (10.8) und heißt* diskrete Fourier-Synthese. *Beide zusammen nennt man* diskrete Fourier-Transformation.

Es folgt die Rücktransformation für die reelle Interpolationsaufgabe.

Satz 10.11. *Sei $n \in \mathbb{N}$ gegeben als $n = 2m+1$ oder $n = 2m$. Seien $x_j = \frac{2\pi j}{n}$ und $f_j \in \mathbb{R}$ für $0 \leq j \leq n-1$. Seien*

$$a_j = \frac{2}{n} \sum_{k=0}^{n-1} f_k \cos jx_k, \qquad 0 \leq j \leq m,$$

$$b_j = \frac{2}{n} \sum_{k=0}^{n-1} f_k \sin jx_k, \qquad 1 \leq j \leq m.$$

Dann erfüllt das trigonometrische Polynom

$$T(x) := \begin{cases} \dfrac{a_0}{2} + \displaystyle\sum_{j=0}^{m}(a_j \cos jx + b_j \sin jx), & \text{falls } n = 2m+1, \\[2em] \dfrac{a_0}{2} + \displaystyle\sum_{j=0}^{m-1}(a_j \cos jx + b_j \sin jx) + \dfrac{a_m}{2}\cos mx, & \text{falls } n = 2m, \end{cases}$$

die Interpolationsbedingungen $T(x_j) = f_j$, $0 \leq j \leq n-1$.

Beweis. Wie im Beweis zu Satz 10.7 sei $p \in \mathcal{T}_{n-1}^{\mathbb{C}}$ das trigonometrische Polynom mit $p(x_k) = f_k e^{imx_k}$, $0 \leq k \leq n-1$. Dann wissen wir, dass die Koeffizienten durch (10.7) gegeben sind als

$$c_j = \frac{1}{n}\sum_{k=0}^{n-1} f_k e^{imx_k}\zeta_n^{-jk} = \frac{1}{n}\sum_{k=0}^{n-1} f_k \zeta_n^{k(m-j)}, \qquad 0 \leq j \leq n-1.$$

Im Fall $n = 2m$ werden wir p als trigonometrisches Polynom vom Grad $2m$ auffassen, indem wir $c_{2m} = c_n = 0$ explizit setzen. Dann haben wir in beiden Fällen ein komplexes trigonometrisches Polynom, welches vermöge (10.3) in ein reelles trigonometrisches Polynom vom Grad m zurücktransformiert werden kann. Dieses Polynom sei jetzt

$$\widetilde{T}(x) = e^{-imx}p(x) = \frac{\widetilde{a}_0}{2} + \sum_{j=1}^{m}\left(\widetilde{a}_j \cos jx + \widetilde{b}_j \sin jx\right). \tag{10.9}$$

Wir wissen, dass $\widetilde{T}$ die Daten interpoliert, und dass es im Fall $n = 2m+1$ auch reelle Koeffizienten hat. In diesem Fall liefert (10.9) und (10.3) zum einen für $0 \leq j \leq m$,

$$\widetilde{a}_j = c_{m+j} + c_{m-j} = \frac{1}{n}\sum_{k=0}^{n-1} f_k\left(\zeta_n^{-kj} + \zeta_n^{kj}\right) = \frac{2}{n}\sum_{k=0}^{n-1} f_k\Re(\zeta_n^{jk}) = a_j$$

und zum anderen für $1 \leq j \leq m$,

$$\widetilde{b}_j = i(c_{m+j} - c_{m-j}) = \frac{1}{n}\sum_{k=0}^{n-1} f_k i\left(\zeta_n^{-kj} - \zeta_n^{kj}\right) = \frac{2}{n}\sum_{k=0}^{n-1} f_k\Im(\zeta_n^{kj}) = b_j,$$

sodass $\widetilde{T} = T$ gilt und damit auch T die Daten interpoliert.

Im Fall $n = 2m$ zeigen obige Rechnungen ebenfalls $\widetilde{a}_j = a_j$ für $0 \leq j \leq m-1$ und $\widetilde{b}_j = b_j$ für $1 \leq j \leq m-1$. Ferner gilt

$$\widetilde{a}_m = c_0 = \frac{1}{n}\sum_{k=0}^{n-1} f_k\zeta_n^{km} = \frac{1}{n}\sum_{k=0}^{n-1} f_k \cos mx_k = \frac{a_m}{2},$$

da $c_{2m} = 0$ und $\zeta_n^{km} = \zeta_{2m}^{km} = (-1)^k = \cos(mx_k)$. Also gilt $T(x) = \tilde{T}(x) - \tilde{b}_m \sin mx$. Nun wird im Allgemeinen $\tilde{b}_m = -ic_0$ nicht verschwinden, was uns aber nicht stört, denn da $\sin mx_k = \sin \pi k = 0$, für $0 \le k \le n-1$ gilt, interpoliert mit $\tilde{T}$ auch T die gegebenen Daten. □

10.3 Die schnelle Fourier-Transformation

Die explizite Formel (10.7) zur Berechnung der Koeffizienten der trigonometrischen Interpolanten erlaubt es, jeden einzelnen Koeffizienten, sofern die Potenzen der Einheitswurzeln vorab bekannt sind, in $\mathcal{O}(n)$ Operationen auszurechnen, sodass man insgesamt $\mathcal{O}(n^2)$ Operationen benötigt, um die Interpolante komplett zu bestimmen. Dies ist im Vergleich zu den üblichen $\mathcal{O}(n^3)$ Operationen, die normalerweise zum Lösen des zugehörigen Gleichungssystems benötigt werden, bereits ein merklicher Fortschritt. Trotzdem lässt sich dieses Resultat noch weiter verbessern.

Bei der Bildung der Summen in (10.7) treten bei geradem $n = 2m$ bei mehreren verschiedenen Funktionswerten f_k numerisch die gleichen (oder nur im Vorzeichen verschiedenen) Faktoren $\zeta_n^{-jk} = e^{-\frac{2\pi ijk}{n}}$ auf. Genauer gilt

$$\zeta_n^{-j(k+m)} = \zeta_n^{-jk}\zeta_n^{-jm} = (-1)^j \zeta_n^{-jk}.$$

Ähnliches gilt natürlich auch für die diskrete Fourier Synthese. Diese Tatsache kann man ausnutzen, um durch geschicktes Zusammenfassen der Terme die Anzahl der Multiplikationen zu reduzieren. Auf dieser Tatsache beruht die *schnelle Fourier-Transformation* (englisch: *Fast Fourier Transform* oder *FFT*).

Bleiben wir bei geradem $n = 2m$, so gilt für die Koeffizienten mit geradem Index $j = 2\ell$ offenbar

$$c_{2\ell} = \frac{1}{n} \sum_{k=0}^{n-1} f_k \zeta_n^{-2\ell k} = \frac{1}{n} \sum_{k=0}^{m-1} \left(f_k \zeta_n^{-2\ell k} + f_{k+m}\zeta_n^{-2\ell(k+m)} \right)$$

$$= \frac{1}{m} \sum_{k=0}^{m-1} \underbrace{\frac{f_k + f_{k+m}}{2}}_{f_k^{(1)}} \zeta_m^{-\ell k},$$

während für ungeraden Index $j = 2\ell + 1$ anlog

$$c_{2\ell+1} = \frac{1}{m} \sum_{k=0}^{m-1} \frac{f_k - f_{k+m}}{2}\zeta_n^{-(2\ell+1)k} = \frac{1}{m} \sum_{k=0}^{m-1} \underbrace{\frac{f_k - f_{k+m}}{2}\zeta_n^{-k}}_{f_{m+k}^{(1)}} \zeta_m^{-\ell k}$$

folgt. Statt einer Fourier-Transformation der Länge n hat man nun also zwei Fourier-Transformationen der Länge $n/2$, eine für die Koeffizienten mit geradem Index und eine für die Koeffizienten mit ungeradem Index. Ist n nicht nur gerade, sondern eine Zweierpotenz $n = 2^p$, lässt sich dieser Prozess iterieren, was in Tabelle 10.1 für $n = 2^3 = 8$ examplarisch demonstriert wird.

Tabelle 10.1. FFT für $n = 8$

Daten		$m = 4$		$m = 2$		$m = 1$	
f_0	c_0	$f_0^{(1)} = \frac{f_0+f_4}{2}$	c_0	$f_0^{(2)} = \frac{f_0^{(1)}+f_2^{(1)}}{2}$	c_0	$f_0^{(3)} = \frac{f_0^{(2)}+f_1^{(2)}}{2}$	$= c_0$
f_1	c_1	$f_1^{(1)} = \frac{f_1+f_5}{2}$	c_2	$f_1^{(2)} = \frac{f_1^{(1)}+f_3^{(1)}}{2}$	c_4	$f_1^{(3)} = \frac{f_0^{(2)}-f_1^{(2)}}{2}\zeta_2^{-0}$	$= c_4$
f_2	c_2	$f_2^{(1)} = \frac{f_2+f_6}{2}$	c_4	$f_2^{(2)} = \frac{f_0^{(1)}-f_2^{(1)}}{2}\zeta_4^{-0}$	c_2	$f_2^{(3)} = \frac{f_2^{(2)}+f_3^{(2)}}{2}$	$= c_2$
f_3	c_3	$f_3^{(1)} = \frac{f_3+f_7}{2}$	c_6	$f_3^{(2)} = \frac{f_1^{(1)}-f_3^{(1)}}{2}\zeta_4^{-1}$	c_6	$f_3^{(3)} = \frac{f_2^{(2)}-f_3^{(2)}}{2}\zeta_2^{-0}$	$= c_6$
f_4	c_4	$f_4^{(1)} = \frac{f_0-f_4}{2}\zeta_8^{-0}$	c_1	$f_4^{(2)} = \frac{f_4^{(1)}+f_6^{(1)}}{2}$	c_1	$f_4^{(3)} = \frac{f_4^{(2)}+f_5^{(2)}}{2}$	$= c_1$
f_5	c_5	$f_5^{(1)} = \frac{f_1-f_5}{2}\zeta_8^{-1}$	c_3	$f_5^{(2)} = \frac{f_5^{(1)}+f_7^{(1)}}{2}$	c_5	$f_5^{(3)} = \frac{f_4^{(2)}-f_5^{(2)}}{2}\zeta_2^{-0}$	$= c_5$
f_6	c_6	$f_6^{(1)} = \frac{f_2-f_6}{2}\zeta_8^{-2}$	c_5	$f_6^{(2)} = \frac{f_4^{(1)}-f_6^{(1)}}{2}\zeta_4^{-0}$	c_3	$f_6^{(3)} = \frac{f_6^{(2)}+f_7^{(2)}}{2}$	$= c_3$
f_7	c_7	$f_7^{(1)} = \frac{f_3-f_7}{2}\zeta_8^{-3}$	c_7	$f_7^{(2)} = \frac{f_5^{(1)}-f_7^{(1)}}{2}\zeta_4^{-1}$	c_7	$f_6^{(3)} = \frac{f_6^{(2)}-f_7^{(2)}}{2}\zeta_2^{-0}$	$= c_7$

Geht man wieder davon aus, dass die Potenzen der Einheitswurzeln vorliegen, so ergibt sich für die Anzahl der komplexen Multiplikationen und Additionen offenbar $M(n) = n/2 + 2M(n/2)$, bzw. $A(n) = n + 2A(n/2)$, was sich beides zu $\mathcal{O}(n \log n)$ auflösen lässt. Die Anzahl der Multiplikationen ist tatsächlich noch geringer, wenn man berücksichtigt, dass in jedem Schritt $\zeta^{-0} = 1$ vorkommt. Dies ändert aber nicht das asymptotische Verhalten.

10.4 Aufgaben

10.1 Man zeige: Stammen die Interpolationsdaten von einer geraden bzw. ungeraden Funktion, so ist das trigonometrische Interpolationspolynom gerade bzw. ungerade, d.h. eine Linearkombination von Cosinus- bzw. Sinusfunktionen.

10.2 Zeigen Sie: Zu n verschiedenen Stützstellen $x_0, \ldots, x_{n-1} \in [0, \pi)$ und Funktionswerten $f_0, \ldots, f_{n-1} \in \mathbb{R}$ gibt es genau ein gerades trigonometrische Polynom $p \in \mathcal{T}_n^{\mathbb{R}}$ mit $p(x_j) = f_j$ für $0 \le j \le n - 1$. Der Raum $\mathcal{T}_n^{\mathbb{R}}$ ist also ein n-dimensionaler Haarscher Raum über $[0, \pi)$.

11 Splines

Das Beispiel 8.23 von Runge hat gezeigt, dass selbst bei beliebig glatter Datenfunktion f und beliebig großer Anzahl von Stützstellen der Fehler zwischen Polynom-Interpolante und Funktion beliebig groß sein kann. Ein hoher Polynomgrad ist auch bei der Auswertung problematisch. Daher bietet es sich an, die Interpolante lieber aus mehreren, kleinen polynomialen Teilstücken zusammenzusetzen, wobei jedes Teilstück einen kleinen Grad hat. Diese Vorgehensweise hat man bereits lange vor der Entwicklung von Computern, zum Beispiel im Schiffsbau, eingesetzt. Dabei liegt dem Verfahren folgender Spezialfall zugrunde.

Zur graphischen Interpolation einer Reihe von Datenpunkten (x_j, f_j), $0 \le j \le n$, mit einer *Knotenfolge*

$$X : \quad a = x_0 < x_1 < \ldots < x_n = b \tag{11.1}$$

benutzten Konstrukteure früher statt eines Kurvenlineals auch häufig einen dünnen biegsamen Stab (*Straklatte*, engl. *spline*), den man durch Festklemmen zwang, auf dem Zeichenpapier die gegebenen Punkte zu verbinden. Anschließend konnte man dann längs des Stabes eine interpolierende Kurve zeichnen. Physikalisch ist die Lage, die der Stab zwischen den Datenpunkten einnimmt, durch ein Minimum der elastischen Energie charakterisiert, d.h. die Gesamtkrümmung, gegeben durch das Integral

$$\int_a^b \frac{|y''(t)|^2}{1 + |y'(t)|^2} dt, \tag{11.2}$$

wird durch die den Stab darstellende Funktion $s \in C^2[a, b]$ unter allen anderen zweimal stetig differenzierbaren Interpolierenden y minimiert.

Für den Fall kleiner erster Ableitungen kann man das Integral (11.2) näherungsweise durch

$$\int_a^b |y''(t)|^2 dt$$

ersetzen. Wir wollen im Folgenden zeigen, dass die Lösungen dieser Aufgabe gerade durch spezielle stückweise polynomiale Funktionen gegeben ist.

11.1 Definition und elementare Eigenschaften

Wir beginnen mit der formalen Einführung von stückweise polynomialen *Spline*-Funktionen. Dabei gehen wir davon aus, dass wir eine *Zerlegung* X des Intervalls $[a, b]$ der Form (11.1) haben.

Definition 11.1. *Sei* $X : a = x_0 < x_1 < \ldots < x_n = b$ *eine Zerlegung des Intervalls* $I = [a, b]$ *und sei* $m \in \mathbb{N}$. *Eine Funktion* $s : I \to \mathbb{R}$ *heißt (polynomialer) Spline vom Grad* m *über der Zerlegung* X, *falls* $s \in C^{m-1}(I)$ *und* $s|[x_i, x_{i+1}] \in \pi_m(\mathbb{R})$ *für* $0 \leq i \leq n - 1$ *gilt. Die Menge aller Splines vom Grad* m *über* X *bezeichnen wir mit* $\mathcal{S}_m(X)$.

Man beachte, dass die Definition von $\mathcal{S}_m(X)$ von der Knotenfolge X abhängt. Bei festem X ist die Menge der Splines $\mathcal{S}_m(X)$ offensichtlich ein linearer Raum. Die Bedingung $s|[x_i, x_{i+1}] \in \pi_m(\mathbb{R})$ besagt, dass s auf jedem Teilintervall $[x_i, x_{i+1}]$ ein Polynom vom Grad höchstens m sein soll. Diese Polynome können aber nicht unabhängig voneinander gewählt werden, da die gesamte Funktion s in $C^{m-1}(I)$ liegen muss. Diese Glätte-Anforderung, besagt anschaulich, dass die Teilstücke glatt "verklebt" werden müssen, genauer muss an jedem inneren Knoten x_j gelten

$$s^{(i)}(x_j+) = s^{(i)}(x_j-), \qquad 0 \leq i \leq m - 1, \qquad (11.3)$$

wobei x_j+ andeuten soll, dass die rechtsseitige Ableitung gemeint ist, und x_j- für die linksseitige steht. Fordert man (11.3) auch für $i = m$, so ist s als Polynom vom Grad m auf $[x_{i-1}, x_i]$ bzw. $[x_i, x_{i+1}]$ eindeutig bestimmt, und x_i ist kein echter innerer Knoten.

Manchmal ist es sinnvoll, in der Definition auch $m = 0$ zuzulassen. Dann sind die Teilstücke einer Funktion s aus $\mathcal{S}_0(X)$ Konstanten. Die Forderung $s \in C^{-1}(I)$ ist dann keine Forderung mehr; insbesondere müssen die Teilstücke in keiner Weise miteinander verknüpft werden. Um Uneindeutigkeiten zu vermeiden, muss s auf den Knoten X in irgendeiner sinnvollen Weise erklärt werden.

Ferner sieht man auch manchmal eine Entkopplung von der Glätte und dem Polynomgrad, d.h. man verlangt, dass die Teilstücke vom Grad m sind, die gesamte Funktion aber in $C^r(I)$, wobei r natürlich kleiner gleich m sein muss. Im Fall $m = r$ bekommt man auch nur die Polynome selbst wieder heraus.

Beispiel 11.2. Im Falle $m = 1$ bestehen die Splines in $\mathcal{S}_1(X)$ aus stetigen, stückweise linearen Funktionen, d.h. aus *Polygonzügen*. Diese sind uns schon in Abschnitt 9.3 bei der zusammengesetzten Trapezregel begegnet. Bei beliebigem $n \geq 1$ ist das Lagrange-Interpolationsproblem, ein $s \in \mathcal{S}_1(X)$ zu finden mit

$$s(x_i) = f_i, \qquad 0 \leq i \leq n,$$

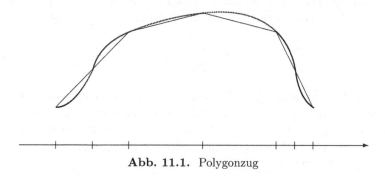

Abb. 11.1. Polygonzug

eindeutig lösbar, und die Lösung ist durch die lokale lineare Interpolation von
je zwei Datenpunkten einfach konstruierbar, indem man zwei benachbarte
Punkte (x_i, f_i) und (x_{i+1}, f_{i+1}) linear miteinander verbindet, siehe Abb. 11.1.

Es besteht hier keine Verknüpfung von Polynomgrad $m = 1$ und der
Stützstellenzahl n, und im Gegensatz zur Polynominterpolation lässt sich
relativ leicht ein allgemeines Konvergenzresultat beweisen.

Satz 11.3. *Sei $f \in C^2(I)$ und $s \in \mathcal{S}_1(X)$ der interpolierende lineare Spline
an die Daten $f_j = f(x_j)$ in X. Sei $h = \max_{0 \leq i \leq n}(x_i - x_{i-1})$. Dann gilt die
Fehlerabschätzung*

$$|f(x) - s(x)| \leq \frac{1}{8}h^2 \|f''\|_{L_\infty(I)}, \qquad x \in I.$$

Beweis. Wir können Folgerung 8.20 auf jedes der Teilintervalle $[x_i, x_{i+1}]$ anwenden, da s dort ein lineares Polynom ist und erhalten dort somit die behauptete Fehlerabschätzung, die damit auch auf ganz I gilt. $\quad\square$

Für $h \to 0$ folgt also gleichmäßige Konvergenz der Interpolierenden, was
nach Beispiel 8.23 bei Polynominterpolation mit beliebigen Stützstellen nicht
gewährleistet ist. In dieser Hinsicht ist die Spline-Interpolation der Polynom-
Interpolation überlegen. Folgen wir der nach Satz 9.10 auf Seite 160 eingeführten Terminologie, so konvergieren die stückweise linearen und stetigen
Splines also *quadratisch* gegen die unbekannte Funktion.

Um auch Interpolationsprobleme mit glatteren Splines eindeutig lösen zu
können, müssen wir zunächst die Dimension des Spline-Raums bestimmen.
Im folgenden Satz benutzen wir die *abgeschnittene Potenzfunktion*

$$(\cdot)_+ : \mathbb{R} \to [0, \infty), \quad (x)_+ := \begin{cases} x, & \text{falls } x \geq 0, \\ 0, & \text{sonst.} \end{cases}$$

Satz 11.4. *Bei gegebener Knotenfolge X bilden die Funktionen*

$$\mathcal{B} := \{(\cdot - x_0)^0, (\cdot - x_0)^1, \ldots, (\cdot - x_0)^m, (\cdot - x_1)^m_+, \ldots, (\cdot - x_{n-1})^m_+\}$$

eine Basis für $\mathcal{S}_m(X)$. Insbesondere hat $\mathcal{S}_m(X)$ die Dimension $m + n$.

Beweis. Offensichtlich gilt $\mathcal{B} \subseteq \mathcal{S}_m(X)$ und damit auch $\mathrm{span}(\mathcal{B}) \subseteq \mathcal{S}_m(X)$. Ferner sind die Elemente aus $\mathcal{B}$ auch linear unabhängig, denn hätten wir

$$\sum_{j=0}^{m} \alpha_j (x - x_0)^j + \sum_{k=1}^{n-1} \beta_k (x - x_k)_+^m = 0 \qquad (11.4)$$

für alle $x \in I$, so könnten wir zunächst $x \in [a, x_1)$ wählen. Die zweite Summe in (11.4) ist dann wegen der abgeschnittenen Potenzfunktion bereits Null und wir haben $\sum_{j=0}^{m} \alpha_j (x - x_0)^j = 0$ auf $[a, x_1)$. Da die Polynome der Form $(x - x_0)^j$, $0 \leq j \leq m$, linear unabhängig sind, folgt $\alpha_0 = \ldots = \alpha_m = 0$ und (11.4) reduziert sich zu

$$\sum_{k=1}^{n-1} \beta_k (x - x_k)_+^m = 0, \qquad x \in [a, b]. \qquad (11.5)$$

Um zu zeigen, dass die restlichen Koeffizienten ebenfalls Null sind, arbeiten wir uns jetzt von links nach rechts durch die Teilintervalle $[x_i, x_{i+1})$. Für $x \in [x_1, x_2)$ reduziert sich (11.5) zu $\beta_1 (x - x_1)^m = 0$ und daher folgt $\beta_1 = 0$. Benutzt man dies für $x \in [x_2, x_3)$, so reduziert sich (11.5) auf diesem Teilintervall zu $\beta_2 (x - x_2)^m = 0$, also $\beta_2 = 0$. So fortfahrend, erhält man, dass alle β_k Null sein müssen, und $\mathcal{B}$ in der Tat aus linear unabhängigen Funktionen besteht. Um den Beweis abzuschließen, müssen wir noch zeigen, dass jeder Spline $s \in \mathcal{S}_m(X)$ sich in dieser Basis darstellen lässt. Dazu definieren wir

$$\widetilde{s}(x) = \sum_{j=0}^{m} \frac{s^{(j)}(x_0)}{j!} (x - x_0)^j + \sum_{k=1}^{n-1} \frac{s^{(m)}(x_k+) - s^{(m)}(x_k-)}{m!} (x - x_k)_+^m,$$

wobei $s^{(m)}(x+)$ bzw. $s^{(m)}(x-)$ die rechts- bzw. linksseitige Ableitung von s an der Stelle x bezeichnet. Die Funktion $\widetilde{s}$ gehört offensichtlich zu $\mathrm{span}(\mathcal{B})$. Da einerseits

$$\widetilde{s}^{(m)}(x_i+) = s^{(m)}(x_0) + \sum_{k=1}^{i} \left(s^{(m)}(x_k+) - s^{(m)}(x_k-) \right)$$

und andererseits

$$\widetilde{s}^{(m)}(x_i-) = s^{(m)}(x_0) + \sum_{k=1}^{i-1} \left(s^{(m)}(x_k+) - s^{(m)}(x_k-) \right)$$

jeweils an den inneren Knoten x_i mit $1 \leq i \leq n-1$ gilt, haben wir

$$(\widetilde{s} - s)^{(m)}(x_i+) = (\widetilde{s} - s)^{(m)}(x_i-), \qquad 1 \leq i \leq n-1.$$

Dies bedeutet, dass $\widetilde{s} - s$ auf ganz I durch *ein* Polynom aus $\pi_m(\mathbb{R})$ dargestellt werden kann. Da aber ebenfalls ebenfalls $s^{(i)}(x_0) = \widetilde{s}^{(i)}(x_0)$ für $0 \leq i \leq m$ gilt, muss s gleich $\widetilde{s}$ sein, was den Beweis abschließt. $\square$

Die Basis $\mathcal{B}$ ist eher für theoretische Zwecke geeignet. Sie sollte nicht für numerische Anwendungen benutzt werden. Wir werden später mit den B-Splines eine numerisch wesentlich günstigere Basis kennen lernen.

11.2 Interpolierende Splines ungeraden Grades

Wir wollen uns nun auf Splines ungeraden Grades $m = 2r + 1$ beschränken und in diesem Fall Existenz und Eindeutigkeit von interpolierenden Splines nachweisen. Da die Dimension von $\mathcal{S}_{2r+1}(X)$ gleich $n + 2r + 1$ ist, reicht es nicht, Funktionswerte an den $n + 1$ Knoten x_j vorzuschreiben. Man benötigt noch weitere $2r$ Bedingungen, um Eindeutigkeit zu erzwingen. In der Praxis kommen dabei drei verschiedene Arten von Zusatzbedingungen zum Einsatz:

(1) **Natürliche Randbedingungen**: Hier fordert man zusätzlich $s^{(i)}(a) = s^{(i)}(b) = 0$ für $r + 1 \leq i \leq 2r$ und setzt $n \geq r$ voraus.

(2) **Hermite Randbedingungen**: Hier nimmt man an, dass die Daten von einer Funktion $f \in C^r(I)$ stammen und fordert zusätzlich $s^{(i)}(a) = f^{(i)}(a)$ und $s^{(i)}(b) = f^{(i)}(b)$, jeweils für $1 \leq i \leq r$.

(3) **Periodische Randbedingungen**: Hier setzt man voraus, dass $f(a) = f(b)$ gilt und fordert dann zusätzlich $s^{(i)}(a) = s^{(i)}(b)$ für $1 \leq i \leq 2r$.

Anstatt jetzt direkt Existenz und Eindeutigkeit der interpolierenden Spline-Funktion zu zeigen, nehmen wir die Existenz an, und zeigen, dass die Lösung ein Variationsproblem eindeutig löst. Aus dieser Eindeutigkeit folgt dann aber sofort die Existenz, da wir es mit endlichdimensionalen Räumen zu tun haben. Wir führen zunächst auf $C^{r+1}(I)$ die symmetrische Bilinearform

$$(f, g)_{r+1} := \int_a^b f^{(r+1)}(x) g^{(r+1)}(x) dx$$

ein. Man beachte, dass $(\cdot, \cdot)_{r+1}$ kein Skalarprodukt ist, da $(p, \cdot)_{r+1} = 0$ für alle $p \in \pi_r(\mathbb{R})$ gilt. Dennoch kann man $(\cdot, \cdot)_{r+1}$ benutzen, um eine Semi-Norm zu definieren:

$$|f|_{r+1} := (f, f)_{r+1}^{1/2}.$$

Dabei hat eine *Semi-Norm* $|\cdot|$ alle Eigenschaften einer Norm außer der Definitheit, d.h. es kann $|x| = 0$ mit $x \neq 0$ gelten. Mit der obigen Seminorm folgt unmittelbar für $s, g \in C^{r+1}(I)$, dass

$$|g - s|_{r+1}^2 = |g|_{r+1}^2 - 2(g, s)_{r+1} + |s|_{r+1}^2$$
$$= |g|_{r+1}^2 - 2(g - s, s)_{r+1} - |s|_{r+1}^2$$

gilt. Wenn wir jetzt zeigen können, dass im Fall des interpolierenden Splines $s \in \mathcal{S}_{2r+1}(X)$ das Integral $(g - s, s)_{r+1}$ für alle ebenfalls interpolierenden $g \in C^{r+1}(I)$ verschwindet, so folgt hieraus sofort $|s|_{r+1} \leq |g|_{r+1}$, d.h. die Funktion s hat minimale Semi-Norm unter allen Interpolierenden.

Satz 11.5. *Sei $s \in \mathcal{S}_{2r+1}(X)$ ein interpolierender Spline zu f, der zusätzlich eine der Randbedingungen (1), (2), oder (3) erfüllt. Ferner sei $g \in C^{r+1}(I)$ eine beliebige Funktion, welche zusätzlich*

– im Fall (2) der Hermite Randbedingungen ebenfalls $g^{(i)}(b) = f^{(i)}(b)$ für $1 \leq i \leq r$ und
– im Fall (3) der periodischen Randbedingung mindestens $g^{(i)}(a) = g^{(i)}(b)$ für $0 \leq i \leq r$

erfüllt. Dann gilt die Ungleichung

$$|s|_{r+1} \leq |g|_{r+1}.$$

Man beachte, dass im Fall der natürlichen Randbedingungen keine weiteren Forderungen an g gestellt werden, und die Forderungen im Fall der periodischen Daten schwächer sind als die an s gestellten.

Beweis. Wir integrieren $(g - s, s)_{r+1}$ mehrfach partiell, um

$$(g - s, s)_{r+1} = (g - s)^{(r)} s^{(r+1)} \Big|_a^b - \int_a^b (g - s)^{(r)}(x) s^{(r+2)}(x) dx$$

$$= \sum_{j=0}^{r-1} (-1)^j (g - s)^{(r-j)} s^{(r+j+1)} \Big|_a^b$$

$$+ (-1)^r \int_a^b (g - s)'(x) s^{(2r+1)}(x) dx$$

zu erhalten. Auf Grund der Annahmen verschwindet die hierbei auftretende Summe. Das letzte Integral zerlegen wir in eine Summe von Integralen über die Teilintervalle $[x_i, x_{i+1}]$ und integrieren dort noch einmal partiell,

$$\int_a^b (g - s)'(x) s^{(2r+1)}(x) dx = \sum_{j=0}^{n-1} \int_{x_j}^{x_{j+1}} (g - s)'(x) s^{(2r+1)}(x) dx$$

$$= \sum_{j=0}^{n-1} (g - s) s^{(2r+1)} \Big|_{x_j}^{x_{j+1}} - \sum_{j=0}^{n-1} \int_{x_j}^{x_{j+1}} (g - s)(x) s^{(2r+2)}(x) dx.$$

Der letzte Ausdruck verschwindet, da einerseits $g(x_j) = f(x_j) = s(x_j)$ und andererseits $s|[x_j, x_{j+1}] \in \pi_{2r+1}(\mathbb{R})$ gilt. $\square$

Dieses Resultat zieht nun sofort die Eindeutigkeit von $s \in \mathcal{S}_{2r+1}(X)$ nach sich, denn wir haben ja auch gezeigt, dass in dieser Situation

$$|g - s|_{r+1}^2 = |g|_{r+1}^2 - |s|_{r+1}^2 \tag{11.6}$$

gilt. Ist $\tilde{s} \in \mathcal{S}_{2r+1}(X)$ eine weitere Lösung, die eine der drei Interpolationsaufgaben löst, so folgt hieraus wegen $|\tilde{s}|_{r+1} = |s|_{r+1}$ also $|\tilde{s} - s|_{r+1} = 0$.

Daher können sich s und $\tilde{s}$ höchstens um ein Polynom vom Grad r unterscheiden. Im Fall der natürlichen Randbedingungen (1) gilt nun aber $s(x_j) = f(x_j) = \tilde{s}(x_j)$ für $0 \leq j \leq n$ und $n \geq r$, sodass $\tilde{s} = s$ sein muss. Im Fall der Hermite Randbedingungen (2) haben wir entsprechend $s^{(i)}(a) = \tilde{s}^{(i)}(a)$ für $0 \leq i \leq r$, sodass $s - \tilde{s}$ an a (und auch an b) eine $r + 1$ fache Nullstelle hat und damit identisch verschwindet. Schließlich haben wir im Fall (3) periodischer Randbedingungen $(s - \tilde{s})^{(j)}(a) = (s - \tilde{s})^{(j)}(b)$, $0 \leq j \leq r$. Wegen $s - \tilde{s} \in \pi_r(\mathbb{R})$ können wir zunächst $(s - \tilde{s})(x) = \sum_{j=0}^{r} a_j x^j$ schreiben. Nehmen wir die $(r - 1)$-te Ableitung, so erhalten wir $(r - 1)! a_{r-1} + r! a_r x$ und dies soll für $x = a$ und $x = b$ denselben Wert ergeben, daher muss $a_r = 0$ gelten. Nimmt man jetzt die $(r - 2)$-te Ableitung, so folgert man genauso $a_{r-1} = 0$. So fortfahrend, erhält man schließlich, dass $s - \tilde{s}$ tatsächlich eine Konstante ist, die wiederum wegen $s(a) = \tilde{s}(a)$ nur Null sein kann. Dies bedeutet gerade $s = \tilde{s}$.

Es sollte klar sein, dass sich die Lösungen der einzelnen Aufgaben (1), (2) und (3) unterscheiden.

Da die Dimension von $\mathcal{S}_{2r+1}(X)$ gerade $n + 2r + 1$ ist und wir in jedem der drei Fälle genau $n + 2r + 1$ Daten vorschreiben und wir bereits wissen, dass wir Eindeutigkeit haben, muss auch eine Lösung existieren.

Satz 11.6. *Zu gegebenem $f \in C(I)$ und zu gegebenen zusätzlichen Randbedingungen (1), (2) oder (3) gibt es genau einen interpolierenden Spline $s \in \mathcal{S}_{2r+1}(X)$.*

Satz 11.5 macht jetzt auch den Namen *natürliche Randbedingungen* etwas klarer. Der interpolierende Spline mit natürlichen Randbedingungen löst die Aufgabe

$$\min\left\{ |g|_{r+1} : g \in C^{r+1}(I) \text{ mit } g(x_j) = f(x_j), 0 \leq j \leq n \right\}.$$

Im Falle $r = 1$ haben wir damit das in der Einleitung dieses Kapitels besprochene Problem gelöst.

Kommen wir jetzt zur Fehlerabschätzung. Von jetzt an werden wir immer $n \geq r$ voraussetzen, was keine Einschränkung ist, da der Polynomgrad $2r + 1$ gegenüber der Anzahl von Stützstellen $n + 1$ klein sein soll. Das war ja der angestrebte Vorteil gegenüber der Polynominterpolation.

Wir werden bei der folgenden Fehleranalyse zunächst nur ausnutzen, dass s die Funktion f auf X interpoliert, d.h. dass $u := f - s$ auf X verschwindet.

Satz 11.7. *Die Funktion $u \in C^{r+1}(I)$ verschwinde auf den Knoten $X : a = x_0 < \ldots < x_n = b$. Dann gilt mit $h = \max_i(x_{i+1} - x_i)$ für $0 \leq \ell \leq r$ die Abschätzung*

$$\|u^{(\ell)}\|_{L_\infty(I)} \leq \frac{(r+1)!}{\ell! \sqrt{r+1}} h^{r + \frac{1}{2} - \ell} |u|_{r+1}.$$

Beweis. Wir benutzen wieder einmal den Satz von Rolle. Die Funktion u hat in I mindestens $n + 1$ Nullstellen, und zwei aufeinanderfolgende Nullstellen haben höchstens den Abstand h. Daher hat die Funktion u' mindestens $n + 1 - 1 = n$ Nullstellen mit Abstand höchstens $2h$. Ferner hat die am weitesten links liegende Nullstelle ebenfalls höchstens einen Abstand $2h$ von a. Dasselbe gilt für die am weitesten rechts liegende Nullstelle und b. So fortfahren sehen wir, dass $u^{(\ell)}$ mindestens $n + 1 - \ell$ Nullstellen in I hat und diese höchstens den Abstand $(\ell + 1)h$ voneinander haben. Dies bedeutet, dass wir für jedes $x \in I$ eine Nullstelle $t_\ell = t_\ell(x)$ von $u^{(\ell)}$ in I finden können mit $|x - t_\ell| \leq (\ell + 1)h$. Daher haben wir die Abschätzung

$$|u^{(\ell)}(x)| \leq \int_{t_\ell}^{x} |u^{(\ell+1)}(t)|dt \leq (\ell + 1)h\|u^{(\ell+1)}\|_{L_\infty(I)}, \qquad (11.7)$$

die iterativ zu

$$\|u^{(\ell)}\|_{L_\infty(I)} \leq (\ell + 1) \cdot \ldots \cdot rh^{r-\ell}\|u^{(r)}\|_{L_\infty(I)} \qquad (11.8)$$

führt. Für die letzte Ableitung variieren wir die Abschätzung in (11.7), indem wir die Cauchy-Schwarzsche Ungleichung benutzen, um

$$|u^{(r)}(x)| \leq \int_{t_r}^{x} |u^{(r+1)}(t)|dt \leq \sqrt{(r + 1)h}|u|_{r+1}$$

zu erhalten, woraus dann die Behauptung folgt. $\quad \square$

Folgerung 11.8. *Sei $f \in C^{r+1}(I)$ und $s \in S_{2r+1}(X)$ der interpolierende Spline, der zusätzlich eine der Bedingungen (1), (2) oder (3) erfüllt. Dann gilt*

$$\|(f - s)^{(\ell)}\|_{L_\infty(I)} \leq \frac{(r+1)!}{\ell!\sqrt{r+1}}h^{r+\frac{1}{2}-\ell}|f|_{r+1}$$

für alle $0 \leq \ell \leq r$.

Beweis. Natürlich setzen wir $u = f - s$ im vorhergehenden Satz. Dann müssen wir nur noch $|f - s|_{r+1} \leq |f|_{r+1}$ nachweisen, was aber sofort aus (11.6) folgt, wenn man dort $g = f$ setzt. $\quad \square$

Wir haben also nachgewiesen, dass die Spline-Interpolanten nicht nur die Funktion f, sondern auch alle Ableitungen bis zur Ordnung r gut approximieren. Man spricht hier auch von *Simultanapproximation*.

Wir wollen uns jetzt noch kurz überlegen, inwiefern diese Fehlerabschätzungen verbessert werden können. Der erste Schritt ist dabei die $L_\infty(I)$-Norm auf der linken Seite durch eine schwächere Norm zu ersetzen. Wir werden dies am Beispiel der $L_2(I)$-Norm vorführen, da diese auch auf Grund der Norm minimierenden Eigenschaft der Splines ein wesentlich naheliegenderer Kandidat ist.

Satz 11.9. *Unter den Voraussetzungen von Satz 11.7 gilt sogar*

$$|u|_\ell \leq \frac{(r+1)!}{\ell!} h^{r+1-\ell} |u|_{r+1}. \tag{11.9}$$

Dies bedeutet insbesondere auch für den Fehler bei der Spline-Interpolation aus Folgerung 11.8:

$$|f - s|_\ell \leq \frac{(r+1)!}{\ell!} h^{r+1-\ell} |f|_{r+1}.$$

Beweis. Das Problem im Beweis von Satz 11.7 lag darin, dass die $L_\infty(I)$-Norm durch die $L_2(I)$-Norm abgeschätzt werden musste. Dadurch wurde in der Ordnung $1/2$ verschenkt. Seien jetzt $t_0 < t_1 < \ldots < t_{n-\ell}$ die Nullstellen von $u^{(\ell)}$ in I. Definieren wir zusätzlich $t_{-1} = a$ und $t_{n-\ell+1} := b$, so haben wir wieder mit der Cauchy-Schwarzschen Ungleichung

$$\int_{t_j}^{t_{j+1}} |u^{(\ell)}(x)|^2 dx = \int_{t_j}^{t_{j+1}} \left| \int_{t_j}^x u^{(\ell+1)}(t) dt \right|^2 dx$$

$$\leq \int_{t_j}^{t_{j+1}} (x - t_j) \int_{t_j}^x |u^{(\ell+1)}(t)|^2 dt\, dx$$

$$\leq (\ell+1)^2 h^2 \int_{t_j}^{t_{j+1}} |u^{(\ell+1)}(t)|^2 dt.$$

für $0 \leq j \leq n-\ell$. Für das Intervall $[a, t_0]$ gilt eine entsprechende Abschätzung. Aufsummieren liefert dann

$$\int_a^b |u^{(\ell)}(t)|^2 dt = \sum_{j=-1}^{n-\ell} \int_{t_j}^{t_{j+1}} |u^{(\ell)}(t)|^2 dt$$

$$\leq (\ell+1)^2 h^2 \sum_{j=-1}^{n-\ell} \int_{t_j}^{t_{j+1}} |u^{(\ell+1)}(t)|^2 dt$$

$$= (\ell+1)^2 h^2 \int_a^b |u^{(\ell+1)}(t)|^2 dt.$$

Induktion führt dann wieder zum behaupteten Ergebnis. $\square$

Der Gewinn der zusätzlichen Ordnung $1/2$ scheint marginal, aber wir werden ihn gleich noch weiter gewinnbringend einsetzen. Und zwar lassen sich die Fehlerabschätzungen im Fall von Hermite-Randbedingungen und zusätzlicher Glätte von f wesentlich verbessern.

Satz 11.10. *Sei $f \in C^{2r+2}(I)$ und $s \in S_{2r+1}(X)$ der interpolierende Spline, der zusätzlich die Hermite-Randbedingungen (2) erfüllt. Dann gelten für $0 \leq \ell \leq r$ die Fehlerabschätzungen*

$$\|(f - s)^{(\ell)}\|_{L_\infty(I)} \leq \frac{[(r+1)!]^2}{\ell! \sqrt{r+1}} h^{2r + \frac{3}{2} - \ell} |f|_{2r+2}$$

und

$$|f - s|_\ell \leq \frac{[(r + 1)!]^2}{\ell!} h^{2r+2-\ell} |f|_{2r+2}.$$

Beweis. Wir benutzen die Optimalitätsbedingung $(f - s, s)_{r+1} = 0$ und die Hermite Randbedingung, um durch partielle Integration

$$|f - s|_{r+1}^2 = (f - s, f - s)_{r+1} = (f - s, f)_{r+1}$$

$$= \int_a^b (f - s)^{(r+1)}(x) f^{(r+1)}(x) dx$$

$$= (f - s)^{(r)} f^{(r+1)} \Big|_a^b - \int_a^b (f - s)^{(r)}(x) f^{(r+2)}(x) dx$$

$$= - \int_a^b (f - s)^{(r)}(x) f^{(r+2)}(x) dx$$

$$= (-1)^{r+1} \int_a^b (f - s)(x) f^{(2r+2)}(x) dx$$

zu folgern. Damit und mit (11.9) haben wir also

$$|f - s|_{r+1}^2 \leq \|f - s\|_{L_2(I)} |f|_{2r+2} \leq (r + 1)! h^{r+1} |f - s|_{r+1} |f|_{2r+2},$$

und Division durch $|f - s|_{r+1}$ führt zu

$$|f - s|_{r+1} \leq (r + 1)! h^{r+1} |f|_{2r+2}.$$

Setzt man dies nun in die Abschätzungen von Satz 11.7 bzw. von Satz 11.9 ein, so erhält man die behaupteten Fehlerabschätzungen. □

Die Bedingung, dass $f^{(r+1)}$ bzw. $f^{(2r+2)}$ noch stetig ist, kann abgeschwächt werden. Es reicht letztlich, dass die Funktionen quadratisch integrierbar sind.

Im Falle kubischer Splines $r = 1$ haben wir also ohne zusätzliche Voraussetzungen die L_∞-Ordnung 1.5, mit zusätzlichen Voraussetzungen die Ordnung 3.5. Wir werden später sehen, dass sogar die Ordnung vier möglich ist.

11.3 Die Berechnung kubischer Splines

Für die Praxis werden die im Falle $m = 3$ in Definition 11.1 auftretenden Splines am häufigsten verwendet; sie entsprechen ja auch dem eingangs dargestellten physikalischen Prinzip der Straklatte. Da ein solcher Spline eine $C^2(I)$-Funktion ist, die stückweise aus Polynomen vom Grad kleiner gleich drei besteht, spricht man hier einfach auch von *kubischen Splines*.

Auf Grund ihrer Wichtigkeit soll in diesem Abschnitt speziell für kubische Splines ein einfaches numerisches Konstruktionsverfahren für die Lösung des

Interpolationsproblems angegeben werden. Zu festen Knoten $X : a = x_0 < x_1 < \ldots < x_n = b$ seien Interpolationsdaten $f_0, \ldots, f_n \in \mathbb{R}$ vorgegeben. Da die Dimension von $\mathcal{S}_3(X)$ nach Satz 11.4 aber gerade $n+3$ ist, benötigen wir noch zwei weitere Bedingungen, um die Interpolante eindeutig zu machen. Wie im letzten Abschnitt betrachten wir die drei Fälle

(1) Natürliche Randbedingungen: $s''(a) = 0$ und $s''(b) = 0$,
(2) Hermite-Randbedingungen: $s'(a) = f'(a)$ und $s'(b) = f'(b)$,
(3) Periodische Randbedingungen: $s'(a) = s'(b)$ und $s''(a) = s''(b)$.

Auf jedem der Teilintervalle $I_j := [x_{j-1}, x_j]$, $1 \le j \le n$, ist die zweite Ableitung einer Funktion s aus $\mathcal{S}_3(X)$ linear. Mit den Abkürzungen

$$h_j := x_j - x_{j-1}, \qquad 1 \le j \le n,$$
$$M_j := s''(x_j), \qquad 0 \le j \le n,$$

gilt also

$$s''(x) = \frac{1}{h_j} \left\{ M_j(x - x_{j-1}) + M_{j-1}(x_j - x) \right\}, \qquad x \in I_j.$$

Daraus folgt für die Restriktion von s auf $I_j = [x_{j-1}, x_j]$ durch zweimalige Integration, dass es Konstanten a_j und b_j gibt mit

$$s(x) = \frac{1}{6h_j} \left\{ M_j(x - x_{j-1})^3 + M_{j-1}(x_j - x)^3 \right\} + b_j \left(x - \frac{x_j + x_{j-1}}{2} \right) + a_j.$$
$$(11.10)$$

Der springende Punkt hier ist, dass bei Kenntnis der M_j die a_j und b_j durch die Interpolationsbedingungen eindeutig festgelegt sind.

Lemma 11.11. *Für eine Funktion $s \in \mathcal{S}_3(X)$, die sich auf $I_j = [x_{j-1}, x_j]$ durch (11.10) darstellen lässt und die die Interpolationsbedingungen $s(x_j) = f_j$, $0 \le j \le n$, erfüllt, gilt*

$$a_j = \frac{f_j + f_{j-1}}{2} - \frac{h_j^2}{12}(M_j + M_{j-1}), \qquad 1 \le j \le n,$$
$$b_j = \frac{f_j - f_{j-1}}{h_j} - \frac{h_j}{6}(M_j - M_{j-1}), \qquad 1 \le j \le n.$$

Beweis. Dies folgt einfach, indem man (11.10) benutzt, um $f_{j-1} = s(x_{j-1})$ und $f_j = s(x_j)$ auszurechnen. Subtrahiert bzw. addiert man die dabei entstehenden Gleichungen, erhält man das gewünschte Resultat. $\square$

Es bleibt also ein Gleichungssystem für die Momente M_j, $0 \le j \le n$, aufzustellen. Dazu benutzen wir zunächst die Stetigkeit von s' an den inneren Knoten. Es muss gelten $s'(x_j-) = s'(x_j+)$ für alle $1 \le j \le n-1$. Dies liefert uns $n-1$ Gleichungen für $n+1$ Unbekannte, die restlichen zwei

Gleichungen folgen dann aus den zusätzlichen Randbedingungen. Es gilt auf $I_j = [x_{j-1}, x_j]$,

$$s'(x) = \frac{1}{2h_j} \left\{ (x - x_{j-1})^2 M_j - (x_j - x)^2 M_{j-1} \right\} + b_j, \qquad (11.11)$$

was mit Lemma 11.11 sofort

$$s'(x_j-) = \frac{h_j}{2} M_j - \frac{h_j}{6}(M_j - M_{j-1}) + [x_{j-1}, x_j]f$$

liefert, wobei wir bei der Darstellung von b_j der Einfachheit halber Differenzenquotienten benutzt haben. Genauso folgt aus der Darstellung von s' auf $I_{j+1} = [x_j, x_{j+1}]$ die Gleichung

$$s'(x_j+) = -\frac{h_{j+1}}{2} M_j - \frac{h_{j+1}}{6}(M_{j+1} - M_j) + [x_j, x_{j+1}]f.$$

Gleichsetzen und Umformen führt dann schließlich zum Gleichungssystem

$$\mu_j M_{j-1} + M_j + \lambda_j M_{j+1} = 3[x_{j-1}, x_j, x_{j+1}]f, \qquad 1 \le j \le n-1, \quad (11.12)$$

wobei wir zur Abkürzung die Größen

$$\mu_j := \frac{h_j}{2(h_j + h_{j+1})} \qquad \lambda_j := \frac{h_{j+1}}{2(h_j + h_{j+1})}$$

eingeführt haben.

Kommen wir nun zu den Randbedingungen. Im einfachsten Fall, den natürlichen Randbedingungen, setzt man einfach $M_0 = M_n = 0$, sodass die $n - 1$ Gleichungen (11.12) ausreichend sind. Man hat dann das lineare Gleichungssystem

$$\begin{pmatrix} 1 & \lambda_1 & & & & \\ \mu_2 & 1 & \lambda_2 & & & \\ & \ddots & \ddots & \ddots & & \\ & & \mu_{n-2} & 1 & \lambda_{n-2} \\ & & & \mu_{n-1} & 1 \end{pmatrix} \begin{pmatrix} M_1 \\ M_2 \\ \vdots \\ M_{n-2} \\ M_{n-1} \end{pmatrix} = 3 \begin{pmatrix} F_1 \\ F_2 \\ \vdots \\ F_{n-2} \\ F_{n-1} \end{pmatrix}$$

zu lösen, wobei wir $F_j = [x_{j-1}, x_j, x_{j+1}]f$ gesetzt und in der auftretenden Matrix nur die Einträge ungleich Null angedeutet haben. Die in diesem Gleichungssystem auftretende Matrix ist wegen $\lambda_j + \mu_j = 1/2$ streng diagonaldominant und damit nach Satz 2.7 invertierbar. Die Matrix ist auch eine *Tridiagonal-Matrix*, die die Voraussetzungen von Satz 2.9 erfüllt, sodass sich das zugehörige Gleichungssystem mit $\mathcal{O}(n)$ Aufwand lösen lässt.

Im Fall von Hermite-Randbedingungen folgt aus der Darstellung (11.11)

$$f'(x_0) = s'(x_0+) = -\frac{h_1}{2} M_0 + [x_0, x_1]f - \frac{h_1}{6}(M_1 - M_0),$$

was sich umformen lässt zu

$$M_0 + \frac{1}{2}M_1 = 3[x_0, x_0, x_1]f. \tag{11.13}$$

Genauso erhält man am anderen Rand die zusätzliche Bedingung

$$\frac{1}{2}M_{n-1} + M_n = 3[x_{n-1}, x_n, x_n]f.$$

Man erhält wieder ein lineares Gleichungssystem mit einer streng diagonaldominanten Tridiagonal-Matrix, welches wieder eindeutig mit $\mathcal{O}(n)$ Operationen lösbar ist.

Hat man schließlich periodische Randbedingungen, so bedeutet $s''(a) = s''(b)$ gerade $M_0 = M_n$, sodass sich eine Variable aus dem System eliminieren lässt. Die Bedingung $s'(a) = s'(b)$ führt diesmal zu der zusätzlichen Gleichung

$$h_1 M_1 + h_n M_{n-1} + 2(h_1 + h_n)M_n = 6([x_0, x_1]f - [x_{n-1}, x_n]f).$$

Die dabei entstehende Interpolationsmatrix für die Unbekannten $M_1, \ldots, M_n$ weicht in der ersten und letzten Zeile von der Tridiagonal-Struktur ab. Trotzdem zeigt sich Invertierbarkeit, genauso wie im ersten Fall.

Es gibt noch eine weitere, in der Praxis oft benutzte Möglichkeit, die Freiheitsgrade zu reduzieren. Bei dieser Variante verlangt man, dass die Funktion s in x_1 und x_{n-1} sogar dreimal stetig differenzierbar ist, d.h. s wird auf $[x_0, x_2]$ und auf $[x_{n-2}, x_n]$ jeweils durch ein Polynomstück dargestellt. Da die Knoten x_1 und x_{n-1} auf diese Weise wegdiskutiert werden, spricht man von der *not-a-knot*-Bedingung.

Aus (11.10) folgt

$$s^{(3)}(x) = \frac{1}{h_j}(M_j - M_{j-1}), \qquad x \in I_j = [x_{j-1}, x_j],$$

und man hat $s^{(3)}(x_1-) = s^{(3)}(x_1+)$ genau dann, wenn

$$\frac{1}{h_1}(M_1 - M_0) = \frac{1}{h_2}(M_2 - M_1)$$

gilt. Das bedeutet

$$M_0 = M_1 - \frac{h_1}{h_2}(M_2 - M_1) = \frac{1}{h_2}((h_1 + h_2)M_1 - h_1 M_2),$$

sodass man entweder M_0 eliminieren kann, oder man fügt dies als zusätzliche Gleichung hinzu. Analog geht man für x_{n-1} vor. Es lässt sich wieder zeigen, diesmal aber mit etwas mehr Aufwand, dass die resultierende Matrix invertierbar ist.

Für die numerische Behandlung allgemeinerer Interpolations- und Approximationsaufgaben mit Spline-Funktionen benötigt man die im folgenden Abschnitt dargestellten B-Splines als spezielle Basisfunktionen.

Wir wollen zum Abschluss dieses Abschnitts noch einmal auf die Fehler-abschätzungen zurückkommen. Wir hatten am Ende des letzten Abschnitts darauf hingewiesen, dass im Fall von kubischen Spline-Interpolanten mit Hermite-Randbedingungen sogar die Ordnung vier erreichbar ist.

Lemma 11.12. *Sei $f \in C^4(I)$ und s_f die kubische Interpolante mit Hermite Randbedingungen an f. Dann gilt $\|s_f''\|_{L_\infty(I)} \leq 3\|f''\|_{L_\infty(I)}$. Ferner gilt für jeden linearen Spline $\tilde{s} \in \mathcal{S}_1(X)$*

$$|f'' - s_f''\|_{L_\infty(I)} \leq 4\|f'' - \tilde{s}\|_{L_\infty(I)}, \qquad \tilde{s} \in \mathcal{S}_1(X), \tag{11.14}$$

Beweis. Zunächst überlegt man sich leicht mit einer Taylor-Entwicklung, dass es sowohl für $F_j = [x_{j-1}, x_j, x_{j+1}]f$ als auch für $F_0 = [x_0, x_0, x_1]f$ und $F_n = [x_{n-1}, x_n, x_n]f$ jeweils ein ξ_j gibt mit

$$F_j = \frac{f''(\xi_j)}{2}, \qquad 0 \leq j \leq n.$$

Dies gilt ganz allgemein (siehe Aufgabe 8.5 aus Kapitel 8). Als nächstes bemerken wir, da s_f'' ein linearer Spline ist, der die M_j interpoliert, dass $\|s_f''\|_{L_\infty(I)} = \max_{0 \leq j \leq n} |M_j|$ gilt. Sei $k \in \{0, \ldots, n\}$ ein Index, in dem letzteres angenommen wird, d.h. $|M_k| = \|s_f''\|_{L_\infty(I)}$. Ist $1 \leq k \leq n-1$, dann folgt aus (11.12)

$$\frac{3}{2}|f''(\xi_k)| = |M_k + \mu_k M_{k-1} + \lambda_k M_{k+1}|$$
$$\geq |M_k| - \mu_k|M_{k-1}| - \lambda_k|M_{k-1}|$$
$$\geq \frac{1}{2}\|s_f''\|_{L_\infty(I)},$$

da $\lambda_k + \mu_k = 1/2$. Gilt andererseits z.B. $k = 0$, so folgt aus (11.13) entsprechend

$$\frac{3}{2}|f''(\xi_0)| \geq |M_0| - \frac{1}{2}|M_1| \geq \frac{1}{2}\|s_f''\|_{L_\infty(I)},$$

und Gleiches gilt am rechten Rand. Damit haben wir insgesamt den ersten Teil der Behauptung bewiesen. Für den zweiten Teil benutzen wir einen Trick. Zum linearen Spline $\tilde{s} \in \mathcal{S}_1(X)$ definieren wir

$$u(x) = \int_a^x (x - t)\tilde{s}(t)dt.$$

Offensichtlich gilt $u'' = \tilde{s}$, sodass $u \in \mathcal{S}_3(X)$ ein kubischer Spline ist. Auf Grund der Eindeutigkeit und Linearität bei der kubischen Spline Interpolation folgt einerseits $s_u = u$ und andererseits $s_f - s_u = s_{f-u}$. Daher haben wir nach dem eben Gezeigten

$$\|f'' - s_f''\|_{L_\infty(I)} = \|(f - u)'' - s_{f-u}''\|_{L_\infty(I)} \leq \|(f - u)''\|_{L_\infty(I)} + \|s_{f-u}''\|_{L_\infty(I)}$$
$$\leq 4\|f'' - u''\|_{L_\infty(I)} = 4\|f'' - \tilde{s}\|_{L_\infty(I)},$$

was den Beweis abschließt. $\square$

Kommen wir nun zur abschließenden Fehlerabschätzung.

Satz 11.13. *Sei $f \in C^4(I)$ und $s \in \mathcal{S}_3(X)$ der kubische interpolierende Spline mit Hermite Randbedingungen. Dann gilt*

$$\|f - s\|_{L_\infty(I)} \leq h^4 \|f^{(4)}\|_{L_\infty(I)}.$$

Beweis. Nach (11.8) wissen wir $\|f - s\|_{L_\infty(I)} \leq 2h^2 \|f'' - s''\|_{L_\infty(I)}$. Wenn wir in Lemma 11.12 die Funktion $\tilde{s}$ als den linearen Spline wählen, der f'' auf X interpoliert, so liefert Satz 11.3:

$$\|f - s\|_{L_\infty(I)} \leq 2h^2 \|f'' - s''\|_{L_\infty(I)} \leq 8h^2 \|f'' - \tilde{s}\|_{L_\infty(I)} \leq h^4 \|f^{(4)}\|_{L_\infty(I)},$$

was wir behauptet haben. □

11.4 *B*-Splines

Für die praktische Berechnung von Spline-Funktionen kommt es darauf an, möglichst einfach handzuhabende Basen zu finden. Beispielsweise kann man versuchen, spezielle Spline-Funktionen zu konstruieren, die jeweils nur auf einem möglichst kleinen Teilintervall von Null verschieden sind, was den Vorteil hat, dass für eine Auswertung an einer Stelle x nur wenige Basisfunktionen ausgewertet werden müssen.

Wie bisher sei

$$X : a = x_0 < x_1 < \ldots < x_n = b$$

eine Zerlegung von $I = [a, b]$ und $\mathcal{S}_m(X)$ der Raum der Splines vom Grad m zu dieser Zerlegung. Für die folgenden Überlegungen ist es nützlich, diese endliche Knotenfolge zu einer unendlichen Knotenfolge

$$T : \ldots \leq t_{-2} \leq t_{-1} \leq t_0 \leq t_1 \leq t_2 \leq \ldots$$

zu erweitern. Dabei wollen wir jetzt ausdrücklich auch mehrfache Knoten, d.h. Knoten mit $t_j = t_{j+1} = \ldots = t_{j+k}$ zulassen. Um auszuschließen, dass die Knotenfolge dabei zu sehr degeneriert, nehmen wir grundsätzlich an, dass sie eine Zerlegung von $\mathbb{R}$ liefert, d.h. dass $\lim_{j \to \pm\infty} t_j = \pm\infty$ gilt.

Definition 11.14. *Zur biinfiniten Knotenfolge $T = \{t_j\}_{j \in \mathbb{Z}}$ und $m \in \mathbb{N}_0$ sei*

$$\omega_j^m(t) = \begin{cases} \dfrac{t - t_j}{t_{j+m} - t_j}, & \text{falls } t_j < t_{j+m}, \\ 0, & \text{sonst.} \end{cases}$$

Dann heißen die für $j \in \mathbb{Z}$ und $m \in \mathbb{N}_0$ durch

$$B_j^0(t) = \chi_{[t_j, t_{j+1})}(t) = \begin{cases} 1, & \text{falls } t \in [t_j, t_{j+1}), \\ 0, & \text{sonst,} \end{cases}$$

und

$$B_j^m(t) = \omega_j^m(t)B_j^{m-1}(t) + (1 - \omega_{j+1}^m(t))B_{j+1}^{m-1}(t), \qquad t \in \mathbb{R}, \qquad (11.15)$$

rekursiv definierten Funktionen B-Splines vom Grad m zur Knotenfolge T.

Man beachte, dass m in B_j^m einen oberen Index und keine Potenz bezeichnet. Im wichtigsten Fall gilt $t_j < t_{j+m}$ und $t_{j+1} < t_{j+m+1}$, sodass sich (11.15) dann schreiben lässt als

$$B_j^m(t) = \frac{t - t_j}{t_{j+m} - t_j}B_j^{m-1}(t) + \frac{t_{j+m+1} - t}{t_{j+m+1} - t_{j+1}}B_{j+1}^{m-1}(t), \qquad t \in \mathbb{R}.$$

Ist eine dieser Bedingungen verletzt, so fällt der entsprechende Summand einfach weg. Sind beide Bedingungen verletzt, gilt also $t_j = t_{j+m+1}$, so ist der zugehörige B-Spline B_j^m identisch Null.

Für $m = 0$ ist der j-te B-Spline also gerade die charakteristische Funktion des Intervalls $[t_j, t_{j+1})$. Für $m = 1$ ergibt sich sofort

$$B_j^1(t) = \begin{cases} \dfrac{t - t_j}{t_{j+1} - t_j}, & \text{falls } t_j \leq t < t_{j+1}, \\[2mm] \dfrac{t_{j+2} - t}{t_{j+2} - t_{j+1}}, & \text{falls } t_{j+1} \leq t < t_{j+2}, \\[2mm] 0, & \text{sonst.} \end{cases}$$

Dies sind die stückweise linearen Hut-Funktionen, die in Abbildung 11.2 dargestellt sind und deren Linearkombinationen Polygonzüge erzeugen. Abbildung 11.3 zeigt die quadratischen Splines für $m = 2$.

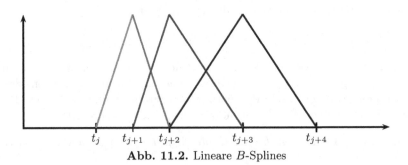

Abb. 11.2. Lineare B-Splines

Benutzt man die Rekursionsformel für B-Splines, solange bis man B_j^m durch die B_i^0 ausgedrückt hat, so sieht man leicht die folgenden, elementaren Eigenschaften von B-Splines.

Proposition 11.15. *Der B-Spline B_j^m besteht stückweise aus Polynomen vom Grad höchstens m, genauer gilt*

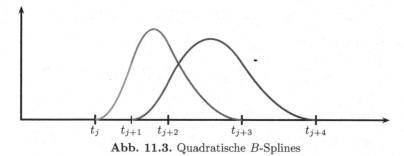

Abb. 11.3. Quadratische *B*-Splines

$$B_j^m(t) = \sum_{k=j}^{m+j} b_k^m(t)\chi_{[t_k,t_{k+1})}(t), \qquad t \in \mathbb{R},$$

wobei $b_k^m \in \pi_m(\mathbb{R})$ *ist. Ferner ist* B_j^m *im Fall* $t_j < t_{j+m+1}$ *auf dem Intervall* (t_j, t_{j+m+1}) *positiv und außerhalb von* $[t_j, t_{j+m+1}]$ *Null. Genauer gilt sogar* $B_j^m(t_{j+m+1}) = 0$ *für alle* $m \in \mathbb{N}_0$ *und* $B_j^m(t_j) = 0$ *falls* $t_j < t_{j+m}$.

Damit haben wir schon einmal den ersten Teil der Spline-Eigenschaften, nämlich stückweise polynomial zu sein, bereits nachgewiesen. Die glatte Verheftung ist, wie wir später sehen werden, im Fall einfacher Knoten auch gegeben, sodass die zugehörigen *B*-Splines dann gute Kandidaten für unsere Basis sind.

Als nächstes wollen wir uns überlegen, dass sich $\pi_m(\mathbb{R})$ durch *B*-Splines darstellen lässt.

Satz 11.16 (Marsden Identität). *Für* $m \in \mathbb{N}_0$ *und* $j \in \mathbb{Z}$ *sei* $\psi_{j,0} \equiv 1$ *und* $\psi_{j,m}(t) = \prod_{i=1}^{m}(t_{j+i} - t)$. *Dann gilt für jedes* $\xi \in \mathbb{R}$ *die Identität*

$$(t - \xi)^m = \sum_{j \in \mathbb{Z}} \psi_{j,m}(\xi) B_j^m(t), \qquad t \in \mathbb{R}. \tag{11.16}$$

Beweis. Zunächst beachte man, dass die Summe in (11.16) für jedes $t \in \mathbb{R}$ nur über endlich viele Summanden läuft, da bei festem t ja alle bis auf endlich viele *B*-Splines Null sind. Die Identität ist für $m = 0$ wegen $1 = \sum_j \chi_{[t_j,t_{j+1})}(t) = \sum_j \psi_{j,0}(t) B_j^0(t)$ immer erfüllt. Für den Induktionsschritt benutzt man die Rekursionsformel und erhält durch Indexverschiebung

$$\sum_{j \in \mathbb{Z}} \psi_{j,m}(\xi) B_j^m(t) = \sum_{j \in \mathbb{Z}} \psi_{j,m}(\xi) \left[\omega_j^m(t) B_j^{m-1}(t) + (1 - \omega_{j+1}^m(t)) B_{j+1}^{m-1}(t)\right]$$

$$= \sum_{j \in \mathbb{Z}} \left[\psi_{j,m}(\xi)\omega_j^m(t) + \psi_{j-1,m}(\xi)(1 - \omega_j^m(t))\right] B_j^{m-1}(t).$$

In der letzten Summe müssen nur diejenigen j berücksichtigt werden, für die $t_j < t_{j+m}$ gilt, da sonst ja B_j^{m-1} identisch verschwindet. Für diese j rechnet man aber unter Benutzung der jeweiligen Definitionen nach, dass

$$\psi_{j,m}(\xi)\omega_j^m(t) + \psi_{j-1,m}(\xi)(1 - \omega_j^m(t)) = (t - \xi)\psi_{j,m-1}(\xi)$$

gilt, sodass wir induktiv

$$\sum_{j \in \mathbb{Z}} \psi_{j,m}(\xi) B_j^m(t) = (t - \xi) \sum_{j \in \mathbb{Z}} \psi_{j,m-1}(\xi) B_j^{m-1}(t) = (t - \xi)^m$$

folgern können. □

Differenzieren wir (11.16) ℓ-mal bezüglich der Variablen ξ, so erhalten wir nach Umsortieren

$$(t - \xi)^{m-\ell} = (-1)^\ell \frac{(m - \ell)!}{m!} \sum_{j \in \mathbb{Z}} \psi_{j,m}^{(\ell)}(\xi) B_j^m(t), \qquad 0 \le \ell \le m, \qquad (11.17)$$

sodass sämtliche Polynome aus $\pi_m(\mathbb{R})$ im von den B_j^m, $j \in \mathbb{Z}$, aufgespannten Raum liegen.

Folgerung 11.17. *Für* $m \in \mathbb{N}_0$ *gilt* $\pi_m(\mathbb{R}) \subseteq span\{B_j^m : j \in \mathbb{Z}\}$. *Jedes* $p \in \pi_m(\mathbb{R})$ *besitzt bei beliebigem* $\xi \in \mathbb{R}$ *die Darstellung*

$$p(t) = \sum_{j \in \mathbb{Z}} \lambda_{j,m}(p) B_j^m(t), \qquad t \in \mathbb{R},$$

mit

$$\lambda_{j,m}(p) = \sum_{\ell=0}^m (-1)^\ell \frac{p^{(m-\ell)}(\xi)}{m!} \psi_{j,m}^{(\ell)}(\xi).$$

Beweis. Das Polynom p lässt sich um ξ durch seine Taylor-Entwicklung

$$p(t) = \sum_{\ell=0}^m \frac{p^{(m-\ell)}(\xi)}{(m - \ell)!} (t - \xi)^{m-\ell}$$

darstellen. Einsetzen von (11.17) und Vertauschen der dabei entstehenden Doppelsummen liefert dann die Behauptung. □

Setzt man in (11.17) $m = \ell$, so folgt wegen $\psi_{j,m}^{(m)} = (-1)^m m!$, dass die B-Splines eine *Zerlegung der Eins* bilden:

$$\sum_{j \in \mathbb{Z}} B_j^m(t) = 1, \qquad t \in \mathbb{R}.$$

Diese Eigenschaft wird sich später noch als sehr nützlich erweisen.

Kommen wir nun zurück zu unserem ursprünglichen Problem, eine Basis für $\mathcal{S}_m(X)$ anzugeben. Wir wählen dazu eine biinfinite Folge $T = \{t_j\}_{j \in \mathbb{Z}}$ mit $t_j = x_j$ für $0 \le j \le n$. Da der B-Spline B_j^m außerhalb von (t_j, t_{j+m+1}) verschwindet, müssen die B-Splines $\{B_j^m : -m \le j \le n - 1\}$ genügen, um eine Funktion aus $\mathcal{S}_m(X)$ auf $[a, b] = [x_0, x_n]$ darzustellen.

Satz 11.18. *Die B-Splines $\{B_j^m : -m \le j \le n-1\}$ bilden eine Basis für den Spline-Raum $\mathcal{S}_m(X)$.*

Beweis. Sei $\widetilde{\mathcal{S}}_m(X) = \text{span}\{B_j^m : -m \le j \le n-1\}$. Wir werden zeigen, dass $\mathcal{S}_m(X) \subseteq \widetilde{\mathcal{S}}_m(X)$ gilt. Dann folgt mit Satz 11.4 über den Dimensionsvergleich

$$m + n = \dim \mathcal{S}_m(X) \le \dim \widetilde{\mathcal{S}}_m(X) \le m+n,$$

dass die $\{B_j^m : -m \le j \le n-1\}$ in der Tat eine Basis für $\mathcal{S}_m(X)$ bilden, insbesondere also linear unabhängig sind und in $C^{m-1}[a,b]$ liegen. Um $\mathcal{S}_m(X) \subseteq \widetilde{\mathcal{S}}_m(X)$ einzusehen, reicht es zu zeigen, dass die Basis für $\mathcal{S}_m(X)$ aus Satz 11.4 in $\widetilde{\mathcal{S}}_m(X)$ enthalten ist. Dabei gab es zum einen die Basisfunktionen $(\cdot - a)^j$ mit $0 \le j \le m$ und zum anderen die Funktionen $(\cdot - x_j)_+^m$ mit $1 \le j \le n-1$. Die ersten Funktionen sind einfach eine Basis für $\pi_m(\mathbb{R})$ und liegen nach Folgerung 11.17 in der linearen Hülle aller B-Splines B_j^m, $j \in \mathbb{Z}$. Nach der vorangegangenen Überlegung reichen aber auf $[a,b]$ die B-Splines mit Index $-m \le j \le n-1$ aus, sodass $\pi_m(\mathbb{R})|[a,b] \subseteq \widetilde{S}(X)$ gilt. Für den zweiten Satz von Basisfunktionen zeigen wir

$$(t - x_\ell)_+^m = \sum_{j=\ell}^{n-1} \psi_{j,m}(x_\ell) B_j^m(t), \qquad t \in [a,b],\ 1 \le \ell \le n-1. \qquad (11.18)$$

Ist nämlich $t < x_\ell$, so ist $B_j^m(t) = 0$ für alle $j \ge \ell$ und damit gilt (11.18) schon einmal in diesem Fall. Falls $t \ge x_\ell$, so besagt Satz 11.16 zunächst

$$(t - x_\ell)_+^m = (t - x_\ell)^m = \sum_{j=\ell-m}^{n-1} \psi_{j,m}(x_\ell) B_j^m(t). \qquad (11.19)$$

Nach Definition von $\psi_{j,m}$ gilt jetzt aber $\psi_{j,m}(x_\ell) = 0$ für $\ell - m \le j \le \ell - 1$ bei $1 \le \ell \le n-1$, sodass sich (11.19) zu (11.18) reduziert. $\square$

Beispiel 11.19. Im Fall kubischer Splines ($m = 3$) müssen für eine Basis also links von $x_0 = a$ und rechts von $x_n = b$ jeweils drei weitere Knoten hinzugefügt werden. Man kann dies z. B. durch $t_{-3} = t_{-2} = t_{-1} = x_0$ und $t_{n+1} = t_{n+2} = t_{n+3} = x_n$ erreichen, was keine schlechte Wahl ist, sofern man nicht mehr über die Knoten weiß. Im Falle äquidistanter Knoten würde man natürlich auch äquidistante Knoten außerhalb $[a,b]$ nutzen.

Die konkrete Auswertung von B-Splines und Splines im Allgemeinen sollte nicht über die Rekursionsformel in der Definition erfolgen. Besser ist es, die B-Splines konkret auszurechnen oder das noch später zu besprechende *de Boor-Verfahren* zu benutzen.

Splines können allein schon durch den Ansatz zu keinem Haar-Raum führen, da die Daten in Form der Stützstellen in den Ansatzraum eingehen. Dennoch kann man sich fragen, ob man mit den Elementen aus span$\{B_j^m : 1 \leq j \leq n\}$ auch in anderen Punkten $\tau_1 < \tau_2 < \ldots < \tau_n$ interpolieren kann. Dies ist im Allgemeinen nicht möglich. Vielmehr müssen die Interpolationspunkte die *Schoenberg-Whitney*-Bedingung erfüllen, die einfach besagt, dass $B_j^m(\tau_j) > 0$ für $1 \leq j \leq n$ gelten muss.

11.5 Aufgaben

11.1 Sei $T = \{t_j\}_{j \in \mathbb{Z}}$ eine biinfinite Knotenfolge mit $t_j < t_{j+m+1}$. Zeigen Sie, dass sich die m-ten B-Splines mit Hilfe der iterierten Differenzenquotienten darstellen lassen als

$$B_j^m(t) = (t_{j+m+1} - t_j)[x_j, \ldots, t_{j+m+1}]_x (x - t)_+^m,$$

wobei $[\ldots]_x$ wieder andeuten soll, dass der Differenzenquotient bezüglich x wirkt.

11.2 Wir betrachten die äqudistante Knotenfolge $t_j = jh$, $j\mathbb{Z}$, mit Abstand $h > 0$. Zeigen Sie, dass sich die m-ten B-Splines schreiben lassen als

$$B_j^m(t) = \phi_m(\frac{t}{h} - j),$$

wobei ϕ_m rekursiv definiert ist durch $\phi_0 = \chi_{[0,1)}$ und

$$\phi_m(t) = \phi_{m-1} * \phi_0(t) = \int_{\mathbb{R}} \phi_{m-1}(s - t)\phi_0(s)ds.$$

11.3 Zeigen Sie, dass für die B-Splines über der Knotenfolge $\{x_j\}$ gilt:

$$\frac{m+1}{x_{j+m+1} - x_j} \int_{\mathbb{R}} B_j^m(t)dt = 1$$

und mit $f \in C^{m+1}(\mathbb{R})$:

$$[x_j, \ldots, x_{j+m+1}]f = \frac{1}{x_{j+m+1} - x_j} \int_{\mathbb{R}} B_j^m(t)f^{(m+1)}(t)dt.$$

Dies bedeutet, dass der B-Spline bis auf Normierung der Peano-Kern des Differenzenquotienten ist.

12 Approximationstheorie

Bei der *Interpolation* einer Funktion $f \in C[a,b]$ wird eine einfach berechenbare Funktion u aus einem linearen Teilraum $\mathcal{U}$ von $C[a,b]$ gesucht, die in einer Anzahl von Punkten mit f übereinstimmt. Bei der *Approximation* soll u die gegebene Funktion f im *ganzen* Definitionsbereich gut darstellen.

Ferner hat man oft eine Folge von Unterräumen $\mathcal{U}_n \subseteq C[a,b]$, und aus jedem wählt man eine Approximation $u_n \in U_n$ an $f \in C[a,b]$. Dann interessiert man sich natürlich dafür, ob und in welchem Sinne u_n gegen u konvergiert.

Der größte Teil dieses Kapitels behandelt die Approximation von Funktionen einer Variablen. Wegen Satz 8.4 ist die Approximation von Funktionen von mehreren Variablen deutlich schwieriger und kann hier nur sehr knapp dargestellt werden.

12.1 Die Approximationssätze von Weierstraß

Wir beginnen mit zwei fundamentalen Ergebnissen der Approximationstheorie, nämlich dass einerseits jede stetige Funktion $f \in C[a,b]$ gleichmäßig beliebig gut durch algebraische Polynome approximiert werden kann. Andererseits kann jede stetige, 2π-periodische Funktion beliebig gut durch trigonometrische Polynome approximiert werden.

Zur Herleitung dieser Resultate benutzen wir Korovkin-Operatoren. Diesem ganzen Abschnitt wird die Tschebyscheff-Norm

$$\|f\|_\infty := \|f\|_{L_\infty[a,b]} = \max_{x \in [a,b]} |f(x)|$$

zu Grunde liegen. Ferner werden wir uns wann immer möglich auf das Einheitsintervall $[0,1]$ zurückziehen.

Definition 12.1. *Eine Abbildung $K : C[0,1] \to C[0,1]$ heißt* monoton, *falls für alle $f,g \in C[0,1]$ mit $f(x) \leq g(x)$, $x \in [0,1]$, auch $Kf(x) \leq Kg(x)$, $x \in [0,1]$, folgt. Eine Folge $K_n : C[0,1] \to C[0,1]$, $n \in \mathbb{N}$, monotoner, linearer Operatoren heißt* Korovkin-Folge, *falls*

$$\lim_{n \to \infty} \|K_n f_j - f_j\|_\infty = 0$$

für $f_j(x) := x^j$, $j = 0,1,2$ gilt.

Das Erstaunliche an einer Korovkin-Folge ist, dass aus der gleichmäßigen Konvergenz $K_n f \to f$ auf $f \in \pi_2(\mathbb{R})$ die gleichmäßige Konvergenz auf ganz $C[0,1]$ folgt.

Satz 12.2. *Ist $\{K_n\}$ eine Korovkin-Folge auf $C[0,1]$, so gilt*

$$\lim_{n \to \infty} \|K_n f - f\|_\infty = 0$$

für alle $f \in C[0,1]$.

Beweis. Als stetige Funktion ist f auf dem kompakten Intervall $[0,1]$ gleichmäßig stetig; d.h. zu $\varepsilon > 0$ existiert ein $\delta > 0$, sodass $|f(x) - f(y)| < \varepsilon/3$ für alle $x, y \in [0,1]$ mit $|x - y| < \delta$ gilt. Sei $t \in [0,1]$ fest. Dann gilt einerseits $|f(x) - f(t)| < \varepsilon/3$, falls $|x - t| < \delta$, und andererseits

$$|f(x) - f(t)| \leq 2\|f\|_\infty \leq 2\|f\|_\infty \left(\frac{x-t}{\delta} \right)^2,$$

falls $|x - t| \geq \delta$. Beides zusammen gibt

$$|f(x) - f(t)| \leq \frac{\varepsilon}{3} + 2\|f\|_\infty \left(\frac{x-t}{\delta} \right)^2, \qquad x \in [0,1],$$

oder

$$\underbrace{f(t) - \frac{\varepsilon}{3} - 2\|f\|_\infty \left(\frac{x-t}{\delta} \right)^2}_{=: p_t(x)} \leq f(x) \leq \underbrace{f(t) + \frac{\varepsilon}{3} + 2\|f\|_\infty \left(\frac{x-t}{\delta} \right)^2}_{=: q_t(x)}.$$

$$(12.1)$$

Da K_n monoton ist, folgt somit

$$K_n p_t(x) \leq K_n f(x) \leq K_n q_t(x), \qquad x \in [0,1]. \tag{12.2}$$

Nun sind p_t und q_t aber quadratische Polynome, sodass die Anwendung der Korovkin-Operatoren auf sie gleichmäßig in x gegen sie konvergiert. Tatsächlich ist diese Konvergenz sogar gleichmäßig in x und t. Zum Beispiel erhalten wir mit $f_j(x) = x^j$ aus

$$K_n q_t(x) - q_t(x) = (K_n f_0(x) - f_0(x)) \left[f(t) + \frac{\varepsilon}{3} + \frac{2t^2 \|f\|_\infty}{\delta^2} \right]$$

$$+ (K_n f_1(x) - f_1(x)) \left[\frac{-4t\|f\|_\infty}{\delta^2} \right]$$

$$+ (K_n f_2(x) - f_2(x)) \left[\frac{2\|f\|_\infty}{\delta^2} \right]$$

die Abschätzung

$$|K_n q_t(x) - q_t(x)| \leq \left(\|f\|_\infty + \frac{\varepsilon}{3} + 2\frac{\|f\|_\infty}{\delta^2} \right) \|K_n f_0 - f_0\|_\infty$$

$$+ \frac{2\|f\|_\infty}{\delta^2} \left(2\|K_n f_1 - f_1\|_\infty + \|K_n f_2 - f_2\|_\infty \right),$$

was offensichtlich gleichmäßig in x und t aus $[0,1]$ gegen Null strebt. Da dies sich für p_t analog verhält, finden wir also ein $n_0 \in \mathbb{N}$, sodass für $n \geq n_0$ und $x, t \in [0,1]$ gilt

$$|K_n q_t(x) - q_t(x)| \leq \frac{\varepsilon}{3}, \quad |K_n p_t(x) - p_t(x)| \leq \frac{\varepsilon}{3}.$$

Dies impliziert aber zusammen mit (12.2)

$$p_t(x) - \frac{\varepsilon}{3} \leq K_n f(x) \leq q_t(x) + \frac{\varepsilon}{3}$$

und dies wiederum mit (12.1)

$$p_t(x) - q_t(x) - \frac{\varepsilon}{3} \leq f(x) - K_n f(x) \leq q_t(x) - p_t(x) + \frac{\varepsilon}{3}.$$

Da die letzte Formel für beliebige $t, x \in [0,1]$ gilt, können wir insbesondere $t = x$ setzen. Weil $q_x(x) - p_x(x) = 2\varepsilon/3$ ist, erhalten wir schließlich

$$|f(x) - K_n f(x)| \leq \varepsilon$$

für alle $n \geq n_0$ und $x \in [0,1]$. $\square$

Damit ist die Hauptarbeit auf dem Weg zum Beweis des Weierstraßschen Approximationssatzes getan. Wir benötigen letztlich nur noch eine Folge von Korovkin-Operatoren, die $C[0,1]$ auf die Polynome abbildet.

Satz 12.3. *Die Bernsteinoperatoren $B_n : C[0,1] \to \pi_n(\mathbb{R})$,*

$$B_n f(x) := \sum_{j=0}^{n} \binom{n}{j} f\left(\frac{j}{n} \right) x^j (1-x)^{n-j}, \quad x \in [0,1],$$

bilden eine Korovkin-Folge auf $C[0,1]$.

Beweis. Offensichtlich sind die B_n linear und monoton. Ferner folgt aus dem binomischen Lehrsatz sofort $B_n f_0 = f_0$. Für f_1 gilt wegen $\binom{n}{j}\frac{j}{n} = \binom{n-1}{j-1}$ für $n \geq 1$ auch

$$B_n f_1(x) = \sum_{j=1}^{n} \binom{n}{j} \frac{j}{n} x^j (1-x)^{n-j} = x \sum_{j=0}^{n-1} \binom{n-1}{j} x^j (1-x)^{n-1-j} = f_1(x).$$

Ähnlich beweist man

$$\sum_{j=2}^{n} \binom{n}{j} \frac{j(j-1)}{n(n-1)} x^j (1-x)^{n-j} = x^2, \qquad x \in [0,1],$$

für $n \geq 2$, sodass aus

$$\frac{j^2}{n^2} = \frac{j(j-1)}{n^2} + \frac{j}{n^2} = \frac{n-1}{n} \frac{j(j-1)}{n(n-1)} + \frac{1}{n} \frac{j}{n}$$

für f_2 jetzt

$$B_n f_2(x) = \frac{n-1}{n} \sum_{j=2}^{n} \binom{n}{j} \frac{j(j-1)}{n(n-1)} x^j (1-x)^{n-j} + \frac{1}{n} \sum_{j=1}^{n} \binom{n}{j} \frac{j}{n} x^j (1-x)^{n-j}$$

$$= \frac{n-1}{n} x^2 + \frac{x}{n}$$

folgt. Dies bedeutet aber vermöge

$$|f_2(x) - B_n f_2(x)| = \left| \frac{1}{n} x^2 - \frac{x}{n} \right| \leq \frac{2}{n}$$

gleichmäßige Konvergenz. $\square$

Damit haben wir das erste Hauptresultat dieses Abschnittes bewiesen.

Satz 12.4 (Weierstraß). *Zu jedem $f \in C[a,b]$ und jedem $\varepsilon > 0$ gibt es ein Polynom p, sodass $\|f - p\|_\infty < \varepsilon$ gilt.*

Beweis. Für $[a,b] = [0,1]$ folgt dies unmittelbar aus Satz 12.2 und Satz 12.3. Den allgemeinen Fall führt man auf diesen per linearer Transformation zurück. Mit $f \in C[a,b]$ ist $g(s) = f((b-a)s + a) \in C[0,1]$. Ist q das Polynom, das g auf $[0,1]$ bis auf $\varepsilon > 0$ approximiert, so ist $p(t) = q(\frac{t-a}{b-a})$, $t \in [a,b]$ das gesuchte Polynom für f. $\square$

Die $L_p[a,b]$-Norm lässt sich auf dem kompakten Intervall $[a,b]$ immer durch die Tschebyscheff-Norm vermöge

$$\|f\|_p^p := \|f\|_{L_p[a,b]}^p = \int_a^b |f(x)|^p dx \leq \|f\|_\infty^p \int_a^b dx = \|f\|_\infty^p (b-a)$$

abschätzen. Dies bedeutet aber

Folgerung 12.5. *Zu $f \in C[a,b]$ sei $p_n \in \pi_n(\mathbb{R})$ so gewählt, dass $\|f - p_n\|_\infty \to 0$ für $n \to \infty$. Dann gilt auch $\|f - p_n\|_p \to 0$ für $n \to \infty$ für jedes $1 \leq p < \infty$. Konvergenz in der Tschebyscheff-Norm zieht also Konvergenz in jeder anderen L_p-Norm nach sich.*

Jetzt wollen wir noch ein äquivalentes Resultat für periodische Funktionen und trigonometrische Polynome beweisen.

Definition 12.6. *Der Vektorraum der stetigen und 2π-periodischen Funktionen $f : \mathbb{R} \to \mathbb{R}$ wird mit $C_{2\pi}$ bezeichnet. Dementsprechend besteht $C_{2\pi}^k$ aus k-fach differenzierbaren, 2π-periodischen Funktionen.*

Die Rolle der Polynome übernehmen jetzt die trigonometrischen Polynome (siehe Definition 10.2 in Kapitel 10).

Lemma 12.7. *Das Produkt zweier trigonometrischer Polynome ist wieder eine trigonometrisches Polynom.*

Beweis. Dies folgt unmittelbar aus der Definition trigonometrischer Polynome (Definition 10.2 in Kapitel 10) und den folgenden Gleichungen:

$$\cos(jx)\cos(kx) = \frac{1}{2}\left[\cos((j-k)x) + \cos((j+k)x)\right],$$

$$\sin(jx)\sin(kx) = \frac{1}{2}\left[\cos((j-k)x) - \cos((j+k)x)\right], \qquad (12.3)$$

$$\sin(jx)\cos(kx) = \frac{1}{2}\left[\sin((j+k)x) + \sin((j-k)x)\right],$$

die man leicht verifiziert. □

Lemma 12.8. *Sei $f \in C[0,\pi]$ und $\varepsilon > 0$. Dann existiert ein gerades trigonometrisches Polynom T, sodass $\|f - T\|_\infty < \varepsilon$ gilt.*

Beweis. Die Funktion g sei definiert durch $g(x) = f(\arccos(x))$, $x \in [-1,1]$. Dann ist $g \in C[-1,1]$, und nach Satz 12.4 existiert ein algebraisches Polynom $p(x) = \sum_{j=0}^{n} c_j x^j$ mit $|f(\arccos(x)) - p(x)| < \varepsilon$ für alle $x \in [-1,1]$. Dies bedeutet aber $|f(x) - p(\cos x)| < \varepsilon$ für $x \in [0,\pi]$. Nach Lemma 12.7 ist $T(x) := p(\cos x) = \sum_{j=0}^{n} c_j \cos^j(x)$ das gesuchte gerade trigonometrisches Polynom. □

Nach diesen Vorbereitungen können wir den zweiten Weierstraßschen Satz beweisen. Die Tschebyscheff-Norm bezieht sich hier auf das Intervall $[0, 2\pi]$. Da die betrachteten Funktionen aber 2π-periodisch sind, gibt sie auch das Maximum auf ganz $\mathbb{R}$ an.

Satz 12.9 (Weierstraß). *Zu jedem $f \in C_{2\pi}$ und jedem $\varepsilon > 0$ existiert ein trigonometrisches Polynom T, sodass $\|f - T\|_\infty < \varepsilon$ gilt.*

Beweis. Die Funktionen $f(x) + f(-x)$ und $(f(x) - f(-x))\sin x$ sind beide gerade. Zu $\varepsilon > 0$ existieren nach Lemma 12.8 also zwei gerade trigonometrische Polynome T_1 und T_2, sodass

$$|f(x) + f(-x) - T_1(x)| < \varepsilon/2 \text{ und } |(f(x) - f(-x))\sin x - T_2(x)| < \varepsilon/2 \quad (12.4)$$

für alle $x \in [0,\pi]$ gilt. Nun sind die Funktionen innerhalb der Beträge aber offensichtlich gerade, sodass sich ihr Wert beim Übergang von x zu $-x$ nicht ändert. Also gilt (12.4) für alle $x \in [-\pi, \pi]$ und, da alle Funktionen 2π-periodisch sind, sogar für alle $x \in \mathbb{R}$. Wir schreiben (12.4) jetzt in der Form

$$f(x) + f(-x) = T_1(x) + \alpha_1(x) \text{ und } (f(x) - f(-x)) \sin x = T_2(x) + \alpha_2(x)$$
$$(12.5)$$

mit gewissen Funktionen α_1, α_2, die $|\alpha_1(x)|, |\alpha_2(x)| < \varepsilon/2$ für alle x erfüllen. Nun multiplizieren wir die erste Gleichung in (12.5) mit $\sin^2 x$ und die zweite mit $\sin x$, addieren die Ergebnisse und dividieren das Resultat noch durch zwei. Dies führt zu

$$f(x) \sin^2 x = T_3(x) + \beta(x) \qquad (12.6)$$

mit einem trigonometrischen Polynom T_3 und $|\beta(x)| < \varepsilon/2$ für alle x. Die Konstruktion, die zu (12.6) geführt hat lässt sich aber für jedes beliebige $f \in C_{2\pi}$ durchführen, insbesondere auch für $f(\cdot + \frac{\pi}{2})$, was

$$f(x + \frac{\pi}{2}) \sin^2 x = T_4(x) + \gamma(x),$$

mit einem trigonometrischen Polynom T_4 und $|\gamma(x)| < \varepsilon/2$ bedeutet. Ersetzt man in dieser Formel x durch $x - \frac{\pi}{2}$, so wird sie zu

$$f(x) \cos^2 x = T_5(x) + \delta(x), \qquad (12.7)$$

wobei $T_5(x) = T_4(x + \frac{\pi}{2})$ und $|\delta(x)| < \varepsilon/2$ ist. Addieren wir schließlich (12.6) und (12.7), so erhalten wir

$$f(x) = T_3(x) + T_5(x) + \delta(x) + \beta(x),$$

sodass $T = T_3 + T_5$ wegen $|\delta(x) + \beta(x)| < \varepsilon$ das gesuchte trigonometrische Polynom ist. $\square$

Natürlich zieht diese Konvergenz in der Tschebyscheff-Norm wieder die Konvergenz in jeder anderen $L_p[0, 2\pi]$-Norm nach sich.

12.2 Der Existenzsatz für beste Approximationen

Nachdem wir durch die Sätze von Weierstraß wissen, dass man jede stetige Funktion beliebig gut durch algebraische bzw. trigonometrische Polynome approximieren kann, wollen wir nun systematisch die Theorie der besten Approximation in normierten Vektorräumen entwickeln. Zur Erinnerung: eine Funktion $\| \cdot \| : V \to [0, \infty)$ heißt *Norm* auf V, falls

(1) $\|x\| = 0$ genau dann, wenn $x = 0$.
(2) $\|x + y\| \leq \|x\| + \|y\|$ für $x, y \in V$ und
(3) $\|\lambda x\| = |\lambda| \|x\|$ für $x \in V$ und $\lambda \in \mathbb{R}$,

Definition 12.10. *Sei V ein normierter Vektorraum und $M \subseteq V$ eine Teilmenge. Ein Element $u^* \in M$ heißt* beste Approximation *an ein Element $f \in V$, falls*

$$\|f - u^*\| \leq \|f - u\|$$

für alle $u \in M$ gilt. Die Größe

$$d(f, M) := \inf_{u \in M} \|f - u\|$$

wird Abstand *oder genauer* Minimalabstand *von f zu M genannt. Die Menge M heißt* Existenzmenge, *falls es zu jedem $f \in V$ (mindestens) eine beste Approximation an $f \in V$ aus M gibt. Sie heißt schließlich* Tschebyscheff-Menge, *wenn es zu jedem $f \in V$ genau eine beste Approximation aus M gibt.*

Als erstes einfaches Beispiel einer Existenzmenge notieren wir

Lemma 12.11. *Ist M eine kompakte Teilmenge eines normierten Raumes, so ist M eine Existenzmenge.*

Beweis. Dies folgt letztlich aus der Stetigkeit der Norm. Genauer definieren wir für $f \in V$ die Funktion $\varphi : V \to \mathbb{R}$ durch $\varphi(v) := \|f - v\|$. Dann ist φ vermöge

$$|\varphi(v) - \varphi(w)| = |\|f - v\| - \|f - w\|| \leq \|v - w\|$$

stetig und nimmt sein Minimum auf der kompakten Menge M an. $\square$

Nach diesem einfachen Beispiel bemerken wir noch, dass der Minimalabstand stetig von den zu approximierenden Elementen abhängt.

Satz 12.12. *Sei V ein normierter Raum und $M \subseteq V$ eine Teilmenge. Dann ist $d(\cdot, M)$ stetig. Genauer gilt sogar $|d(f, M) - d(g, M)| \leq \|f - g\|$ für alle $f, g \in V$.*

Beweis. Seien $f, g \in V$ und $\varepsilon > 0$ gegeben. Wir wählen ein $u_\varepsilon \in M$, sodass $\|g - u_\varepsilon\| \leq d(g, M) + \varepsilon$ gilt. Damit folgt

$$d(f, M) \leq \|f - u_\varepsilon\| \leq \|f - g\| + \|g - u_\varepsilon\| \leq \|f - g\| + d(g, M) + \varepsilon,$$

oder mit anderen Worten $d(f, M) - d(g, M) \leq \|f - g\| + \varepsilon$. Vertauscht man die Rollen von f und g, so erhält man

$$|d(f, M) - d(g, M)| \leq \|f - g\| + \varepsilon.$$

Da dies für beliebiges $\varepsilon > 0$ gilt, folgt die Behauptung mit $\varepsilon \to 0$. $\square$

Jetzt wollen wir uns um Existenz und Eindeutigkeit der besten Approximation kümmern. Da dies nur ein einführender Text in dieses Gebiet ist, beschränken wir uns auf lineare Approximation, d.h. die Menge M ist von nun an immer ein linearer Unterraum $M = U$ von V.

Satz 12.13. *Sei U ein Unterraum des normierten Raumes V. Zu $f \in V$ existiere eine beste Approximation aus U. Dann ist diese eindeutig bestimmt, oder es gibt unendlich viele beste Approximationen und deren Gesamtheit bildet eine konvexe Menge.*

Beweis. Nehmen wir an, es gibt zwei verschiedene beste Approximationen $u_1, u_2 \in U$ an f. Dann gilt für $u = tu_1 + (1-t)u_2 \in U$, $t \in [0,1]$, die Abschätzung

$$\begin{aligned}
\|f - u\| &= \|t(f - u_1) + (1-t)(f - u_2)\| \\
&\leq t\|f - u_1\| + (1-t)\|f - u_2\| \\
&= td(f, U) + (1-t)d(f, U) \\
&= d(f, U).
\end{aligned}$$

Also ist auch u beste Approximation an f. □

Dies wirft zumindest ein wenig Licht auf die Frage der Eindeutigkeit, doch zunächst zur Existenz.

Satz 12.14. *Jeder endlichdimensionale Unterraum U eines normierten, linearen Raums V ist eine Existenzmenge.*

Beweis. Als endlichdimensionaler Raum ist U abgeschlossen. Da 0 in U liegt, muss die beste Approximation an ein $f \in V$ bereits aus der Menge

$$U_0 := \{u \in U : \|f - u\| \leq \|f - 0\|\}$$

kommen. Diese Menge ist wegen $\|u\| \leq \|u - f\| + \|f\| \leq 2\|f\|$ aber beschränkt. Man überzeugt sich leicht davon, dass sie auch abgeschlossen ist. Als beschränkte und abgeschlossene Teilmenge eines endlichdimensionalen Raumes U ist sie somit kompakt. Aus Lemma 12.11 folgt daher die Existenz einer besten Approximation an f aus U_0 und damit aus U. □

Die Bedingung an U endlichdimensional zu sein ist notwendig. Genauer muss U zumindest abgeschlossen sein. Betrachten wir z.B. im Raum $C[a, b]$ mit der Tschebyscheff-Norm den Unterraum $U = \pi_\infty(\mathbb{R})$ der Polynome beliebigen Grades auf $\mathbb{R}$, so wissen wir aus Satz 12.4, dass $d(f, U) = 0$ für jedes $f \in C[a, b]$ gilt. Andererseits ist nicht jede stetige Funktion ein Polynom, sodass das Infimum nicht immer angenommen wird. Es gibt also zu keiner stetigen Funktion $f \in C[a, b] \setminus \pi_\infty(\mathbb{R})$ eine beste Approximation aus $\pi_\infty(\mathbb{R})$. Man nennt einen Unterraum U von V *dicht* in V, wenn $d(f, U) = 0$ für alle $f \in V$ gilt. In diesem Sinne sind die Weierstraß-Sätze Dichtheitsausssagen.

Das folgende einfache Beispiel macht deutlich, dass man im Allgemeinen nicht mit Eindeutigkeit der besten Approximation rechnen kann. Ist nämlich $V = \mathbb{R}^2$ und $U = \mathbb{R}$, so gilt für $f = (0, 1)^T$ und $u = (x, 0)^T \in U$ bezüglich der Unendlich-Norm

$$\|f - u\|_\infty = \max(|x|, |1|),$$

sodass jedes Element $u = (x, 0)^T$ mit $|x| \leq 1$ beste Approximation an f ist. Der Ausweg besteht darin, eine weitere Bedingung an die Norm zu stellen.

Definition 12.15. *Die Norm $\| \cdot \|$ eines normierten Raumes V heißt strikt konvex, falls für alle $f \neq g \in V$ mit $\|f\| = \|g\| = 1$ stets $\|f + g\| < 2$ gilt.*

Offensichtlich ist die Unendlich-Norm auf $\mathbb{R}^2$ nicht strikt konvex, da z.B. die Vektoren $f = (1, 1)^T$ und $g = (1, 0)^T$ die Voraussetzung der Definition erfüllen, ihre Summe $f + g = (2, 1)^T$ aber Norm 2 hat. Wir werden bald sehen, dass die euklidische Norm dagegen strikt konvex ist.

Satz 12.16. *Sei V ein normierter Raum mit strikt konvexer Norm. Dann ist jeder endlichdimensionale Unterraum eine Tschebyscheff-Menge. In einem unendlichdimensionalen Unterraum ist die beste Approximation, sofern sie existiert, ebenfalls immer eindeutig.*

Beweis. Wir müssen nur noch die Eindeutigkeit zeigen. Ist $f \in U$, so ist es selbst seine eindeutige beste Approximation. Ist $f \notin U$, so ist $\eta := d(f, U) > 0$, da das Infimum angenommen wird. Seien also $u_1 \neq u_2 \in U$ beste Approximationen an $f \in V$. Dann ist nach Satz 12.13 auch $(u_1 + u_2)/2$ eine beste Approximation und daher

$$\|f - u_1 + f - u_2\| = 2\|f - \frac{u_1 + u_2}{2}\| = 2\eta.$$

Dies bedeutet aber, dass $(f - u_1)/\eta \neq (f - u_2)/\eta$ normierte Elemente sind, deren Summe die Norm 2 hat, was im Widerspruch zu der strikten Konvexität steht. □

12.3 Approximation in euklidischen Räumen

In diesem Abschnitt befassen wir uns mit dem Fall, dass die Norm durch ein Skalarprodukt, also eine bilineare, symmetrische und definite Form gegeben ist.

Definition 12.17. *Ein normierter Raum V heißt euklidisch oder auch Prä-Hilbertraum, falls die Norm durch ein Skalarprodukt induziert wird, d.h. falls es eine bilineare, symmetrische und definite Form $(\cdot, \cdot) : V \times V \to \mathbb{R}$ gibt, sodass*

$$\|f\| = (f, f)^{1/2}, \qquad f \in V,$$

gilt. Ein vollständiger euklidischer Raum heißt Hilbertraum. Zwei Elemente $f, g \in V$ heißen orthogonal, falls $(f, g) = 0$. Ein Element f heißt orthogonal zu einem Unterraum $U \subseteq V$, falls f orthogonal zu jedem Element aus U ist.

Wie bereits vorher angedeutet, besitzen euklidische Räume strikt konvexe Normen.

Satz 12.18. *Die Norm eines euklidischen Raums ist strikt konvex.*

Beweis. Seien $f \neq g \in V$ mit $\|f\| = \|g\| = 1$ gegeben. Dann gilt zunächst einmal $(f - g, f + g) = \|f\|^2 - \|g\|^2 = 0$, d.h. $f - g$ und $f + g$ stehen senkrecht aufeinander. Daraus folgt aber mit

$$4 = \|2f\|^2 = \|f - g + g + f\|^2 = \underbrace{\|f - g\|^2}_{>0} + 2\underbrace{(f - g, f + g)}_{=0} + \|f + g\|^2 > \|f + g\|^2$$

die strikte Konvexität. $\square$

Damit können wir zusammen mit Satz 12.16 sofort eine wichtige Folgerung ziehen.

Folgerung 12.19. *Ist V ein euklidischer Raum, dann ist jeder endlichdimensionale Unterraum eine Tschebyscheff-Menge.*

Als nächstes kümmern wir uns um die Charakterisierungen bester Approximationen in euklidischen Räumen.

Satz 12.20. *Sei V ein euklidischer Raum und $U \subseteq V$ ein Unterraum. Ein Element $u^* \in U$ ist beste Approximation aus U an ein $f \in V$ genau dann, wenn*

$$(f - u^*, u) = 0 \qquad \text{für alle } u \in U. \tag{12.8}$$

Beweis. Nehmen wir zunächst an, dass ein $u^* \in U$ die Bedingung (12.8) erfüllt. Dann können wir jedes $u \in U$ als $u = u^* - \widetilde{u}$ mit $\widetilde{u} \in U$ schreiben, womit aber

$$\|f - u\|^2 = \|f - u^* + \widetilde{u}\|^2 = \|f - u^*\|^2 + 2(f - u^*, \widetilde{u}) + \|\widetilde{u}\|^2 \geq \|f - u^*\|^2$$

folgt. Also ist u^* beste Approximation an f aus U.

Ist andererseits $u^* \in U$ beste Approximation und gilt (12.8) nicht, so existiert ein $\widetilde{u} \in U$ mit $(f - u^*, \widetilde{u}) =: c \neq 0$. Wir suchen jetzt eine bessere Approximation als u^* auf der Geraden durch u^* mit Richtung $\widetilde{u}$. D.h. wir setzen $u_t = u^* - t\widetilde{u}$. Wie eben erhalten wir

$$\|f - u_t\|^2 = \|f - u^*\|^2 + 2ct + t^2\|\widetilde{u}\|^2 =: \|f - u^*\|^2 + \psi(t).$$

Wir erhalten also einen Widerspruch, wenn wir ein $t \in \mathbb{R}$ finden mit $\psi(t) < 0$. Da ψ eine nach oben geöffnete Parabel ist, ist der beste Kandidat gegeben durch $0 = \psi'(t) = 2c + 2t\|\widetilde{u}\|^2$, also durch $t^* = -c/\|\widetilde{u}\|^2$. Dieses t^* führt wegen $\psi(t^*) = -c^2/\|\widetilde{u}\|^2$ auch tatsächlich zum Erfolg. $\square$

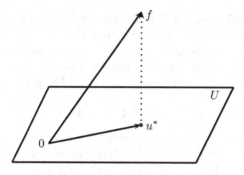

Abb. 12.1. Beste L_2-Approximation

Abbildung 12.1 veranschaulicht dieses Ergebnis in dem einfachsten Fall $V = \mathbb{R}^3$ mit dem Standard-Skalarprodukt und einem zweidimensionalen Unterraum U.

Da man in (12.8) insbesondere $u = u^*$ einsetzen kann, folgt sofort:

Folgerung 12.21. *Unter den Voraussetzungen von Satz 12.20 gilt der Satz des Pythagoras*

$$\|f - u^*\|^2 + \|u^*\|^2 = \|f\|^2, \tag{12.9}$$

welcher die Stabilitätsabschätzungen

$$\|f - u^*\| \leq \|f\| \qquad und \qquad \|u^*\| \leq \|f\| \tag{12.10}$$

zur Folge hat.

Mit (12.8) hat man außerdem ein Mittel an der Hand, die beste Approximation zu berechnen.

Folgerung 12.22. *(Normalgleichungen) Ist $\{u_1, \ldots, u_n\}$ eine Basis von U, so gilt mit den Bezeichnungen und Voraussetzungen von Satz 12.20*

$$u^* = \sum_{j=1}^{n} c_j u_j,$$

wobei die Koeffizienten c_j, $1 \leq j \leq n$, Lösungen des Gleichungssystems

$$\sum_{j=1}^{n} c_j(u_j, u_k) = (f, u_k), \qquad 1 \leq k \leq n,$$

sind.

Die hierbei auftretende Matrix $((u_j, u_k))_{j,k}$ nennt man *Gramsche Matrix*.

Als Beispiel wollen wir die lineare Ausgleichsrechung betrachten. Dabei ist $A \in \mathbb{R}^{m \times n}$ und $b \in \mathbb{R}^m$ bei $m > n$ gegeben. Also ist das lineare Gleichungssystem $Ax = b$ überbestimmt, und man versucht daher $\|Ax - b\|_2$ über alle $x \in \mathbb{R}^n$ zu minimieren. In diesem Zusammenhang bedeutet dies, dass $V = \mathbb{R}^m$ und $U = A(\mathbb{R}^n) = \{Ax : x \in \mathbb{R}^n\}$. Die Bedingung (12.8) führt zu

$$0 = (b - Ax^*, Ax) = x^T A^T (b - Ax^*) \qquad x \in \mathbb{R}^n,$$

was äquivalent zu den Normalgleichungen $A^T A x^* = A^T b$ aus Satz 4.11 ist.

Am einfachsten sieht die Gramsche Matrix natürlich aus, wenn die u_j eine Orthonormalbasis bilden, d.h. wenn $(u_j, u_k) = \delta_{jk}$ gilt. Nach dem Schmidtschen Orthonormalisierungsverfahren lässt sich aus jeder endlichen Basis eine orthonormale Basis berechnen.

Definition 12.23. *Eine Abbildung* $P : V \to V$ *heißt* Projektion *oder* Projektor, *falls* $P^2 = P$ *gilt.*

Satz 12.24. *Sei* V *ein euklidischer Raum und* U_n *ein Unterraum der Dimension* n *mit einer Orthonormalbasis* $\{u_1, \ldots, u_n\}$. *Dann ist die eindeutig bestimmte beste Approximation an* $f \in V$ *aus* U_n *gegeben durch*

$$P_n f = \sum_{j=1}^n (f, u_j) u_j. \tag{12.11}$$

Der Operator $P_n : V \to U_n$ *ist ein linearer Projektionsoperator mit Norm* 1. *Ferner gelten die Identitäten*

$$\|P_n f\|^2 = \sum_{j=1}^n |(f, u_j)|^2, \qquad \|f - P_n f\|^2 = \|f\|^2 - \sum_{j=1}^n |(f, u_j)|^2. \tag{12.12}$$

Beweis. Die Darstellung für P_n folgt aus Folgerung 12.22, da $(u_j, u_k) = \delta_{jk}$ sofort $c_k = (f, u_k)$ impliziert. Da die beste Approximation an ein Element $f \in U_n$ aus U_n offensichtlich f selbst ist, ist $P|U_n$ die Identität, was $P_n^2 = P_n$ bedeutet. Aus (12.11) sieht man sofort, dass P_n linear ist. Aus der Stabilitätsabschätzung (12.10) folgt $\|P_n\| \leq 1$. Andererseits impliziert die Projektoreigenschaft $\|P_n\| \leq \|P_n\|^2$ also $1 \leq \|P_n\|$, womit wir also insgesamt $\|P_n\| = 1$ haben. Die Darstellung für $\|P_n f\|^2$ ergibt sich aus

$$\|P_n f\|^2 = \left(\sum_{j=1}^n (f, u_j) u_j, \sum_{k=1}^n (f, u_k) u_k \right) = \sum_{j,k=1}^n (f, u_j)(f, u_k)(u_j, u_k)$$

$$= \sum_{j=1}^n |(f, u_j)|^2$$

unter Benutzung der Orthonormalität der Basis. Die Formel für $\|f - P_n f\|^2$ folgt schließlich aus dem Satz des Pythagoras. $\square$

Hat man nun anstatt eines endlichdimensionalen Unterraumes eine (unendliche) Familie $\{u_j\}_{j\in\mathbb{N}}$ von orthonormalen Elementen, so kann man für ein gegebenes $f \in V$ zu jedem Unterraum $U_n := \text{span}\{u_1, \ldots, u_n\}$ die beste Approximation $P_n f$ bilden, und es stellt sich die Frage, ob $P_n f$ gegen f konvergiert. Dies wird natürlich nicht für jede Folge von Unterräumen wahr sein, sondern nur für solche, die den gesamten Raum auch vollständig "ausschöpfen".

Definition 12.25. *Das Orthonormalsystem $\{u_1, u_2, \ldots\}$ von Elementen eines euklidischen Raumes V heißt* vollständig in V *falls es zu jedem $f \in V$ eine Folge $f_n \in U_n := \text{span}\{u_1, \ldots, u_n\}$ mit $\|f - f_n\| \to 0$ für $n \to \infty$ gibt.*

Die Vollständigkeit eines Orthonormalsystems nach der obigen Definition ist zu unterscheiden von der Vollständigkeit eines normierten oder metrischen Raumes nach Definition 3.2. Sie bedeutet, dass $\text{span}\{u_1, u_2, \ldots\}$ dicht in V ist.

Satz 12.26. *Sei V ein euklidischer Raum und $\{u_1, u_2, \ldots\}$ ein Orthonormalsystem in V. Sei ferner $U_n := \text{span}\{u_1, \ldots, u_n\}$. Dann gilt die* Besselsche Ungleichung

$$\sum_{j=1}^{\infty} |(f, u_j)|^2 \leq \|f\|^2, \qquad f \in V.$$

Ferner sind die folgenden Eigenschaften äquivalent:

(1) $\{u_1, u_2, \ldots\}$ ist vollständig in V.
(2) Jedes $f \in V$ lässt sich als verallgemeinerte Fourier-Reihe *darstellen:*

$$f = \sum_{j=1}^{\infty} (f, u_j) u_j.$$

Diese Reihe von Funktionen ist wie üblich durch Konvergenz der Partialsummen $P_n f$ erklärt, wobei die Konvergenz in der Norm von V stattfindet.
(3) Für jedes $f \in V$ gilt die Parsevalsche Gleichung

$$\sum_{j=1}^{\infty} |(f, u_j)|^2 = \|f\|^2.$$

Beweis. Die Besselsche Ungleichung folgt sofort aus $\|P_n f\| \leq \|f\|$ und der Darstellung in (12.12).

Die erste Eigenschaft impliziert die zweite, da zu $f \in V$ und $\varepsilon > 0$ ein $N \in \mathbb{N}$ und $f_N \in U_N$ mit $\|f - f_N\| < \varepsilon$ existiert. Dies bedeutet aber für $n \geq N$ auch

$$\|f - P_n f\| = \inf_{u \in U_n} \|f - u\| \leq \inf_{u \in U_N} \|f - u\| \leq \|f - f_N\| < \varepsilon.$$

Also strebt $P_n f$ in der Norm des Raumes gegen f.

Andererseits ist die zweite Eigenschaft nur ein Spezialfall der ersten, da hier die Funktionen $f_n = P_n f$ gewählt werden können. Schliesslich zeigt die Darstellung für $\|f - P_n f\|$ in (12.12) die Äquivalenz der zweiten und dritten Eigenschaft. □

Die Parsevalsche Gleichung hat zusammen mit dem Satz des Pythagoras zur Konsequenz, dass wir den Fehler $\|f - P_n f\|$ ausdrücken können als

$$\|f - P_n f\|^2 = \sum_{j=n+1}^{\infty} |(f, u_j)|^2. \tag{12.13}$$

Jetzt wird es Zeit für ein erstes wichtiges Beispiel. Aus den Approximationssätzen von Weierstraß und deren Folgerungen für die Konvergenz in der L_2-Norm wissen wir, dass jede orthonormale Familie algebraischer Polynome bzw. trigonometrischer Polynome vollständig in $C[a,b]$ bzw. in $C_{2\pi}$ ist. Wir wollen diese Beispiele nun weiter vertiefen. Wir beginnen mit den trigonometrischen Polynomen und $C_{2\pi}$, worauf wir das Skalarprodukt

$$(f, g)_\pi := \frac{1}{\pi} \int_0^{2\pi} f(x)g(x)dx, \qquad f, g \in C_{2\pi},$$

definieren. Es unterscheidet sich vom gewöhnlichen L_2-Skalarprodukt nur im zusätzlichen Faktor $1/\pi$, dessen einziger Zweck ist, uns die Dinge im Folgenden zu vereinfachen.

Satz 12.27. *Die Familie* $\{\frac{1}{\sqrt{2}}, \cos x, \sin x, \cos(2x), \sin(2x), \ldots\}$ *ist ein vollständiges Orthonormalsystem bezüglich* $(\cdot, \cdot)_\pi$ *in* $C_{2\pi}$.

Beweis. Nach den Vorbemerkungen wissen wir, dass das System vollständig ist. Orthonormalität beweist man mit den Formeln (12.3). Ist z.B. $j \neq k$, so gilt

$$\frac{1}{\pi} \int_0^{2\pi} \sin(jx) \sin(kx) dx = \frac{1}{2\pi} \int_0^{2\pi} (\cos(j - k)x - \cos(j + k)x) dx = 0.$$

Die übrigen Fälle folgen analog. □

Damit können wir alles anwenden, was wir bisher hergeleitet haben. Wir bezeichnen wieder mit $T_m^{\mathbb{R}}$ den Raum der reellen trigonometrischen Polynome vom Grad m, siehe Definition 10.2.

Folgerung 12.28. *Sei* $S_m f$ *die beste Approximation aus* $T_m^{\mathbb{R}}$ *an* $f \in C_{2\pi}$ *bezüglich* $(\cdot, \cdot)_\pi$. *Dann lässt sich* $S_m f$ *schreiben als*

$$S_m f(x) = \frac{a_0}{2} + \sum_{j=1}^{m} (a_j \cos jx + b_j \sin jx),$$

wobei

$$a_j = a_j(f) = \frac{1}{\pi} \int_0^{2\pi} f(x) \cos(jx) dx, \qquad 0 \le j \le m,$$

$$b_j = b_j(f) = \frac{1}{\pi} \int_0^{2\pi} f(x) \sin(jx) dx, \qquad 1 \le j \le m.$$

Ferner konvergiert $S_m f$ gegen f in der $\| \cdot \|_\pi$-Norm, d.h. es gilt

$$f(x) = \frac{a_0}{2} + \sum_{j=1}^{\infty} (a_j \cos jx + b_j \sin jx). \qquad (12.14)$$

Dieser Zusammenhang wird auch als Fourier-Transformation *bezeichnet.*

Man beachte, dass die Konvergenz nur in der $\| \cdot \|_\pi$-Norm, also letztlich im Mittel garantiert ist. Dies bedeutet insbesondere, dass die Gleichheit in (12.14) nicht als punktweise Identität zu verstehen ist. Im Gegenteil, es gibt Beispiele, wo die Reihe auf der rechten Seite von (12.14) an einzelnen Punkten divergiert. Wir werden gleich hinreichende Bedingungen herleiten, die auch punktweise Konvergenz garantieren.

Doch zunächst wollen wir eine Folgerung für gerade Funktionen ziehen und anschließend die Darstellung für $S_m f$ noch ins Komplexe übertragen.

Folgerung 12.29. *Ist $f \in C_{2\pi}$ gerade, so ist*

$$S_m f(x) = \frac{a_0}{2} + \sum_{j=1}^{m} \cos jx$$

ebenfalls gerade.

Beweis. Es gilt

$$\pi b_j = \int_{-\pi}^{\pi} f(x) \sin(jx) dx = \int_0^{\pi} f(x) \sin(jx) dx + \int_0^{\pi} f(-x) \sin(-jx) dx = 0,$$

da f gerade und der Sinus ungerade ist. $\square$

Die Eulersche Formel liefert wieder

$$S_m f(x) = \frac{a_0}{2} + \sum_{j=1}^{m} \frac{a_j - ib_j}{2} e^{ijx} + \frac{a_j + ib_j}{2} e^{-ijx} = \sum_{j=-m}^{m} c_j e^{ijx}.$$

Dabei rechnet man leicht nach, dass die Koeffizienten $c_j = c_j(f) = \widehat{f}(j)$ jetzt die Form

$$\widehat{f}(j) = \frac{1}{2\pi} \int_0^{2\pi} f(x) e^{-ijx} dx, \qquad j \in \mathbb{Z},$$

annehmen. Die Darstellung (12.14) von f wird damit also zu

$$f(x) = \sum_{j=-\infty}^{\infty} \widehat{f}(j)e^{ijx} \qquad (12.15)$$

Neben den schon nach (12.14) gemachten Bemerkungen zur Konvergenz der Reihe, tritt hier noch eine eher untypische Definition der biinfiniten Reihe auf. Wir haben letztlich $\sum_{j=-\infty}^{\infty}$ als $\lim_{m\to\infty} \sum_{j=-m}^{m}$ definiert. Dies kommt ganz natürlich aus der Herleitung zustande. Es ist allerdings eine weitaus schwächere Definition als die übliche, wo die Summe in zwei einfache infinite Reihen aufgespalten wird, die beide für sich genommen konvergieren müssen.

Definition 12.30. *Die Zahlen $a_j(f)$, $b_j(f)$, $\widehat{f}(j)$ heißen Fourier-Koeffizienten von f. Die Abbildung $\widehat{f} : C_{2\pi} \to \mathbb{C}$ wird Fourier-Transformierte von f genannt.*

Man kann die schnelle Fourier-Transformation benutzen, um die Fourier-Koeffizienten $\widehat{f}(j)$ näherungsweise effizient zu berechnen. Wir wollen hier aber auf Details verzichten.

Stattdessen kümmern wir uns um Fragen der Konvergenzgeschwindigkeit und der punktweisen Konvergenz.

Satz 12.31. *Sei $f \in C_{2\pi}^k$. Dann gilt*

$$\|f - S_m f\|_\pi \le \frac{1}{(m+1)^k}\|f^{(k)} - S_m(f^{(k)})\|_\pi = o(m^{-k}) \qquad \text{für } m \to \infty.$$

Beweis. Durch partielle Integration und auf Grund der 2π-Periodizität finden wir

$$c_j(f^{(k)}) = \frac{1}{2\pi}\int_0^{2\pi} f^{(k)}(x)e^{-ijx}dx = \frac{ij}{2\pi}\int_0^{2\pi} f^{(k-1)}(x)e^{-ijx} = (ij)c_j(f^{(k-1)}),$$

was per Induktion zu $c_j(f^{(k)}) = (ij)^k c_j(f)$ führt. Aus (12.13) erhalten wir damit

$$\|f - S_m f\|_\pi^2 = \sum_{|j|\ge m+1} |c_j(f)|^2 \le \sum_{|j|\ge m+1} |j|^{-2k}|c_j(f^{(k)})|^2$$

$$\le \frac{1}{(m+1)^{2k}}\|f^{(k)} - S_m f^{(k)}\|_\pi^2,$$

und $\|f^{(k)} - S_m f^{(k)}\|_\pi$ konvergiert immer noch gegen Null, was die verschärfte Konvergenzaussage rechtfertigt. $\square$

Diese genauere Konvergenzaussage erlaubt uns jetzt, auch auf gleichmäßige Konvergenz zu schließen.

Folgerung 12.32. *Zu $f \in C_{2\pi}^1$ ist die Fourier-Reihe gleichmäßig konvergent.*

Beweis. Aus dem Beweis von Satz 12.31 wissen wir bereits $c_j(f') = (ij)c_j(f)$. Daher gilt für die Ableitung von $S_m f$, dass

$$(S_m f)'(x) = \sum_{j=-m}^{m} c_j(f) \left(e^{ijx}\right)' = \sum_{j=-m}^{m} c_j(f)(ij)e^{ijx} = S_m(f')(x).$$

Da $f - S_m f$ senkrecht auf allen trigonometrischen Polynomen vom Grad $\leq m$ steht, folgt insbesondere $0 = (f - S_m f, 1)_\pi$, d.h das Integral über $f - S_m f$ verschwindet auf $[0, 2\pi]$. Also hat $f - S_m f$ in $[0, 2\pi]$ eine Nullstelle x^*. Der Hauptsatz der Differential- und Integralrechnung und die Cauchy-Schwarzsche Ungleichung liefern

$$|f(x) - S_m f(x)| = \left| \int_{x^*}^{x} (f - S_m f)'(t)dt \right| \leq \int_{x^*}^{x} |(f' - S_m f')(t)|dt$$
$$\leq \sqrt{|x - x^*|}\sqrt{\pi}\|f' - S_m f'\|_\pi \leq \sqrt{2\pi}\sqrt{\pi}\|f' - S_m f'\|_\pi,$$

und der letzte Ausdruck strebt gleichmäßig in x gegen Null. $\square$

Folgerung 12.33. *Zu $f \in C_{2\pi}^k$ konvergiert die Fourier-Reihe $S_m f$ mindestens wie*

$$\|f - S_m f\|_\infty = \mathcal{O}(m^{1-k}) \qquad m \to \infty.$$

Jetzt wollen wir uns den algebraischen Polynomen widmen. So wie wir den Satz von Weierstraß für trigonometrische Polynome aus dem für algebraische Polynome hergeleitet haben, werden wir jetzt genau umgekehrt vorgehen.

Dazu ist es sinnvoll, sich auf $C[-1, 1]$ einzuschränken, da alle anderen Intervalle wieder per linearer Transformationen hierauf zurückgeführt werden können. Auf $C[-1, 1]$ definieren wir das innere Produkt

$$(f, g)_T := \frac{2}{\pi} \int_{-1}^{1} f(x)g(x)\frac{dx}{\sqrt{1 - x^2}}, \qquad f, g \in C[-1, 1]. \tag{12.16}$$

Es enthält offensichtlich einen *schwachsingulären* Kern $w(x) = 1/\sqrt{1 - x^2}$, ist aber dennoch wohldefiniert. Es ist ein Spezialfall eines Skalarproduktes

$$(f, g) := \int_{a}^{b} f(x)g(x)w(x)dx \tag{12.17}$$

mit einer Gewichtsfunktion w die im Inneren von (a, b) positiv sein muss. Die durch dieses Produkt gegebene Orthogonalität haben wir bereits in Kapitel 9 unter dem Namen *w-Orthogonalität* benutzt.

Wir werden gleich sehen, warum das Skalarprodukt (12.16) besonders gut geeignet ist. Dazu erinnern wir noch einmal an die Tschebyscheff-Polynome, die auf $[-1, 1]$ definiert sind durch

$$T_j(x) := \cos(j \arccos x), \qquad x \in [-1, 1].$$

Sie bilden ein Orthogonalsystem bezüglich des Skalarproduktes (12.16).

Satz 12.34. *Mit dem Skalarprodukt aus (12.16) gilt*

$$(T_j, T_k)_T = \begin{cases} 0, & \text{falls } j \neq k, \\ 1, & \text{falls } j = k \geq 1, \\ 2, & \text{falls } j = k = 0. \end{cases}$$

Beweis. Wir erhalten mit der Substitution $t = \arccos x$ die Identität

$$\begin{aligned} (T_j, T_k)_T &= \frac{2}{\pi} \int_{-1}^{1} \cos(j \arccos x) \cos(k \arccos x) \frac{dx}{\sqrt{1 - x^2}} \\ &= \frac{2}{\pi} \int_{0}^{\pi} \cos(jt) \cos(kt) dt \\ &= \frac{1}{\pi} \int_{0}^{2\pi} \cos(jt) \cos(kt) dt, \end{aligned}$$

wobei wir in der letzten Gleichung noch ausgenutzt haben, dass der Integrand gerade und 2π-periodisch ist. Der Rest folgt also aus Satz 12.27. $\square$

Daher lässt sich also die beste Approximation $P_n f$ aus $\pi_n(\mathbb{R})$ an $f \in C[-1, 1]$ bezüglich $(\cdot, \cdot)_T$ darstellen als

$$P_n f(x) = \frac{r_0}{2} + \sum_{j=1}^{n} r_j T_j(x),$$

wobei die Fourier-Koeffizienten gegeben sind als

$$\begin{aligned} r_j = r_j(f) = (f, T_j)_T &= \frac{2}{\pi} \int_{-1}^{1} f(x) T_j(x) \frac{dx}{\sqrt{1 - x^2}} \\ &= \frac{1}{\pi} \int_{0}^{2\pi} f(\cos t) \cos(jt) dt \\ &= a_j(\widetilde{f}) \end{aligned}$$

mit der geraden Funktion $\widetilde{f} = f \circ \cos$. Nach Folgerung 12.29 stimmt also die Tschebyscheff-Reihe für f mit der Fourier-Reihe von $\widetilde{f}$ überein: $P_n(f) = S_n(\widetilde{f})$. Da $\widetilde{f}$ die gleiche Glätte wie f hat, gilt

Folgerung 12.35. *Sei $f \in C^k[-1, 1]$ mit $k \geq 1$. Dann konvergiert $P_n f$ gleichmäßig auf $[-1, 1]$ gegen f. Ferner gelten die folgenden Abschätzungen*

(1) $\|f - P_n f\|_T \leq \dfrac{1}{(n+1)^k} \|f^{(k)} - P_n f^{(k)}\|_T = o(n^{-k})$ *für $n \to \infty$,*

(2) $\|f - P_n f\|_\infty = o(n^{1-k})$ *für $n \to \infty$.*

Bisher haben wir aus der Zusatzinformation über die Glätte einer Funktion auf Konvergenzeigenschaften geschlossen. Je glatter einer Funktion ist, desto schneller konvergieren die Approximanten gegen sie. Allerdings sind unsere Abschätzungen noch relativ grob. Genauere und bessere Aussagen dieser Form werden in den sogenannten *Jackson-Sätzen* behandelt.

Umgekehrt kann man sich die Frage stellen, ob sich aus der Konvergenzgeschwindigkeit Rückschlüsse auf die Glätteeigenschaften der zu approximierenden Funktion ziehen lassen. Dies ist in der Tat der Fall und wird in sogenannten *Bernstein-Sätzen* behandelt. Details findet man in der klassischen Literatur über Approximationstheorie.

12.4 Tschebyscheff-Approximation

Bisher haben wir für $f \in C[a, b]$ beste Approximationen bezüglich der L_2-Norm ausgerechnet. Jetzt interessieren wir uns für $C[a, b]$, oder allgemeiner für $C(\Omega)$, $\Omega \subseteq \mathbb{R}^d$ kompakt, ausgestattet mit der Tschebyscheff-Norm $\|f\|_\infty = \max_{x \in \Omega} |f(x)|$. Wir wissen aus Satz 12.14, dass jeder endlichdimensionale Unterraum $U \subseteq C(\Omega)$ zumindest eine Existenzmenge bezüglich $\|\cdot\|_\infty$ ist. Über die Eindeutigkeit können wir noch nichts aussagen.

Es wird sich zeigen, dass Haar-Räume, wie wir sie in Definition 8.1 eingeführt haben, gerade Tschebyscheff-Mengen sind, d.h. dass nur bei Haar-Räumen Existenz und Eindeutigkeit der besten Approximation für alle f gegeben ist.

Zur Erinnerung: ein linearer Unterraum $U \subseteq C(\Omega)$ der Dimension n heißt Haarscher Raum, über Ω (der Dimension n), falls jedes $u \in U \setminus \{0\}$ höchstens $n-1$ Nullstellen in Ω hat. Dies war äquivalent dazu, dass in n verschiedenen Punkten aus Ω immer in eindeutiger Weise interpoliert werden kann. Nach dem Satz 8.4 von Mairhuber gibt es im Mehrdimensionalen keine nichttrivialen Haar-Räume, daher ziehen wir uns jetzt wieder auf $\Omega = [a, b] \subseteq \mathbb{R}$ zurück.

Betrachten wir dazu ein Beispiel. Will man die beste lineare Approximante $u^*(x) = \alpha + \beta x$ an $f(x) = x^2$ über $I = [0, 1]$ berechnen, so sieht man leicht, dass der Fehler $\|f - u^*\|_{L_\infty(I)}$ entweder in einem der Randpunkte $x_1 = 0$, $x_3 = 1$ oder im inneren Punkt $x_2 = \beta/2$ mit $(f - u^*)'(x_2) = 0$ angenommen wird. Dies liefert

$$\|f - u^*\|_{L_\infty(I)} = \max\{|\alpha|, |\alpha + \frac{\beta^2}{4}|, |1 - \alpha - \beta|\},$$

und dieser Ausdruck wird als Funktion der Koeffizienten α, β minimal, wenn alle drei Terme den gleichen Wert haben, den sie mit alternierendem Vorzeichen annehmen müssen. Dies liefert $u^*(x) = x - 1/8$, wie in Abbildung 12.2 dargestellt. Das rechte Bild in Abbildung 12.2 zeigt zum Vergleich zusätzlich noch die beste L_2-Approximation aus $\pi_1(\mathbb{R})$ an f.

Dies nehmen wir als Anlass zu folgender Definition.

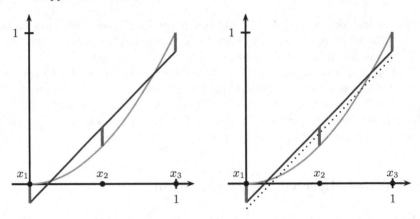

Abb. 12.2. Beste Approximation an x^2

Definition 12.36. *Sei U ein Haarscher Raum der Dimension n über $[a,b]$. Eine Menge X von $n+1$ Punkten $a \leq x_1 < x_2 < \ldots < x_{n+1} \leq b$ heißt Alternante für $f \in C[a,b]$ und $u \in U$, falls*

$$\text{sign}(f(x_j) - u(x_j)) = \sigma(-1)^j, \qquad 1 \leq j \leq n+1,$$

gilt. Hierbei ist $\sigma \in \{-1,1\}$ nur ein Vorzeichenfaktor.

Eine Menge X ist also Alternante für f und u, wenn $f-u$ in den x_j *alternierend* das Vorzeichen wechselt.

Mit Hilfe von Alternanten lassen sich beste Approximationen eindeutig charakterisieren. Wir beginnen mit einer hinreichenden Bedingung.

Satz 12.37. *Sei U ein n-dimensionaler Haarscher Raum über $[a,b]$. Gibt es zu $f \in C[a,b]$ und $u^* \in U$ eine Alternante X mit*

$$|f(x_j) - u^*(x_j)| = \|f - u^*\|_\infty, \qquad 1 \leq j \leq n+1, \tag{12.18}$$

so ist u^* beste Approximation an f aus U.

Beweis. Sei $u \in U$ beliebig. Zu diesem u muss es ein $j_0 \in \{1, \ldots, n+1\}$ mit $(u(x_{j_0}) - u^*(x_{j_0}))(-1)^{j_0}\sigma \leq 0$ geben. Denn wäre $(u(x_j) - u^*(x_j))(-1)^j\sigma > 0$ für alle j, so müsste $u - u^*$ in jedem Intervall (x_j, x_{j+1}), $1 \leq j \leq n$, das Vorzeichen wechseln und hätte als stetige Funktion damit n verschiedene Nullstellen. Da U ein Haarscher Raum der Dimension n ist, folgt $u - u^* \equiv 0$, was im Widerspruch dazu steht, dass $u - u^*$ auf den x_j nicht verschwindet. Für dieses j_0 folgt aber

$$\begin{aligned}
\|f - u^*\|_\infty &= (f(x_{j_0}) - u^*(x_{j_0}))(-1)^{j_0}\sigma \\
&= (f(x_{j_0}) - u(x_{j_0}))(-1)^{j_0}\sigma + (u(x_{j_0}) - u^*(x_{j_0}))(-1)^{j_0}\sigma \\
&\leq |f(x_{j_0}) - u(x_{j_0})| \\
&\leq \|f - u\|_\infty.
\end{aligned}$$

Also ist u^* beste Approximation. $\square$

Wir werden später sehen, dass in Satz 12.37 auch die umgekehrte Richtung gilt, und dann daraus folgern, dass die Haarschen Räume genau die Tschebyscheff-Mengen sind. Das Ganze werden wir konstruktiv mit dem sogenannten *Remes-Verfahren* machen.

Hat man eine Alternante für f und u, gilt aber nicht die Bedingung (12.18), so kann man sich dafür interessieren, wie "weit" u noch von der besten Approximation entfernt ist. Die folgende Fehlerabschätzung ist dabei hilfreich.

Satz 12.38. *Sei U ein Haarscher Raum der Dimension n auf $[a,b]$. Sei X : $a \leq x_1 < x_2 < \ldots < x_{n+1} \leq b$ eine Alternante für $f \in C[a,b]$ und $u \in U$. Dann gilt*

$$\min_{1 \leq j \leq n+1} |f(x_j) - u(x_j)| \leq d(f,U) \leq \|f - u\|_\infty.$$

Beweis. Die rechte Ungleichung ist offensichtlich. Nehmen wir also an, dass die linke nicht zutrifft. Sei $u^* \in U$ die beste Approximation an f. Dann gilt

$$\max_j |f(x_j) - u^*(x_j)| \leq \|f - u^*\|_\infty < \min_j |f(x_j) - u(x_j)|.$$

Hieraus folgt wegen $u^* - u = (f - u) - (f - u^*)$ auch

$$\mathrm{sign}(u^*(x_j) - u(x_j)) = \mathrm{sign}(f(x_j) - u(x_j)), \qquad 1 \leq j \leq n+1.$$

Daher hat $u^* - u$ mindestens n verschiedene Nullstellen, was nach der Haarschen Bedingung $u \equiv u^*$ bedeutet. Dies kann aber nicht sein, da $u^* - u$ auf den x_j von Null verschieden ist. $\square$

Satz 12.37 zeigt eine Möglichkeit, wie man sich iterativ einer besten Approximation nähern kann. Dazu beginnt man mit einer *Referenz* $X = (x_1, \ldots, x_{n+1})^T \in \mathbb{R}^{n+1}$ und bestimmt ein $u^* \in U$ derart, dass X Alternante für $f - u^*$ ist und dass $f - u^*$ konstant auf X ist, d.h. dass

$$|f(x_j) - u^*(x_j)| = \|f - u^*\|_{L_\infty(X)}, \qquad 1 \leq j \leq n+1, \qquad (12.19)$$

gilt. Satz 12.37 liefert dann in dieser Situation, dass u^* beste Approximation an f aus U auf der *diskreten* Menge X ist. Gilt zusätzlich

$$\|f - u^*\|_{L_\infty(X)} = \|f - u^*\|_{L_\infty(I)},$$

so ist u^*, wiederum nach Satz 12.37, sogar beste Approximation an f aus U auf ganz I. Gilt dies nicht, so wird man versuchen die Referenz X geeignet zu modifizieren. Details werden wir im nächsten Abschnitt besprechen.

Jetzt wollen wir uns zunächst der Frage widmen, wie man die diskrete Tschebyscheff-Approximante konkret berechnen kann. Dazu nehmen wir an, $u_1, \ldots, u_n$ bilden eine Basis von U. Sei X eine Referenz und $\rho_X = d_X(f,U)$

der Minimalabstand von f zu U auf X. Wir schreiben unseren Kandidat u^* auf die beste Approximation an f in der Darstellung

$$u^* = \sum_{j=1}^{n} \alpha_j u_j$$

mit noch zu bestimmenden Koeffizienten α_j. Ist σ_X das Vorzeichen von $f(x_{n+1}) - u^*(x_{n+1})$, so besagt die zu erfüllende Alternationsbedingung jetzt

$$f(x_i) - u^*(x_i) = f(x_i) - \sum_{j=1}^{n} \alpha_j u_j(x_i) = \sigma_X (-1)^{n+1-i} \rho_X, \qquad 1 \leq i \leq n+1,$$

was wir umschreiben können zu

$$\sum_{j=1}^{n} \alpha_j u_j(x_i) + \underbrace{(-1)^{n+1-i}}_{u_{n+1}(x_i)} \underbrace{\sigma_X \rho_X}_{\alpha_{n+1}} = f(x_i), \qquad 1 \leq i \leq n+1. \tag{12.20}$$

Dies führt zu dem linearen $(n+1) \times (n+1)$ Gleichungssystem

$$\begin{pmatrix} u_1(x_1) & \cdots & u_n(x_1) & u_{n+1}(x_1) \\ \vdots & & \vdots & \vdots \\ u_1(x_{n+1}) & \cdots & u_n(x_{n+1}) & u_{n+1}(x_{n+1}) \end{pmatrix} \begin{pmatrix} \alpha_1 \\ \vdots \\ \alpha_{n+1} \end{pmatrix} = \begin{pmatrix} f(x_1) \\ \vdots \\ f(x_{n+1}) \end{pmatrix},$$

wobei wir neben den unbekannten Koeffizienten $\alpha_1, \ldots, \alpha_n$ auch gleich $\sigma_X \rho_X$ und damit ρ_X mitbestimmen. Um die Determinante der Koeffizientenmatrix $A := (u_j(x_i))$ zu berechnen, entwickeln wir nach der letzten Spalte. Dies gibt

$$\det(A) = (-1)^{n+1} \sum_{k=1}^{n+1} (-1)^k u_{n+1}(x_k) d_k = \sum_{k=1}^{n+1} d_k$$

mit

$$d_k = \det(u_j(x_i))_{\substack{1 \leq i \leq n, i \neq k \\ 1 \leq j \leq n}}.$$

Offensichtlich ist die zu d_k gehörige Matrix die Interpolationsmatrix in den Punkten $x_1, \ldots, x_{k-1}, x_{k+1}, \ldots x_{n+1}$. Da U ein Haar-Raum der Dimension n ist, muss $d_k \neq 0$ sein. Ein Verschiebeargument wie im Beweis zu Satz 8.2 zeigt sogar, dass alle d_k dasselbe Vorzeichen haben müssen. Also ist $\det(A) \neq 0$ (genauer hat $\det(A)$ sogar dasselbe Vorzeichen wie all d_k), und damit ist das Gleichungssystem eindeutig lösbar. Somit haben wir die Existenz einer Lösung des diskreten Tschebyscheff-Approximationsproblems.

Die Eindeutigkeit folgt, wenn wir zeigen können, dass jede diskrete beste Approximation auch Lösung dieses Gleichungssystems ist.

Dazu setzen wir $D(X)f := \sigma_X \rho_X$. Die Cramersche Regel liefert die Darstellung

$$D(X)f = (-1)^{n+1} \sum_{k=1}^{n+1} (-1)^k f(x_k) d_k / \det(A),$$

was bei festem X linear in f ist. Führen wir ferner die Funktionale

$$\lambda_k(X) = (-1)^{n+1+k} d_k / \det(A), \qquad 1 \le k \le n+1,$$

ein, so haben diese alternierendes Vorzeichen, und es gilt

$$D(X)f = \sum_{k=1}^{n+1} \lambda_k(X) f(x_k), \tag{12.21}$$

$$\sum_{k=1}^{n+1} |\lambda_k(X)| = \sum_{k=1}^{n+1} \frac{d_k}{\det(A)} = 1.$$

Schließlich ist jedes $u \in U$ beste Approximation an sich selbst, sodass $D(X)u = 0$ gilt, was mit der Linearität von $D(X)$ zu

$$D(X)f = \sum_{k=1}^{n+1} \lambda_k(X)(f(x_k) - u(x_k)) \tag{12.22}$$

für alle $u \in U$ führt. Dies können wir nun benutzen, um Eindeutigkeit zu zeigen. Ist nämlich $\widetilde{u} \in U$ eine diskrete beste Approximation an f aus U, so folgt

$$\|f - \widetilde{u}\|_{L_\infty(X)} = |D(X)f| = \sigma_X \sum_{k=1}^{n+1} \lambda_k(X)(f(x_k) - \widetilde{u}(x_k)),$$

und diese Identität kann wegen der Eigenschaften der $\lambda_k(X)$ nur erfüllt sein, wenn X Alternante zu $f - \widetilde{u}$ mit (12.19) ist. Daher ist $\widetilde{u}$ die eindeutige Lösung des Gleichungssystems (12.20). Zusammengefasst haben wir:

Satz 12.39. *Sei U ein n-dimensionaler Haarscher Raum über $I = [a,b]$. und $X : a \le x_1 < x_2 < \ldots < x_{n+1} \le b$ eine Referenz. Dann gibt es zu jedem $f \in C[a,b]$ genau eine diskrete beste Approximation u^*, die durch Lösen des linearen Gleichungssystems (12.20) zusammen mit dem Fehler $\rho_X = d_X(f, U)$ berechnet werden kann.*

Für den Beweis der Konvergenz des nun folgenden Remes-Verfahrens müssen wir allgemeinere X zulassen. Bis jetzt haben wir $D(X)f = \rho_X \sigma_X$ nur für X aus der Menge

$$B = \{(x_1, \ldots, x_{n+1})^T \in \mathbb{R}^{n+1} : a \le x_1 < x_2 < \ldots < x_{n+1} \le b\}$$

betrachtet. Es lässt sich aber einfach durch Null auf deren Abschluss stetig fortsetzen:

Lemma 12.40. *Erweitert man $D(X)f$ auf den Abschluss*

$$\overline{B} := \{X = (x_1, \ldots, x_{n+1})^T \in \mathbb{R}^{n+1} : a \le x_0 \le x_1 \le \ldots \le x_{n+1} \le b\}$$

der Menge B der Referenzen durch die Setzung

$$D(X)f := 0 \quad \text{für } X \in \overline{B} \setminus B, \quad f \in C(I),$$

so ist für festes $f \in C(I)$ die reellwertige Funktion $X \mapsto D(X)f$ auf $\overline{B}$ stetig.

Beweis. Ist $X \in B$, so liegen alle $Y \in \overline{B}$ mit $\|X - Y\|_\infty$ hinreichend klein ebenfalls in B und die Stetigkeit in X folgt aus (12.21), da sowohl f als auch die $\lambda_k(X)$ stetig sind. Ist $X \in \overline{B} \setminus B$, so besteht X aus höchstens n verschiedenen Punkten. Ist Y ebenfalls in $\overline{B} \setminus B$, so folgt $D(X)f = D(Y)f = 0$. Andernfalls interpolieren wir f in X durch ein $u \in U$. Damit folgt

$$D(Y)f - D(X)f = D(Y)(f - u)$$

wegen $D(X)f = D(Y)u = 0$. Da $f - u$ gleichmäßig stetig auf I ist, können wir zu $\varepsilon > 0$ ein $\delta > 0$ finden, sodass

$$|f(x) - u(x) - f(y) - u(y)| < \varepsilon$$

für alle $x, y \in I$ mit $|x - y| < \delta$ gilt. Also folgt für Y mit $\|X - Y\|_\infty < \delta$ die Abschätzung

$$|D(Y)(f-u)| \le \sum_{k=1}^{n+1} |(f-u)(y_k)| |\lambda_k(Y)| \le \varepsilon + \sum_{k=1}^{n+1} |f(x_k) - u(x_k)| |\lambda_k(Y)| = \varepsilon,$$

was die Stetigkeit auch in diesem Fall beweist. $\square$

Folgerung 12.41. *Zu jedem $\varepsilon > 0$ gibt es ein $\delta(\varepsilon) > 0$, sodass für festes $f \in C(I)$ und jedes $X \in \overline{B}$ mit $|D(X)f| \ge \varepsilon$ die Abschätzung*

$$\min_{1 \le k \le n} |x_{k+1} - x_k| \ge \delta$$

gilt.

Beweis. Die Menge der $X \in B$ mit $|D(X)f| \ge \varepsilon$ ist eine abgeschlossene Teilmenge der kompakten Menge $\overline{B}$, die disjunkt zu $\overline{B} \setminus B$ ist. Deshalb nimmt die stetige Funktion

$$d(X) := \min_{1 \le k \le n} (x_{k+1} - x_k)$$

dort ein positives Infimum $\delta = \delta(\varepsilon) > 0$ an. $\square$

12.5 Remes-Verfahren und Alternantensatz

Das Remes-Verfahren zur Berechnung der besten Tschebyscheff-Approximation lässt sich folgendermaßen beschreiben. Man wählt zunächst einfach eine Referenz X aus $n + 1$ Punkten. Im Fall von Polynomen sind die Nullstellen der Tschebyscheff-Polynome eine gute Wahl. Dann bestimmt man die *diskrete* beste Approximation u^* auf X. Falls der diskrete Fehler $\|f - u^*\|_{L_\infty(X)}$ dem globalen Fehler $\|f - u^*\|_{L_\infty(I)}$ entspricht, ist man fertig, da dann u^* auch die beste Approximation über ganz I ist. Ansonsten tauscht man einen oder mehrere Punkte in X aus und wiederholt den Prozess. Eine genau Beschreibung des Verfahrens ist in Algorithmus 7 gegeben. Natürlich läuft die darin enthaltene Schleife in der Praxis nur so lange, bis eine vorgegebene Genauigkeit erreicht ist. Ferner wird man I als diskrete Menge realisieren, um die Norm effizient berechnen zu können.

Algorithmus 7: Das Remes-Verfahren

Input   : $f \in C[a, b]$, $U \subseteq C[a, b]$.

Wähle eine Startreferenz $X^{(0)} = \{x_1^{(0)}, \ldots, x_{n+1}^{(0)}\}$.
for $j = 0, 1, 2, \ldots$ **do**

> Bestimme die diskrete beste Approximation u_j^* auf $X^{(j)}$ an f.
> **if** $\|f - u_j^*\|_{L_\infty(X^{(j)})} = \|f - u_j^*\|_{L_\infty(I)}$ **then**
> > Stop, u_j^* ist Lösung.
>
> **else**
> > Bestimme neue Referenz $X^{(j+1)}$, sodass
> > $$\mathrm{sign}(f - u_j^*)(x_k^{(j+1)}) = -\mathrm{sign}(f - u_j^*)(x_{k+1}^{(j+1)}) \text{ für } 1 \le k \le n.$$
> > $$|(f - u_j^*)(x_k^{(j+1)})| \ge \|f - u_j^*\|_{L_\infty(X^{(j)})} \text{ für } 1 \le k \le n+1.$$
> > $$\|f - u_j^*\|_{L_\infty(X^{(j+1)})} = \|f - u_j^*\|_{L_\infty(I)}.$$

Output   : Beste Approximation u^*.

Schauen wir uns jetzt den Austauschschritt genauer an. An die neue Referenz $X^{(j+1)}$ werden drei Bedingungen gestellt. Die Bedingung

$$\mathrm{sign}(f - u_j^*)(x_k^{(j+1)}) = -\mathrm{sign}(f - u_j^*)(x_{k+1}^{(j+1)}) \qquad \text{für } 1 \le k \le n.$$

bedeutet, dass die alte Fehlerfunktion $f - u_j^*$ auch noch auf der neuen Referenz $X^{(j+1)}$ alternieren soll. Die Bedingung

$$|(f - u_j^*)(x_k^{(j+1)})| \ge \|f - u_j^*\|_{L_\infty(X^{(j)})} \qquad \text{für } 1 \le k \le n+1$$

besagt, dass die alte Fehlerfunktion $f - u_j^*$ auf der neuen Referenz $X^{(j+1)}$ nicht kleiner werden darf. Im Gegenteil, zusammen mit der dritten Bedingung

$$\|f - u_j^*\|_{L_\infty(X^{(j+1)})} = \|f - u_j^*\|_{L_\infty(I)} \tag{12.23}$$

ergibt sie, dass die Folge der Fehler $d_{X^{(j)}}(f, U)$ streng monoton wachsend ist. Dies ist sicherlich wünschenswert, da wir ja grundsätzlich $d_{X^{(j)}}(f, U) \leq d_I(f, U)$ haben und der Austauschschritt schließlich garantieren soll, dass wir uns der wahren Lösung auf ganz I weiter nähern.

Die ersten beiden Bedingungen sind offensichtlich durch $X^{(j)}$ selber erfüllt. Daher besteht eine einfache Möglichkeit die neue Referenz zu erhalten darin, einfach einen Punkt in $X^{(j)}$ auszutauschen, was wir jetzt beschreiben wollen. In der tatsächlichen Umsetzung wird man allerdings gleich mehrere Punkte austauschen, um schnellere Konvergenz zu erhalten. Für den Einpunkt-Austausch wählt man einfach ein $\xi \in [a, b]$ mit $|(f - u_j^*)(\xi)| = \|f - u_j^*\|_{L_\infty(I)}$. Dieses ξ gehört nicht zur alten Referenz $X^{(j)}$, da das Verfahren ja sonst schon abgebrochen wäre. Der Austausch erfolgt nun nach Lage von ξ in Bezug auf die Punkte in $X^{(j)}$. Gibt es einen Index k mit $\xi \in (x_k^{(j)}, x_{k+1}^{(j)})$, so ersetzt ξ denjenigen Punkt, in dem $f - u_j^*$ dasselbe Vorzeichen wie in ξ hat. Gilt dagegen $\xi < x_1^{(j)}$, so wird ξ gegen $x_1^{(j)}$ ausgetauscht, falls $f - u_j^*$ in ξ und $x_1^{(j)}$ dasselbe Vorzeichen hat, ansonsten wird ξ einfach aufgenommen und $x_{n+1}^{(j)}$ weggelassen. Genauso geht man im Fall $\xi > x_{n+1}^{(j)}$ vor. Diese Vorgehensweise garantiert, dass alle drei Bedingungen erfüllt sind. Nach diesen Vorbereitungen können wir das zentrale Resultat für das Remes-Verfahrens formulieren und beweisen. Dazu setzen wir noch $\rho_j = \rho_{X^{(j)}} = |D(X^{(j)})f|$.

Satz 12.42. *Sei $U \subseteq C(I)$ ein n-dimensionaler Haar-Raum und $f \in C(I) \setminus U$. Dann existiert genau eine beste Approximation $u^* \in U$ an f aus U auf I. Ferner bricht das Remes-Verfahren zur Berechnung der besten Tschebyscheff-Approximation entweder nach endlich vielen Schritten mit der Lösung u^* ab, oder es liefert Folgen $\{X^{(j)}\}$, $\{u_j^*\}$ und $\{\rho_j\}$ mit den folgenden Eigenschaften:*

(1) Die Folge $\{\rho_j\}$ konvergiert mindestens linear gegen den Minimalabstand $\|f - u^*\|_{L_\infty(I)}$. Genauer existiert eine Konstante $q \in (0, 1)$ mit

$$\|f - u^*\|_{L_\infty(I)} - \rho_{j+1} \leq q(\|f - u^*\|_{L_\infty(I)} - \rho_j), \qquad j \in \mathbb{N}_0.$$

(2) Die Folge $\{u_j^*\}$ konvergiert gleichmäßig auf I gegen die Lösung u^*.

Beweis. Bricht das Verfahren nach endlich vielen Schritten ab, so gilt für ein $j \in \mathbb{N}_0$ die Identität

$$\rho_j = \|f - u_j^*\|_{L_\infty(X^{(j)})} = \|f - u_j^*\|_{L_\infty(I)},$$

und Satz 12.37 zeigt, dass u_j^* auch beste Approximation auf I ist. Nach Satz 12.42 ist sie als beste Approximation auf $X^{(j)}$ eindeutig.

Nehmen wir also an, dass Verfahren bricht nicht vorzeitig ab. Dann ist die Folge ρ_j per Konstruktion streng monoton wachsend und nach oben durch

$d_I(f, U)$ beschränkt, muss also konvergieren. Es bleibt zu zeigen, dass sie linear gegen $d_I(f, U)$ strebt.

Aus der strengen Monotonie folgt insbesondere $\rho_j \geq \rho_1$ für alle $j \in \mathbb{N}$. Daher existiert nach Folgerung 12.41 ein $\delta > 0$ mit

$$\min_{1 \leq k \leq n} (x_{k+1}^{(j)} - x_k^{(j)}) \geq \delta > 0, \qquad j \in \mathbb{N}.$$

Da die stetige Funktion $\mu(X) = \min_k |\lambda_k(X)|$ auf der kompakten Menge $B_\delta = \{X \subseteq B : |x_{k+1} - x_k| \geq \delta\}$ positiv und kleiner als Eins ist und dort ihr Minimum annimmt, folgt die Existenz eines $K \in (0, 1)$ mit

$$0 < K \leq |\lambda_k(X^{(j)})| \leq 1 - K < 1, \qquad 1 \leq k \leq n + 1, \, j \in \mathbb{N}.$$

Dies erlaubt uns wegen (12.22) und der Vorzeichenstruktur die Abschätzung

$$\rho_{j+1} = |D(X^{(j+1)})f| = \left| \sum_{k=1}^{n+1} f(x_k^{(j+1)}) \lambda_k(X^{(j+1)}) \right|$$

$$= \sum_{k=1}^{n+1} |(f - u_j^*)(x_k^{(j+1)})| |\lambda_k(X^{(j+1)})|$$

$$\geq |\lambda_{k_j}(X^{(j+1)})| \|f - u_j^*\|_{L_\infty(I)} + (1 - |\lambda_{k_j}(X^{(j+1)})|) \rho_j, \quad (12.24)$$

wobei der Index k_j zu einem der neu zugefügten Punkte in $X^{(j+1)}$ gehört. Wegen $d_I(f, U) \leq \|f - u_j^*\|_{L_\infty(I)}$ folgt weiter

$$d_I(f, U) - \rho_{j+1} \leq (d_I(f, U) - \rho_j)(1 - |\lambda_{k_j}(X^{(j+1)})|) \leq (1 - K)(d_I(f, U) - \rho_j),$$

was den ersten Teil über die lineare Konvergenz beweist. Schließlich zeigt (12.24) noch

$$\|f - u_j^*\|_{L_\infty(I)} \leq \frac{\rho_{j+1} - \rho_j}{|\lambda_{k_j}(X^{(j+1)})|} + \rho_j \leq \frac{\rho_{j+1} - \rho_j}{K} + \rho_j,$$

was dazu führt, dass $\|f - u_j^*\|_{L_\infty(I)}$ gegen $d_I(f, U)$ konvergiert. Hieraus folgt leicht, dass $\{u_j^*\}$ eine Teilfolge haben muss, die gegen eine beste Approximation konvergiert.

Wir wollen hier aber die Konvergenz der *ganzen* Folge gegen die *einzige* Lösung beweisen. Da die Folge $\{X^{(j)}\}_{j \in \mathbb{N}}$ der Referenzen vollständig in der kompakten Menge B_δ verläuft, besitzt sie eine konvergente Teilfolge $\{X^{(j)}\}_{j \in N}$, die gegen eine Referenz $X^* \in B_\delta$ konvergiert. Sei $u^* \in U$ die zugehörigen diskrete beste Approximation. Dann ist X^* Alternante für $f - u^*$ und aus der Stetigkeit von $X \mapsto D(X)f$ folgt

$$|D(X^*)f| = \lim_{\substack{j \to \infty \\ j \in N}} |D(X^{(j)})f| = \lim_{\substack{j \to \infty \\ j \in N}} \rho_j = d_I(f, U).$$

Also ist $u^* \in U$ beste Approximation auf ganz I an f und es gilt $d_{X^*}(f, U) = d_I(f, U)$. Ist $\tilde{u} \in U$ eine weitere beste Approximation an f aus U auf I, so ist $\tilde{u}$ auch beste Approximation an f aus U auf X^*. Da diese aber nach Satz 12.39 eindeutig ist, muss auch die beste Approximation auf ganz I eindeutig sein. Insbesondere stimmt jeder Häufungspunkt von $\{u_j^*\}$ mit dieser besten Approximation überein, sodass die Folge konvergiert. □

Die beste Approximation u^* ist eindeutig, und die Folge der u_j^* konvergiert gegen u^*, aber die Folge der Referenzen $X^{(j)}$ hat nur eine konvergente Teilfolge, weil es zu u^* mehrere Alternanten geben kann, die als Häufungspunkte der Referenzen auftreten können. Der Beweis hat insgesamt auch die "Rückrichtung" zu Satz 12.37 geliefert. Wir fassen beides noch einmal zusammen.

Satz 12.43 (Alternantensatz). *Sei U ein n-dimensionaler Haarscher Raum über $[a, b]$. Ein Element $u^* \in U$ ist genau dann beste Approximation an $f \in C[a, b]$, wenn es eine Alternante X für f und u^* mit*

$$|f(x_j) - u^*(x_j)| = \|f - u^*\|_\infty, \qquad 1 \le j \le n + 1,$$

gibt. Die beste Approximation u^* ist eindeutig bestimmt, die Alternante aber nicht.

Ferner hat der Beweis zu Satz 12.42 gezeigt, dass ein Haarscher Raum eine Tschebyscheff-Menge ist, d.h. dass es immer eine eindeutig bestimmte beste Approximation gibt. Es gilt auch hier die Umkehrung.

Satz 12.44. *Sei U ein n-dimensionaler Unterraum von $C[a, b]$. Genau dann ist U ein Haarscher Raum, wenn U eine Tschebyscheff-Menge ist.*

Beweis. Nehmen wir an, dass U eine Tschebyscheff-Menge aber kein Haarscher Raum ist. Dann folgt aus Satz 8.2, dass es zu der Basis $u_1, \ldots, u_n$ von U verschiedene Punkte $x_1, \ldots, x_n \in [a, b]$ gibt, sodass die Matrix $A = (u_j(x_k))$ singulär ist. Es gibt also $c, d \in \mathbb{R}^n \setminus \{0\}$ mit $A^T c = A d = 0$, oder ausführlicher

$$\sum_{k=1}^{n} c_k u_j(x_k) = 0, \qquad 1 \le j \le n, \tag{12.25}$$

und

$$g(x_k) := \sum_{j=1}^{n} d_j u_j(x_k) = 0, \qquad 1 \le k \le n.$$

Ferner können wir ohne Einschränkung annehmen, dass $\|g\|_\infty \le 1$ gilt. Als nächstes wählen wir $f_1 \in C[a, b]$ mit $\|f_1\|_\infty = 1$ und $f_1(x_k) = \text{sign}(c_k)$, $1 \le k \le n$, und setzen $f := f_1(1 - |g|) \in C[a, b]$. Dann haben wir einerseits $f(x_k) = f_1(x_k)$, $1 \le k \le n$. Andererseits muss $d(f, U) \ge 1$ gelten, denn aus

$d(f, U) < 1$ folgt die Existenz eines $u = \sum \alpha_j u_j$ mit $\|f - u\|_\infty < 1$. Für dieses u muss wegen

$$1 > |f(x_k) - u(x_k)| = |\text{sign}(c_k) - u(x_k)|, \qquad 1 \leq k \leq n,$$

auch $\text{sign}(u(x_k)) = \text{sign}(c_k)$ für alle $1 \leq k \leq n$ mit $c_k \neq 0$ gelten, was wegen (12.25) und

$$0 < \sum_{k=1}^{n} c_k u(x_k) = \sum_{j=1}^{n} \alpha_j \sum_{k=1}^{n} c_k u_j(x_k) = 0$$

zum Widerspruch führt. Also gilt in der Tat $d(f, U) \geq 1$. Dies benutzen wir, um die Eindeutigkeit der besten Approximation zu widerlegen. Genauer ist für $0 \leq \gamma \leq 1$ und $x \in [a, b]$

$$\begin{aligned}|f(x) - \gamma g(x)| &\leq & |f(x)| + \gamma |g(x)| & \leq & |f_1(x)|(1 - |g(x)|) + \gamma |g(x)| \\ &\leq & 1 - |g(x)| + \gamma |g(x)| & \leq & 1.\end{aligned}$$

Daher ist jedes γg mit $0 \leq \gamma \leq 1$ beste Approximation an f. □

12.6 Fehlerabschätzungen für die Interpolation

Wir wollen jetzt noch einmal auf den Interpolationsfehler eingehen. Nehmen wir an, wir haben eine Folge von Stützstellen $X = X^{(n)} = \{x_0^{(n)}, \ldots, x_n^{(n)}\}$ gegeben und $P_n f$ bezeichne das Interpolationspolynom aus $\pi_n(\mathbb{R})$ zu einer Funktion $f \in C[-1, 1]$ basierend auf $X^{(n)}$. Was können wir dann über den Approximationsfehler $\|f - P_n f\|_\infty$ der Interpolierenden aussagen? Zunächst einmal lässt sich $P_n f$ in seiner Lagrange-Form

$$P_n f(x) = \sum_{j=0}^{n} f(x_j) L_j(x)$$

schreiben, wobei die $L_j = L_j^{(n)}$ gegeben sind durch

$$L_j(x) = \prod_{\substack{k=0 \\ k \neq j}}^{n} \frac{x - x_k}{x_j - x_k}, \qquad x \in [-1, 1].$$

Hierbei haben wir, wie auch oft im Folgenden den oberen Index weggelassen. Es sollte aber klar sein, dass nicht nur die Anzahl sondern auch die Stützstellen selbst und damit auch alles, was von ihnen abhängt, mit n variiert.

Für die Fehlerabschätzung ist jetzt die Funktion

$$\Lambda^{(n)}(x) = \sum_{j=0}^{n} |L_j(x)|$$

und die zugehörige Konstante

$$\Lambda_n := \|\Lambda^{(n)}\|_\infty$$

sehr wichtig. Sie wird in diesem Zusammenhang auch *Lebesguesche Konstante* genannt. Da der Interpolationsprozess Polynome reproduziert, gilt $P_n p = p$ für alle $p \in \pi_n(\mathbb{R})$ und damit

$$f(x) - P_n f(x) = f(x) - p(x) + P_n(p - f)(x)$$
$$= f(x) - p(x) + \sum_{j=0}^{n} (p(x_j) - f(x_j)) L_j(x),$$

sodass für den Fehler

$$|f(x) - P_n f(x)| \le \left(1 + \sum_{j=0}^{n} |L_j(x)| \right) \|f - p\|_\infty \le (1 + \Lambda_n) \|f - p\|_\infty$$

für alle $x \in [-1, 1]$ und alle $p \in \pi_n(\mathbb{R})$ folgt.

Satz 12.45. *Zu* $X = \{x_0, \dots, x_n\}$ *und* $f \in C[-1, 1]$ *sei* $P_n f$ *die zugehörige Interpolante aus* $\pi_n(\mathbb{R})$. *Dann gilt*

$$\|f - P_n f\|_\infty \le (1 + \Lambda_n) \, d(f, \pi_n(\mathbb{R})), \tag{12.26}$$

wobei $d(f, \pi_n(\mathbb{R})) = \inf_{p \in \pi_n(\mathbb{R})} \|f - p\|_\infty$ *den Abstand in der Tschebyscheff-Norm bezeichnet.*

Die Lebesguesche Konstante bestimmt also, wie weit der Interpolationsfehler vom Fehler der besten Approximation abweicht. Es ist daher wichtig, das Verhalten von Λ_n für $n \to \infty$ zu kennen.

Wählt man z.B. die Stützstellen äquidistant, also $x_j = j/n$ für $0 \le j \le n$, wenn das Intervall jetzt einmal $[0, 1]$ statt $[-1, 1]$ ist, so gilt (siehe z.B. [22])

$$\Lambda_n \ge \frac{1}{2n-1} \frac{1}{2^n} \binom{2n}{n} \sim \frac{2^{n-1}}{\sqrt{\pi} n^{3/2}},$$

d.h. im Falle äquidistanter Stützstellen wächst Λ_n exponentiell in n, was der Best-Approximationsfehler $d(f, \pi_n(\mathbb{R}))$ in der Regel kaum wieder gut machen kann. Ganz allgemein, egal wie man die Stützstellen wählt, gilt immerhin noch

$$\Lambda_n \ge \frac{2}{\pi} \log n - c$$

mit einer positiven Konstanten $c > 0$, d.h. die Lebesgueschen Konstanten wachsen mindestens logarithmisch, was aber nicht so schlimm ist. Hat man nämlich eine Folge von Stützstellen, für die auch $\Lambda_n \le c \log n$ gilt, so folgt aus Folgerung 12.35, dass die Folge der Interpolanten an eine C^1-Funktion konvergiert. Interessanterweise ist die Folge der Nullstellen der Tschebyscheff-Polynome wieder einmal eine ausgezeichnete Wahl (siehe wieder z.B. [22]).

Satz 12.46. *Wählt man X als die Nullstellen des Tschebyscheff-Polynoms T_{n+1}, so folgt*

$$\Lambda_n < \frac{2}{\pi} \log n + 3.$$

12.7 Multivariate Approximation und Interpolation

Unsere bisherigen Untersuchungen haben sich mehr oder weniger auf den univariaten Fall beschränkt, und wir wollen uns jetzt mit der *multivariaten* Situation befassen. Dabei haben wir nach Satz 8.4 zu berücksichtigen, dass es keine Haar-Räume gibt, man also nicht einen N-dimensionalen Raum festlegen kann, aus dem man immer eine Interpolante an N beliebige Daten findet. Der Ausweg ist, dass man entweder voraussetzt, dass die Daten eine spezielle Struktur haben oder dass der Funktionenraum von den Daten abhängt.

Wir beginnen mit dem einfachsten Fall, der Interpolation durch *Tensorprodukt*-Bildung. Dazu nehmen wir an, die Stützstellen liegen auf einem Gitter. Der Einfachheit halber betrachten wir nur den zweidimensionalen Fall, denn die Verallgemeinerung auf höhere Dimensionen ist hier sehr einfach. Die Gitterstruktur bedeutet, dass es zwei univariate Sätze $X : x_1 < x_2 < \ldots < x_n$ und $Y : y_1 < y_2 < \ldots < y_m$ gibt, sodass die Stützstellen gerade durch

$$Z := X \times Y = \{(x_i, y_k) : 1 \le i \le n, 1 \le k \le m\} \tag{12.27}$$

gegeben sind. Wir haben also $N = nm$ Punkte und benötigen damit auch N Datenwerte $f(x_i, y_k)$, $1 \le i \le n$, $1 \le k \le m$. Die Interpolante lässt sich leicht durch Tensorprodukt-Bildung der univariaten Interpolanten bilden.

Satz 12.47. *Seien $\mathcal{B}$ und $\mathcal{C}$ jeweils n- bzw. m-dimensionale Haarsche Räume über $[x_1, x_n]$ bzw. $[y_1, y_m]$. Dann gibt es genau eine Funktion s aus $\operatorname{span}(\mathcal{B} \times \mathcal{C})$ mit $\mathcal{B} \times \mathcal{C} = \{fg : f \in \mathcal{B}, g \in \mathcal{C}\}$, die die Interpolationsbedingungen*

$$s(x_j, y_k) = f(x_j, y_k), \qquad 1 \le j \le n, 1 \le k \le m,$$

erfüllt.

Beweis. Sei $\{\beta_i\}_{i=1}^n$ eine Basis für $\mathcal{B}$ und $\{\gamma_k\}_{k=1}^m$ eine Basis für $\mathcal{C}$. Wir bestimmen zunächst für jedes $1 \le \ell \le m$ einen Vektor $b^{(\ell)} \in \mathbb{R}^n$ als Lösung von

$$\sum_{i=1}^n \beta_i(x_j) b_i^{(\ell)} = f(x_j, y_\ell), \qquad 1 \le j \le n,$$

und damit schließlich Koeffizienten a_{ik}, $1 \le i \le n$, $1 \le k \le m$, indem wir für $1 \le i \le n$ jeweils

$$\sum_{k=1}^m a_{ik} \gamma_k(y_\ell) = b_i^{(\ell)}, \qquad 1 \le \ell \le m,$$

lösen. Beides ist nach Voraussetzung möglich. Die Funktion

$$s(x,y) := \sum_{i=1}^{n} \sum_{k=1}^{m} a_{ik}\beta_i(x)\gamma_k(y)$$

erfüllt dann wegen

$$s(x_j, y_\ell) = \sum_{i=1}^{n} \beta_i(x_j) \sum_{k=1}^{m} a_{ik}\gamma_k(y_\ell) = \sum_{i=1}^{n} \beta_i(x_j) b_i^{(\ell)} = f(x_j, y_\ell)$$

die Interpolationsbedingungen. Die Funktion ist natürlich eindeutig.   □

Berechnet man die Lösung wie im Beweis angegeben, so kommt man auf einen Aufwand von $\mathcal{O}(mn^3 + nm^3)$, sodass es auf die Reihenfolge nicht ankommt. Man hätte schließlich auch mit $\mathcal{C}$ beginnen können.

Unter Benutzung von eindimensionalen Lösern lässt sich also die Tensorprodukt-Interpolation leicht implementieren. Es sollte auch klar sein, wie Zusatzbedingungen, wie wir sie z.B. bei den Splines höherer Ordnung kennen gelernt haben, zu behandeln sind.

Die Tensorprodukt-Form hat den Nachteil, dass die Stützstellen auf einem Gitter liegen müssen, was oft eine zu strikte Forderung ist. Daher wollen wir uns jetzt dem Fall *unstrukturierter* Daten zuwenden. Dabei bleiben wir zunächst im $\mathbb{R}^2$. Nehmen wir also an, dass unsere Stützstellen jetzt gegeben sind als

$$X = \{(x_1, y_1), \dots, (x_N, y_N)\} \subseteq \mathbb{R}^2$$

und die einzige Annahme, die wir machen wollen, ist, dass sie alle paarweise verschieden sind. Eine schnelle Möglichkeit zu einer Interpolante zu kommen, besteht darin, die Stützstellenmenge zu *triangulieren* und die Triangulation dann entsprechend den Funktionswerten "hochzuheben". Dies geht insbesondere im $\mathbb{R}^2$ sehr gut, da dort schnelle Verfahren für "schöne" Triangulierungen, wie die *Delaunay*-Triangulierung existieren. Wir wollen uns

Abb. 12.3. Triangulierungen: links zulässig, rechts nicht zulässig

hier nicht mit Triangulierungen beschäftigen und gehen davon aus, dass wir zur Stützstellenmenge X auch eine *reguläre* Triangulierung haben. Regulär bedeutet hier, dass zwei Dreiecke entweder keinen Punkt gemeinsam haben, oder eine gemeinsame Ecke oder eine gemeinsame Kante. Es kann also nicht vorkommen, dass eine Kante des einen Dreieckes im Inneren einer Kante eines anderen Dreieckes endet oder diese dort schneidet (siehe Abb. 12.3). Konzentrieren wir uns jetzt auf die eigentliche Interpolante. Sei dazu $\Omega \subseteq \mathbb{R}^2$ die Vereinigung aller Dreiecke dieser Triangulierung. Wir suchen also eine stetige Funktion $s : \Omega \to \mathbb{R}$ die eingeschränkt auf jedem Dreieck linear ist und die gegebenen Daten interpoliert. Es handelt sich hier um eine mögliche Verallgemeinerung von *linearen Splines* bzw. *Polygonzügen* auf den $\mathbb{R}^2$.

Satz 12.48. *Sei $\Omega \subseteq \mathbb{R}^2$ eine Triangulierung der Punktmenge X. Dann existiert genau eine Funktion $s : \Omega \to \mathbb{R}$, die auf jedem Dreieck von Ω linear ist und die gegebene Daten $\{f_j\}$ interpoliert. Stammen die Daten von einer Funktion $f \in C^2(\Omega)$, so gilt*

$$\|f - s\|_{L_\infty(\Omega)} \le 8h^2 K,$$

wobei h die maximale Länge aller Dreiecksseiten bezeichnet und K definiert ist als

$$K := \max \left\{ \left\| \frac{\partial^2 f}{\partial x^2} \right\|_{L_\infty(\Omega)}, \left\| \frac{\partial^2 f}{\partial x \partial y} \right\|_{L_\infty(\Omega)}, \left\| \frac{\partial^2 f}{\partial y^2} \right\|_{L_\infty(\Omega)} \right\}.$$

Beweis. Eingeschränkt auf ein Dreieck $\Delta = \Delta(P_1, P_2, P_3)$ ist s eine lineare Funktion. Deshalb ist s auf den Kanten von Δ ein lineares, univariates Polynom und somit dort durch die Funktionswerte in den Eckpunkten eindeutig bestimmt. Es reicht daher völlig aus, sich s auf einem Dreieck anzusehen. Die stetige Verknüpfung folgt automatisch. Auf Δ können wir s in Lagrange-Form

$$s(x,y) = \sum_{j=1}^{3} f(P_j) v_j(x,y), \qquad (x,y) \in \Delta,$$

mit linearen Polynomen $v_j \in \pi_1(\mathbb{R}^2)$ schreiben, die $v_j(P_k) = \delta_{j,k}$ erfüllen. Eine solche Lagrange-Funktion hat die Form

$$v_j(x,y) = a_j + b_j x + c_j y,$$

und die Konstanten a_j, b_j, c_j lassen sich leicht eindeutig aus der Lagrange-Bedingung bestimmen. Anschaulich ist v_j dasjenige lineare Polynom, das in P_j den Wert Eins hat und auf der in Δ gegenüberliegenden Seite verschwindet. Daraus folgt unmittelbar, dass $\|v_j\|_{L_\infty(\Delta)} = 1$ gilt. Ist $f \in C^2(\Omega)$, so liefert die Taylor-Entwicklung von f um eine Ecke $P_1 = (p_1, q_1)^T$ von Δ über

$$f(x,y) = f(P_1) + \frac{\partial f(P_1)}{\partial x}(x - p_1) + \frac{\partial f(P_1)}{\partial y}(y - q_1) + r(x,y) =: p(x,y) + r(x,y)$$

die erste Näherung

$$\left| r(x,y) \right| = \left| \frac{1}{2} \frac{\partial^2 f(\xi)}{\partial x^2} (x - p_1)^2 + \frac{\partial^2 f(\xi)}{\partial x \partial y} (x - p_1)(y - q_1) + \frac{1}{2} \frac{\partial^2 f(\xi)}{\partial y^2} (y - q_1)^2 \right|$$

$$\leq 2h^2 K$$

mit einem $\xi \in \Delta$. Diese benutzen wir jetzt wie im Beweis von Satz 12.45, da die lineare Interpolante an p gerade p selbst ist. Es gilt

$$|(f - s)(x,y)| \leq |(f - p)(x,y)| + |(p - s)(x,y)|$$

$$\leq 2h^2 K + \sum_{j=1}^{3} |p(P_j) - f(P_j)||v_j(x,y)|$$

$$\leq 8h^2 K$$

für alle $(x,y)^T \in \Delta$, was zu zeigen war.   □

Die Behandlung von glatteren Splines und Splines in höheren Raumdimensionen ist ein aktuelles Forschungsgebiet, da diese insbesondere im Bereich der *finiten Elemente* zur numerischen Lösung partieller Differentialgleichungen eingesetzt werden. Allerdings sind diese Fälle auch erheblich schwieriger als im eindimensionalen Fall. Man kennt selbst im $\mathbb{R}^2$ bei beliebiger Triangulierung nicht in allen Fällen die Dimension von glatteren Spline-Räumen.

Kommen wir jetzt zum Fall einer allgemeinen Raumdimension, d.h. wir betrachten von jetzt an Stützstellenmengen

$$X = \{x_1, \ldots, x_N\} \subseteq \mathbb{R}^d$$

Um dem Satz von Haar Genüge zu leisten, kann man eine feste Funktion $\Phi : \mathbb{R}^d \times \mathbb{R}^d \to \mathbb{R}$ wählen und versuchen, eine Interpolante der Form

$$s(x) = \sum_{j=1}^{N} \alpha_j \Phi(x, x_j), \qquad x \in \mathbb{R}^d, \tag{12.28}$$

zu bestimmen. Man findet offensichtlich genau eine Interpolante dieser Form, wenn die *Interpolationsmatrix*

$$A_{\Phi,X} = (\Phi(x_i, x_j)) \in \mathbb{R}^{N \times N}$$

invertierbar ist. Natürlich ist man an Funktionen Φ interessiert, die für alle möglichen Stützstellenmengen X funktionieren. Aus numerischer Sicht ist es ferner sinnvoll, sogar zu fordern, dass $A_{\Phi,X}$ positiv definit ist.

Definition 12.49. *Eine stetige Kernfunktion* $\Phi : \mathbb{R}^d \times \mathbb{R}^d \to \mathbb{R}$ *heißt* positiv definit, *falls für jedes* $N \in \mathbb{N}$ *und für jede Menge* $X \subseteq \mathbb{R}^d$ *bestehend aus* N *paarweise verschiedenen Punkten die Matrix* $A_{\Phi,X}$ *positiv definit ist. Existiert eine Funktion* $\phi : [0, \infty) \to \mathbb{R}$, *sodass* $\Phi(x,y) = \phi(\|x - y\|_2)$ *gilt, so sagen wir auch* ϕ *ist* positiv definit *auf* $\mathbb{R}^d$. *Die Funktion* ϕ *wird auch als* radiale Basisfunktion *bezeichnet.*

Insbesondere radiale Basisfunktionen haben eine sehr einfache Form, sodass sich die Interpolante (12.28) leicht auswerten lässt. Es gibt sogar univariate Funktionen $\phi : [0, \infty) \to \mathbb{R}$, die in diesem Sinn positiv definit auf *jedem*
$\mathbb{R}^d$ sind. Beispiele sind die *Gauß-Glocke* $\phi(r) = e^{-\alpha r^2}$, $\alpha > 0$, und die *inversen Multiquadrics* $\phi(r) = 1/\sqrt{c^2 + r^2}$, $c \neq 0$. Eine genauere Beschreibung
würde hier aber zu weit führen.

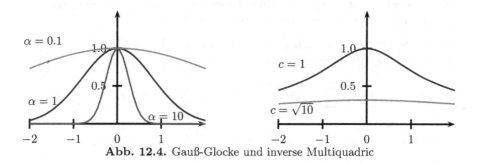

Abb. 12.4. Gauß-Glocke und inverse Multiquadric

Wir beenden dieses Kapitel mit einem allgemeinen Verfahren, das es erlaubt, Interpolations-, bzw. Approximationsprozesse lokal auszuführen und
diese dann global zusammenzusetzen.

Dazu nehmen wir an, dass wir daran interessiert sind, unsere unbekannte
Funktion $f \in C(\Omega)$ auf einer kompakten Menge $\Omega \subseteq \mathbb{R}^d$ zu approximieren.
Als erstes überdecken wir Ω durch kleine, "schöne" Teilgebiete:

$$\Omega \subseteq \bigcup_{j=1}^{M} \Omega_j.$$

Die Überdeckung soll so geartet sein, dass sie zwar überlappend ist, aber
die Anzahl der Überlappungen in einem Punkt aus Ω durch eine kleine Zahl
beschränkt werden kann. Als nächstes wählen wir zu dieser Überdeckung eine *Zerlegung der Eins*, d.h Funktionen $w_j \in C(\Omega)$, die außerhalb von Ω_j
verschwinden und nichtnegativ sind und die sich auf Ω zu Eins zusammen-
addieren:

$$\sum_{j=1}^{M} w_j(x) = 1, \qquad x \in \Omega.$$

Haben wir auf jedem Ω_j nun auf irgendeine Weise eine Approximation s_j an
f bestimmt, so ist die globale Approximante durch

$$s := \sum_{j=1}^{M} w_j s_j \tag{12.29}$$

gegeben. Diese globale Approximante erbt die lokalen Eigenschaften der lokalen Funktionen.

Satz 12.50. *Sei $\{\Omega_j\}_{j=1}^M$ eine Überdeckung von Ω und sei $\{w_j\}_{j=1}^M \subseteq C(\Omega)$ eine Zerlegung der Eins. Gibt es zu $f \in C(\Omega)$ auf jedem Teilgebiet Ω_j eine Approximante $s_j \in C(\Omega_j)$, sodass der Fehler zwischen f und s_j auf Ω_j in der Tschebyscheff-Norm durch ε beschränkt ist, so gilt für die globale Approximante (12.29) ebenfalls*

$$\|f - s\|_{L_\infty(\Omega)} \leq \varepsilon.$$

Ferner ist die Glätte von s nur durch die minimale Glätte der Gewichtsfunktionen w_j und der lokalen Interpolanten s_j beschränkt.

Beweis. Sei $I(x)$ die Indexmenge der Ω_j, die x enthalten. Dann gilt wegen $f = \sum w_j f$ die Abschätzung

$$|f(x) - s(x)| \leq \sum_{j=1}^M w_j(x)|f(x) - s_j(x)| = \sum_{j \in I(x)} w_j(x)|f(x) - s_j(x)|$$

$$\leq \varepsilon \sum_{j \in I(x)} w_j(x) = \varepsilon$$

für jedes $x \in \Omega$. $\square$

Will man interpolieren, wählt man die Teilgebiete so, dass in jedem Ω_j nur eine kleine Anzahl von Punkten liegt. Dann hat man zwar $\mathcal{O}(N)$ Interpolationsprobleme zu lösen, kann dies aber in konstanter Zeit erledigen, sofern man die Punkte in jedem Teilgebiet kennt. Genauso erfolgt eine Auswertung nur in den Ω_j, die x auch enthalten. In beiden Fällen braucht man gute Datenstrukturen, die die jeweiligen geometrischen Anfragen effizient beantworten können. In der Regel benutzt man dazu baumartige hierarchische Strukturen, die in $\mathcal{O}(N \log N)$ Zeit aufgebaut werden können und eine Anfrage in $\mathcal{O}(\log N)$ Zeit beantworten.

12.8 Aufgaben

12.1 Zeigen Sie: Sind $u_1, \ldots, u_n$ linear unabhängige Elemente eines euklidischen Raums, so ist die Gramsche-Matrix $((u_j, u_k))_{j,k}$ positiv definit und symmetrisch.

12.2 Benutzt man beim Remes-Verfahren die Polynome vom Grad kleiner oder gleich n als Haarschen Raum, so lässt sich ρ_X mit Hilfe des Differenzenquotienten $[x_0, \ldots, x_{n+1}]$ berechnen. Zeigen Sie, dass

$$\rho_X = \frac{[x_0, \ldots, x_{n+1}]f}{[x_0, \ldots, x_{n+1}]\{(-1)^j \sigma_X\}_{j=0}^{n+1}},$$

gilt, wobei man ausnutzt, dass der Differenzenquotient auch für Folgen analog hingeschrieben werden kann. Wie lässt sich damit die Lösung eines Gleichungsssytems vollständig vermeiden?

12.3 Da die Bestimmung eines neuen Punktes beim Remes-Verfahren nach (12.23) eine globale Maximumssuche bedeutet, sucht man oft im j-ten Schritt einen Punkt $x_k^{(j+1)}$ mit

$$|(f - u_j^*)(x_k^{(j+1)})| \geq \|f - u_j^*\|_{L_\infty(X^{(j)})}(1 + \rho) \text{ oder}$$

$$|(f - u_j^*)(x_k^{(j+1)})| \geq \|f - u_j^*\|_{L_\infty(X^{(j)})} + \rho$$

mit $\rho > 0$. Zeigen Sie, dass dann der Remes-Algorithmus endlich wird und wegen Nichterfüllbarkeit mit einer relativen oder absoluten Toleranz ρ abbricht.

12.4 Zeigen Sie: Lässt sich die Funktion $\Phi : \mathbb{R}^d \to \mathbb{R}$ schreiben als

$$\Phi(x) = \int_{\mathbb{R}^d} f(\omega)e^{-ix^T\omega}d\omega$$

mit einer reellwertigen, positiven, stetigen und integrierbaren Funktion f, so ist Φ positiv definit.

12.5 Zeigen Sie, dass die Funktion $\Phi(x) = \exp(-\|x\|_2^2/2)$, $x \in \mathbb{R}^d$ positiv definit ist. Beginnen Sie dabei mit dem Fall $d = 1$, indem sie zeigen, dass die Funktion

$$g(t) = \int_{\mathbb{R}} e^{-r^2/2}e^{-irt}dr$$

die gewöhnliche Differentialgleichung $g'(t) = -tg(t)$ mit Anfangsbedingung $g(0) = \sqrt{2\pi}$ erfüllt. Benutzen Sie die eindeutige Lösbarkeit dieser Differentialgleichung und bestimmen Sie ihre Lösung durch "Raten". Benutzen Sie dann Aufgabe 12.4 und die Funktionalgleichung der Exponentialfunktion.

13 Wavelets

Bei der diskreten Fourier-Transformation (Kapitel 10) tritt der unerwünschte Effekt auf, dass eine lokale Änderung der Funktion zu einer Änderung *aller* Fourier-Koeffizienten führt. Genauso hat jeder einzelne Fourier-Koeffizient Einfluss auf das Erscheinungsbild der gesamten Funktion.

Eine Möglichkeit, diese fehlende *Lokalität* zu erreichen, besteht darin, eine andere Orthonormalbasis aus lokalisierten Funktionen zu wählen. *Wavelets* bieten diese Möglichkeit. Sie werden oft zur (verlustbehafteten) Datenkompression eingesetzt.

13.1 Die Haarsche Skalierungsfunktion

Wir wollen den Gedanken der effizienten Speicherung von zwei Zahlen benutzen, um das Haar-Wavelet herzuleiten. Nehmen wir einmal an, es seien zwei Zahlen a und b gegeben. Natürlich können die zwei Zahlen separat gespeichert werden. Gilt aber $a \approx b$, so erscheint dies nicht sehr effizient. Statt dessen bietet es sich an, den Mittelwert s und die Differenz d zu speichern:

$$s = \frac{a+b}{2}, \qquad d = b - a.$$

Der Vorteil hier ist, dass s von derselben Größenordnung wie a und b ist und dementsprechend genausoviel Speicherplatz benötigt, die Differenz d dagegen mit weniger Speicherplatz auskommen sollte. Man kann sie sogar ganz weglassen und erreicht so eine Speicherplatzersparnis auf Kosten eines zu analysierenden Fehlers.

Die Rekonstruktion der Orginalwerte ist gegeben durch

$$a = s - \frac{d}{2}, \qquad b = s + \frac{d}{2}.$$

Nehmen wir nun an, dass wir nicht nur zwei Zahlen sondern ein Signal $f^{(n)}$ bestehend aus 2^n Werten gegeben haben, d.h. $f^{(n)} = \{f_k^{(n)} : 0 \leq k < 2^n\}$. Ein Signal ist also nichts anderes als ein Vektor von reellen Zahlen. Wir können uns diesen Vektor z.B. als Funktionswerte einer Funktion an den dyadischen Stützstellen $2^{-n}k$ vorstellen, d.h. $f_k^{(n)} = f(k2^{-n})$, $0 \leq k < 2^n$.

In der Signalverarbeitung nennt man die diskretisierten Funktionswerte eines Signals auch *Samples*. Wenn wir nun die Durchschnitts- und Differenzbildung auf jedes der Paare $a = f_{2k}^{(n)}$ und $b = f_{2k+1}^{(n)}$, $0 \le k < 2^{n-1}$, anwenden, erhalten wir zwei neue Vektoren $f^{(n-1)}$ und $r^{(n-1)}$ vermöge

$$f_k^{(n-1)} = \frac{f_{2k}^{(n)} + f_{2k+1}^{(n)}}{2}, \qquad r_k^{(n-1)} = f_{2k+1}^{(n)} - f_{2k}^{(n)}.$$

Das Ausgangssignal $f^{(n)}$, bestehend aus 2^n Samples, wurde also aufgesplittet in zwei Signale mit jeweils 2^{n-1} Samples. Natürlich lässt sich das Ausgangssignal aus den zwei neuen Signalen wieder rekonstruieren.

Wendet man den eben beschriebenen Schritt nun rekursiv auf die Signale $f^{(n-1)}, f^{(n-2)}, \dots, f^{(1)}$ an, so erhält man einen einzelnen Wert $f^{(0)}$ und eine Folge von Signalen $r^{(n-j)}$, $1 \le j \le n$, mit jeweils 2^{n-j} Samples. Man kann das Ganze so interpretieren, dass vom Übergang $f^{(j)} \to f^{(j-1)}$ geglättet wird, und die verlorengegangenen Details in $r^{(j-1)}$ gesammelt werden. Abbildung 13.1 zeigt die Zerlegung schematisch. Die Bezeichnungen H und G

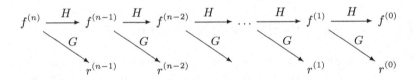

Abb. 13.1. Schematische Darstellung der Wavelet Zerlegung

in der Abbildung stehen für den jeweiligen Übergang. Natürlich lässt sich auch die Rekonstruktion auf diese Weise rekursiv realisieren, wie in Abbildung 13.2 dargestellt, wobei wir bewusst dieselben Buchstaben für die Übergangsbezeichnung benutzt haben; dies wird später noch genauer erklärt. Der

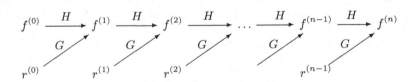

Abb. 13.2. Schematische Darstellung der Wavelet Rekonstruktion

Aufwand, um die Zerlegung zu berechnen, beträgt im j-ten Schritt $\mathcal{O}(2^{n-j})$, $1 \le j \le n$, sodass er sich zu $\mathcal{O}(2^n)$ aufsummiert, d.h. linear ist. Dies ist im Vergleich zur FFT, die $\mathcal{O}(n2^n)$ braucht, ausgesprochen günstig. Desweiteren kann die gesamte Transformation *in situ* ausgeführt werden, d.h. es fällt kein weiterer benötigter Speicherplatz an.

Für unser weiteres Vorgehen nehmen wir an, dass die Samples tatsächlich von einer Funktion f stammen, die auf den Intervallen $[2^{-n}k, 2^{-n}(k+1))$ konstant ist. Daher definieren wir

Definition 13.1. *Die Skalierungsfunktion nach Haar ist definiert durch*

$$\phi(x) = \begin{cases} 1, & \text{falls } 0 \le x < 1, \\ 0, & \text{sonst.} \end{cases}$$

Desweiteren setzen wir

$$\phi_{j,k}(x) = 2^{j/2}\phi(2^j x - k), \qquad j, k \in \mathbb{Z},$$

und

$$V_j = \overline{span\{\phi_{j,k} : k \in \mathbb{Z}\}}, \qquad j \in \mathbb{Z}, \tag{13.1}$$

wobei der Abschluss der Abschluss in $L_2(\mathbb{R})$ sein soll.

Der Raum V_j besteht also aus allen Funktionen aus $L_2(\mathbb{R})$, die auf den Intervallen $[2^{-j}k, 2^{-j}(k+1))$ konstant sind. Der Faktor $2^{j/2}$ in der Definition von $\phi_{j,k}$ ist so gewählt, dass

$$\|\phi_{j,k}\|^2_{L_2(\mathbb{R})} = \int_{-\infty}^{\infty} |\phi_{j,k}(x)|^2 dx = 1$$

gilt. Desweiteren verschwindet $\phi_{j,k}$ offensichtlich außerhalb seines *Trägers*

$$\text{supp}(\phi_{j,k}) = [2^{-j}k, 2^{-j}(k+1)].$$

Allgemein ist der Träger einer Funktion ϕ als die kleinste abgeschlossene Menge definiert, auf deren Komplement ϕ identisch Null ist.

Die Haarsche Skalierungsfunktion wird uns im Folgenden immer als Muster-Beispiel dienen. Ebenso wird der Index j immer die *Skalierung (Scale)* und der Index k die *Verschiebung (Shift)* oder *Translation* bezeichnen. Oft spricht man auch von j als dem Level- und k als dem Shift-Index.

13.2 Multi-Skalen-Analyse und Wavelets

Die Räume V_j aus (13.1) haben einige nützliche Eigenschaften, die wir nun zusammenstellen wollen.

Satz 13.2. *Die V_j sind abgeschlossene Unterräume von $L_2(\mathbb{R})$ mit den folgenden Eigenschaften:*

(1) $V_j \subseteq V_{j+1}$,

(2) $v \in V_j$ *genau dann wenn* $v(2\cdot) \in V_{j+1}$,

(3) $\overline{\bigcup_{j \in \mathbb{Z}} V_j} = L_2(\mathbb{R})$,

(4) $\bigcap_{j \in \mathbb{Z}} V_j = \{0\}$,

(5) $\{\phi(\cdot - k) : k \in \mathbb{Z}\}$ *ist eine orthonormale Basis von* V_0.

Beweis. Die Eigenschaften (1) und (2) sind offensichtlich erfüllt, (3) folgt aus der Tatsache, dass sich jede $L_2(\mathbb{R})$-Funktion durch Treppenfunktionen beliebig gut approximieren lässt. Für (4) reicht es zu bemerken, dass eine Funktion aus V_j auf Intervallen der Länge 2^{-j} konstant ist. Bei $j \to -\infty$ bleibt nur die Nullfunktion als Funktion in $L_2(\mathbb{R})$ übrig. Schließlich folgt (5) aus der Tatsache, dass das Produkt zweier verschiedener Funktionen überall Null ist. $\square$

Aus (2) und (5) (und natürlich sofort aus der Definition) folgt, dass die Menge $\{\phi_{j,k} : k \in \mathbb{Z}\}$ der Shifts von $\phi_{j,0}$ eine orthonormale Basis für V_j bildet. Allerdings bildet $\{\phi_{j,k} : j,k \in \mathbb{Z}\}$ keine Basis für $L_2(\mathbb{R})$, da Redundanzen auftreten.

Die in Satz 13.2 hergeleiteten Eigenschaften sind in der Wavelet-Theorie enorm wichtig und geben Anlass zu folgender Definition.

Definition 13.3. *Sei* $\{V_j\}_{j \in \mathbb{Z}}$ *eine Familie von abgeschlossenen Unterräumen, zu der es eine Funktion* $\phi \in L_2(\mathbb{R})$ *gibt, sodass die Eigenschaften (1)-(5) aus Satz 13.2 gelten. Dann heißt* $\{V_j\}$ *eine* Multi-Skalen-Analyse *(Multiresolution Analysis, MRA) mit Skalierungsfunktion* ϕ.

Die letzte Bedingung, dass die Shifts von ϕ eine Orthonormalbasis bilden, wird oft abgeschwächt zu einer *Riesz-Basis*, worauf wir hier aber nicht eingehen wollen.

Da $\{\phi(\cdot - k) : k \in \mathbb{Z}\}$ eine Orthonormalbasis von V_0 ist, folgt aus Satz 12.26, dass jede Funktion $f \in V_0$ eine Darstellung $f = \sum_{k \in \mathbb{Z}} c_k \phi(\cdot - k)$ mit $c = \{c_k\} \in \ell_2$, d.h. $\sum c_k^2 < \infty$, besitzt. Entsprechendes gilt natürlich für alle V_j. Betrachten wir insbesondere die Relation $V_0 \subseteq V_1$, so folgt, dass eine Folge von Zahlen $\{c_k\}_{k \in \mathbb{Z}} \in \ell_2$ existiert mit

$$\phi(x) = \sum_{k \in \mathbb{Z}} c_k \phi(2x - k), \tag{13.2}$$

oder

$$\phi = \frac{1}{\sqrt{2}} \sum_{k \in \mathbb{Z}} c_k \phi_{1,k}.$$

Diese Beziehung nennt man *two-scale relation* oder auch *Verfeinerungsgleichung*. Im Fall der Haarschen Skalierungsfunktion ist die Gleichung einfach gegeben durch

$$\phi(x) = \phi(2x) + \phi(2x - 1), \tag{13.3}$$

was sich überträgt auf die skalierten und verschobenen Funktionen zu

$$\phi_{j,k} = \frac{1}{\sqrt{2}} \left(\phi_{j+1,2k} + \phi_{j+1,2k+1} \right).$$

Aus der Tatsache, dass V_j abgeschlossener Unterraum von V_{j+1} ist, folgt die Existenz eines abgeschlossenen Raumes $W_j \subseteq V_{j+1}$ mit

$$V_{j+1} = V_j \oplus W_j.$$

Die dabei auftretende Summe ist sogar orthogonal. Das Erstaunliche dabei ist, dass diese Räume W_j wieder von den Verschiebungen *einer einzigen* skalierten Funktion ψ aufgespannt werden. Diese Funktion ψ heißt dann auch *Wavelet*.

Wir wollen uns dies zunächst für die Haarsche Skalierungsfunktion exemplarisch überlegen. Da ϕ hier die charakteristische Funktion von $[0,1)$ ist, liegt es wegen $(\phi, \psi)_{L_2(\mathbb{R})} = 0$ nahe, die Funktion ψ folgendermaßen anzusetzen:

Definition 13.4. *Das Haar-Wavelet ist die Funktion*

$$\psi(x) = \phi(2x) - \phi(2x-1) = \begin{cases} 1, & \text{falls } 0 \le x < 1/2, \\ -1, & \text{falls } 1/2 \le x < 1, \\ 0 & \text{sonst.} \end{cases}$$

Satz 13.5. *Sei ψ das Haar-Wavelet. Dann ist die Familie $\{\psi_{j,k} : k \in \mathbb{Z}\}$ eine orthonormale Basis für W_j und $\{\psi_{j,k}, \phi_{j,\ell} : k, \ell \in \mathbb{Z}\}$ eine orthonormale Basis für V_{j+1}. Insbesondere gilt*

$$L_2(\mathbb{R}) = \bigoplus_{j \in \mathbb{Z}} W_j.$$

Die $\{\psi_{j,k} : j, k \in \mathbb{Z}\}$ bilden eine orthonormale Basis für $L_2(\mathbb{R})$.

Beweis. Da die V_j über die Skalierung zusammenhängen, reicht es, die ersten beiden Behauptungen für $j = 0$ zu beweisen. Offensichtlich ist $\psi(\cdot - k)$ ein Element von V_1 aber nicht von V_0. Ferner ist

$$\int_{-\infty}^{\infty} \psi(x-k)\phi(x-\ell)dx = 0,$$

da im Fall $\ell \ne k$ der Integrand bereits Null ist, im Fall $\ell = k$ die Behauptung aber offensichtlich gilt. Dies bedeutet, dass der von den $\psi(\cdot - k)$, $k \in \mathbb{Z}$, aufgespannte Raum orthogonal zu V_0 ist. Es reicht also zu zeigen, dass sich jedes $f \in V_1$ als Linearkombination der Shifts von ϕ und ψ schreiben lässt. Aus

$$\phi(x) + \psi(x) = 2\phi(2x), \qquad \phi(x) - \psi(x) = 2\phi(2x-1),$$

folgt

$$\phi_{1,2k} = \frac{1}{\sqrt{2}}(\phi_{0,k} + \psi_{0,k}), \qquad \phi_{1,2k+1} = \frac{1}{\sqrt{2}}(\phi_{0,k} - \psi_{0,k}).$$

Daher lässt sich $f = \sum_{k \in \mathbb{Z}} c_k^{(1)}(f)\phi_{1,k} \in V_1$ schreiben als

$$
\begin{aligned}
f &= \sum_{k \in \mathbb{Z}} c_{2k}^{(1)}(f)\phi_{1,2k} + \sum_{k \in \mathbb{Z}} c_{2k+1}^{(1)}(f)\phi_{1,2k+1} \\
&= \sum_{k \in \mathbb{Z}} \frac{c_{2k}^{(1)}(f)}{\sqrt{2}}(\phi_{0,k} + \psi_{0,k}) + \sum_{k \in \mathbb{Z}} \frac{c_{2k+1}^{(1)}(f)}{\sqrt{2}}(\phi_{0,k} - \psi_{0,k}) \\
&= \sum_{k \in \mathbb{Z}} \frac{c_{2k}^{(1)}(f) + c_{2k+1}^{(1)}(f)}{\sqrt{2}}\phi_{0,k} + \sum_{k \in \mathbb{Z}} \frac{c_{2k}^{(1)}(f) - c_{2k+1}^{(1)}(f)}{\sqrt{2}}\psi_{0,k},
\end{aligned}
$$

sodass W_0 in der Tat von $\{\psi_{j,k} : k \in \mathbb{Z}\}$ aufgespannt wird. Die Funktionen sind auch orthonormal, da je zwei verschiedene im wesentlichen disjunkte Träger haben. Für den nächsten Teil wendet man die Definition der W_j sukzessive an:

$$
V_{j+1} = W_j \oplus V_j = W_j \oplus W_{j-1} \oplus V_{j-1} = \ldots = \bigoplus_{\ell \leq j} W_\ell.
$$

Lässt man j gegen Unendlich streben, erhält man so die Behauptung. Schließlich bilden die $\{\psi_{j,k} : j, k \in \mathbb{Z}\}$ tatsächlich eine orthonormale Basis für $L_2(\mathbb{R})$. Für zwei Elemente auf dem gleichen j-Level wissen wir dies bereits. Für zwei unterschiedliche Skalierungslevel j und $i < j$ muss man nur Elemente betrachten, deren Träger sich wesentlich überschneiden. In diesem Fall liegt der Träger des i-Elementes aber in einer Region, wo das j-Element das Vorzeichen nicht wechselt. Daher ist auch das Skalarprodukt dieser Elemente Null. □

Die Existenz eines Wavelets bei beliebiger gegebener Multi-Skalen-Analyse folgt aus dem nächsten Satz, den wir hier nicht beweisen wollen. Wir werden aber im Rahmen der schnellen Wavelet-Transformation zumindest zeigen, dass die Shifts von ϕ und ψ den vollen Raum V_1 ergeben. Einen vollständigen, elementaren Beweis findet man z.B. in [4]. Man beachte, dass die im Satz angegebene Konstruktion bei der Haarschen Skalierungsfunktion bis auf das Vorzeichen zu obigem Haar-Wavelet führt.

Satz 13.6. *Sei $\{V_j\}$ eine MRA mit orthogonaler Skalierungsfunktion $\phi \in V_0$. Seien $\{c_k\} \in \ell_2$ die Koeffizienten der Verfeinerungsgleichung (13.2). Setzt man*

$$
\psi(x) = \sum_{k \in \mathbb{Z}} (-1)^{k+1} c_{1-k} \phi(2x - k), \tag{13.4}
$$

so ist $\{\psi_{0,k} : k \in \mathbb{Z}\}$ eine Orthonormalbasis für W_0 und $\{\psi_{j,k} : j, k \in \mathbb{Z}\}$ eine Orthonormalbasis für $L_2(\mathbb{R})$.

Das Haar-Wavelet und die Haarsche Skalierungsfunktion haben einige numerisch sehr wertvolle Eigenschaften. Sie haben beide *kompakten Träger*, d.h.

sie sind außerhalb eines kompakten Intervalls identisch Null. Die Verfeinerungsgleichung ist *endlich*, d.h. nur endlich viele (nämlich zwei) Koeffizienten sind von Null verschieden. Ein gravierender Nachteil ist allerdings die fehlende Glätte. Die Konstruktion glatterer Funktionen benötigt allerdings Mittel, die über die Ziele dieses Textes hinausgehen. Wir verweisen daher auf die Literatur. Interessanterweise ist für die konkrete Rechnung die analytische Kenntnis des Wavelets nicht nötig. Es reicht völlig aus, die Verfeinerungsgleichung zu kennen, wie wir gleich sehen werden.

13.3 Die schnelle Wavelet-Transformation

Wie sehen nun die Wavelet Zerlegung und die Rekonstruktion aus? Eine entscheidende Rolle spielen dabei die Verfeinerungsgleichung und die Wavelet-Definition, die wir jetzt mit $h_k = c_k/\sqrt{2}$ und $g_k = (-1)^{k+1}h_{1-k}$ folgendermaßen schreiben wollen:

$$\phi_{j,k} = \sum_\ell h_\ell \phi_{j+1,2k+\ell} \quad \text{und} \quad \psi_{j,k} = \sum_\ell g_\ell \phi_{j+1,2k+\ell}.$$

Diese Gleichungen sind Transformationen auf Folgen, die man mathematisch als diskrete Faltungen und in der Signalverarbeitung als Filter bezeichnet. Sie benutzen eine feste (Filter-)Folge $f := \{f_n\}_{n\in\mathbb{Z}}$ und transformieren die Eingabefolge $x := \{x_j\}_{j\in\mathbb{Z}}$ damit in die Ausgabefolge $y = \{y_k\}_{k\in\mathbb{Z}} := f * x$ mit den Elementen

$$y_k := \sum_{n\in\mathbb{Z}} f_n x_{k+n}, \ k \in \mathbb{Z}.$$

wobei in der Regel entweder f oder x nur endlich viele von Null verschiedene Elemente hat.

Der erste Schritt bei der Wavelet-Transformation ist die Projektion der gegebenen Funktion $f \in L_2(\mathbb{R})$ in einen der Räume V_n für hinreichend großes n. Diese Projektion lässt sich schreiben als

$$P_n f = \sum_{k\in\mathbb{Z}} c_k^{(n)}(f)\phi_{n,k}.$$

Der Rest erfolgt mit den hierbei berechneten Koeffizienten. Daher wollen wir von nun an annehmen, dass bereits $f \in V_{j+1}$ gilt. Bei der schnellen Wavelet Transformation wollen wir aus der Darstellung

$$f = \sum_k c_k^{(j+1)}\phi_{j+1,k} \tag{13.5}$$

auf dem feineren $(j+1)$-ten Level die Darstellung

$$f = \sum_k c_k^{(j)}\phi_{j,k} + \sum_k d_k^{(j)}\psi_{j,k} \tag{13.6}$$

berechnen. Dies ist möglich wegen $V_{j+1} = V_j \oplus W_j$. Es handelt sich dabei um eine Transformation der Koeffizientenfolgen. Aus der Orthonormalität erhält man

$$c_k^{(j)} = (f, \phi_{j,k})_{L_2(\mathbb{R})} = \sum_\ell h_\ell(f, \phi_{j+1,2k+\ell})_{L_2(\mathbb{R})} = \sum_\ell h_\ell c_{2k+\ell}^{(j+1)}$$

$$= \sum_\ell h_{\ell-2k} c_\ell^{(j+1)}$$

und genauso

$$d_k^{(j)} = (f, \psi_{j,k})_{L_2(\mathbb{R})} = \sum_\ell g_\ell(f, \phi_{j+1,2k+\ell})_{L_2(\mathbb{R})} = \sum_\ell g_{\ell-2k} c_\ell^{(j+1)}.$$

Die Veranschaulichung wird nun gerade wieder durch Abbildung 13.1 gewährleistet. Die bei der Zerlegung auftretenden Summen sind diskrete Faltungen mit den *Filtern* $H = \{h_\ell\}$ und $G = \{g_\ell\}$, was die Bezeichnungen in Abbildung 13.1 noch einmal erklärt. Bei der Wavelet-Transformation geht es also darum, die feinere Darstellung auf V_{j+1} in der gröberen Darstellung auf V_j plus der Detail-Differenz aus W_j darzustellen. Speichern muss man dabei nur die Koeffizienten auf dem gröbsten Level und sämtliche Details.

Kommen wir nun zur Rekonstruktion. Hier soll aus der Darstellung (13.6) die Darstellung (13.5) wiedergewonnen werden. Dies ist natürlich wieder eine Operation auf den Koeffizienten. Zunächst einmal notieren wir

$$(\phi_{j,\ell}, \phi_{j+1,k})_{L_2(\mathbb{R})} = \sum_n h_n(\phi_{j+1,2\ell+n}, \phi_{j+1,k})_{L_2(\mathbb{R})} = h_{k-2\ell}$$

und

$$(\psi_{j,\ell}, \phi_{j+1,k})_{L_2(\mathbb{R})} = \sum_n g_n(\phi_{j+1,2\ell+n}, \phi_{j+1,k})_{L_2(\mathbb{R})} = g_{k-2\ell}.$$

Damit erhalten wir

$$c_k^{(j+1)} = (f, \phi_{j+1,k})_{L_2(\mathbb{R})}$$

$$= \sum_\ell c_\ell^{(j)}(\phi_{j,\ell}, \phi_{j+1,k})_{L_2(\mathbb{R})} + \sum_\ell d_\ell^{(j)}(\psi_{j,\ell}, \phi_{j+1,k})_{L_2(\mathbb{R})}$$

$$= \sum_\ell \left[c_\ell^{(j)} h_{k-2\ell} + d_\ell^{(j)} g_{k-2\ell} \right],$$

sodass die Wavelet-Rekonstruktion sich wieder mit den Filtern G und H wie in Abbbildung 13.2 veranschaulichen lässt. Kompression lässt sich nun erreichen, indem man "kleine" Koeffizienten $d_k^{(j)}$ nicht mehr speichert.

Für die Haarsche Skalierungsfunktion und das Haar-Wavelet sind die Filter G und H besonders einfach. Wir erhalten für die Wavelet-Transformation

$$c_k^{(j-1)}(f) = \frac{1}{\sqrt{2}} \left(c_{2k}^{(j)}(f) + c_{2k+1}^{(j)}(f) \right),$$

$$d_k^{(j-1)}(f) = \frac{1}{\sqrt{2}} \left(c_{2k}^{(j)}(f) - c_{2k+1}^{(j)}(f) \right).$$

Dies entspricht bis auf die Normierung genau der Mittelung und Restbildung, die wir am Anfang des Kapitels als Motivation hatten. Entsprechend ist die Wavelet-Rekonstruktion gegeben durch

$$c_{2k}^{(j)}(f) = \frac{1}{\sqrt{2}} \left(c_k^{(j-1)}(f) + d_k^{(j-1)}(f) \right),$$

$$c_{2k+1}^{(j)}(f) = \frac{1}{\sqrt{2}} \left(c_k^{(j-1)}(f) - d_k^{(j-1)}(f) \right).$$

Beim Haar-Wavelet lassen sich auch die Koeffizienten auf dem höchsten Level leicht (wenigstens näherungsweise) berechnen. Da die $\phi_{n,k}$, $k \in \mathbb{Z}$, eine orthonormale Basis bilden, gilt

$$c_k^{(n)}(f) = (f, \phi_{n,k})_{L_2(\mathbb{R})} = \int_{-\infty}^{\infty} f(x)\phi_{n,k}(x)dx = 2^{n/2} \int_{2^{-n}k}^{2^{-n}(k+1)} f(x)dx,$$

und der letzte Ausdruck kann durch eine der Quadraturformeln aus Kapitel 9 angenähert werden.

Abbildung 13.3 zeigt als Beispiel die Zerlegung der Sinus-Funktion bis zum Level $n = 5$. Dabei ist im oberen Teil die Rekonstruktion des jeweiligen Levels zu sehen, während im unteren Teil die Summe über die Details dargestellt wurde. Man sieht gut, dass die Details auf den feineren Levels betragsmäßig immer kleiner werden, wie man es bei einer so glatten Funktion erwartet. Man sieht aber auch, dass eine glattere Skalierungsfunktion bzw. ein glatteres Wavelet zu besseren Ergebnissen führen würde.

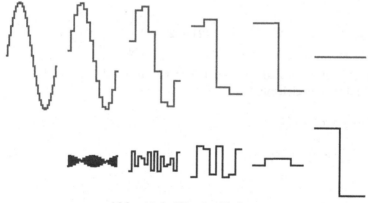

Abb. 13.3. Wavelet-Zerlegung

13.4 Aufgaben

13.1 Es sei f eine differenzierbare Funktion aus $L_2(\mathbb{R})$ mit auf $\mathbb{R}$ beschränkter Ableitung. Ferner sei f_j die beste Approximation in $L_2(\mathbb{R})$ an f bezüglich $V_j \subseteq C(\mathbb{R})$. Man gebe eine Abschätzung für $\|f - f_j\|_\infty$ an.

13.2 Man gebe die Verfeinerungsgleichung des B-Splines ersten Grades

$$B^1(x) := \begin{cases} 1 - |x|, & \text{falls } -1 \le x \le 1, \\ 0, & \text{sonst} \end{cases}$$

an.

13.3 Der Spline–Raum $S_{\mathbb{Z}}^1$ der stetigen Polygonzüge mit Knoten in $\mathbb{Z}$ besteht aus Funktionen der Form

$$f_\alpha(x) = \sum_{k \in \mathbb{Z}} \alpha_k B^1(x - k), \ x \in \mathbb{R}.$$

Man bestimme den Raum $L_2(\mathbb{R}) \cap S_{\mathbb{Z}}^1$ und zeige, dass auf ihm die Normen $\| \cdot \|_{L_2(\mathbb{R})}$ und

$$\|f\|^2 := \sum_{k \in \mathbb{Z}} \alpha_k^2 \text{ für alle } f_\alpha \in L_2(\mathbb{R}) \cap S_{\mathbb{Z}}^1$$

äquivalent sind.

13.4 Wie kann man aus dem Spline B^1 eine MRA konstruieren?

13.5 Sei ϕ die Haarsche Skalierungsfunktion. Zeigen Sie das die Funktion $\gamma(x) = 2\phi(x) + \phi(-x)$ die unendliche Verfeinerungsgleichung

$$\gamma(x) = \gamma(2x) + \frac{1}{2}\gamma(2x - 1) + \frac{1}{4}\gamma(2x - 2) + \sum_{k=0}^{\infty} \left(-\frac{1}{2}\right)^k \frac{3}{8}\gamma(2x - k - 3)$$

hat. Eine Funktion mit kompakten Träger hat also nicht notwendig eine endliche Verfeinerungsgleichung.

14 Computer-Aided Design

In diesem Kapitel werden praktische Methoden entwickelt, mit denen man geometrische Objekte wie Kurven, Flächen und Körper beschreiben, mathematisch untersuchen und gegebenenfalls graphisch darstellen kann. Sie bilden die Grundlage des rechnergestützten Konstruierens *(Computer-Aided Design, CAD)* und kommen teilweise auch in der hier nicht ausführlich behandelten *Methode der finiten Elemente* zur Anwendung. Letztere wird benutzt, um technische Konstruktionen mathematisch exakt zu beschreiben und ihr physikalisches Verhalten zu untersuchen (z.B. auf Biegefestigkeit, Schwingungsverhalten, Temperaturverteilung).

14.1 Kurven, Flächen und Transformationen

Geometrische Objekte wie Punkte, Kurven, Flächen und Körper kann man mathematisch repräsentieren als Punktmengen des Raumes $\mathbb{R}^d$, und auf diese Punktmengen kann man dann die mengentheoretischen Grundoperationen des Durchschnitts und der Vereinigung anwenden, um neue Objekte zu konstruieren. *Implizite* Darstellungen beschreiben ein geometrisches Objekt als Nullstellenmenge

$$\{x \in \mathbb{R}^d : g(x) = 0\}$$

einer Abbildung $g : \mathbb{R}^d \to \mathbb{R}^k$. Im Fall $d = 2$ und $k = 1$ und für $d = 3$ und $k = 2$ erhält man Kurven und im Fall $d = 3$ und $k = 1$ Flächen. So beschreibt die Gleichung $\|x\|_2 = 1$ einen Kreis in $\mathbb{R}^2$ und eine Kugeloberfläche in $\mathbb{R}^3$.

Implizite Darstellungen von geometrischen Objekten machen es leicht, zu impliziten Darstellungen von Schnitten oder Vereinigungen zweier Objekte überzugehen. Dagegen ist es etwas problematisch, solche Objekte graphisch darzustellen, weil dann die Lösungsmenge von $g(x) = 0$ bestimmt werden muss. Es gibt allerdings bereits einige sehr effiziente Verfahren wie die *marching cubes* oder *marching tetrahedrons*, die eine implizit gegebene Fläche in Dreieck-Gitter umwandeln. Dabei tritt natürlich ein zusätzlicher Fehler auf. Besser aber auch langsamer sind sogenannte *ray-tracing* Verfahren, bei denen für sehr viele Strahlen der Schnittpunkt mit der Oberfläche gesucht wird.

Um den zusätzlichen Darstellungsschritt zu vermeiden, verwendet man oft *explizite* Darstellungen, bei denen die Objekte als Bildmengen

$$\{x \in \mathbb{R}^d : x = f(t),\ t \in T\}$$

von Abbildungen $f : T \to \mathbb{R}^d$ auftreten. Dabei ist $T \subseteq \mathbb{R}^k$. Man erhält Kurven im $\mathbb{R}^d$, falls $k = 1$ ist, und Flächen im Fall $k = 2$. Jetzt ist bei Kenntnis von f und T die Erzeugung der Bildmenge einfach, aber man hat Probleme, die Schnittmenge zweier explizit dargestellter Objekte numerisch zu bestimmen.

Dieses Kapitel wird sich hauptsächlich auf explizite Darstellungen beschränken, weil sie in den Anwendungen weiter verbreitet sind. Nur am Ende dieses Kapitels werden wir noch kurz auf die neuesten Entwicklungen bei der Darstellung mit impliziten Funktionen eingehen.

Größere, komplizierte Objekte können in der Regel nicht durch *eine* Parametrisierung dargestellt werden. Vielmehr wird das Objekt in einfache Teilobjekte zerlegt und diese dann parametrisiert. Dies erfordert zusätzliche topologische und analytische Überlegungen, auf die wir später eingehen werden.

Definition 14.1. *Eine* abgeschlossene Kurve *im* $\mathbb{R}^d$ *ist eine Abbildung* $f : T \to \mathbb{R}^d$ *auf einem abgeschlossenen Intervall* $T \subseteq \mathbb{R}$.

Ist $T \subseteq \mathbb{R}^2$ *eine abgeschlossene Punktmenge mit mindestens einem inneren Punkt, so ist eine* Fläche *im* $\mathbb{R}^d$ *über* T *als Abbildung* $f : T \to \mathbb{R}^d$ *definiert.*

Diese Begriffsbildungen sind bewusst nicht allgemein formuliert, sondern eng an die numerische Praxis und die klassische Differentialgeometrie angelehnt, auch wenn dort in der Regel offene Definitionsbereiche gewählt werden.

Man mache sich klar, dass Kurven und Flächen hier als Abbildungen definiert sind. Die Bildmengen werden als *Bilder* bzw. *Spuren* einer Kurve bzw. Fläche bezeichnet, die Argumente $t \in T$ als *Parameter*.

Definition 14.2. *Ist eine Kurve* $f = (f_1, \ldots, f_d) : T \subseteq \mathbb{R} \to \mathbb{R}^d$ *differenzierbar, so heißt* $f'(t) = (f_1'(t), \ldots, f_d'(t))$ *der* Tangentialvektor *an* $f(t)$ *in* t. *Die* Tangente *an* f *in* t *ist der von* $f'(t)$ *aufgespannte Teilraum von* $\mathbb{R}^d$. *Der* Tangentialraum *einer differenzierbaren Fläche* $f : T \subseteq \mathbb{R}^2 \to \mathbb{R}^d$ *am Punkt* $f(t)$ *ist der von den Vektoren* $\frac{\partial f(t)}{\partial t_1}$ *und* $\frac{\partial f(t)}{\partial t_2}$ *aufgespannte Unterraum von* $\mathbb{R}^d$. *Eine* Umparametrisierung *einer Kurve oder Fläche* $f : T \to \mathbb{R}^d$ *besteht aus einer bijektiven Abbildung* $\varphi : S \to T$ *mit nirgends verschwindender Ableitung, die zu einer zweiten Kurve oder Fläche* $f \circ \varphi : S \to \mathbb{R}^d$ *mit gleichem Bild, aber im Allgemeinen anderer Parametrisierung führt.*

Die Ableitung einer Kurve oder Fläche f auf T nach einer Umparametrisierung ist $f'(\varphi(t))\varphi'(t)$, und deshalb sind Tangentialraum und Tangente invariant gegenüber Umparametrisierungen. Das gilt nicht für Ableitungen nach den Parametern, also beispielsweise für die Tangentialvektoren. Im Falle von Kurven ist nur die *Richtung* des Tangentialvektors, nicht aber dessen *Länge* invariant gegen Umparametrisierungen.

Die Definitionsbereiche T von Kurven und Flächen werden in diesem Kapitel stets einfache Polyeder sein (Intervalle, Rechtecke, Dreiecke), und so ist es vernünftig, sie stets als Konvexkombination ihrer Ecken zu schreiben.

Definition 14.3. *Die Punkte* $x_0, \ldots, x_k \in \mathbb{R}^k$ *sind* in allgemeiner Lage *falls*

$$\det \begin{pmatrix} x_0 & x_1 & \cdots & x_k \\ 1 & 1 & \cdots & 1 \end{pmatrix} \neq 0. \tag{14.1}$$

Sie erzeugen das Polyeder

$$T = \left\{ x = \sum_{j=0}^n \lambda_j x_j : \lambda_j \in [0,1], \ \sum \lambda_j = 1 \right\}.$$

Lemma 14.4. *Ist* $T \subseteq \mathbb{R}^k$ *ein Polyeder mit genau* $k+1$ *Ecken* $x_0, \ldots, x_k$, *die in allgemeiner Lage sind, so ist zu jedem* $x \in T$ *der Koeffizientenvektor* $\lambda(x) = (\lambda_0(x), \ldots, \lambda_k(x))^T \in \mathbb{R}^{k+1}$ *mit*

$$x = \sum_{i=0}^k \lambda_i(x) x_i, \quad \lambda_i(x) \in [0,1], \quad \sum_{i=0}^k \lambda_i(x) = 1$$

eindeutig bestimmt. Die Funktionen λ_i *sind linear unabhängig auf* T *und erfüllen die Gleichung* $\lambda_i(x_j) = \delta_{ij}$.

Beweis. Da die Ecken in allgemeiner Lage sind, gilt für die Matrix aus (14.1), nennen wir sie A, und den Vektor $(x,1)^T \in \mathbb{R}^{k+1}$, dass es genau einen Vektor $\lambda(x) \in \mathbb{R}^{k+1}$ gibt mit $A\lambda(x) = (x,1)^T$. Dies zeigt, dass $\lambda(x)$ eindeutig ist und dass die λ_j linear unabhängig sind. Nach Satz 5.7 wird das konvexe Polyeder T durch seine Ecken aufgespannt. Daher sind die Koeffizienten $\lambda_j(x)$ genau dann sämtlich nichtnegativ, wenn $x \in T$ gilt. $\square$

Definition 14.5. *Die Funktionen* $\lambda_j(x)$ *aus Lemma 14.4 heißen* baryzentrische Koordinaten.

Es ist ferner eine übliche Praxis, zuerst einen Satz skalarer Funktionen $\beta_i : T \to \mathbb{R}$ auf T zu definieren und dann mit Koeffizientenvektoren $b_i \in \mathbb{R}^d$ eine explizite Kurven- oder Flächendarstellung

$$F(t) = \sum_i b_i \beta_i(t), \qquad t \in T, \tag{14.2}$$

zu erzeugen. Genauer definieren wir

Definition 14.6. *Eine Familie von Funktionen* $\{\beta_j\}_{j \in I}$, $\beta_j : T \subseteq \mathbb{R}^k \to \mathbb{R}$, *heißt* (positive) Zerlegung (oder Teilung) der Eins *auf* T, *falls*

(1) $\sum_{j \in I} \beta_j(t) = 1$ *für alle* $t \in T$,
(2) $\beta_j(t) \geq 0$ *für alle* $t \in T$,
(2) $\beta_j(t) \neq 0$ *für nur endlich viele* $j \in I$ *bei festem* $t \in T$.

Offensichtlich ist die letzte Bedingung nur für den Fall $|I| = \infty$ von Bedeutung. Mit Hilfe einer Zerlegung der Eins lassen sich nun sehr einfach spezielle Kurven und Flächen einführen.

Definition 14.7. *Eine* Kontrollnetzdarstellung *einer Kurve/Fläche F ist eine Darstellung der Form (14.2), wobei $k = 1$ für eine Kurve und $k = 2$ für eine Fläche gilt. Ferner ist dabei $\{\beta_i\}_{i \in I}$ eine Zerlegung der Eins auf T und $b_i \in \mathbb{R}^d$. Die b_i werden* Kontrollpunkte *und die Menge $\{b_i\}_{i \in I}$ der* Kontrollpunkte *wird* Kontrollnetz *genannt.*

Man überzeuge sich davon, dass eine Kurve/Fläche in Kontrollnetzdarstellung immer in der *konvexen Hülle* der zugehörigen Kontrollpunkte verläuft. Dabei ist die konvexe Hülle einer Menge M definiert als die kleinste konvexe Menge, die M enthält.

Oft sind geometrische Objekte im Raum zu verschieben, zu rotieren oder auf Abbildungsebenen zu projizieren. Als Grundbausteine kann man *Translationen* $x \mapsto x + y$ und lineare Transformationen $x \mapsto Qx$ wie z.B. (orthogonale) Drehungen und Spiegelungen zu affinen Transformationen zusammenfassen, die Konvexkombinationen invariant lassen:

Definition 14.8. *Eine Abbildung $A : \mathbb{R}^d \to \mathbb{R}^D$ heißt* affin *(bzw. affin-linear), wenn*

$$A\left(\sum_{i=1}^{n} \alpha_i x_i\right) = \sum_{i=1}^{n} \alpha_i A(x_i)$$

für alle $x_i \in \mathbb{R}^d$ und alle $\alpha_i \in \mathbb{R}$, mit $\sum_{i=1}^{n} \alpha_i = 1$ gilt.

Einer der Vorteile einer Kontrollnetzdarstellung liegt in ihrem Verhalten unter affinen Transformationen.

Satz 14.9. *Sei $F(t) = \sum b_i \beta_i$ eine Kontrollnetzdarstellung in $\mathbb{R}^d$ und $A : \mathbb{R}^d \to \mathbb{R}^D$ eine affine Transformation. Dann ist auch AF eine Kontrollnetzdarstellung mit derselben Zerlegung der Eins und dem Kontrollnetz $\{A(b_i)\}$.*

Beweis. Aus $\sum \beta_j(t) = 1$ folgt sofort $A(F(t)) = \sum \beta_j(t) A(b_j)$. □

Das Lemma 14.4 liefert eine positive Zerlegung der Eins durch die baryzentrischen Koordinaten auf abgeschlossenen Intervallen in $\mathbb{R}$ und Dreiecken in $\mathbb{R}^2$. Ganz allgemein gilt auch, dass im Falle einer solchen Darstellung $x = \sum_i \lambda_i x_i$ mit baryzentrischen Koordinaten $\lambda_i \in [0,1], \sum_i \lambda_i = 1$ der transformierte Punkt dieselben "Koordinaten" λ_i bzgl. der neuen Ecken $A(x_i)$ hat.

Hat man alle Objekte im dreidimensionalen Raum in der gewünschten Weise positioniert, so muss die gesamte Szene auf eine zweidimensionale "Leinwand" projiziert werden. Prinzipiell gibt es dazu zwei Möglichkeiten. Bei der *parallelen* Projektion werden die Objekte einfach parallel zur Leinwand-Senkrechten auf die Leinwand projiziert. Dies hat den Vorteil, dass Abstände

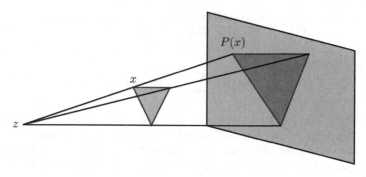

Abb. 14.1. Zentralprojektion

erhalten bleiben. Allerdings erscheinen ferne und nahe Objekte auch in derselben Größe.

Realistischer sind *projektive* Transformationen wie beispielsweise die *Zentralprojektion*. Eine Zentralprojektion von Objekten auf eine Bildebene $E \subseteq \mathbb{R}^d$ hat ein Projektionszentrum $z \in \mathbb{R}^d \setminus E$ und bildet (siehe Abbildung 14.1) einen Punkt x so auf $P(x) \in E$ ab, dass z, x und $P(x)$ auf einer Geraden liegen. Schreibt man die Ebene E implizit als $E = \{x \in \mathbb{R}^d : u^T x = c\}$ mit $u \in \mathbb{R}^d$, $\|u\|_2 = 1$, $c \in \mathbb{R}$. und soll $P(x)$ auf einer Geraden durch z und x liegen, so müssen mit $\alpha \in \mathbb{R}$ die Gleichungen $u^T P(x) = c$ und $P(x) = \alpha z + (1 - \alpha)x$ gelten. Das führt nach kurzer Rechnung zu

$$P(x) = \frac{(c - u^T x)z - (c - u^T z)x}{u^T z - u^T x} = \frac{Z(x)}{N(x)}$$

mit je einer affinen Transformation $Z : \mathbb{R}^d \to \mathbb{R}^d$, $N : \mathbb{R}^d \to \mathbb{R}$. Verschiebt man das Projektionszentrum nach Unendlich, so geht die Zentralprojektion in den Spezialfall der Parallelprojektion über.

Das Bild einer allgemeinen projektiven Transformation kann man deshalb zunächst als Bildvektor $(Z(x)^T, N(x))^T \in \mathbb{R}^{d+1}$ einer affinen Transformation (in *homogenen Koordinaten*) schreiben. Der nachfolgende Übergang zum $\mathbb{R}^d$ betrifft dann nur noch die Division durch die letzte Komponente. In der Regel plaziert man die Projektionsebene und das Projektionszentrum so, dass $N(x)$ für alle x aus dem zu projizierenden Objekt positiv ist. Dann ist die Schlussdivision unproblematisch.

Ist $\{\beta_i\}_{i \in I}$ eine positive Zerlegung der Eins auf T und ist $\{b_i\}_{i \in I}$ ein Kontrollnetz in $\mathbb{R}^d$, so ist die projektive Transformation einer Darstellung (14.2) gegeben durch

$$P(F(t)) = \frac{Z(F(t))}{N(F(t))} = \sum_i \frac{\beta_i(t)Z(b_i)}{\sum_j \beta_j(t)N(b_j)} = \sum_i \rho_i(t)P(b_i)$$

mit rationalen Funktionen

$$\rho_i(t) = \frac{\beta_i(t)N(b_i)}{\sum_j \beta_j(t)N(b_j)}, \qquad i \in I,\ t \in T.$$

Die Menge der Basen

$$\{\beta_i(t)\gamma_i / \sum_{j \in I} \beta_j(t)\gamma_j\}_{i \in I}$$

mit $\gamma_i > 0$ für alle $i \in I$ ist dann invariant gegen projektive Transformationen; die Gewichte γ_i werden bei Anwendung von $P = Z/N$ nur mit $N(b_i)$ multipliziert, d.h. man bekommt eine andere Basis aus derselben Menge.

Weil dieses Buch nur eine knappe Einführung in die numerische Geometrie geben kann, werden solche *rationalen* Kurven und Flächen hier nicht weiter behandelt.

14.2 Bézier-Kurven

Für Kurven auf einem Intervall $[a, b]$ gibt es eine polynomiale Zerlegung der Eins, die Bernstein-Polynome verwendet und von Bézier in das rechnergestützte Konstruieren eingeführt wurde:

Definition 14.10. *Die Polynome*

$$\beta_j^{(n)}(t) := \binom{n}{j}\left(\frac{t-a}{b-a}\right)^j \left(\frac{b-t}{b-a}\right)^{n-j}, \quad 0 \le j \le n,$$

heißen Bernstein-Polynome *auf dem Intervall* $[a, b] \subseteq \mathbb{R}$. *Ferner sei formal* $\beta_j^{(n)} \equiv 0$ *für* $j < 0$ *und* $j > n$.

Um die Abhängigkeit vom Intervall $[a, b]$ deutlich zu machen, werden wir auch $\beta_{j,[a,b]}^{(n)}$ schreiben.

Satz 14.11. *Die Bernstein-Polynome haben für* $t \in [a, b]$ *die Eigenschaften*

(1) $\beta_j^{(n)}(t) \ge 0$,

(2) $\displaystyle\sum_{j=0}^{n} \beta_j^{(n)}(t) = 1$,

(3) $\beta_j^{(n)}(t) = \dfrac{t-a}{b-a}\,\beta_{j-1}^{(n-1)}(t) + \dfrac{b-t}{b-a}\,\beta_j^{(n-1)}(t)$ *für* $0 \le j \le n \ge 1$,

(4) $\dfrac{d^r}{dt^r}\,\beta_j^{(n)}(t) = \dfrac{n!}{(n-r)!(b-a)^r}\displaystyle\sum_{k=0}^{r}\binom{r}{k}(-1)^{r-k}\beta_{j-k}^{(n-r)}(t)$.

Beweis. Die erste Eigenschaft folgt unmittelbar aus der Definition, die zweite aus dem binomischen Lehrsatz. Für die dritte setzen wir $\lambda = \frac{b-t}{b-a}$ und benutzen $\binom{n}{j} = \binom{n-1}{j-1} + \binom{n-1}{j}$, um

$$\beta_j^{(n)}(t) = \binom{n}{j}(1-\lambda)^j \lambda^{n-j}$$

$$= \binom{n-1}{j}(1-\lambda)^j \lambda^{n-1-j}\lambda + \binom{n-1}{j-1}(1-\lambda)^{j-1}\lambda^{n-j}(1-\lambda)$$

$$= \lambda\beta_j^{(n-1)}(t) + (1-\lambda)\beta_{j-1}^{(n-1)}(t)$$

herzuleiten. Genauso führt $(n-j)\binom{n}{j} = n\binom{n-1}{j}$ und $j\binom{n}{j} = n\binom{n-1}{j-1}$ zu

$$\frac{d}{dt}\beta_j^{(n)}(t) = \frac{n}{b-a}\left(\beta_{j-1}^{(n-1)}(t) - \beta_j^{(n-1)}(t)\right).$$

Der allgemeine Fall folgt dann leicht durch Induktion nach r.   □

Jetzt werden Bernstein-Polynome zur Konstruktion von Kurven verwendet:

Definition 14.12. *Sind* $b_0, \ldots, b_n \in \mathbb{R}^d$ *gegeben, so ist das vektorwertige Polynom*

$$BB[b_0, \ldots, b_n]_{[a,b]}(t) := \sum_{j=0}^{n} b_j \beta_j^{(n)}(t), \qquad t \in [a,b], \qquad (14.3)$$

eine polynomiale Kurve im $\mathbb{R}^d$ *in* Bernstein-Bézier-Darstellung *auf* $[a,b]$, *oder auch kurz eine* Bézier-Kurve.

Weil die Bernstein-Polynome eine Zerlegung der Eins bilden, kennen wir das Verhalten einer Bézier-Kurve unter affinen und projektiven Transformationen. Außerdem wissen wir, dass die Bézier-Kurve $p = BB[b_0, \ldots, b_n]_{[a,b]}$ ganz in der konvexen Hülle der Kontrollpunkte $b_0, \ldots, b_n$ verläuft. Man kann über den Zusammenhang der Kontrollpunkte mit der Kurve p noch mehr aussagen. Betrachtet man nämlich die Argumente $t = a$ und $t = b$, so folgt sofort $p(a) = b_0$ und $p(b) = b_n$, d.h. b_0 und b_n bilden die Endpunkte des Kurvenstücks. Die Ableitung einer Bernstein-Bézier-Darstellung ergibt sich als

$$\frac{d}{dt}p(t) = \sum_{j=0}^{n} b_j \frac{d}{dt}\beta_j^{(n)}(t) = \frac{n}{b-a}\sum_{j=0}^{n} b_j \left(\beta_{j-1}^{(n-1)}(t) - \beta_j^{(n-1)}(t)\right)$$

$$= \frac{n}{b-a}\sum_{j=0}^{n-1}(b_{j+1} - b_j)\,\beta_j^{(n-1)}(t),$$

was für $n \geq 1$ an $t = a$ und $t = b$ zu

$$p'(a) = \frac{n}{b-a}(b_1 - b_0), \qquad p'(b) = \frac{n}{b-a}(b_n - b_{n-1})$$

führt. Der Tangentialvektor an die Kurve, genommen im Endpunkt b_0, zeigt also in Richtung auf b_1. Genauso ist das Geradenstück $\overline{b_{n-1}b_n}$ tangential zu p in b_n.

Im Falle $n = 0$ besteht die Bézier-Kurve (14.3) nur aus dem Punkt b_0, während für $n = 1$ die Gerade zwischen b_0 und b_1 als Bild der vektorwertigen Abbildung $BB[b_0, b_1]_{[a,b]}$ auftritt. Der erste wirklich interessante Fall ist $n = 2$, wo die bisherigen Überlegungen zeigen, dass in der von den drei Punkten b_0, b_1 und b_2 aufgespannten Ebene des $\mathbb{R}^d$ die Punkte $BB[b_0, b_1, b_2]_{[a,b]}$ eine Kurve zweiten Grades bilden, die b_0 mit b_2 verbindet und Tangenten in b_0 bzw. b_2 hat, die in Richtung b_1 gehen. Sind b_0, b_1 und b_2 nicht kollinear, so ist b_1 der eindeutig bestimmte Schnittpunkt der Tangenten (siehe Abb. 14.2). Ferner muss die Kurve ganz in dem von b_0, b_1 und b_2 aufgespannten Dreieck liegen.

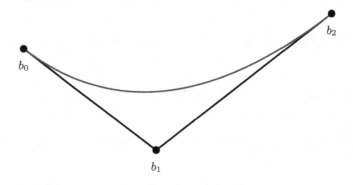

Abb. 14.2. Quadratische Kurve mit Kontrollpunkten

Der Vorteil der Bernstein-Basis liegt für das rechnergestützte Konstruieren darin, dass die Koeffizienten $b_0, \ldots, b_n$ etwas über den Kurvenverlauf aussagen. Das ist weder für die Monombasis noch für die Tschebyscheff- oder Legendre-Basis der Fall. Eine in der Lagrange-Basis dargestellte Kurve

$$\sum_{j=0}^{n} f_j \prod_{\substack{i=0 \\ i \neq j}}^{n} \frac{t - t_i}{t_j - t_i}$$

zu gegebenen $f_0, \ldots, f_n \in \mathbb{R}^d$ verläuft zwar durch die Punkte $f_0, \ldots, f_n$; sie kann aber zwischen diesen sehr stark oszillieren und genügt keiner übersichtlichen Einschließung, wie sie für die Bernstein-Basis gilt.

Will man ein Polynom vom Grad $\leq n$ im Grad formal um 1 anheben, so hat man im Falle der Monombasis nur einen verschwindenden Koeffizienten a_{n+1} neu hinzuzufügen. Im Falle der Bernstein-Basisdarstellung

$$p(t) = \sum_{j=0}^{n} b_j \beta_j^{(n)}(t), \qquad t \in [a,b],$$

geht das nicht so leicht; man multipliziert jeden Term mit 1 und bildet

$$p(t) = \sum_{j=0}^{n} b_j \binom{n}{j} \left(\frac{t-a}{b-a}\right)^j \left(\frac{b-t}{b-a}\right)^{n-j} \left(\frac{t-a}{b-a} + \frac{b-t}{b-a}\right)$$

$$= \sum_{j=0}^{n} b_j \binom{n}{j} \left(\binom{n+1}{j+1}^{-1} \beta_{j+1}^{(n+1)}(t) + \binom{n+1}{j}^{-1} \beta_j^{(n+1)}(t)\right)$$

$$= \sum_{k=0}^{n+1} \beta_k^{(n+1)}(t) \left(b_{k-1}\binom{n}{k-1}\binom{n+1}{k}^{-1} + b_k \binom{n}{k}\binom{n+1}{k}^{-1}\right)$$

$$= \sum_{k=0}^{n+1} \beta_k^{(n+1)}(t) \left(b_{k-1}\frac{k}{n+1} + b_k \frac{n+1-k}{n+1}\right)$$

$$= \sum_{k=0}^{n+1} \beta_k^{(n+1)}(t)\tilde{b}_k$$

mit der Konvexkombination

$$\tilde{b}_k := \frac{k}{n+1}b_{k-1} + \left(1 - \frac{k}{n+1}\right) b_k, \qquad 0 \le k \le n+1,$$

der ursprünglichen Kontrollpunkte, wobei wir $b_{-1} = b_{n+1} = 0$ gesetzt haben. Diese Grundoperation auf Polynomen in Bernstein-Bézier-Basisdarstellung wird weiter unten benötigt.

Eine nicht sehr effiziente, aber geometrisch anschauliche und numerisch stabile Methode, ein Polynom in Bernstein-Bézier-Darstellung auszuwerten, geht auf de Casteljau zurück und benutzt die Rekursionsformel aus Satz 14.11, um durch Einführung eines neuen Kontrollnetzes den Grad des Polynoms $p(t) = BB[b_0, \ldots, b_n]_{[a,b]}(t)$ sukzessive von den β_j auf die b_j zu verschieben.

Satz 14.13 (de Casteljau). *Sei* $p = BB[b_0, \ldots, b_n]_{[a,b]}$ *und* $t \in (a,b)$. *Sei* $b_j^{(0)} = b_j$ *für* $0 \le j \le n$. *Definieren wir für* $1 \le r \le n$ *rekursiv*

$$b_j^{(r)}(t) = \frac{t-a}{b-a}b_{j+1}^{(r-1)}(t) + \frac{b-t}{b-a}b_j^{(r-1)}(t), \qquad 0 \le j \le n-r, \qquad (14.4)$$

dann gilt

$$p(t) = \sum_{j=0}^{n-r} b_j^{(r)}(t)\beta_j^{(n-r)}(t), \qquad 0 \le r \le n,$$

also insbesondere $p(t) = b_0^{(n)}(t)$.

Beweis. Der Beweis wird wieder einmal durch Induktion geführt. Für $r = 0$ ist die Aussage offensichtlich richtig. Aus der Korrektheit für r schließen wir mittels der Rekursionsformel der Bernstein-Polynome über

$$
\begin{aligned}
p(t) &= \sum_{j=0}^{n-r} b_j^{(r)}(t)\beta_j^{(n-r)}(t) \\
&= \sum_{j=0}^{n-r} b_j^{(r)}(t)\left(\frac{t-a}{b-a}\beta_{j-1}^{(n-r-1)}(t) + \frac{b-t}{b-a}\beta_j^{(n-r-1)}(t)\right) \\
&= \sum_{k=0}^{n-(r+1)}\left(\frac{t-a}{b-a}b_{k+1}^{(r)}(t) + \frac{b-t}{b-a}b_k^{(r)}(t)\right)\beta_k^{(n-(r+1))}(t) \\
&= \sum_{k=0}^{n-(r+1)} b_k^{(r+1)}(t)\beta_k^{(n-(r+1))}(t).
\end{aligned}
$$

auf die Korrektheit für $r+1$. □

Jeder Schritt in (14.4) ist eine Konvexkombination der Vektoren der rechten Seite, wobei die Faktoren $\lambda := (b-t)/(b-a)$ und $1-\lambda$ von der Lage des Arguments t zwischen a und b abhängen. Für $t = (a+b)/2$ und $\lambda = 1/2$ liegt eine simple Mittelung vor.

Man kann das Verfahren von de Casteljau graphisch leicht veranschaulichen, indem man die Verbindungsstrecken zwischen $b_j^{(r-1)}$ und $b_{j+1}^{(r-1)}$ zeichnet und genau im Verhältnis $1-\lambda$ zu λ teilt, um den Zwischenpunkt $b_j^{(r)}$ zu konstruieren (siehe Abb. 14.3).

In Abb. 14.3 sieht man ferner, dass zwei neue Sätze von Kontrollpunkten entstehen, nämlich (im Fall $n = 3$) $b_0^{(0)}$, $b_0^{(1)}$, $b_0^{(2)}$, $b_0^{(3)}$ sowie $b_0^{(3)}$, $b_1^{(2)}$, $b_2^{(1)}$, $b_3^{(0)}$. Diese scheinen enger an der Kurve zu liegen, was im Folgenden weiter untersucht wird.

Satz 14.14 (Subdivision). *Das de Casteljau-Verfahren liefert für die Kurve $p = BB[b_0,\ldots,b_n]_{[a,b]}$ und festes $t \in (a,b)$ zwei neue Kontrollnetzdarstellungen von p:*

$$
\begin{aligned}
p(s) &= BB[b_0^{(0)}(t), b_0^{(1)}(t), \ldots, b_0^{(n)}(t)]_{[a,t]}(s), \qquad s \in [a,t], \\
p(s) &= BB[b_0^{(n)}(t), b_1^{(n-1)}(t), \ldots, b_n^{(0)}(t)]_{[t,b]}(s), \qquad s \in [t,b].
\end{aligned}
$$

Da es sich bei allen Kurven um polynomiale Funktionen handelt, gelten die angegebenen Identitäten natürlich auf ganz $\mathbb{R}$.

Beweis. Wir beginnen mit der ersten Identität. Nach Satz 14.13 gilt

$$
b_0^{(j)}(t) = BB[b_0,\ldots,b_j]_{[a,b]}(t) = \sum_{k=0}^{j} b_k \beta_{k,[a,b]}^{(j)}(t),
$$

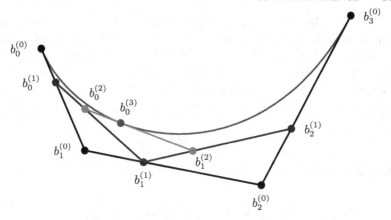

Abb. 14.3. de Casteljau-Verfahren für $\lambda = 1/3$

sodass

$$BB[b_0^{(0)}(t), b_0^{(1)}(t), \ldots, b_0^{(n)}(t)]_{[a,t]}(s) = \sum_{j=0}^{n} \sum_{k=0}^{j} b_k \beta_{k,[a,b]}^{(j)}(t) \beta_{j,[a,t]}^{(n)}(s)$$

$$= \sum_{k=0}^{n} b_k \sum_{j=k}^{n} \beta_{k,[a,b]}^{(j)}(t) \beta_{j,[a,t]}^{(n)}(s) = BB[b_0, \ldots, b_n]_{[a,b]}(s)$$

folgt, falls wir

$$\beta_{k,[a,b]}^{(n)}(s) = \sum_{j=k}^{n} \beta_{k,[a,b]}^{(j)}(t) \beta_{j,[a,t]}^{(n)}(s) \tag{14.5}$$

nachweisen können. Unter Ausnutzung von $\binom{i+k}{k}\binom{n}{i+k} = \binom{n}{k}\binom{n-k}{i}$ sehen wir, dass sich die rechte Seite von (14.5) umformen lässt zu

$$\sum_{j=k}^{n} \beta_{k,[a,b]}^{(j)}(t) \beta_{j,[a,t]}^{(n)}(s) = \sum_{i=0}^{n-k} \beta_{k,[a,b]}^{(i+k)}(t) \beta_{i+k,[a,t]}^{(n)}(s)$$

$$= \sum_{i=0}^{n-k} \binom{i+k}{k}\binom{n}{i+k} \left(\frac{t-a}{b-a}\right)^k \left(\frac{b-t}{b-a}\right)^i \left(\frac{s-a}{t-a}\right)^{i+k} \left(\frac{t-s}{t-a}\right)^{n-i-k}$$

$$= \binom{n}{k}\left(\frac{s-a}{b-a}\right)^k \sum_{i=0}^{n-k} \binom{n-k}{i} \left(\frac{(b-t)(s-a)}{(b-a)(t-a)}\right)^i \left(\frac{t-s}{t-a}\right)^{n-k-i}$$

$$= \binom{n}{k}\left(\frac{s-a}{b-a}\right)^k \left[\frac{(b-t)(s-a)}{(b-a)(t-a)} + \frac{(t-s)(b-a)}{(b-a)(t-a)}\right]^{n-k}$$

$$= \binom{n}{k}\left(\frac{s-a}{b-a}\right)^k \left(\frac{b-s}{b-a}\right)^{n-k} .$$

Die zweite Identität folgt aus Symmetriegründen aus der ersten, indem man die Kurve "von rechts nach links" durchläuft. Genauer definieren wir $c_j = b_{n-j}$, $0 \leq j \leq n$. Für $t \in (a,b)$ und $s \in [t,b]$ führen wir die neuen Variablen $\tau := a + b - t \in (a,b)$ und $\sigma = a + b - s \in [a,\tau]$ ein. Für diese stehen dann die Bernstein-Polynome in der Relation $\beta_{j,[a,b]}^{(n)}(s) = \beta_{n-j,[a,b]}^{(n)}(\sigma)$ und $\beta_{j,[t,b]}^{(n)}(s) = \beta_{n-j,[a,\tau]}^{(n)}(\sigma)$. Durch Induktion sieht man leicht, dass

$$c_j^{(r)}(\tau) = b_{n-r-j}^{(r)}(t)$$

gilt, sodass aus dem ersten Teil

$$p(s) = \sum_{j=0}^{n} c_{n-j} \beta_{n-j,[a,b]}^{(n)}(\sigma) = \sum_{j=0}^{n} c_j \beta_{j,[a,b]}^{(n)}(\sigma) = \sum_{j=0}^{n} c_0^{(j)}(\tau) \beta_{j,[a,\tau]}^{(n)}(\sigma)$$

$$= \sum_{j=0}^{n} b_{n-j}^{(j)}(t) \beta_{n-j,[t,b]}^{(n)}(s) = \sum_{j=0}^{n} b_j^{(n-j)}(t) \beta_{j,[t,b]}^{(n)}(s)$$

folgt.   □

In der Praxis berechnet man Bézier-Kurven, indem man einige Subdivisionsschritte ausführt und das resultierende feine Kontrollnetz an die Graphik weitergibt.

14.3 *B*-Spline-Kurven

Bézier-Kurven sind zwar intuitiv zugänglich und mathematisch leicht zu behandeln, besitzen aber numerisch einige gravierende Nachteile. So handelt es sich zum Beispiel um polynomiale Kurven, deren Grad genau der Anzahl der Kontrollpunkte entspricht. Eine hohe Anzahl führt also zwangsläufig zu Polynomen hohen Grades, was Stabilitätsprobleme nach sich zieht. Ein weiterer Nachteil ist der globale Charakter der Darstellung. Jeder Kontrollpunkt hat Einfluss auf das Bild der gesamten Kurve (was in manchen Fällen aber auch ein Vorteil sein kann!) und die Kosten einer einzelnen Auswertung sind linear in der Anzahl der Kontrollpunkte.

Einen Ausweg aus dieser Problematik bilden *B*-Spline-Kurven. Grundlegend dafür ist der Raum der Spline-Funktionen, und dabei insbesondere die *B*-Splines, wie wir sie Abschnitt 11.4 kennen gelernt haben. Wir wiederholen hier noch einmal die rekursive Definition

$$B_j^m(t) = \omega_j^m(t) B_j^{m-1}(t) + (1 - \omega_{j+1}^m(t)) B_{j+1}^{m-1}(t), \qquad t \in \mathbb{R},$$

wobei

$$\omega_j^m(t) = \begin{cases} \dfrac{t - x_j}{x_{j+m} - x_j}, & \text{falls } x_j < x_{j+m}, \\ 0, & \text{sonst} \end{cases}$$

und

$$B_j^0(t) = \chi_{[x_j, x_{j+1})}(t) = \begin{cases} 1, & \text{falls } t \in [x_j, x_{j+1}), \\ 0, & \text{sonst} \end{cases}$$

gilt. Ist eine (nur theoretisch biinfinite) Knotenfolge $X = \{x_j\}$ in $\mathbb{R}$ gegeben, so bilden die zugehörigen B-Splines also eine positive Zerlegung der Eins. Diese kann wiederum dazu benutzt werden, um explizite Kurven zu definieren.

Definition 14.15. *Eine Kurve der Form*

$$s(t) = \sum_{j \in \mathbb{Z}} d_j B_j^r(t), \qquad t \in \mathbb{R}, \tag{14.6}$$

heißt B-Spline-Kurve *vom Grad* r. *Die Kontrollpunkte* $d_j \in \mathbb{R}^d$ *heißen auch* de-Boor-Punkte.

Aus den Eigenschaften der B-Splines ergeben sich die folgenden Eigenschaften einer B-Spline-Kurve.

Satz 14.16. *Sei* $r \geq 1$. *Verändert man in* $s(t) = \sum_j d_j B_j^r(t)$ *den de-Boor-Punkt* d_i, *so ändert sich die Kurve höchstens im Bereich* (x_i, x_{i+r+1}). *Umgekehrt haben nur die Kontrollpunkte* $d_{i-r}, d_{i-r+1}, \ldots, d_i$ *Einfluss auf das Bild der Kurve über* $[x_i, x_{i+1}]$, *d.h.*

$$s(t) = \sum_{j=i-r}^{i} d_j B_j^r, \qquad t \in [x_i, x_{i+1}].$$

Für $r = 0$ sind die abgeschlossenen Intervalle durch rechts halboffene zu ersetzen.

Dies hat unmittelbare Auswirkung auf den Aufwand einer Auswertung. Während im Falle einer Bézier-Kurve der Aufwand jeder einzelnen Auswertung linear in n, der Anzahl der Kontrollpunkte ist, ist im Falle einer B-Spline Kurve der Aufwand linear in r, dem Grad der B-Splines, und dieser ist in der Regel sehr viel kleiner als n. In der Praxis spielen kubische B-Splines (also $r = 3$) die wichtigste Rolle, sodass der Aufwand prinzipiell als konstant angesehen werden kann. Allerdings setzt dies voraus, dass man vorab weiß oder in konstanter Zeit bestimmen kann, in welchem Intervall $[x_i, x_{i+1})$ der Auswertungspunkt liegt. Da oft äquidistante $\{x_j\}$ verwendet werden, ist dies gewährleistet.

Auch im Falle von B-Spline-Kurven gibt es ein de Casteljau-artiges Verfahren, dass hier de-Boor-Verfahren heißt.

Satz 14.17 (de-Boor-Verfahren). *Gegeben seien eine biinfinite, monton wachsende Folge* X *und die* B-Spline-Kurve $s = \sum_{j \in \mathbb{Z}} d_j B_j^r$. *Für* $t \in [x_k, x_{k+1})$ *definieren wir* $d_j^{(0)}(t) = d_j$, $k - r \leq j \leq k$, *und*

$$d_j^{(\ell+1)}(t) = \frac{x_{j+r-\ell} - t}{x_{j+r-\ell} - x_j} d_{j-1}^{(\ell)}(t) + \frac{t - x_j}{x_{j+r-\ell} - x_j} d_j^{(\ell)}(t)$$

für $0 \leq \ell \leq r - 1$ *und* $k - r + \ell + 1 \leq j \leq k$. *Dann gilt*

$$s(t) = \sum_{j=k-r+\ell}^{k} d_j^{(\ell)}(t) B_j^{r-\ell}(t)$$

für $0 \leq \ell \leq r$, *also insbesondere* $s(t) = d_k^{(r)}(t)$.

Beweis. Nach Satz 14.16 haben die Summen die richtigen Grenzen. Daher werden wir im Folgenden wieder der Einfachheit halber alle anderen Kontrollpunkte als Null definieren. Der eigentliche Beweis verläuft wieder per Induktion nach ℓ. Für $\ell = 0$ ist die Behauptung klar. Der Induktionsschritt folgt nach

$$s(t) = \sum_j d_j^{(\ell)}(t) B_j^{r-\ell}(t)$$

$$= \sum_j d_j^{(\ell)}(t) \left(\frac{x_{j+r-\ell+1} - t}{x_{j+r-\ell+1} - x_{j+1}} B_{j+1}^{r-\ell-1}(t) + \frac{t - x_j}{x_{j+r-\ell} - x_j} B_j^{r-\ell-1}(t) \right)$$

$$= \sum_j \left(\frac{x_{j+r-\ell} - t}{x_{j+r-\ell} - x_j} d_{j-1}^{(\ell)}(t) + \frac{t - x_j}{x_{j+r-\ell} - x_j} d_j^{(\ell)}(t) \right) B_j^{r-\ell-1}(t)$$

$$= \sum_j d_j^{(\ell+1)}(t) B_j^{r-\ell-1}(t).$$

Schließlich gilt noch $B_j^0(t) = 1$. □

Das Verfahren von de Boor ist nicht nur wie das de Casteljau-Verfahren zur Berechnung einzelner Funktionswerte verwendbar; fasst man die $d_j^{(\ell)}$ als Polynome auf, so ist $d_k^{(r)}$ das Polynom, mit dem s in $[x_k, x_{k+1})$ übereinstimmt.

Falls $x_j \leq x_k < x_{k+1} \leq x_{j+r-\ell}$ gilt, verschwinden die Nenner in der Definition von $d_j^{(\ell+1)}(t)$ auch dann nicht, wenn mehrfache Knoten zugelassen werden. Die Einschränkung auf das halboffene Intervall $[x_k, x_{k+1})$ ist nur für $r = 0$ relevant, im Normalfall $r \geq 1$ ist aus Stetigkeitsgründen $t \in [x_k, x_{k+1}]$ wählbar.

14.4 Flächen

Explizite Fächen werden als Funktion über einem zweidimensionalen Bereich definiert. In der Praxis treten dabei hauptsächlich *Rechteckflächen*, basierend auf Tensorproduktbildung, und *Dreiecksflächen* auf. Beiden sind wir schon im Bereich der multivariaten Approximation und Interpolation begegnet, daher werden wir hier auf beide nur kurz eingehen und beginnen mit den Rechtecksflächen.

Ist auf Intervallen $T_i \subseteq \mathbb{R}$, $i = 1, 2$, jeweils eine Zerlegung der Eins als

$$\beta_j^{(i)}(t) \geq 0, \; j \in I_i, \quad \sum_{j \in I_i} \beta_j^{(i)}(t) = 1,$$

gegeben, so kann man im Rechteck $T = T_1 \times T_2$ die Funktionen

$$\beta_{j,k}(t_1, t_2) := \beta_j^{(1)}(t_1)\beta_k^{(2)}(t_2), \quad \text{mit } (j, k) \in I_1 \times I_2 = I$$

betrachten, die dann eine Zerlegung der Eins auf T bilden. Dieses Konstruktionsprinzip (*Tensorproduktbildung*) funktioniert natürlich auch für höhere Dimensionen. Es ist auch unerheblich, ob man Bernstein-Polynome, B-Splines oder rationale Funktionen oder Kombinationen davon verwendet. Ein Kontrollnetz $\{b_{j,k}\}_{(j,k) \in I}$ zu der neuen Basis definiert eine Linearkombination, die sich auf zwei Weisen

$$\sum_{(j,k) \in I} b_{j,k}\beta_{j,k}(t_1, t_2) = \sum_{j \in I_1} \beta_j^{(1)}(t_1) \underbrace{\sum_{k \in I_2} b_{j,k}\beta_k^{(2)}(t_2)}_{=:s_j^{(2)}(t_2)}$$

$$= \sum_{k \in I_2} \beta_k^{(2)}(t_2) \underbrace{\sum_{j \in I_1} b_{j,k}\beta_j^{(1)}(t_1)}_{=:s_k^{(1)}(t_1)}$$

in zwei "eindimensionale" Summationen spalten lässt. Für feste Werte von t_1 und t_2 sind $s_j^{(2)}(t_2)$ bzw. $s_k^{(1)}(t_1)$ als eindimensionale Kontrollnetze anzusehen, die im nächsten Verarbeitungsschritt verwendet werden können. Deshalb ist es besonders einfach, längs *isoparametrischer Linien* $t_1 = const$ bzw. $t_2 = const$ auszuwerten.

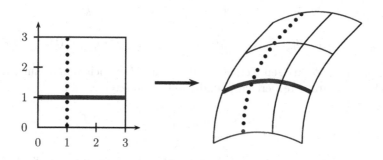

Abb. 14.4. Tensorprodukt-Fläche

Als nächstes betrachten wir die noch weiter verbreiteten Dreiecksflächen. Auf einem Dreieck $T \subseteq \mathbb{R}^2$, das von drei nicht kollinearen Punkten x_0, x_1, x_2 aufgespannt wird, gibt es nach Lemma 14.4 die linearen baryzentrischen Koordinaten λ_i mit

$$T \ni t = \sum_{i=0}^{2} \lambda_i(t) x_i, \qquad \lambda_i(t) \in [0, 1], \qquad \sum_{i=0}^{2} \lambda_i(t) = 1.$$

Es ist leicht, eine Zerlegung der Eins mit Polynomen vom Grade n aus den baryzentrischen Koordinatenfunktionen zu erzeugen, wenn man den trinomischen Satz auf

$$1 = (\lambda_0(t) + \lambda_1(t) + \lambda_2(t))^n = \sum_{\substack{0 \le i,j,k \le n \\ i+j+k=n}} \frac{n!}{i!j!k!} \lambda_0^i(t) \lambda_1^j(t) \lambda_2^k(t)$$

anwendet.

Definition 14.18. *Die für* $i, j, k \in \mathbb{N}_0$ *mit* $i + j + k = n$ *durch*

$$\beta_{i,j,k}(t) = \frac{n!}{i!j!k!} \lambda_0^i(t) \lambda_1^j(t) \lambda_2^k(t), \qquad t \in T,$$

definierten Funktionen nennt man verallgemeinerte Bernstein-Polynome *vom Grad* $\le n$. *Wie immer setzen wir für alle anderen* i, j, k *wieder* $\beta_{i,j,k} = 0$.

Die verallgemeinerten Bernstein-Polynome erfüllen ebenfalls eine Rekursionsformel, die sich aus der entsprechenden Rekursionsformel der "Trinomialkoeffizienten"

$$\frac{n!}{i!j!k!} = \frac{(n-1)!}{(i-1)!j!k!} + \frac{(n-1)!}{i!(j-1)!k!} + \frac{(n-1)!}{i!j!(k-1)!},$$

herleiten lässt:

Lemma 14.19. *Für* $n \in \mathbb{N}$ *und* $i, j, k \in \mathbb{N}_0$ *mit* $i + j + k = n$ *gilt*

$$\beta_{i,j,k}^{(n)}(t) = \lambda_0(t) \beta_{i-1,j,k}^{(n-1)}(t) + \lambda_1(t) \beta_{i,j-1,k}^{(n-1)}(t) + \lambda_2(t) \beta_{i,j,k-1}^{(n-1)}(t), \qquad t \in T.$$

Mit einer derartigen Zerlegung der Eins lässt sich nun natürlich eine Fläche mit Parameterbereich T und Kontrollpunkten $b_{i,j,k}$ als

$$F(t) = \sum_{i+j+k=n} b_{i,j,k} \beta_{i,j,k}^{(n)}(t), \qquad t \in T, \tag{14.7}$$

definieren. Es sollte auch niemanden mehr überraschen, dass die Rekursionsformel aus Lemma 14.19 wieder zu einem de Casteljau-artigen Verfahren führt, dessen Beweis aber nichts Neues bringt.

Satz 14.20 (de Casteljau). *Definiert man für* $t \in T$ *und* F *aus (14.7) nacheinander*

$$b_{i,j,k}^{(0)}(t) = b_{i,j,k},$$

$$b_{i,j,k}^{(r)}(t) = \lambda_0(t)b_{i+1,j,k}^{(r-1)}(t) + \lambda_1(t)b_{i,j+1,k}^{(r-1)}(t) + \lambda_2(t)b_{i,j,k+1}^{(r-1)}(t),$$

so gilt

$$F(t) = \sum_{i+j+k=n-r} b_{i,j,k}^{(r)}(t)\beta_{i,j,k}^{(n-r)}(t)$$

für $0 \le r \le n$, *also insbesondere* $F(t) = b_{0,0,0}^{(n)}(t)$.

Natürlich müssen die Koeffizienten nur für die relevanten Indizes i, j, k definiert und berechnet werden.

Es bleibt anzumerken, dass dieses de Casteljau-Verfahren ebenfalls zu einer Subdivision des Kontrollnetzes führt. In dieser Einführung können wir aber nicht näher darauf eingehen.

14.5 Übergangsbedingungen

Bis jetzt sind nur einzelne Kurven- bzw. Flächenstücke behandelt worden. Will man ein größeres geometrisches Objekt aus solchen Stücken zusammensetzen, so sind an den Rändern noch Übergangsbedingungen zu erfüllen, die für Stetigkeit oder Differenzierbarkeit sorgen. Dabei bleiben die Definitionsbereiche T_i in der Regel zusammenhanglos und unwichtig. Es kommt nur auf die Kompatibilität der Kontrollnetze an, denn der Anwender sieht sein Objekt als Bild der Funktionen auf den T_i, nicht als Konglomerat der T_i.

Andererseits vereinfacht es die Untersuchungen der Übergangsbedingungen enorm, wenn man annimmt, dass zusammenliegende Bilder auch von zusammenliegenden Definitionsbereichen erzeugt werden, was durch affine Transformationen immer erreicht werden kann.

Man unterscheidet Übergangsbedingungen nach der Glätte der entstehenden Gesamtkurve bzw. -fläche. Der stetige Übergang der Bilder zweier Darstellungen $f_i : T_i \to \mathbb{R}^d$, $i = 1, 2$, ist leicht dadurch zu erzwingen, dass man

$$f_1(t) = f_2(t) \qquad \text{auf } t \in T_1 \cap T_2$$

fordert. Die Bernstein-Bézier-Darstellungen von Kurven und Flächen haben sämtlich die Eigenschaft, dass Randpunkte und Randlinien der Definitionsbereiche T auf "Rand-Kontrollpunkte" und Bernstein-Bézier-"Randkurven" abgebildet werden. Deshalb hat man nur zu fordern, dass die "Randpunkte" der Kontrollnetze in richtiger Weise kompatibel sind, d.h. punktweise übereinstimmen. Sind die Polynomgrade auf zwei Teilstücken inkompatibel, so hat man durch Graderhöhung die Grade anzugleichen.

Im Falle von B-Spline-Linearkombinationen vom Grade r ist nur dann ein de-Boor-Randpunkt auch Bildpunkt der Kurve, wenn der entsprechende Randknoten r-fach ist. Das hat man sowohl bei Kurven als auch bei Rechteckflächen, die auf B-Spline-Tensorprodukten basieren, schon bei der Knotenwahl zu berücksichtigen. Dann entstehen auch B-Spline-Randkurven als Bilder der Rand-Knotenlinien.

Der differenzierbare Übergang zwischen zwei Teilstücken ist parametrisierungsabhängig, wie schon in Abschnitt 14.1 festgestellt wurde. In der Regel sorgt man zuerst für Stetigkeit durch gemeinsame Randkurven bzw. Randpunkte. Im Falle von Flächen mit gemeinsamer differenzierbarer Randkurve hat man noch für die Glätte der Normalableitung (d.h. partielle Ableitung in einer auf dem Rand senkrecht stehenden Richtung) längs der Randkurve zu sorgen. Bei Bernstein-Bézier-Rechtecks- und Dreiecksflächen sowie bei B-Spline-Tensorproduktflächen vom Grade r mit r-fachen Randknoten betrifft die erste Normalableitung jeweils die nächsten "inneren" Punkte des Kontrollnetzes, d.h. die Nachbarn der Randpunkte des Kontrollnetzes. Weitere Details werden aus Platzgründen unterdrückt.

Will man die Glätte einer zusammengesetzten Kurve oder Fläche parametrisierungsinvariant beschreiben, so hat man die klassische Differenzierbarkeit zu ersetzen durch neue Begriffe, die von der Parametrisierung unabhängig sind (*geometrische* Stetigkeit bzw. Differenzierbarkeit). Es kommt dann darauf an, dass bei Kurven nur die Richtung des Tangentialvektors, bei Flächen nur der Einheitsnormalenvektor stetig variiert, denn diese beiden sind parametrisierungsunabhängig. Dadurch entstehen nichtlineare Übergangsbedingungen, die hier nicht im Detail angegeben werden können. Oft reicht es, durch affine Transformationen zwei Definitionsbereiche T_i und T_j in geeigneter Weise aneinanderzulegen und für einen C^r-Übergang an einer Randlinie zu sorgen. Nachfolgende Umparametrisierungen zerstören dann zwar den C^r-Übergang, lassen aber die folgende Eigenschaft unverändert:

– Es gibt je eine Umparametrisierung von T_i und T_j, sodass ein C^r-Übergang vorliegt.

Dies kann man als eine mögliche Definition der *geometrischen* oder *visuellen* Differenzierbarkeit ansehen. Weil die Bildmengen sich bei Umparametrisierung nicht ändern, kann man ohne weiteres die herkömmliche Differenzierbarkeit durch die obige Verallgemeinerung ersetzen.

14.6 Darstellung von Flächen durch implizite Funktionen

Bei komplizierteren Flächen, wie z.B. denen in Abbildung 14.5 fällt es ausgesprochen schwer, eine parametrisierte Darstellung zu finden. Solche Flächen spielen aber eine immer größere Rolle, da moderne 3D-Scanner es erlauben, beliebige 3D-Objekte einzuscannen. Solche Scanner liefern in der Regel einen

Abb. 14.5. Der Drachen und der Buddah aus der Stanford University Datenbank

Punktesatz und ein erstes grobes Dreiecksgitter. Oft besteht ein solches Objekt nicht nur aus einem Datensatz, sondern aus mehreren, da der Scanner mehrmals in eine neue Position gebracht werden muss. Statt zu parametrisieren, versucht man dann die Fläche $\mathcal{S} \subseteq \mathbb{R}^3$ implizit darzustellen:

$$\mathcal{S} = \{x \in \mathbb{R}^3 : F(x) = 0\}.$$

Die Daten sind jetzt also Punkte $X = \{x_1, \ldots, x_N\} \subseteq \mathcal{S} \subseteq \mathbb{R}^3$ und gesucht wird eine Approximation s an die Funktion F. Da die Daten auf $\mathcal{S}$ liegen, muss $F(x_j) = 0$ gelten. Man könnte jetzt versuchen, eine Interpolante s aus einem N dimensionalen Raum zu wählen, die $s(x_j) = 0$ erfüllt. Ist dieser Raum linear, so würde man aber sofort die Nullfunktion als Lösung erhalten. Um trotzdem zu interpolieren, benutzt man einen Trick. Dazu nimmt man an, dass die Fläche einen Körper einschließt, dies bedeutet insbesondere, dass sie keine Löcher hat, dass man in jedem Punkt $x \in \mathcal{S}$ eine Normals $\eta(x) \in \mathbb{R}^3$ angeben kann und dass sich alle Normalen einheitlich orientieren lassen, d.h. dass ein wohldefiniertes "Inneres" und "Äußeres" gibt. Ist F differenzierbar, so gilt sogar

$$\eta(x) = F'(x), \qquad x \in \mathcal{S},$$

wobei F' den Gradienten von F bezeichnet. Dies erlaubt es jetzt, zusätzliche Punkte einzufügen, sowohl innerhalb der Fläche als auch außerhalb. Den Punkten außerhalb weist man dann als Funktionswert einen Wert zu, der proportional zum Abstand des Punktes zur (unbekannten) Fläche ist, den Punkten innerhalb einen entsprechenden negativen Wert. Auf diese Weise erhält man ein wohldefiniertes Interpolationsproblem, das z.B. mit radialen Basisfunktionen oder anderen multivariaten Interpolationsansätzen gelöst werden kann, siehe Abschnitt 12.7. Man erkauft sich diese Flexibilität allerdings auf Kosten einer höheren Anzahl von Unbekannten und eines zusätzlichen Schritts zur Visualisierung.

14.7 Aufgaben

14.1 Beschreiben Sie den Einheitshalbkreis auf zwei Weisen als Bild einer Kurve, wobei Sie einmal Winkelfunktionen und einmal die Wurzelfunktion verwenden. Interpretieren Sie den Parameter t als Zeit. Wie verhält sich die Bahngeschwindigkeit des Bildpunktes als Funktion von t?

14.2 Bestimmen Sie eine einfache Formel für die baryzentrischen Koordinaten zu einem Dreieck im $\mathbb{R}^2$.

14.3 Zeigen Sie für $0 \le r \le n$:

$$\frac{d^r}{dt^r} BB[b_0, \ldots, b_n]_{[a,b]}(t) = \frac{n!}{(n-r)!(b-a)^r} \sum_{j=0}^{n-r} \beta_j^{(n-r)}(t) \sum_{k=0}^{r} (-1)^k \binom{r}{k} b_{j+k}.$$

14.4 Geben Sie eine Formel für die Multiplikation zweier Polynome in Bernstein-Bézier-Darstellung an.

14.5 Geben Sie für Bernstein-Bézier-Rechtecks- und -Dreiecksflächen die Randkurven explizit an.

14.6 Wann sind zwei Tensorproduktflächen in Bernstein-Bézier-Darstellung mit einer gemeinsamen Seite r-mal differenzierbar verbunden? Nehmen Sie an, dass längs des gemeinsamen Randes der Grad n, längs der anderen Ränder aber verschiedene Grade $k \ge r$ und $\ell \ge r$ vorliegen.

Wann sind zwei Bernstein-Bézier-Flächen n-ten Grades auf zwei Dreiecken mit einer gemeinsamen Seite noch r-mal stetig differenzierbar verbunden?

14.7 Zeigen Sie, dass für zwei implizite Flächen $\mathcal{S} = \{x : F(x) = 0\}$ und $\mathcal{T} = \{x : G(x) = 0\}$ gilt:

$$\mathcal{S} \cap \mathcal{T} = \{x : \max\{F(x), G(x)\} = 0\},$$
$$\mathcal{S} \cup \mathcal{T} = \{x : \min\{F(x), G(x)\} = 0\},$$
$$\mathcal{S} \setminus \mathcal{T} = \{x : \max\{F(x), -G(x)\} = 0\},$$

wobei zusätzlich vorausgesetzt wird, dass $\mathcal{S}$ und $\mathcal{T}$ geschlossene Körper begrenzen und innerhalb ihrer Körper negativ, außerhalb positiv sind.

Finden Sie glattere Darstellungen.

15 Eigenwertaufgaben

Analysiert man das Schwingungsverhalten von mechanischen oder elektrischen Systemen, so ergeben sich Eigenwertprobleme für Differentialoperatoren. Deren Diskretisierung führt auf Eigenwertprobleme für $(n \times n)$-Matrizen, Zu einer Matrix $A \in \mathbb{K}^{n \times n}$ ist $\varphi(\lambda) := \det(A - \lambda E)$ das *charakteristische Polynom*. Die Nullstellen von $\varphi(\lambda)$ sind die *Eigenwerte* von A. Ist λ ein Eigenwert von A, so gilt $\det(A - \lambda E) = 0$, und es gibt einen Vektor $x \neq 0$ mit $(A - \lambda E)x = 0$, d.h. $Ax = \lambda x$. Ein solcher Vektor heißt *Eigenvektor* zum Eigenwert λ.

In den Anwendungen entspricht ein Eigenwert λ der Wellenlänge einer Eigenschwingung des mechanischen oder elektrischen Systems; der Eigenvektor gibt die Form der zugehörigen Eigenschwingung an.

Als Eigenwertaufgaben bezeichnet man eine ganze Reihe von Problemstellungen, für die es verschiedene Lösungsmethoden gibt:

(1) Berechnung des (betragsmäßig) größten oder kleinsten Eigenwertes (ohne den zugehörigen Eigenvektor).

(2) Berechnung aller Eigenwerte (ohne die zugehörigen Eigenvektoren).

(3) Berechnung eines Eigenwertes und eines zugehörigen Eigenvektors.

(4) Berechnung mehrerer (bzw. aller) Eigenwerte und der zugehörigen Eigenvektoren.

Dabei ist es von Einfluss, ob die zugrundeliegende Matrix A symmetrisch bzw. hermitesch ist oder nicht.

Die Lösungsmethoden gliedern sich wie bei linearen Gleichungssystemen in direkte und iterative Methoden. Die direkten Verfahren bestimmen zunächst Werte des charakteristischen Polynoms φ bzw. das Polynom selbst und ermitteln die Eigenwerte als Nullstellen von φ. Iterative Methoden versuchen, die Eigenwerte und Eigenvektoren *ohne* die Berechnung von φ sukzessive anzunähern.

Bevor wir aber zu numerischen Verfahren zur Berechnung von Eigenwerten und Eigenvektoren kommen, beginnen wir mit Lokalisierungssätzen für Eigenwerte.

15.1 Lokalisierungssätze für Eigenwerte

Wir hatten mit Lemma 6.6 aus Kapitel 6 bereits einen ersten Lokalisierungs-satz für die Eigenwerte einer Matrix $A \in \mathbb{K}^{n \times n}$ gesehen. Er besagte, dass für jede zugeordnete Matrixnorm die Abschätzung $\rho(A) \leq \|A\|$ gilt, wobei $\rho(A)$ den Spektralradius von A bezeichnet. Dies ergibt eine Abschätzung des betragsmäßig größten Eigenwerts und damit auch für alle Eigenwerte. Eine Abschätzung für einzelne Eigenwerte liefert

Satz 15.1. *Die Eigenwerte einer Matrix $A \in \mathbb{K}^{n \times n}$ liegen in der Vereinigung der* Gerschgorinkreise

$$K_j = \left\{ \lambda \in \mathbb{C} : |\lambda - a_{jj}| \leq \sum_{\substack{k=1 \\ k \neq j}}^{n} |a_{jk}| \right\}, \qquad 1 \leq j \leq n.$$

Beweis. Zum Eigenwert $\lambda \in \mathbb{C}$ von A gibt es einen Eigenvektor $x \in \mathbb{C}^n \setminus \{0\}$ mit $\|x\|_\infty = 1$. Aus $Ax - \lambda x = 0$ folgt

$$(a_{jj} - \lambda)x_j + \sum_{\substack{k=1 \\ k \neq j}}^{n} a_{jk}x_k = 0.$$

Wählen wir nun ein j mit $|x_j| = 1$, so erhalten wir über

$$|a_{jj} - \lambda| = |(a_{jj} - \lambda)|x_j| = \left| \sum_{\substack{k=1 \\ k \neq j}}^{n} a_{jk}x_k \right| \leq \sum_{\substack{k=1 \\ k \neq j}}^{n} |a_{jk}||x_k| \leq \sum_{\substack{k=1 \\ k \neq j}}^{n} |a_{jk}|$$

die Behauptung. $\square$

Dieser Satz lässt sich noch folgendermaßen verschärfen. Sind die Kreise K_j paarweise disjunkt, so liegt in jedem Kreis genau ein Eigenwert. Bilden p Kreise eine zusammenhängende Punktmenge P, die zu allen übrigen Kreisen disjunkt ist, so enthält P genau p Eigenwerte von A.

In diesem Abschnitt sollen zwei weitere Fragestellungen eingehend untersucht werden: Wie groß sind die Änderungen der Eigenwerte einer Matrix A, wenn sich die Elemente von A "wenig" ändern? Was kann man über die Lage eines Eigenwertes aussagen, wenn man einen Vektor hat, der "annähernd" Eigenvektor ist? Zur Beantwortung dieser Fragen benötigt man scharfe Abschätzungen der Eigenwerte; der Rest dieses Abschnittes ist daher der Herleitung solcher "Einschließungssätze" gewidmet. Die dabei angewandten Schlüsse lassen keine Verallgemeinerung auf beliebige (nicht "normale", d.h. $A\overline{A}^T \neq \overline{A}^T A$) Matrizen zu; bei diesen muss man mit außerordentlicher Empfindlichkeit der Eigenwerte gegenüber Störungen der Matrixelemente rechnen.

Ist x ein Eigenvektor von $A \in \mathbb{K}^{n \times n}$ zum Eigenwert λ, so hat der Rayleigh-Quotient $\overline{x}^T A x / \overline{x}^T x$ den Wert $\overline{x}^T \lambda x / \overline{x}^T x = \lambda$. Als Funktion von x betrachtet, nimmt der Rayleigh-Quotient gerade auf den Eigenvektoren von A die jeweiligen Eigenwerte als Funktionswert an. Der folgende Satz verschärft diese Beobachtung.

Satz 15.2 (Rayleigh). *Sei $A \in \mathbb{K}^{n \times n}$ symmetrisch bzw. hermitesch mit Eigenwerten $\lambda_1 \geq \lambda_2 \geq \ldots \geq \lambda_n$ und zugehörigen orthonormalen Eigenvektoren $x_1, \ldots, x_n \in \mathbb{K}^n$. Sei $V_1 = \mathbb{K}^n$ und $V_j = \{x \in \mathbb{K}^n : \overline{x}^T x_k = 0,\ 1 \leq k \leq j-1\}$. Dann gilt*

$$\lambda_j = \max_{\substack{x \in V_j \\ x \neq 0}} \frac{\overline{x}^T A x}{\overline{x}^T x}, \qquad 1 \leq j \leq n.$$

Beweis. Jedes $x \in V_j$ hat eine Darstellung $x = \sum_{k=j}^n c_k x_k$ mit $c_k = \overline{x}^T x_k$. Dies bedeutet insbesondere $\overline{x}^T x = \sum_{k=j}^n |c_k|^2$ und $Ax = \sum_{k=j}^n c_k \lambda_k x_k$, sodass

$$\frac{\overline{x}^T A x}{\overline{x}^T x} = \frac{\sum_{k=j}^n |c_k|^2 \lambda_k}{\overline{x}^T x} \leq \frac{\lambda_j \overline{x}^T x}{\overline{x}^T x} = \lambda_j \text{ falls } x \neq 0.$$

Also ist das Maximum über alle $x \in V_j$ kleiner gleich λ_j. Das Maximum wird aber auch für $x = x_j \in V_j$ angenommen. $\square$

Eine unmittelbare Folgerung dieses Satzes ist das Minimum-Maximum-Prinzip von Courant:

Satz 15.3 (Courant). *Sei $A \in \mathbb{K}^{n \times n}$ symmetrisch bzw. hermitesch mit Eigenwerten $\lambda_1 \geq \lambda_2 \geq \ldots \geq \lambda_n$. Dann gilt*

$$\lambda_j = \min_{U_j \in M_j} \max_{\substack{x \in U_j \\ x \neq 0}} \frac{\overline{x}^T A x}{\overline{x}^T x}, \qquad 1 \leq j \leq n, \tag{15.1}$$

wobei M_j die Menge aller $n + 1 - j$ dimensionalen Unterräume von $\mathbb{K}^n$ bezeichnet.

Beweis. Seien die x_j und V_j wie in Satz 15.2 gewählt. Mit ρ_j bezeichnen wir die rechte Seite von (15.1). Da $V_j \in M_j$ gilt, haben wir sofort $\rho_j \leq \lambda_j$. Andererseits hat $V_{j+1}^\perp = \text{span}\{x_1, \ldots, x_j\}$ die Dimension j und $U_j \in M_j$ die Dimension $n + 1 - j$. Also liefert die Dimensionsformel

$$\dim\left(V_{j+1}^\perp \cap U_j\right) = \dim(V_{j+1}^\perp) + \dim(U_j) - \dim\left(V_{j+1}^\perp + U_j\right) \geq 1.$$

Daher gibt es für $U_j \in M_j$ ein $x \in U_j \setminus \{0\}$ mit $\overline{x}^T x_k = 0$, $j + 1 \leq k \leq n$. Also hat dieses x die Darstellung $x = \sum_{k=1}^j c_k x_k$, und man erhält wie eben

$$\frac{\overline{x}^T A x}{\overline{x}^T x} = \frac{\sum_{k=1}^j |c_k|^2 \lambda_k}{\overline{x}^T x} \geq \lambda_j$$

und daher auch $\rho_j \geq \lambda_j$. $\square$

Damit können wir eine Stabilitätsaussage für die Eigenwerte einer Matrix machen.

Folgerung 15.4. *Sind $A \in \mathbb{K}^{n \times n}$ und $B \in \mathbb{K}^{n \times n}$ zwei symmetrische (hermitesche) Matrizen mit Eigenwerten $\lambda_1(A) \geq \lambda_2(A) \geq \ldots \geq \lambda_n(A)$ bzw. $\lambda_1(B) \geq \lambda_2(B) \geq \ldots \geq \lambda_n(B)$, so gilt*

$$|\lambda_j(A) - \lambda_j(B)| \leq \|A - B\|$$

für jede natürliche Matrixnorm.

Beweis. Die Anwendung der Cauchy-Schwarzschen Ungleichung liefert

$$\overline{x}^T(Ax - Bx) \leq \|Ax - Bx\|_2 \|x\|_2 \leq \|A - B\|_2 \|x\|_2^2,$$

also

$$\frac{\overline{x}^T Ax}{\overline{x}^T x} \leq \frac{\overline{x}^T Bx}{\overline{x}^T x} + \|A - B\|_2$$

für $x \neq 0$. Daher folgt aus Satz 15.3, dass $\lambda_j(A) \leq \lambda_j(B) + \|A - B\|_2$ gilt. Vertauscht man die Rollen von A und B, so erhält man schließlich

$$|\lambda_j(A) - \lambda_j(B)| \leq \|A - B\|_2 = \rho(A - B) \leq \|A - B\|,$$

wobei wir Lemma 6.6 verwendet und ausgenutzt haben, dass die Matrix $A - B$ symmetrisch bzw. hermitesch ist.

Liegt bereits eine Näherung λ eines Eigenwerts und eine Näherung x eines zugehörigen Eigenvektors vor, so kann man versuchen, diese Informationen zu benutzen, um eine verbesserte Fehlerabschätzung für den wahren Eigenwert zu erhalten, wie im Folgenden gezeigt werden soll. Sind alle Komponenten x_j des Vektors x nicht Null, so sollten die Quotienten

$$q_j := \frac{(Ax)_j}{x_j} = e_j^T Ax / e_j^T x \tag{15.2}$$

alle fast gleich und zwar idealerweise gleich einem Eigenwert sein. Zunächst erhält man das

Lemma 15.5. *Sind alle Komponenten x_j von $x \in \mathbb{K}^n$ von Null verschieden, und definiert man die Diagonalmatrix $Q = diag(q_1, \ldots, q_n) \in \mathbb{K}^{n \times n}$ mit Diagonalkomponenten (15.2), so gilt für beliebige, einander zugeordnete Vektor- und Matrixnormen*

(1) $1 \leq \|(A - pE)^{-1}\| \|(Q - pE)x\| / \|x\|$,
(2) $1 \leq \|(A - pE)^{-1}\| \|Q - pE\|$

für jedes $p \in \mathbb{K}$, für das $A - pE$ nichtsingulär ist.

Beweis. Auf Grund der Definition der q_j gilt für den festen Vektor x die Gleichung $Ax = Qx$ und daher $(A - pE)x = (Q - pE)x$, d.h.

$$x = (A - pE)^{-1} (Q - pE)x,$$

woraus die behaupteten Ungleichungen durch Übergang zur Norm folgen. □

Die angegebenen Ungleichungen besagen, dass die Norm von $(A - pE)^{-1}$ nicht zu klein werden kann, wenn p nahe bei allen q_j liegt.

Als Spezialfall von Lemma 15.5 erhält man den folgenden *Quotientensatz*:

Satz 15.6. *Sei $A \in \mathbb{K}^{n \times n}$ symmetrisch bzw. hermitesch. Die Werte q_j seien durch (15.2) gegeben. Dann gibt es für jedes $p \in \mathbb{K}$ einen Eigenwert λ von A mit*

$$|\lambda - p| \leq \max_{1 \leq j \leq n} |q_j - p|.$$

Beweis. Ist p ein Eigenwert von A, so gilt die Ungleichung trivialerweise. Ist p kein Eigenwert, so ist $A - pE$ invertierbar, und $(A - pE)^{-1}$ hat die Eigenwerte $1/(\lambda_j - p)$, wenn λ_j, $1 \leq j \leq n$, die Eigenwerte von A bezeichnet. Da $(A - pE)^{-1}$ symmetrisch bzw. hermitesch ist, ist die Spektralnorm $\| \cdot \|_2$ von $(A - pE)^{-1}$ gleich dem Spektralradius, und es gilt

$$\rho((A - pE)^{-1}) = \max_{1 \leq j \leq n} \frac{1}{|\lambda_j - p|} = \frac{1}{\min_{1 \leq j \leq n} |\lambda_j - p|}. \tag{15.3}$$

Analog folgt

$$\|Q - pE\|_2 = \rho(Q - pE) = \max_{1 \leq j \leq n} |q_j - p|$$

und die zweite Aussage des Lemmas 15.5 liefert

$$\min_{1 \leq j \leq n} |\lambda_j - p| \leq \max_{1 \leq j \leq n} |q_j - p|,$$

was zu zeigen war. □

Folgerung 15.7. *Für wenigstens einen Eigenwert λ von A gilt*

$$q_{\min} := \min_{1 \leq j \leq n} q_j \leq \lambda \leq q_{\max} := \max_{1 \leq j \leq n} q_j.$$

Beweis. Wählt man $p = (q_{\min} + q_{\max})/2$, so gilt

$$\max_{1 \leq j \leq n} |q_j - p| = \max_{1 \leq j \leq n} \left| q_j - \frac{q_{\min} + q_{\max}}{2} \right| = \frac{1}{2} |q_{\max} - q_{\min}|,$$

und daher folgt aus Satz 15.6 die Existenz eines Eigenwertes λ mit

$$\left| \lambda - \frac{q_{\max} + q_{\min}}{2} \right| \leq \frac{1}{2} |q_{\max} - q_{\min}|,$$

d.h, λ muss in dem angegebenen Intervall liegen. □

Unabhängig davon, ob $(A - pE)^{-1}$ existiert (d.h. p ist kein Eigenwert von A) oder nicht, folgt aus der ersten Abschätzung in Lemma 15.5 die Abschätzung

$$\min_{1 \leq j \leq n} |\lambda_j - p| \leq \frac{\|Ax - px\|_2}{\|x\|_2},$$

wenn man dort speziell die der Euklidischen Vektornorm $\| \cdot \|_2$ zugeordnete Spektralnorm $\| \cdot \|_2$ betrachtet und (15.3) und $Ax = Qx$ berücksichtigt.

15.2 Hessenberg-Matrizen

Es sei eine Matrix $A \in \mathbb{R}^{n \times n}$ gegeben. Dann ist eine nichtsinguläre Matrix $T \in \mathbb{R}^{n \times n}$ gesucht, sodass $B = TAT^{-1}$ eine möglichst einfache Form hat. Da A und B dasselbe charakteristische Polynom und damit auch die gleichen Eigenwerte haben, kann man erwarten, dass sich die Berechnung der Eigenwerte von A wesentlich vereinfachen lässt, wenn B eine günstige Struktur hat.

Verwendet man Transformationen T vom L- oder Q-Typ, um eine gegebene Matrix A mit der Ähnlichkeitstransformation TAT^{-1} auf einfachere Form zu bringen, so hat man, um die Eigenwerte nicht zu verändern, die Matrizen LAL^{-1} bzw. $QAQ^{-1} = QAQ^T$ zu berechnen. Wählt man L bzw. Q so, dass die erste Spalte von LA bzw. QA gleich αe_1 wird, so zerstört die Multiplikation mit L^{-1} bzw $Q^{-1} = Q^T$ von rechts dieses Ergebnis wieder, weil die erste Spalte durch eine Linearkombination von Spalten ersetzt wird. Will man das Ergebnis der Transformation der ersten Spalte retten, so muss man dafür sorgen, dass Q bzw. L selbst nur auf die zweite bis n-te Zeile von A wirken. Man erzielt dann zwar nur $\alpha e_1 + \beta e_2$ als neue erste Spalte, aber die nachfolgende Transformation mit L^{-1} bzw. Q^{-1} von rechts verändert diese Spalte nicht. Durch sukzessive Transformation erreicht man also keine Dreiecksmatrix, sondern eine Matrix mit nur einer unteren Nebendiagonale.

Definition 15.8. *Eine Matrix $B \in \mathbb{R}^{n \times n}$ hat (obere) Hessenberg-Form, wenn $b_{ij} = 0$ für $i > j + 1$ gilt, d.h. wenn B die Form*

$$B = \begin{pmatrix} * & \cdot & \cdot & \cdot & * \\ * & \cdot & \cdot & \cdot & * \\ & \cdot & \cdot & \cdot & \cdot \\ & & \cdot & \cdot & \cdot \\ 0 & & & * & * \end{pmatrix}$$

hat. Eine Matrix in Hessenberg-Form bezeichnet man auch als Hessenberg-Matrix.

Wir werden eine Matrix $A \in \mathbb{R}^{n \times n}$ auf Hessenberg-Form bringen, indem wir Householder-Matrizen benutzen. Zur Erinnerung, eine Matrix $H \in \mathbb{R}^{n \times n}$

ist eine Householder-Matrix, falls $H = E - 2uu^T$ mit einem Vektor $u \in \mathbb{R}^n$ mit $\|u\|_2 = 1$. Householder-Matrizen sind orthogonal und symmetrisch. Zu jedem Vektor $a \in \mathbb{R}^n$ gibt es eine Householder-Matrix H mit $Ha = \|a\|_2 e_1$.

Satz 15.9. *Zu jeder Matrix $A \in \mathbb{R}^{n \times n}$ existieren $n-2$ Householder-Matrizen H_j, $1 \leq j \leq n-2$, sodass mit $H = H_{n-2} \cdot \ldots \cdot H_1$ die Matrix $B = HAH^T$ eine Hessenberg-Matrix ist.*

Beweis. Wir schreiben die Matrix A in der Form

$$A = \begin{pmatrix} a_{11} & * \\ \widetilde{a}_1 & \widetilde{A} \end{pmatrix}$$

mit einer Matrix $\widetilde{A} \in \mathbb{R}^{(n-1) \times (n-1)}$ und einem Vektor $\widetilde{a}_1 \in \mathbb{R}^{n-1}$. Dann wählen wir eine Householder-Matrix $\widetilde{H}_1 \in \mathbb{R}^{(n-1) \times (n-1)}$ mit $\widetilde{H}_1 \widetilde{a}_1 = \|\widetilde{a}_1\|_2 e_1$, wobei e_1 jetzt der erste Einheitsvektor in $\mathbb{R}^{n-1}$ ist. Setzen wir nun

$$H_1 = \begin{pmatrix} 1 & 0 \\ 0 & \widetilde{H}_1 \end{pmatrix},$$

so erhalten wir

$$H_1 A H_1^T = \begin{pmatrix} 1 & 0 \\ 0 & \widetilde{H}_1 \end{pmatrix} \begin{pmatrix} a_{11} & * \\ \widetilde{a}_1 & \widetilde{A} \end{pmatrix} \begin{pmatrix} 1 & 0 \\ 0 & \widetilde{H}_1^T \end{pmatrix} = \begin{pmatrix} 1 & 0 \\ 0 & \widetilde{H}_1 \end{pmatrix} \begin{pmatrix} a_{11} & * \\ \widetilde{a}_1 & \widetilde{A} \widetilde{H}_1^T \end{pmatrix}$$

$$= \begin{pmatrix} a_{11} & * \\ \widetilde{H}_1 \widetilde{a}_1 & \widetilde{H}_1 \widetilde{A} \widetilde{H}_1^T \end{pmatrix} = \begin{pmatrix} a_{11} & * \\ \|\widetilde{a}_1\|_2 e_1 & \widetilde{H}_1 \widetilde{A} \widetilde{H}_1^T \end{pmatrix},$$

sodass in $H_1 A H_1^T$ die erste Spalte die gewünschte Form hat. Diese Vorgehensweise wendet man nun rekursiv auf die Untermatrix $\widetilde{H}_1 \widetilde{A} \widetilde{H}_1^T \in \mathbb{R}^{(n-1) \times (n-1)}$ an. $\square$

Man beachte, dass eine symmetrische Hessenberg-Matrix eine Tridiagonalmatrix ist, d.h. alle Elemente außerhalb der Haupt- und der beiden Nebendiagonalen sind Null.

Gilt für eine Hessenberg-Matrix B, dass eines der Subdiagonalelemente $b_{i,i-1}$ verschwindet, so zerfällt B gemäß

$$B = \begin{pmatrix} B_1 & \widetilde{B} \\ 0 & B_2 \end{pmatrix}$$

in Blöcke mit den kleineren Hessenberg-Matrizen $B_1 \in \mathbb{R}^{(i-1) \times (i-1)}$ und $B_2 \in \mathbb{R}^{(n-i+1) \times (n-i+1)}$. Da die Determinante von $B - \lambda E$ gerade das Produkt der Determinanten von $B_1 - \lambda E$ und $B_2 - \lambda E$ ist, hat B gerade die Eigenwerte von B_1 und B_2. Daher werden wir uns im Folgenden auf den Fall einer Hessenberg-Matrix ohne verschwindende Subdiagonalelemente zurückziehen, was insbesondere bei unzerlegbaren Hessenberg-Matrizen der Fall ist (siehe Aufgabe 15.5).

Eine Möglichkeit zur konkreten Berechnung der Eigenwerte einer unzerlegbaren Hessenberg-Matrix B besteht darin, das Newton-Verfahren auf das charakteristische Polynom $\varphi(\lambda) = \det(B - \lambda E)$ anzuwenden. Dazu benötigen wir eine brauchbare Methode zur Berechnung des Quotienten $\varphi(\lambda)/\varphi'(\lambda)$. Ein geeigneter Startwert ergibt sich eventuell aus den zuvor behandelten Lokalisierungssätzen.

Als Ansatz lösen wir das System $(B - \lambda E)x = \alpha e_1$, wobei $\lambda \in \mathbb{C}$ fest ist und $\alpha = \alpha(\lambda)$ von λ abhängt. Ausgeschrieben lautet dieses Gleichungssystem

$$
\begin{array}{llll}
(b_{11} - \lambda)x_1 + & b_{12}x_2 + & \cdots & + b_{1n}x_n = \alpha \\
b_{21}x_1 + & (b_{22} - \lambda)x_2 + & \cdots & + b_{2n}x_n = 0 \\
& \ddots & & \vdots \\
& b_{n,n-1}x_{n-1} & + (b_{nn} - \lambda)x_n = 0.
\end{array}
\tag{15.4}
$$

Setzen wir jetzt $x_n = 1$, so können wir die anderen x_j durch Rückwärtseinsetzen sukzessive in eindeutiger Weise ausrechnen. Dafür benötigen wir nur die letzten $n - 1$ Zeilen, sodass uns die erste Zeile den Wert für α liefert. Wir werden gleich noch die expliziten Formeln angeben. Wichtig ist hier aber, dass x_j ein Polynom vom Grad $n - j$ in λ ist. Daher ist auch α ein Polynom vom Grad $\leq n$ in λ.

Ist λ kein Eigenwert von B, so ist (15.4) eindeutig für jedes α lösbar. Nach der Cramerschen Regel können wir insbesondere x_n berechnen als

$$
x_n = \det
\begin{pmatrix}
b_{11} - \lambda & b_{12} & \cdots & b_{1,n-1} & \alpha \\
b_{21} & b_{22} - \lambda & \cdots & b_{2,n-1} & 0 \\
& & \ddots & & \vdots \\
0 & & & b_{n,n-1} & 0
\end{pmatrix}
\Big/ \det(B - \lambda E)
$$

$$
= \frac{(-1)^{n+1}\alpha b_{21} b_{32} \cdot \ldots \cdot b_{n,n-1}}{\varphi(\lambda)}.
$$

Nehmen wir nun dasjenige α, welches wir beim Rückwärtseinsetzen mit Start $x_n = 1$ gewonnen haben, so folgt

$$
\varphi(\lambda) = (-1)^{n+1} b_{21} \cdot \ldots \cdot b_{n,n-1} \alpha(\lambda).
\tag{15.5}
$$

Dies gilt zunächst nur für alle λ, die kein Eigenwert von B sind. Da aber α und φ Polynome sind, muss (15.5) für alle λ gelten. Also kennen wir bereits eine Möglichkeit, um $\varphi(\lambda)$ auszurechnen. Für die Ableitung differenzieren wir zunächst (15.5) und erhalten

$$
\varphi'(\lambda) = (-1)^{n+1} b_{21} \cdot \ldots \cdot b_{n,n-1} \alpha'(\lambda),
$$

und damit ist $\varphi(\lambda)/\varphi'(\lambda) = \alpha(\lambda)/\alpha'(\lambda)$. Um $\alpha'(\lambda)$ zu berechnen, differenzieren wir nun (15.4). Dabei müssen wir berücksichtigen, dass die x_j ebenfalls von λ abhängen. Ferner nutzen wir gleich $x_n = 1$ aus:

$$
\begin{aligned}
(b_{11} - \lambda)x_1'(\lambda) + \quad b_{12}x_2'(\lambda) + \ldots + b_{1,n-1}x_{n-1}'(\lambda) &= x_1(\lambda) + \alpha'(\lambda) \\
b_{21}x_1'(\lambda) + (b_{22} - \lambda)x_2'(\lambda) + \ldots + b_{2,n-1}x_{n-1}'(\lambda) &= \quad x_2(\lambda) \\
b_{32}x_2'(\lambda) + \ldots + b_{3,n-1}x_{n-1}'(\lambda) &= \quad x_3(\lambda) \\
\ddots \qquad\qquad \vdots \qquad\qquad &\quad\ \vdots \\
b_{n,n-1}x_{n-1}'(\lambda) &= \quad x_n(\lambda).
\end{aligned}
$$

Dieses System lässt sich ebenfalls durch Rückwärtseinsetzen lösen. Es werden wieder die letzten $n-1$ Zeilen benötigt, um nacheinander $x_{n-1}', x_{n-2}', \ldots, x_1'$ auszurechnen. Die erste Zeile liefert schließlich α'.

Fassen wir das Ergebnis zusammen.

Satz 15.10. *Sei $B \in \mathbb{R}^{n \times n}$ eine unzerlegbare Hessenberg-Matrix und $\lambda \in \mathbb{R}$. Definiert man $x_n = 1$, $y_n = 0$ und für $j = n-1, n-2, \ldots, 1$ rückwärts*

$$
x_j = \frac{1}{b_{j+1,j}} \left(\lambda x_{j+1} - \sum_{\ell=j+1}^{n} b_{j+1,\ell} x_\ell \right),
$$

$$
y_j = \frac{1}{b_{j+1,j}} \left(x_{j+1} + \lambda y_{j+1} - \sum_{\ell=j+1}^{n} b_{j+1,\ell} y_\ell \right),
$$

sowie

$$
\alpha = -\lambda x_1 + \sum_{j=1}^{n} b_{1j} x_j, \qquad \beta = -x_1 - \lambda y_1 + \sum_{j=1}^{n-1} b_{1j} y_j,
$$

so gilt für $\beta \neq 0$ die Identität

$$
\frac{\varphi(\lambda)}{\varphi'(\lambda)} = \frac{\alpha}{\beta}.
$$

Auch wenn das später behandelte QR-Verfahren diesem Verfahren in der Praxis vorgezogen wird, erlauben uns die bisherigen Betrachtungen, eine wichtige Folgerung zu ziehen.

Satz 15.11. *Ist B eine unzerlegbare, symmetrische Tridiagonalmatrix, so hat B paarweise verschiedene reelle Eigenwerte.*

Beweis. Setzen wir $1/c_n = (-1)^{n+1} b_{21} \cdot \ldots \cdot b_{n,n-1}$, so folgen mit den bisherigen Bezeichnungen die Beziehungen

$$
(B - \lambda E)x(\lambda) = c_n \varphi(\lambda) e_1, \quad (B - \lambda E)x'(\lambda) = x(\lambda) + c_n \varphi'(\lambda) e_1. \quad (15.6)
$$

Multipliziert man die zweite Formel mit $x(\lambda)^T$ von links, so erhält man

$$
x(\lambda)^T (B - \lambda) x'(\lambda) = \|x(\lambda)\|_2^2 + c_n \varphi'(\lambda) x_1(\lambda).
$$

Andererseits können wir, da B symmetrisch ist, $x(\lambda)^T(B - \lambda)x'(\lambda)$ auch ausrechnen, indem wir die erste Formel in (15.6) von links mit $x'(\lambda)^T$ multiplizieren. Dies gibt $x(\lambda)^T(B - \lambda)x'(\lambda) = c_n\varphi(\lambda)x_1'(\lambda)$. Zusammen erhalten wir dann

$$1 = x_n(\lambda)^2 \leq \|x(\lambda)\|_2^2 = c_n(\varphi(\lambda)x_1'(\lambda) - \varphi'(\lambda)x_1(\lambda)),$$

was zeigt, dass $\varphi(\lambda)$ und $\varphi'(\lambda)$ nicht gleichzeitig verschwinden können.   □

15.3 Die Verfahren nach von Mises und Wielandt

In diesem Abschnitt betrachten wir diagonalisierbare Matrizen $A \in \mathbb{R}^{n \times n}$, die einen dominierenden Eigenwert haben, d.h. Eigenwerte mit

$$|\lambda_1| > |\lambda_2| \geq \ldots \geq |\lambda_n| \tag{15.7}$$

besitzen. Für solche Matrizen wollen wir den Eigenwert λ_1 und einen zugehörigen Eigenvektor bestimmen.

Sei $x_1, \ldots, x_n$ eine Basis aus Eigenvektoren zu A. Dann können wir jedes $x \in \mathbb{R}^n$ darstellen als $x = \sum_{j=1}^n \alpha_j x_j$. Aus (15.7) folgt dann wegen

$$A^m x = \sum_{j=1}^n \alpha_j \lambda_j^m x_j = \lambda_1^m \left(\alpha_1 x_1 + \sum_{j=2}^n \left(\frac{\lambda_j}{\lambda_1} \right)^m x_j \right) =: \lambda_1^m (\alpha_1 x_1 + R_m)$$

$$\tag{15.8}$$

die Existenz einer Vektorfolge $\{R_m\}$ mit $R_m \to 0$ für $m \to \infty$. Daher erhalten wir im Fall $\alpha_1 \neq 0$, dass

$$A^m x / \lambda_1^m \to \alpha_1 x_1, \qquad m \to \infty$$

gilt, und letzteres ist ein Eigenvektor von A zum Eigenwert λ. Das Problem bei diesem Ergebnis ist, dass wir den Eigenwert λ_1 nicht kennen und daher den Quotienten $A^m x / \lambda_1^m$ nicht bilden können. Ein anderes Problem geht in dieselbe Richtung. $A^m x$ konvergiert betragsmäßig gegen Null falls $|\lambda_1| < 1$ und gegen Unendlich falls $|\lambda_1| > 1$. Beide Probleme lassen sich lösen, indem anders normiert wird. Betrachten wir zum Beispiel die euklidische Norm von $A^m x$:

$$\|A^m x\|_2 = \left(\sum_{i,j=1}^n \alpha_i \alpha_j \lambda_i^m \lambda_j^m x_i^T x_j \right)^{1/2} =: |\lambda_1|^m (|\alpha_1| \|x_1\|_2 + r_m) \tag{15.9}$$

mit $\mathbb{R} \ni r_m \to 0$ für $m \to \infty$. Dies hat z.B.

$$\frac{\|A^{m+1}x\|_2}{\|A^m x\|_2} = \frac{\|A^{m+1}x\|_2}{|\lambda_1|^{m+1}} \frac{|\lambda_1|^m}{\|A^m x\|_2} |\lambda_1| \to |\lambda_1|, \qquad m \to \infty \tag{15.10}$$

zur Folge. Damit kennen wir λ_1 zumindest vom Betrag her. Um auch das Vorzeichen zu bestimmen und Konvergenz auch für den Eigenvektor zu erhalten, verfeinern wir den Ansatz.

Definition 15.12. *Bei dem von Mises Verfahren (auch Vektoriteration oder Potenzmethode genannt) wird ein Startvektor $x^{(0)} = \sum_{j=1}^{n} \alpha_j x_j$ mit $\alpha_1 \neq 0$ gewählt und $y^{(0)} = x^{(0)} / \|x^{(0)}\|_2$ gesetzt. Für $m = 1, 2, \ldots$ wird dann definiert*

(1) $x^{(m)} = Ay^{(m-1)}$,

(2) $y^{(m)} = \frac{\sigma_m x^{(m)}}{\|x^{(m)}\|_2}$, *wobei das Vorzeichen $\sigma_m \in \{-1, 1\}$ so gewählt wird, dass $y^{(m)T} y^{(m-1)} \geq 0$ gilt.*

Die Vorzeichenwahl bedeutet, dass der Winkel zwischen $y^{(m-1)}$ und $y^{(m)}$ in $[0, \pi/2]$ liegt, d.h. die Richtung beim Übergang von $y^{(m-1)}$ nach $y^{(m)}$ nicht "springt".

Die Bedingung $\alpha_1 \neq 0$ wird in der Regel schon durch numerische Rundung erfüllt sein, stellt also keine allzu große Einschränkung dar.

Satz 15.13. *Sei $A \in \mathbb{R}^{n \times n}$ eine diagonalisierbare Matrix mit dominierendem Eigenwert λ_1. Dann gilt für das von Mises Verfahren*

(1) $\|x^{(m)}\|_2 \to |\lambda_1|$ *für $m \to \infty$,*
(2) $y^{(m)}$ *strebt gegen einen Eigenvektor von A zum Eigenwert λ_1,*
(3) $\sigma_m \to \operatorname{sign}(\lambda_1)$ *für $m \to \infty$, d.h. $\sigma_m = \operatorname{sign}(\lambda_1)$ für m hinreichend groß,*

Dabei ist die Konvergenz in den ersten beiden Fällen mindestens linear mit Konvergenzfaktor $|\lambda_2/\lambda_1|$.

Beweis. Als erstes zeigt man leicht durch Induktion

$$y^{(m)} = \sigma_m \sigma_{m-1} \cdot \ldots \cdot \sigma_1 \frac{A^m x^{(0)}}{\|A^m x^{(0)}\|_2}$$

für $m = 1, 2, \ldots$. Daraus erhält man dann

$$x^{(m+1)} = Ay^{(m)} = \sigma_m \cdot \ldots \cdot \sigma_1 \frac{A^{m+1} x^{(0)}}{\|A^m x^{(0)}\|_2},$$

sodass aus (15.10) sofort

$$\|x^{(m+1)}\|_2 = \frac{\|A^{m+1} x^{(0)}\|_2}{\|A^m x^{(0)}\|_2} \to |\lambda_1|, \qquad m \to \infty,$$

folgt. Als nächstes nehmen wir ohne Einschränkung an, dass $\|x_1\|_2 = 1$ gilt. Benutzen wir die Darstellungen (15.8) und (15.9), so erhalten wir

$$\begin{aligned} y^{(m)} &= \sigma_m \cdot \ldots \cdot \sigma_1 \frac{\lambda_1^m (\alpha_1 x_1 + R_m)}{|\lambda_1|^m (|\alpha_1| \|x_1\|_2 + r_m)} \\ &= \sigma_m \cdot \ldots \cdot \sigma_1 \operatorname{sign}(\lambda_1)^m \operatorname{sign}(\alpha_1) x_1 + \rho_m \end{aligned}$$

mit $\rho_m \to 0$ für $m \to \infty$. Hieraus können wir ablesen, dass $y^{(m)}$ gegen einen Eigenvektor von A zum Eigenwert λ_1 konvergiert, wenn z.B. $\sigma_m = \text{sign}(\lambda_1)$ für alle $m \geq m_0$ gilt. Letzteres sieht man aus

$$0 \leq y^{(m-1)^T} y^{(m)} = \sigma_m \sigma_{m-1} \cdot \ldots \cdot \sigma_1^2 \frac{\lambda_1^{2m-1}(\alpha_1 x_1^T + R_{m-1}^T)(\alpha_1 x_1 + R_m)}{|\lambda_1|^{2m-1}(|\alpha_1| + r_{m-1})(|\alpha_1| + r_m)}$$

$$= \sigma_m \text{sign}(\lambda_1) \frac{|\alpha_1|^2 + \alpha_1 x_1^T R_m + \alpha_1 R_{m-1}^T x_1 + R_{m-1}^T R_m}{|\alpha_1|^2 + |\alpha_1|(r_{m-1} + r_m) + r_m r_{m-1}},$$

denn der hier auftretende Bruch strebt mit $m \to \infty$ gegen Eins. $\square$

Wie bereits erwähnt, kann die euklidische Norm durch eine andere Vektornorm ersetzt werden. Man nimmt oft die Tschebyscheff-Norm, da diese billiger zu berechnen ist als die euklidische Norm.

Die Bedingung $\alpha_1 \neq 0$ bedeutet für die beiden Räume $S = \text{span}\{x^{(0)}\}$ und $U = \text{span}\{x_2, \ldots, x_n\}$, dass $S \cap U = \{0\}$ gilt. Die $x^{(m)}$ und $y^{(m)}$ sind Elemente von $A^m S = \{A^m z : z \in S\}$. Dieser Betrachtungsweise wird später im QR-Verfahren erweitert.

Wir wollen nun noch kurz eine spezielle Anwendung des von Mises Verfahren besprechen, die *Wielandt-Verfahren* oder auch *inverse Iteration* genannt wird. Dazu nehmen wir wieder an, dass A eine diagonalisierbare Matrix ist, die einen einfachen Eigenwert λ_j hat. Ist λ eine gute Näherung an λ_j, so gilt

$$|\lambda - \lambda_j| \ll |\lambda - \lambda_i| \qquad \text{für alle } i \neq j.$$

Ist λ selbst kein Eigenwert von A, so ist $A - \lambda E$ nichtsingulär und $(A - \lambda E)^{-1}$ hat die Eigenwerte $1/(\lambda_i - \lambda) =: \widetilde{\lambda}_i$. Da umgekehrt

$$\lambda_j = \lambda + \frac{1}{\widetilde{\lambda}_j}$$

gilt, reicht es eine gute Approximation an $\widetilde{\lambda}_j$ zu finden, um λ_j noch besser zu approximieren. Aus

$$\frac{1}{|\lambda - \lambda_i|} \ll \frac{1}{|\lambda - \lambda_j|} \qquad \text{für alle } i \neq j$$

erkennt man, dass $\widetilde{\lambda}_j$ ein dominierender Eigenwert von $(A - \lambda E)^{-1}$ ist, sodass die von Mises Iteration angewandt auf $(A - \lambda E)^{-1}$ gute Ergebnisse liefern sollte. Wir müssen insbesondere im Iterationsschritt

$$x^{(m)} = (A - \lambda E)^{-1} y^{(m-1)},$$

$$y^{(m)} = \sigma_m \frac{x^{(m)}}{\|x^{(m)}\|_2}$$

bilden. Die Berechnung von $x^{(m)}$ benötigt also in jedem Schritt die Lösung des linearen Gleichungssystems

$$(A - \lambda E)x^{(m)} = y^{(m-1)}.$$

Dazu bestimmt man vor Iterationsbeginn eine LR-Zerlegung (oder natürlich eine QR-Zerlegung) mit Spaltenpivotisierung

$$P(A - \lambda E) = LR$$

mit einer Permutationsmatrix P und löst dann in jedem Schritt

$$LRx^{(m)} = Py^{(m-1)}$$

durch Rückwärts- und Vorwärtseinsetzen. Dies reduziert den Aufwand pro Schritt auf $\mathcal{O}(n^2)$ und benötigt einmalig zusätzlich $\mathcal{O}(n^3)$ zum Erstellen der LR-Zerlegung.

Der Schätzwert λ kann aus anderen Verfahren stammen. Daher eignet sich die Wielandt-Iteration insbesondere als Nachiteration für andere Verfahren.

Man kann die Konvergenz bei symmetrischen Matrizen noch dramatisch beschleunigen, wenn man statt eines festen λ in jedem Schritt den Rayleigh-Quotienten benutzt:

(1) Wähle $x^{(0)} \in \mathbb{R}^n$ und setze $y^{(0)} = x^{(0)}/\|x^{(0)}\|_2$
(2) Für $m = 0, 1, 2, \ldots$ setze

$$\mu_m = y^{(m)^T} A y^{(m)},$$
$$x^{(m+1)} = (A - \mu_m E)^{-1} y^{(m)},$$
$$y^{(m+1)} = x^{(m+1)}/\|x^{(m+1)}\|_2.$$

Natürlich bestimmt man $x^{(m+1)}$ nur, falls μ_m kein Eigenwert ist, sonst bricht das Verfahren ab. Gleiches gilt, wenn $\|x^{(m+1)}\|_2$ sehr groß wird. Obwohl für $m \to \infty$ die Matrix $A - \mu_m E$ singulär wird, hat man in der Regel keine Probleme mit der Berechnung von $x^{(m+1)}$, wenn man bei der LR- oder QR-Zerlegung von $A - \mu_m E$ rechtzeitig abbricht.

Es kann dann gezeigt werden, dass die Konvergenz unter geeigneten Voraussetzungen sogar kubisch ist. Das ist allerdings auch nötig, da hier in jedem Schritt eine LR-Zerlegung ausgerechnet werden muss, und der damit höhere Rechenaufwand durch die bessere Konvergenz kompensiert werden muss. Details findet man in [21].

15.4 Das Jacobi-Verfahren für symmetrische Matrizen

C. G. J. Jacobi hat 1845/46 ein Verfahren zur Behandlung des Eigenwertproblems symmetrischer $(n \times n)$-Matrizen angegeben, das für nicht zu große n auch heute noch brauchbar ist. Wegen seiner leichten Parallelisierbarkeit kann es auf speziellen Rechnern dem QR-Verfahren sogar überlegen sein. Es berechnet *alle* Eigenwerte (und wenn nötig, auch die Eigenvektoren) und beruht auf der folgenden einfachen Tatsache.

Lemma 15.14. *Ist $A = A^T \in \mathbb{R}^{n \times n}$ eine symmetrische Matrix, so gilt für jede orthogonale Matrix $Q \in \mathbb{R}^{n \times n}$, dass A und $Q^T A Q$ dieselbe Frobenius-Norm haben. Sind insbesondere $\lambda_1, \ldots, \lambda_n$ die Eigenwerte von A, so gilt*

$$\sum_{j=1}^{n} |\lambda_j|^2 = \sum_{k,j=1}^{n} |a_{jk}|^2.$$

Beweis. Das Quadrat der Frobenius-Norm von A ist per Definition $\sum_{j,k} |a_{jk}|^2$ und dies entspricht der Spur von $A^T A$. Man rechnet leicht nach, dass für zwei Matrizen A und B stets $\mathrm{Spur}(AB) = \mathrm{Spur}(BA)$ gilt. Damit erhält man

$$\|Q^T A Q\|_F^2 = \mathrm{Spur}(Q^T A Q Q^T A^T Q) = \mathrm{Spur}(Q^T A A^T Q)$$
$$= \mathrm{Spur}(A^T Q Q^T A) = \|A\|_F^2.$$

Ist A symmetrisch, so gibt es eine orthogonale Matrix Q, sodass $Q^T A Q = D$ eine Diagonalmatrix ist, die auf der Diagonale die Eigenwerte von A hat. $\quad\square$

Definiert man die *Außennorm* (die streng genommen gar keine Norm ist) durch

$$N(A) := \sum_{j \neq k} |a_{jk}|^2,$$

so liefert Lemma 15.14 die Zerlegung

$$\sum_{j=1}^{n} |\lambda_j|^2 = \sum_{j=1}^{n} |a_{jj}|^2 + N(A). \tag{15.11}$$

Da die linke Seite dieser Gleichung gegenüber orthogonalen Transformationen invariant ist, wird man versuchen, durch geeignete orthogonale Transformationen die Größe $N(A)$ zu verkleinern und damit durch Vergrößern von $\sum |a_{jj}|^2$ die Matrix A in eine Diagonalmatrix zu überführen. Dazu kann man ein Element $a_{ij} \neq 0$ mit $i \neq j$ auswählen und in der durch e_i und e_j aufgespannten Ebene eine Transformation ausführen, die a_{ij} in Null überführt. Setzt man die Transformation im $\mathbb{R}^2$ als Drehung um einen Winkel α an, so liefert die Ähnlichkeitstransformation

$$\begin{pmatrix} b_{ii} & b_{ij} \\ b_{ij} & b_{jj} \end{pmatrix} = \begin{pmatrix} \cos \alpha & \sin \alpha \\ -\sin \alpha & \cos \alpha \end{pmatrix} \begin{pmatrix} a_{ii} & a_{ij} \\ a_{ij} & a_{jj} \end{pmatrix} \begin{pmatrix} \cos \alpha & -\sin \alpha \\ \sin \alpha & \cos \alpha \end{pmatrix} \tag{15.12}$$

eine Diagonalmatrix, wenn für das neue Nebendiagonalelement b_{ij} gilt

$$0 = b_{ij} = a_{ij}(\cos^2 \alpha - \sin^2 \alpha) + (a_{jj} - a_{ii}) \cos \alpha \sin \alpha$$
$$= a_{ij} \cos(2\alpha) + (a_{jj} - a_{ii}) \frac{1}{2} \sin(2\alpha).$$

Da $a_{ij} \neq 0$ vorausgesetzt war, könnte man also den Winkel α aus

$$\cot(2\alpha) = \frac{a_{ii} - a_{jj}}{2a_{ij}}$$

bestimmen, aber es ist möglich, die Winkelfunktionen zu vermeiden, wenn man zunächst die Größe $\tau := \cos(2\alpha) = \cos^2\alpha - \sin^2\alpha$ einführt, dann $\cos\alpha = \sqrt{(1+\tau)/2}$ und $\sin\alpha = \sigma\sqrt{(1-\tau)/2}$ definiert, sowie das Vorzeichen σ des Sinus so wählt, dass

$$0 = a_{ij}\tau + (a_{jj} - a_{ii})\frac{\sigma}{2}\sqrt{1 - \tau^2}$$

gilt. Das wiederum ist erzielbar, wenn

$$\sigma = \text{sign}(a_{ij}) \quad \text{und} \quad \tau = (a_{ii} - a_{jj})/(4a_{ij}^2 + (a_{ii} - a_{jj})^2)^{1/2}$$

gesetzt wird. Damit wäre das Problem für (2×2)-Matrizen gelöst. Im allgemeinen Fall verwendet man Transformationsmatrizen

$$G_{ij}(\alpha) := E + (c - 1)(e_j e_j^T + e_i e_i^T) + s(e_j e_i^T - e_i e_j^T)$$

$$= \begin{pmatrix} 1 & \vdots & & \vdots & \\ \cdots & c & \cdots & s & \cdots \\ & \vdots & & \vdots & \\ \cdots & -s & \cdots & c & \cdots \\ & \vdots & & \vdots & 1 \end{pmatrix}$$

mit

$$c := \left(\frac{1+\tau}{2}\right)^{1/2} \quad \text{und} \quad s := \sigma\left(\frac{1-\tau}{2}\right)^{1/2},$$

wobei σ und τ wie eben definiert sind und die Matrix $G_{ij}(\alpha)$ nur in den markierten vier Elementen von der Einheitsmatrix abweicht. Eine solche Matrix ist offensichtlich orthogonal. Sie heißt auch *Jacobi-Transformation* oder *Givens-Rotation*.

Proposition 15.15. *Sei $A \in \mathbb{R}^{n \times n}$ symmetrisch und $a_{ij} \neq 0$ für ein Paar $i \neq j$. Bildet man die Matrix $B = G_{ij}(\alpha)AG_{ij}(\alpha)^T$, so verschwindet $b_{ij} = b_{ji}$, und es gilt $N(B) = N(A) - 2|a_{ij}|^2$.*

Beweis. Wir benutzen die Invarianz der Frobenius-Norm zweimal. Zum einen gilt $\|A\|_F = \|B\|_F$. Andererseits gilt Normgleichheit auch für die kleinen Matrizen in (15.12). Dies ist gleichbedeutend mit

$$|a_{ii}|^2 + |a_{jj}|^2 + 2|a_{ij}|^2 = |b_{ii}|^2 + |b_{jj}|^2,$$

da ja $b_{ij} = 0$ ist. Hieraus folgt aber sofort

$$N(B) = \|B\|_F^2 - \sum_{k=1}^{n} |b_{kk}|^2 = \|A\|_F^2 - \sum_{k=1}^{n} |b_{kk}|^2$$

$$= N(A) + \sum_{k=1}^{n} \left(|a_{kk}|^2 - |b_{kk}|^2\right) = N(A) - 2|a_{ij}|^2,$$

da $a_{kk} = b_{kk}$ für alle $k \neq i, j$. $\square$

Iteriert man diesen Prozess, so erhält man das klassische Jacobi-Verfahren.

Definition 15.16. *Sei $A \in \mathbb{R}^{n \times n}$ symmetrisch. Beim klassischen Jacobi-Verfahren setzt man $A^{(1)} = A$ und führt dann für $m = 1, 2, \ldots$, die folgenden Schritte aus:*

(1) Bestimme $i \neq j$ mit $|a_{ij}^{(m)}| = \max_{\ell \neq k} |a_{\ell k}|$, und setze $G^{(m)} = G_{ij}$.
(2) Setze $A^{(m+1)} = G^{(m)} A G^{(m)^T}$.

Bei der konkreten Realisierung findet natürlich keine Matrizenmultiplikation statt. Man beachte auch, dass bereits zu Null transformierte Elemente durch spätere Schritte wieder verändert werden können.

Satz 15.17. *Das klassische Jacobi-Verfahren konvergiert mindestens linear in der Außennorm.*

Beweis. Wir betrachten den Übergang von A nach $B = G_{ij} A G_{ij}^T$. Da $|a_{ij}| \geq |a_{\ell k}|$ für alle $\ell \neq k$ gilt, folgt

$$N(A) = \sum_{\ell \neq k} |a_{\ell k}|^2 \leq n(n-1)|a_{ij}|^2.$$

Daher können wir die neue Außennorm abschätzen durch

$$N(B) = N(A) - 2|a_{ij}|^2 \leq N(A) - \frac{2}{n(n-1)} N(A) = \left(1 - \frac{2}{n(n-1)}\right) N(A),$$

was die lineare Konvergenz ergibt. $\square$

Konvergenz in der Außennorm liefert noch keine Konvergenz der Eigenwerte. Schließlich können die Werte auf der Diagonalen noch permutieren. Jede konvergente Teilfolge konvergiert aber gegen eine Diagonalmatrix bestehend aus Eigenwerten von A. Anders kann man dies auch so formulieren:

Folgerung 15.18. *Sind $\lambda_1 \geq \lambda_2 \geq \ldots \geq \lambda_n$ die Eigenwerte der symmetrischen Matrix A und ist $\widetilde{a}_{11}^{(m)} \geq \widetilde{a}_{22}^{(m)} \geq \ldots \geq \widetilde{a}_{nn}^{(m)}$ eine geeignete Umsortierung der Diagonalelemente von $A^{(m)}$, so gilt*

$$|\lambda_i - \widetilde{a}_{ii}^{(m)}| \leq \sqrt{N(A^{(m)})} \to 0, \qquad \text{für } 1 \leq i \leq n \text{ und } m \to \infty.$$

Beweis. Sei $B = \text{diag}(\widetilde{a}_{11}^{(m)}, \widetilde{a}_{22}^{(m)}, \ldots, \widetilde{a}_{nn}^{(m)})$. Dann folgt aus Folgerung 15.4
$|\lambda_j - \widetilde{a}_{jj}^m| \le \|A^{(m)} - B\|_2 \le \|A^{(m)} - B\|_F = \sqrt{N(A^{(m)})}$. □

Da in jedem Schritt des klassischen Jacobi-Verfahrens $n(n-1)/2 = \mathcal{O}(n^2)$ Elemente durchsucht werden müssen, gibt es kostengünstigere Varianten. Beim *zyklischen Jacobi-Verfahren* werden alle Nichtdiagonalelemente ohne Rücksicht auf ihre Größe zyklisch durchlaufen, d.h. man lässt das Indexpaar (i, j) nacheinander die Paare $(1, 2), (1, 3), \ldots (1, n), (2, 3), \ldots, (2, n), (3, 4), \ldots$ durchlaufen und beginnt dann wieder von vorn. Transformiert wird natürlich nur im Fall $a_{ij} \ne 0$. Die zyklische Variante ist konvergent und im Falle paarweise verschiedener Eigenwerte sogar quadratisch konvergent, wenn man einen kompletten Zyklus als einen Schritt auffasst (Henrici 1958). Da es für kleine Werte von a_{ij} nicht effektiv ist, eine orthogonale Transformation anzuwenden und man andererseits umfangreiche Suchaktionen wie beim klassischen Jacobi-Verfahren vermeiden möchte, wird man sich beim zyklischen Jacobi-Verfahren auf die Transformation solcher Elemente a_{ij} beschränken, deren Quadrat oberhalb einer gewissen Schranke, z.B. $N(A)/(2n^2)$ liegt. Man erhält dann wegen

$$N(B) \le N(A)\left(1 - \frac{1}{n^2}\right)$$

ebenfalls lineare Konvergenz in der Außennorm.

Als letztes betrachten wir die zugehörigen Eigenvektoren. Da

$$A^{(m+1)} = G^{(m)} A^{(m)} G^{(m)^T} = G^{(m)} \cdot \ldots \cdot G^{(1)} A G^{(1)^T} \cdot \ldots \cdot G^{(m)^T} =: Q_m A Q_m^T$$

für hinreichend großes m fast eine Diagonalmatrix ist, bilden die Spalten von Q_m näherungsweise die Eigenvektoren von A.

Folgerung 15.19. *Sortiert man die Spalten von Q_m entsprechend Folgerung 15.18, so erhält man im Fall paarweise verschiedener Eigenwerte auch Konvergenz der Spalten von Q_m gegen einen kompletten Satz von orthonormalen Eigenvektoren von A. Sind die Eigenwerte nicht paarweise verschieden, so liefert jeder Häufungspunkt der Folge einen orthogonalen Satz von Eigenvektoren.*

15.5 Das QR-Verfahren

Dieses Verfahren dient der gleichzeitigen Berechnung sämtlicher Eigenwerte einer Matrix $A \in \mathbb{R}^{n \times n}$. Es nutzt die Vorteile der Hessenberg-Form aus und lässt sich durch Spektralverschiebung gut beschleunigen. Bei Akkumulation gewisser Transformationsmatrizen erhält man auch die Eigenvektoren, was allerdings nur für kleine n empfohlen werden kann.

Definition 15.20 (QR-Verfahren). *Gegeben sei eine Matrix $A_0 := A \in \mathbb{R}^{n \times n}$. Für $m = 0, 1, \dots$ zerlege man A_m in der Form $A_m = Q_m R_m$ mit einer orthogonalen Matrix Q_m und einer oberen Dreiecksmatrix R_m und bilde das vertauschte Produkt*

$$A_{m+1} := R_m Q_m.$$

Das QR-Verfahren geht auf Francis (1961) zurück und ist eine Weiterentwicklung des LR-Verfahrens von Rutishauser (1958), welches LR- anstelle von QR-Zerlegungen verwendet. Weil die LR-Zerlegung nicht ohne Pivotisierung durchführbar ist, wird die Konvergenzuntersuchung dort aber komplizierter, denn man muss Permutationsmatrizen berücksichtigen. In der Praxis spielt das LR-Verfahren daher auch keine wesentliche Rolle.

Wegen $Q_m^T A_m = R_m$ gilt offensichtlich

$$A_{m+1} = Q_m^T A_m Q_m, \tag{15.13}$$

d.h. alle A_m haben dieselben Eigenwerte wie $A_0 = A$.

Satz 15.21. *Die QR-Transformation $A_m \mapsto A_{m+1}$ erhält die Hessenberg-Form und die Symmetrie einer Matrix; insbesondere bleibt eine symmetrische Tridiagonalform invariant. Ist $A \in \mathbb{R}^{n \times n}$ in Hessenberg-Form, so kann die QR-Zerlegung in $\mathcal{O}(n^2)$ Operationen berechnet werden.*

Beweis. Ist A_m symmetrisch, so folgt aus (15.13) sofort, dass auch A_{m+1} symmetrisch ist. Ist A_m eine Hessenberg-Matrix, so kann die QR-Zerlegung von A_m mit $n - 1$ Schritten mit je einer (2×2)-Transformation durchgeführt werden, die nacheinander die Zeilenpaare $(1,2), (2,3), \dots, (n-1, n)$ betreffen. Bezeichnen wir eine solche Transformationsmatrix mit $H_{j,j+1}$, so gilt zunächst $H_{n-1,n} \cdot \dots \cdot H_{2,3} H_{1,2} A_m = R_m$. Daher werden bei der Bildung von $A_{m+1} = R_m H_{1,2}^T \cdot \dots \cdot H_{n-1,n}^T$ nacheinander nur die Spaltenpaare $(1,2)(2,3), \dots, (n-1, n)$ der oberen Dreiecksmatrix R_m modifiziert, was wieder eine Hessenberg-Matrix A_{m+1} produziert. $\square$

Für die anschließende Konvergenzuntersuchung des QR-Verfahren benötigen wir das folgende Hilfsresultat, das man durch einfaches Nachrechnen beweist.

Lemma 15.22. *Es sei $D := diag(d_1, \dots, d_n) \in \mathbb{R}^{n \times n}$ eine Diagonalmatrix mit*

$$|d_j| > |d_{j+1}| > 0, \qquad 1 \le j \le n - 1,$$

und $L = (\ell_{ij}) \in \mathbb{R}^{n \times n}$ sei eine normierte untere Dreiecksmatrix. Bezeichnet man ferner mit L_m^* die untere Dreiecksmatrix mit Einträgen $\ell_{ij} d_i^m / d_j^m$ für $i \ge j$, so gilt

$$D^m L = L_m^* D^m, \qquad m \in \mathbb{N}_0,$$

und L_m^* konvergiert linear gegen die Einheitsmatrix für $m \to \infty$, wobei der asymptotische Fehlerkoeffizient höchstens $\max_{1 \le j \le n-1} |d_{j+1}| / |d_j|$ ist.

Damit lässt sich nun folgende Aussage über die Konvergenz des QR-Verfahrens machen.

Satz 15.23. *Die Eigenwerte der Matrix $A \in \mathbb{R}^{n \times n}$ seien paarweise dem Betrage nach und von Null verschieden. Ferner gestatte die Inverse T^{-1} der Matrix T der Eigenvektoren von A eine LR-Zerlegung (ohne Pivotisierung). Dann gilt für die im Verlauf des QR-Algorithmus erzeugten Matrizen A_m:*

- *Die Subdiagonalelemente streben gegen Null.*
- *Die Diagonalelemente streben gegen die Eigenwerte von A. Diese sind dem Betrage nach geordnet.*
- *Die Folgen $\{A_{2m}\}$ und $\{A_{2m+1}\}$ streben jeweils gegen obere Dreiecksmatrizen.*

Ferner konvergiert die Folge der Q_m gegen eine orthogonale Diagonalmatrix, d.h. gegen eine Diagonalmatrix, die nur die Werte 1 oder -1 auf der Diagonalen hat.

Beweis. Wir wissen bereits, dass alle während des Verfahrens konstruierten Matrizen A_m dieselben Eigenwerte wie A haben. Setzten wir zur Abkürzung $R_{m...0} = R_m \cdot \ldots \cdot R_0$ und $Q_{0...m} = Q_0 \cdot \ldots \cdot Q_m$, so folgen sukzessiv aus $A_m Q_m = Q_m A_{m+1}$ die Gleichungen

$$A^{m+1} = A_0^{m+1} = Q_{0...m} R_{m...0}, \qquad m \in \mathbb{N}_0.$$

Diese QR-Zerlegung von A^{m+1} ist nach Satz 4.5 eindeutig, wenn A^{m+1} nichtsingulär ist und vorgeschrieben wird, dass alle Dreiecksmatrizen R_i positive Diagonalelemente haben. Sind $\lambda_1, \ldots, \lambda_n$ die Eigenwerten von A mit

$$|\lambda_1| > |\lambda_2| > \ldots > |\lambda_n| > 0,$$

so gilt für die Matrix T der zugehörigen Eigenvektoren

$$AT = TD$$

mit $D = \operatorname{diag}(\lambda_1, \ldots, \lambda_n)$. Daraus folgt

$$A^m = TD^m T^{-1}.$$

Weil T^{-1} nach Voraussetzung eine LR-Zerlegung gestattet, gilt

$$A^m = TD^m LR$$

und nach Lemma 15.22 gibt es eine Folge $\{L_m^*\}$ von unteren Dreiecksmatrizen, die gegen E konvergiert und die Gleichungen

$$D^m L = L_m^* D^m$$

erfüllen. Damit folgt

$$A^m = TL_m^* D^m R$$

und mit einer QR-Zerlegung

$$T = \tilde{Q}\tilde{R}$$

von T mit positiven Diagonalelementen in $\tilde{R}$ erhalten wir

$$A^m = \tilde{Q}\tilde{R}L_m^* D^m R. \tag{15.14}$$

Da die L_m^* gegen E konvergieren, strebt $\tilde{R}L_m^*$ gegen $\tilde{R}$. Führt man nun eine QR-Zerlegung von $\tilde{R}L_m^*$ durch

$$\tilde{R}L_m^* = Q_m^{**} R_m^{**}$$

mit positiven Diagonalelementen in R_m^{**} aus, so konvergiert das Produkt $Q_m^{**} R_m^{**}$ gegen $\tilde{R}$ und Q_m^{**} muss dann wegen der Eindeutigkeit der QR-Zerlegung von $\tilde{R}$ gegen die Einheitsmatrix konvergieren. (Die Abbildung, die einer nichtsingulären Matrix B die orthogonale Matrix Q der QR-Zerlegung von B mit positiven Diagonalelementen von R zuordnet, ist stetig, wie sich aus dem Konstruktionsverfahren für Q ergibt). Die Gleichung (15.14) geht somit über in

$$A^m = \tilde{Q}Q_m^{**} R_m^{**} D^m R.$$

führt man ferner die Diagonalmatrizen $\Delta_m := \mathrm{diag}(s_1^m, \ldots, s_n^m)$ mit $s_i^m := \mathrm{sign}(\lambda_i^m r_{ii})$ ein, wobei r_{ii} die Diagonalelemente von R bezeichnet, so kann man dies wegen $\Delta_m^2 = E$ schreiben als

$$A^m = (\tilde{Q}Q_m^{**}\Delta_m)(\Delta_m R_m^{**} D^m R), \tag{15.15}$$

und da die Vorzeichen der Diagonalelemente der oberen Dreiecksmatrix $R_m^{**} D^m R$ gleich denen von $D^m R$ und somit gleich denen von Δ_m sind, ist (15.15) eine QR-Zerlegung von A^m mit *positiven* Diagonalelementen in der oberen Dreiecksmatrix.

Durch Vergleich mit der QR-Zerlegung $A^m = Q_{0\ldots m-1} R_{m-1\ldots 0}$ folgt

$$Q_{0\ldots m-1} = \tilde{Q}Q_m^{**}\Delta_m, \tag{15.16}$$

und da Q_m^{**} gegen die Einheitsmatrix konvergiert, werden die Matrizen $Q_{0\ldots m}$ für genügend große m bis auf das Vorzeichen der Spalten *konstant*. Aus (15.13) folgt nun zunächst sukzessive

$$A_m = Q_{m-1}^T A_{m-1} Q_{m-1} = \ldots = Q_{0\ldots m-1}^T A Q_{0\ldots m-1}.$$

Hieraus erhält man zusammen mit (15.16) dann

$$A_m = Q_{0\ldots m-1}^{-1} A \, Q_{0\ldots m-1} = \Delta_m Q_m^{**-1} \tilde{Q}^{-1} A \tilde{Q}Q_m^{**}\Delta_m$$
$$= \Delta_m \underbrace{Q_m^{**-1}}_{\to E} \tilde{R}\underbrace{T^{-1} A T}_{=D} \tilde{R}^{-1} \underbrace{Q_m^{**}}_{\to E} \Delta_m.$$

Strebt m gegen Unendlich, so folgt wegen $\Delta_{2m} = \Delta_0$ und $\Delta_{2m+1} = \Delta_1$ die Konvergenz dieser Folgen gegen $\Delta_0 \tilde{R} D \tilde{R}^{-1} \Delta_0$ bzw. $\Delta_1 \tilde{R} D \tilde{R}^{-1} \Delta_1$. Da beide Grenzmatrizen sich nicht unterhalb oder auf der Diagonalen unterscheiden, konvergieren dort sogar die Einträge der ganzen Folge $\{A_m\}$.

Schließlich folgt aus der Konvergenz der Q_m^{**} gegen die Einheitsmatrix und

$$Q_m = Q_{0\ldots m-1}^{-1} Q_{0\ldots m} = \Delta_{m-1}^{-1}(Q_{m-1}^{**})^{-1} \tilde{Q}^{-1} \tilde{Q} Q_m^{**} \Delta_m$$

wie eben die Konvergenz von Q_m gegen Δ. $\square$

Die Konvergenz des QR-Verfahrens kann erheblich beschleunigt werden, indem man eine *Spektralverschiebung* durchführt. Statt im m-ten Schritt die Matrix A_m zu zerlegen, zerlegt man $A_m - \mu_m E$ mit einem noch zu spezifizierenden Shift-Parameter $\mu_m \in \mathbb{R}$. Ein Schritt des QR-Verfahrens mit Shifts besteht also in

$$A_m - \mu_m E = Q_m R_m,$$
$$A_{m+1} := R_m Q_m + \mu_m E.$$

Es folgt dann wieder aus $Q_m^T A_m - \mu_m Q_m^T = R_m$ leicht

$$A_{m+1} = Q_m^T A_m Q_m - \mu_m Q_m^T Q_m + \mu_m E = Q_m^T A_m Q_m = \ldots = Q_{0\ldots m}^T A Q_{0\ldots m},$$

sodass alle auftretenden Matrizen dieselben Eigenwerte wie A haben. Hieraus erhält man aber auch

$$\begin{aligned} Q_{0\ldots m} R_m &= Q_{0\ldots m-1} Q_m R_m = Q_{0\ldots m-1}(A_m - \mu_m E) \\ &= A Q_{0\ldots m-1} - \mu_m Q_{0\ldots m-1} \\ &= (A - \mu_m E) Q_{0\ldots m-1}. \end{aligned}$$

Transponiert man diese Gleichung, so folgt $Q_{0\ldots m-1} R_m^T = (A^T - \mu_m E) Q_{0\ldots m}$. Ist $\rho_m := e_n^T R_m e_n$ das unterste Diagonalelement von R_m, so hat man

$$Q_{0\ldots m-1} R_m^T e_n = \rho_m Q_{0\ldots m-1} e_n = (A^T - \mu_m E) Q_{0\ldots m} e_n,$$

und für $v^{(m+1)} = Q_{0\ldots m} e_n$ liegt eine Iteration

$$\rho_m v^{(m)} = (A^T - \mu_m E) v^{(m+1)}$$

vom Wielandt-Typ vor. Man kann in diesem Fall also die Konvergenzaussagen zur von Mises und inversen Iteration heranziehen, um die Konvergenz gegen den kleinsten Eigenwert von A und einen zugehörigen Eigenvektor zu studieren. Im besten Fall erhält man auch wieder kubische Konvergenz.

Wie in Kapitel 4 gezeigt wurde, ist ein "fast" rangdefizientes oder überbestimmtes lineares Ausgleichsproblem $\|Ax - b\|_2^2 \to \min$ mit einer Matrix $A \in \mathbb{R}^{m \times n}$ und einem Vektor $b \in \mathbb{R}^m$ mit $m \geq n$ besonders stabil lösbar, wenn eine *Singulärwertzerlegung* $A = U \Sigma V^T$ mit Orthogonalmatrizen $U \in \mathbb{R}^{m \times m}$

bzw. $V \in \mathbb{R}^{n \times n}$ und einer Diagonalmatrix $\Sigma \in \mathbb{R}^{m \times n}$ verfügbar ist. Zur numerischen Berechnung einer solchen Zerlegung nimmt man erst eine Reduktion vor.

Dazu bringt man A durch Householder-Transformationen auf die Form $U^T A V = R$ mit einer oberen Bidiagonalmatrix $R \in \mathbb{R}^{m \times n}$ (d.h. $e_i^T R e_j = 0$ außer für $i = j$ und $i = j - 1$).

Deshalb genügt es, nach dieser Reduktion eine Singulärwertzerlegung der Bidiagonalmatrix $R \in \mathbb{R}^{m \times n}$ zu berechnen, wobei man durch Zerlegung des Problems davon ausgehen kann, dass alle Elemente der oberen Nebendiagonale nicht verschwinden. Eine naheliegende Möglichkeit wäre es, einfach das Eigenwertproblem für die Tridiagonalmatrix $R^T R$ zu lösen. Das führt aber wie bei der Aufstellung eines Normalgleichungssystems zu einer unnötigen Konditionserhöhung und zu vermeidbaren Rundungsfehlern. Stattdessen führt man nach Golub und Kahan eine Variante der QR-Iteration direkt an der oberen $(n \times n)$-Teilmatrix $\widetilde{R} = (r_{ij})_{1 \le i,j \le n}$ von R aus:

(1) Man annulliert die obere Nebendiagonale von $\widetilde{R}$ durch eine orthogonale Transformation $Q_1 \in \mathbb{R}^{n \times n}$ und erzielt eine untere Bidiagonalmatrix $\widetilde{R} Q_1 = L_1 \in \mathbb{R}^{n \times n}$.

(2) Mit einer zweiten orthogonalen Transformation $Q_2 \in \mathbb{R}^{n \times n}$ annulliert man die untere Nebendiagonale von L_1 und erreicht wieder eine obere Bidiagonalmatrix $R_2 = Q_2 L_1$.

Indirekt ist dadurch eine QR-Zerlegung

$$\widetilde{R}^T \widetilde{R} = Q_1 L_1^T \widetilde{R} = Q_1 R_3 \text{ mit } R_3 := L_1^T \widetilde{R}$$

von $\widetilde{R}^T \widetilde{R}$ berechnet worden, und der zweite Teil des QR-Schritts für $\widetilde{R}^T \widetilde{R}$ ist

$$R_3 Q_1 = L_1^T \widetilde{R} Q_1 = L_1^T L_1 = R_2^T Q_2 Q_2^T R_2 = R_2^T R_2.$$

Deshalb liefert die obige Variante nichts anderes als einen QR-Schritt für $\widetilde{R}^T \widetilde{R}$. Dasselbe gilt auch, wenn eine Spektralverschiebung angebracht wird, und man erhält die volle kubische Konvergenzgeschwindigkeit des QR-Verfahrens. Der Hauptteil des Rechenaufwands liegt erfahrungsgemäß in der Herstellung der Bidiagonalform, und deshalb rechtfertigen die Stabilitätsvorteile der Singulärwertzerlegung bei rangdefizienten oder schlecht konditionierten Ausgleichsaufgaben den rechentechnischen Mehraufwand.

15.6 Aufgaben

15.1 Man berechne alle Eigenwerte und Eigenvektoren der Matrizen

$$\begin{pmatrix} 1 & 0 & 0 \\ \epsilon & 1 & \epsilon \\ 0 & 0 & 1 \end{pmatrix} \text{ und } \begin{pmatrix} 1 & \epsilon & 0 \\ \epsilon & 1 & 0 \\ 0 & 0 & 1 \end{pmatrix}$$

in Abhängigkeit von ϵ.

15.2 Die Bevölkerung eines Landes sei in $k \geq 2$ Altersklassen eingeteilt. Mit Fertilitätsraten $f_j \geq 0$ werden die Geburten in einem Zeitschritt durch

$$b_1^{neu} := \sum_{j=1}^{k} f_j b_j^{alt}$$

modelliert, während mit Überlebensraten $g_j \in [0,1]$ die Altersentwicklung durch

$$b_j^{neu} := g_j b_{j-1}^{alt}, \qquad 2 \leq j \leq k,$$

beschrieben wird. Wovon hängt das Aussterben oder Überleben der Bevölkerung ab, wenn man die Startpopulation nicht genau kennt? Man zeige, dass sich im Überlebensfall eine stabile relative Altersverteilung der Bevölkerung ergibt, und man gebe an, wie man diese aus den Fertilitatsraten und Überlebensraten berechnen kann.

15.3 Man benutze den Satz von Gerschgorin, um für diagonaldominante symmetrische Matrizen eine obere Schranke für die Kondition herzuleiten.

15.4 Man überlege sich ein Verfahren zur Berechnung der Eigenvektoren oberer Dreiecksmatrizen.

15.5 Zeigen Sie: Ist $B \in \mathbb{R}^{n \times n}$ eine unzerlegbare Hessenberg-Matrix, so gilt $b_{i,i-1} \neq 0$ für alle $2 \leq i \leq n$. Gilt auch die Umkehrung?

16 Nichtlineare Optimierung ohne Nebenbedingungen

In diesem Kapitel sollen einige Iterationsverfahren dargestellt werden, die zur Minimierung differenzierbarer, reellwertiger Funktionen $F : \mathbb{R}^n \to \mathbb{R}$ dienen. Dabei heißt ein Punkt $x^* \in \mathbb{R}^n$ *globales Minimum* von F, wenn

$$F(x^*) \le F(x) \quad \text{für alle } x \in \mathbb{R}^n \tag{16.1}$$

gilt. Bei *lokalen Minima* wird die Gültigkeit von (16.1) nur in einer Umgebung von x^* verlangt. In beiden Fällen gilt notwendig $F'(x^*) = 0$ und die Lösungen x^* dieses nichtlinearen Gleichungssystems heißen *kritische Punkte* von F. Man beachte, dass in Einklang mit Definition 7.5 der Gradient $F'(x)$ eine Abbildung von $\mathbb{R}^n$ nach $\mathbb{R}$ also eine $(1 \times n)$-Matrix oder ein *liegender* Vektor ist.

Man versucht, lokale Minima oder zumindest kritische Punkte von F durch Iterationsverfahren der Form

$$x_{j+1} = x_j + t_j r_j$$

zu berechnen, wobei $r_j \in \mathbb{R}^n$ eine *Suchrichtung* und $t_j \in (0, 1]$ eine geeignet zu wählende *Schrittweite* ist. Ist die zu minimierende Funktion eine *quadratische Form*

$$F(x) = \frac{1}{2} x^T A x - b^T x, \qquad x \in \mathbb{R}^n,$$

mit einer symmetrischen, positiv definiten Matrix $A \in \mathbb{R}^{n \times n}$ und einem Vektor $b \in \mathbb{R}^n$, so ist die Minimierung äquivalent zur Lösung des linearen Gleichungssystems $Ax = b$, und deshalb steht das für diesen Spezialfall anwendbare *Verfahren konjugierter Gradienten* am Anfang. Es lässt sich leicht auf allgemeine Funktionen $F : \mathbb{R}^n \to \mathbb{R}$ erweitern und heißt dann Fletcher-Reeves-Verfahren. Eine andere numerische Technik verallgemeinert das Newton-Verfahren

$$x_{j+1} = x_j - \left(F''(x_j) \right)^{-1} F'(x_j)^T$$

zur Lösung des nichtlinearen Gleichungssystems $F'(x) = 0$ durch Einführung einer Schrittweitensteuerung und allgemeinerer Suchrichtungen, deren Berechnung nicht die Kenntnis von $F''(x_j)$ erfordern. Das ergibt die *Quasi-Newton-Verfahren*, die als Spezialfälle die Algorithmen von Davidon-Fletcher-Powell und Broyden-Fletcher-Goldfarb-Shanno (BFGS) enthalten.

16.1 Verfahren konjugierter Gradienten (CG-Verfahren)

In der Praxis treten oft Gleichungssysteme mit großen, symmetrischen und positiv definiten Matrizen $A \in \mathbb{R}^{n \times n}$ auf, die dünn besetzt sind. Ihre effiziente Behandlung erfordert spezielle Lösungsverfahren, die von den Eigenschaften von A Gebrauch machen und dem Gesamtschritt- und Einzelschrittverfahren überlegen sind, auch wenn Relaxation angewandt wird. Die Lösung des Gleichungssystem $Ax = b$ stimmt unter den obigen Voraussetzungen mit dem Minimum der Funktion $F(x) = \frac{1}{2}x^T Ax - b^T x$ überein, und man kann versuchen, die Lösung x^* von $Ax = b$ durch Minimieren von F zu berechnen.

Lemma 16.1. *Ist $A \in \mathbb{R}^{n \times n}$ symmetrisch und positiv definit und $b \in \mathbb{R}^n$, so hat die Funktion $F(x) = \frac{1}{2}x^T Ax - b^T x$ genau ein globales Minimum x^*, welches $Ax^* = b$ erfüllt.*

Beweis. Da für ein globales Minimum x^* die notwendige Bedingung $F'(x^*) = 0$ erfüllt sein muss, und diese Bedingung hier gleichbedeutend mit $Ax^* = b$ ist, kann F höchstens ein Minimum haben. Da für beliebige $x, y \in \mathbb{R}^n$ gilt

$$F(x) - F(y) = \frac{1}{2}(x - y)^T A(x - y) + (x - y)^T (Ay - b),$$

folgt für $y = x^*$ wegen $Ax^* = b$ und der positiven Definitheit von A sofort $F(x) - F(x^*) \geq 0$. Also ist x^* Minimum und nicht etwa ein Maximum. $\square$

Führt man die Minimierung von F so aus, dass man zunächst von einem Startpunkt y in einer Richtung $r \neq 0$ minimiert, so muss man die quadratische Funktion

$$\varphi(t) := F(y + tr) = \frac{1}{2}(y + tr)^T A(y + tr) - b^T (y + tr)$$

in der reellen Variablen t minimieren. Nullsetzen der Ableitung von φ zeigt, dass

$$t^* := r^T(b - Ay)/r^T Ar$$

eine *optimale Schrittweite* ist und einen *Abstieg* in F ergibt, nämlich

$$F(y + t^*r) = F(y) - \frac{1}{2}(r^T(b - Ay))^2/r^T Ar,$$

der nur dann Null ist, wenn die Richtung r auf dem Gradienten $F'(y) = (Ay - b)^T$ von F in y senkrecht steht.

Mit einem Startwert $x_1 \in \mathbb{R}^n$ und Richtungen $r_1, r_2, \ldots, r_n \in \mathbb{R}^n \setminus \{0\}$ lässt sich dieses Vorgehen iterieren, indem man für $j = 1, 2, \ldots$

$$\begin{aligned} t_j &= r_j^T(b - Ax_j)/r_j^T Ar_j, \\ x_{j+1} &= x_j + t_j r_j \end{aligned} \tag{16.2}$$

setzt. Hier bleibt noch offen, wie die Richtungen r_j zu wählen sind. Man kann beispielsweise $r_j := -F'(x_j)^T = b - Ax_j$ setzen und abbrechen, wenn r_j verschwindet. Das so entstehende Verfahren heißt Verfahren des *steilsten Abstiegs* oder *Gradientenverfahren*, da bei dieser Wahl für die *Richtungsableitungen* $\frac{\partial F}{\partial r}(x) := F'(x)r$ mit $\widetilde{r}_j = r_j/\|r_j\|_2$ gilt

$$\left| \frac{\partial F}{\partial r}(x_j) \right| \leq \left| \frac{\partial F}{\partial \widetilde{r}_j}(x_j) \right|, \qquad \text{für alle } r \in \mathbb{R}^n \text{ mit } \|r\|_2 = 1.$$

Es ist oft recht ineffizient, wie sich an einem Beispiel aus [9] sehen lässt: Für

$$A = \begin{pmatrix} 1 & 0 \\ 0 & 9 \end{pmatrix}, \ b = \begin{pmatrix} 0 \\ 0 \end{pmatrix} \text{ und } x_1 = \begin{pmatrix} 9 \\ 1 \end{pmatrix}$$

erhält man $x_j = (0.8)^{j-1}(9, (-1)^{j-1})^T$ bei der Methode des steilsten Abstiegs.

Wählt man n linear unabhängige Richtungen $r_1, \ldots, r_n \in \mathbb{R}^n$, die man spaltenweise zu einer Matrix R zusammenfasst, so lässt sich jedes $x \in \mathbb{R}^n$ schreiben als

$$x = x_1 + \sum_{j=1}^{n} a_j r_j = x_1 + Ra$$

mit einem $a \in \mathbb{R}^n$. Insbesondere gibt es ein $a^* \in \mathbb{R}^n$, sodass für die Lösung x^* gilt $x^* = x_1 + Ra^*$. Dann folgt

$$F(x) = \frac{1}{2}x^T A x - b^T x = \frac{1}{2}(x - x^*)^T A (x - x^*) - \frac{1}{2}x^{*T} A x^*$$
$$= \frac{1}{2}(a - a^*)^T R^T A R (a - a^*) - \frac{1}{2}x^{*T} A x^*.$$

Setzt man nun voraus, dass $R^T A R = \text{diag}(d_1, \ldots, d_n)$ eine Diagonalmatrix mit positiven Diagonaleinträgen $d_j > 0$ ist, so erhält F als Funktion von a die einfache Form

$$F(x) = \frac{1}{2} \sum_{j=1}^{n} |a_j - a_j^*|^2 d_j - \frac{1}{2}x^{*T} A x^*.$$

Die Matrix $R^T A R$ ist genau dann eine Diagonalmatrix, wenn die Richtungen r_j im folgenden Sinn konjugiert sind.

Definition 16.2. *Die Richtungen* $r_1, \ldots, r_n \in \mathbb{R}^n \setminus \{0\}$ *heißen paarweise* konjugiert *zu einer positiv definiten, symmetrischen Matrix* $A \in \mathbb{R}^{n \times n}$, *wenn* $r_j^T A r_k = \delta_{jk}$ *für alle* $1 \leq j \neq k \leq n$ *gilt.*

Für konjugierte Richtungen lässt sich nun ganz allgemein folgendes Konvergenzresultat beweisen.

Satz 16.3. *Sei $A \in \mathbb{R}^{n \times n}$ symmetrisch und positiv definit. Ferner sei $x_1 \in \mathbb{R}^n$ beliebig und die Richtungen $r_1, \ldots, r_n \in \mathbb{R}^n \setminus \{0\}$ seien A-konjugiert. Dann hat das Verfahren (16.2) nach spätestens n Schritten die Lösung x^* von $Ax = b$ berechnet.*

Beweis. Da die Lösung x^* die Darstellung $x^* = x_1 + \sum_{j=1}^{n} a_j^* r_j$ hat und nach (16.2) die Iterierten die Darstellung

$$x_i = x_1 + \sum_{j=1}^{i-1} t_j r_j, \qquad 1 \leq i \leq n+1, \tag{16.3}$$

haben, reicht es zu zeigen, dass $t_i = a_i^*$ für alle $1 \leq i \leq n$ gilt. Nun folgt aber aus $b - Ax_1 = A(x^* - x_1) = \sum a_j^* Ar_j$ zunächst

$$r_i^T(b - Ax_1) = \sum_{j=1}^{n} a_j^* r_i^T Ar_j = a_i^* r_i^T Ar_i$$

wegen der A-Konjugiertheit der Richtungen, sodass wir die explizite Darstellung

$$a_i^* = \frac{r_i^T(b - Ax_1)}{r_i^T Ar_i}, \qquad 1 \leq i \leq n,$$

haben. Andererseits folgt aus (16.3) sofort

$$r_i^T(b - Ax_i) = r_i^T(b - Ax_1) - \sum_{j=1}^{i-1} t_j r_i^T Ar_j = r_i^T(b - Ax_1)$$

wieder aus der Konjugiertheit der Richtungen. Damit stimmen aber t_i und a_i^* überein. $\square$

Offen bleibt jetzt noch die Frage, wie man konjugierte Richtungen konstruieren kann. Nehmen wir an, wir haben bereits die konjugierten Richtungen $r_1, \ldots r_{i-1}$. Gilt dann $Ax_i = b$, so müssen wir keine weitere Richtung konstruieren. Ansonsten machen wir den Ansatz

$$r_i = b - Ax_i + \sum_{j=1}^{i-1} \beta_{ij} r_j$$

und bestimmen die Koeffizienten aus den $i - 1$ Bedingungen

$$0 = r_i^T Ar_k = (b - Ax_i)^T Ar_k + \sum_{j=1}^{i-1} \beta_{ij} r_j^T Ar_k$$

$$= (b - Ax_i)^T Ar_k + \beta_{ik} r_k^T Ar_k, \qquad 1 \leq k \leq i - 1,$$

zu

$$\beta_{ik} = \frac{(Ax_i - b)^T Ar_k}{r_k^T Ar_k}, \qquad 1 \leq k \leq i - 1.$$

Überraschenderweise verschwinden aber $\beta_{i1}, \ldots, \beta_{i,i-2}$ automatisch, wie sich unten zeigen wird, sodass nur die Unbekannte $\gamma_{i-1} := \beta_{i,i-1}$ verbleibt. Ist dies bekannt, so ergibt sich die neue Richtung als

$$r_i = b - Ax_i + \gamma_{i-1}r_{i-1}$$

und insgesamt das folgende Verfahren.

Definition 16.4. *Gegeben sei das lineare Gleichungssystem $Ax = b$ mit $b \in \mathbb{R}^n$ und einer symmetrischen, positiv definiten Koeffizientenmatrix $A \in \mathbb{R}^{n \times n}$. Das Verfahren der konjugierten Gradienten (conjugate gradients) beginnt in einem beliebigen Startwert $x_1 \in \mathbb{R}^n$, setzt zuerst $r_1 := g_1 := b - Ax_1$ und iteriert für $i \geq 1$, soweit $r_i \neq 0$ gilt, gemäß den Formeln*

$$
\begin{array}{ll}
\text{a)} & t_i := r_i^T g_i / r_i^T Ar_i \\
\text{b)} & x_{i+1} := x_i + t_i r_i \\
\text{c)} & g_{i+1} := b - Ax_{i+1} \\
\text{d)} & \gamma_i := -g_{i+1}^T Ar_i / r_i^T Ar_i \\
\text{e)} & r_{i+1} := g_{i+1} + \gamma_i r_i.
\end{array}
$$

Wir müssen uns noch davon überzeugen, dass das so definierte Verfahren tatsächlich zu konjugierten Richtungen führt.

Satz 16.5. *Die im konjugierten Gradientenverfahren eingeführten Größen erfüllen die Gleichungen*

$$
\begin{array}{lll}
(1) & r_i^T Ar_j = 0 & \text{für } 1 \leq j \leq i - 1, \\
(2) & g_i^T g_j = 0 & \text{für } 1 \leq j \leq i - 1, \\
(3) & r_j^T g_j = g_j^T g_j & \text{für } 1 \leq j \leq i.
\end{array}
$$

Das Verfahren bricht spätestens mit $i = n + 1$ und $g_i = b - Ax_i = 0 = r_i$ ab. Es benötigt also maximal n Schritte zur Berechnung der Lösung x^* von $Ax = b$.

Beweis. Wir zeigen (1) bis (3) induktiv. Für $i = 1$ ist bei (1) und (2) nichts zu zeigen und (3) folgt wegen $r_1 = g_1$. Gelten die Aussagen für $i \geq 1$, so folgt (2) für $i + 1$ folgendermaßen. Per Definition gilt

$$g_{i+1} = b - Ax_{i+1} = b - Ax_i - t_i Ar_i = g_i - t_i Ar_i. \tag{16.4}$$

Daher haben wir nach Induktionsvoraussetzung für $j \leq i - 1$ schon

$$g_{i+1}^T g_j = g_i^T g_j - t_i r_i^T Ag_j = g_i^T g_j - t_i r_i^T A(r_j - \gamma_{j-1}r_{j-1}) = g_i^T g_j - t_i r_i^T Ar_j = 0.$$

Für $j = i$ liefert die Definition von t_i, die Identität $r_i^T Ag_i = r_i^T A(r_i - \gamma_{i-1}r_{i-1}) = r_i^T Ar_i$ und die dritte Induktionsvoraussetzung

$$g_{i+1}^T g_i = g_i^T g_i - t_i r_i^T A g_i = g_i^T g_i - \frac{r_i^T g_i}{r_i^T A r_i} r_i^T A g_i = g_i^T g_i - r_i^T g_i = 0,$$

was (2) für $i+1$ beweist. Ganz ähnlich prüft man (1) nach. Zunächst haben wir

$$r_{i+1}^T A r_j = (g_{i+1}^T + \gamma_i r_i^T) A r_j = g_{i+1}^T A r_j + \gamma_i r_i^T A r_j,$$

was im Fall $j = i$ sofort zu

$$r_{i+1}^T A r_i = g_{i+1}^T A r_i - \frac{g_{i+1}^T A r_i}{r_i^T A r_i} r_i^T A r_i = 0$$

führt. Für den Fall $j \leq i-1$ bemerken wir zunächst, dass $t_j = 0$ insbesondere $r_j^T g_j = g_j^T g_j = 0$ impliziert, was wegen $g_j = 0$ bedeutet, dass das Verfahren schon vorher hätte abbrechen müssen. Falls $t_j \neq 0$ gilt, so erhalten wir aus (16.4) zunächst $A r_j = (g_j - g_{j+1})/t_j$, was nach (2) für $i+1$ zu

$$r_{i+1}^T A r_j = g_{i+1}^T A r_j = \frac{1}{t_j} g_{i+1}^T (g_j - g_{j+1}) = 0$$

führt. Also haben wir auch (1) für $i+1$ bewiesen. Für (3) nutzen wir aus, dass $F(x) = \frac{1}{2} x^T A x - b^T x$ sein Minimum in Richtung r_i an der Stelle x_{i+1} annimmt. Dies bedeutet, die Funktion $\varphi(t) = F(x_{i+1} + t r_i)$ erfüllt $\varphi'(0) = 0$, was nach der Kettenregel zu

$$0 = \varphi'(0) = F'(x_{i+1}) r_i = r_i^T (A x_{i+1} - b) = -r_i^T g_{i+1}$$

führt. Damit können wir die Induktion mit

$$r_{i+1}^T g_{i+1} = g_{i+1}^T g_{i+1} + \gamma_i r_i^T g_{i+1} = g_{i+1}^T g_{i+1}$$

abschließen. Für die Berechnung eines weiteren Schrittes benötigen wir $r_{i+1} \neq 0$. Ist dies nicht der Fall, bricht das Verfahren wegen $0 = r_{i+1}^T g_{i+1} = \|g_{i+1}\|_2^2$ also $g_{i+1} = 0 = b - A x_{i+1}$ mit einer Lösung ab. Bricht das Verfahren nicht vorzeitig ab, so haben wir nach n Schritten n konjugierte Richtungen und x_{n+1} ist nach Satz 16.3 die Lösung x^*. $\square$

Wegen (16.4) kann man die Matrix-Vektor-Multiplikation in der Definition von g_{i+1} einsparen. Ferner kann man die Definition von r_i und Konjugiertheit der Richtungen benutzen, um auf $g_i^T A r_i = (r_i^T - \gamma_{i-1} r_{i-1}^T) A r_i = r_i^T A r_i$ und damit auch auf die rundungsfehlergünstige Identität

$$\gamma_i = -g_{i+1}^T A r_i / r_i^T A r_i = -(g_i - t_i A r_i)^T A r_i / r_i^T A r_i$$
$$= -1 + t_i (A r_i)^T A r_i / r_i^T A r_i = [-r_i^T g_i + t_i^2 \|A r_i\|_2^2] / r_i^T g_i$$

zu schließen. Damit erhält man eine sehr gut parallelisierbare Variante des CG-Verfahrens, die mit einer Matrix-Vektor-Multiplikation, drei parallelen

---

Algorithmus 8: CG-Verfahren

Input   : $A \in \mathbb{R}^{n \times n}$ symmetrisch und pos. def., $b \in \mathbb{R}^n$, $x_1 \in \mathbb{R}^n$

$g := b - Ax_1$, $r := g$

while $r \neq 0$ **do**

$\quad$ $p = Ar$,

$\quad$ $\rho = p^T p$, $\sigma = r^T p$, $\tau = g^T r$,

$\quad$ $t = \tau/\sigma$,

$\quad$ $x = x + tr$, $g = g - tp$, $\gamma = (t * t * \rho - \tau)/\tau$

$\quad$ $r = g + \gamma r$

Output   : Lösung x^* von $Ax = b$.

Skalarprodukten und drei Skalar-Vektor-Multiplikationen auskommt (siehe Algorithmus 8).

Will man das Verfahren konjugierter Gradienten auf allgemeine Funktionen $F : \mathbb{R}^n \to \mathbb{R}$ verallgemeinern, so hat man überall A und b zu eliminieren und durch Werte von F bzw. F' zu ersetzen.

Definition 16.6. *Das* Verfahren von Fletcher-Reeves *zur Minimierung einer nach unten beschränkten Funktion $F \in C^2(\mathbb{R}^n)$ setzt zunächst $g_1 := r_1 := -F'(x_1)^T$ und dann für $i \geq 1$, soweit $r_i \neq 0$ gilt,*

$$
\begin{array}{ll}
\text{a)} & F(x_{i+1}) = \min_t F(x_i + t r_i) = F(x_i + t_i r_i) \\
\text{b)} & x_{i+1} := x_i + t_i r_i \\
\text{c)} & g_{i+1} := -F'(x_{i+1})^T \\
\text{d)} & \gamma_i := g_{i+1}^T g_{i+1} / g_i^T g_i \\
\text{e)} & r_{i+1} := g_{i+1} + \gamma_i r_i.
\end{array}
\tag{16.5}
$$

Bei der Herleitung aus dem CG-Verfahren ist benutzt worden, dass für $F(x) = \frac{1}{2} x^T A x - b^T x$ die Gleichungen

$$
F'(x)^T = Ax - b
$$

$$
g_{i+1}^T A r_i = g_{i+1}^T \frac{1}{t_i}(g_i - g_{i+1}) = -\frac{1}{t_i} g_{i+1}^T g_{i+1}
$$

$$
r_i^T A r_i = r_i^T \frac{1}{t_i}(g_i - g_{i+1}) = \frac{1}{t_i} g_i^T g_i
$$

aus (16.4)und Satz 16.5 folgen und die Schrittweite t_i durch die Optimalitätsforderung (16.5a) bestimmt ist. Die Variante von Polak-Ribière ersetzt die Definition von γ_i in (16.5) durch

$$
\gamma_i := (g_{i+1} - g_i)^T g_{i+1} / g_i^T g_i,
$$

was im Falle einer quadratischen Form wegen (2) aus Satz 16.5 mit (16.5d) und der Definition von γ_i im CG-Verfahren übereinstimmt, aber in der Praxis zu kleineren Werten von γ_i führt, wenn die Gradienten sich nur wenig verändern. Dieser Effekt führt oft zu günstigerem numerischem Verhalten bei der Minimierung allgemeiner Funktionen F.

Die Verfahren von Fletcher-Reeves bzw. Polak-Ribière haben gegenüber den später folgenden Quasi-Newton-Verfahren ungünstigere lokale Konvergenzeigenschaften, sind aber wegen ihres geringen Rechenaufwandes für große n sehr empfehlenswert.

16.2 Konvergenz des CG-Verfahrens

Der wichtigste Vorzug des Verfahrens konjugierter Gradienten liegt darin, dass in vielen praktischen Fällen bereits mit erheblich weniger als n Iterationen eine passable Näherungslösung des $(n \times n)$-Gleichungssystems $Ax = b$ produziert wird.

Daher werden wir in diesem Abschnitt das CG-Verfahren als *iteratives* Verfahren auffassen und untersuchen sein Konvergenzverhalten. Grundlegend dafür ist die Tatsache, dass die Iterierten auch beste Approximationen aus dem um x_1 verschobenen *Krylov-Raum* bzgl. einer gewichteten ℓ_2-Norm sind. Deshalb benutzt dieser Abschnitt Sätze der Approximationstheorie. Weil ferner auch Tschebyscheff-Polynome und Sätze über Eigenwerte erforderlich sind, zeigt die Theorie des CG-Verfahrens exemplarisch, wie die verschiedenen Teilgebiete der numerischen Mathematik zusammenwirken.

Lemma 16.7. *Ist $A \in \mathbb{R}^{n \times n}$ symmetrisch und positiv definit, so definiert*

$$\langle x, y \rangle_A := y^T A x, \qquad x, y \in \mathbb{R}^n$$

ein Skalarprodukt auf $\mathbb{R}^n$.

Beweis. Die so definierte Abbildung ist offensichtlich symmetrisch und bilinear. Sie ist auch definit, da die positive Definitheit von A und $0 = \langle x, x \rangle_A = x^T A x$ sofort $x = 0$ implizieren. $\square$

Damit haben wir die Norm definiert, die wir von nun an benutzen wollen. Als nächstes müssen wir einen geeigneten Unterraum einführen.

Definition 16.8. *Ist $A \in \mathbb{R}^{n \times n}$ und $r \in \mathbb{R}^n$ gegeben, so ist für $i \in \mathbb{N}$ der i-te Krylov-Raum zu A und r defininiert als*

$$\mathcal{K}_i(r, A) = span\{r, Ar, \ldots, A^{i-1}r\}$$

Im Allgemeinen gilt natürlich nur $\dim(\mathcal{K}_i(r, A)) \leq i$, da r ja zum Beispiel im Nullraum von A liegen kann. In unserer Situation sieht es aber viel besser aus.

Lemma 16.9. *Sei $A \in \mathbb{R}^{n \times n}$ symmetrisch und positiv definit. Sind r_i und g_i die im Verlauf des CG-Verfahrens konstruierten Größen, so gilt*

$$\mathcal{K}_i(r_1, A) = span\{r_1, \ldots, r_i\} = span\{g_1, \ldots, g_i\}$$

für $1 \leq i \leq n$. Insbesondere hat $\mathcal{K}_i(r_1, A)$ die Dimension i.

Beweis. Für $i = 1$ ist die Behauptung wegen $r_1 = g_1$ offensichtlich richtig. Für allgemeines i folgt sie wegen (16.4) aus $r_{i+1} = g_{i+1} + \gamma_i r_i = g_i - t_i A r_i + \gamma_i r_i$. $\square$

Wir erinnern noch einmal daran, dass wir die Lösung x^* von $Ax = b$ und die Iterierten x_i des CG-Verfahrens (tatsächlich sogar die Iterierten des allgemeinen Verfahrens (16.2)) schreiben können als

$$x^* = x_1 + \sum_{j=1}^{n} a_j^* r_j \quad \text{und} \quad x_i = x_1 + \sum_{j=1}^{i-1} a_j^* r_j.$$

Ein beliebiges Element $x \in x_1 + \mathcal{K}_{i-1}(r_1, A)$ lässt sich nach Lemma 16.9 darstellen als

$$x = x_1 + \sum_{j=1}^{i-1} a_j r_j.$$

Setzen wir $d_j = r_j^T A r_j$, so folgt aus der Konjugiertheit der Richtungen die Abschätzung

$$\|x^* - x_i\|_A = \|\sum_{j=i}^{n} a_j^* r_j\|_A^2 = \sum_{j,k=i}^{n} a_j^* a_k^* r_j^T A r_k = \sum_{j=i}^{n} d_j |a_j^*|^2$$

$$\leq \sum_{j=i}^{n} d_j |a_j^*|^2 + \sum_{j=1}^{i-1} d_j |a_j^* - a_j|^2 = \|\sum_{j=i}^{n} a_j^* r_j + \sum_{j=1}^{i-1} (a_j^* - a_j) r_j\|_A^2$$

$$= \|x^* - x_1 - \sum_{j=1}^{i-1} a_j r_j\|_A^2 = \|x^* - x\|_A,$$

die für beliebiges $x \in x_1 + \mathcal{K}_{i-1}(r_1, A)$ gilt und damit den folgenden Satz beweist.

Satz 16.10. *Sei $A \in \mathbb{R}^{n \times n}$ symmetrisch und positiv definit. Dann ist die Iterierte x_i des CG-Verfahrens die beste Approximation an die Lösung x^* des linearen Gleichungssystems $Ax = b$ aus dem affinen Raum $x_1 + \mathcal{K}_{i-1}(r_1, A)$ bzgl. der $\|\cdot\|_A$-Norm.*

Als nächstes schreiben wir dieses Approximationsproblem in der ursprünglichen Basis des Krylov-Raumes. Dazu benutzen wir folgende Notation. Ist $P(t) = \sum_{j=0}^{i-1} \beta_j t^j \in \pi_{i-1}(\mathbb{R})$ ein Polynom vom Grad kleiner gleich $i - 1$ und $A \in \mathbb{R}^{n \times n}$, so sei

$$P(A) = \sum_{j=0}^{i-1} \beta_j A^j, \qquad P(A)x = \sum_{j=0}^{i-1} \beta_j A^j x.$$

Ist insbesondere x ein Eigenvektor zum Eigenwert λ, so erhalten wir

$$P(A)x = \sum_{j=0}^{i-1} \beta_j \lambda^j x = P(\lambda)x.$$

Satz 16.11. *Sei $A \in \mathbb{R}^{n \times n}$ symmetrisch und positiv definit mit den Eigen-werten $0 < \lambda_1 < \ldots < \lambda_n$. Ist x^* die Lösung von $Ax = b$ und x_i die Iterierte aus dem CG-Verfahren, so gilt*

$$\|x^* - x_i\|_A \leq \min_{\substack{P \in \pi_{i-1}(\mathbb{R}) \\ P(0)=1}} \max_{1 \leq j \leq n} |P(\lambda_j)| \|x^* - x_1\|_A.$$

Beweis. Wir schreiben ein beliebiges $x \in x_1 + \mathcal{K}_{i-1}(r_1, A)$ in der Form

$$x = x_1 + \sum_{j=1}^{i-1} \alpha_j A^{j-1} r_1 =: x_1 + Q(A) r_1$$

mit dem Polynom $Q(t) = \sum_{j=1}^{i-1} \alpha_j t^{j-1} \in \pi_{i-2}(\mathbb{R})$, wobei $Q = 0$ ist, falls $i = 1$ gilt. Damit erhalten wir

$$\begin{aligned}
\|x^* - x\|_A^2 &= \|x^* - x_1 - Q(A) r_1\|_A^2 \\
&= (x^* - x_1 - Q(A) r_1)^T A (x^* - x_1 - Q(A) r_1) \\
&= (x^* - x_1)^T (E - Q(A)A) A (E - Q(A)A)(x^* - x_1) \\
&=: (x^* - x_1)^T P(A) A P(A)(x^* - x_1),
\end{aligned}$$

da $r_1 = A(x^* - x_1)$ gilt und die Matrix $E - Q(A)A$ wieder symmetrisch ist. Für das Polynom P gilt $P(t) = 1 - \sum_{j=1}^{i-1} \alpha_j t^j$ also insbesondere $P(0) = 1$. Ist andererseits $P \in \pi_{i-1}(\mathbb{R})$ mit $P(0) = 1$ gegeben, so führt $Q(t) = (P(t) - 1)/t \in \pi_{i-2}(\mathbb{R})$ wieder zu einem Element aus $x_1 + \mathcal{K}_{i-1}(r_1, A)$, für das die gerade ausgeführte Rechnung gilt. Wir haben mit Satz 16.10 also die Abschätzung

$$\|x^* - x_i\|_A^2 \leq \min_{\substack{P \in \pi_{i-1}(\mathbb{R}) \\ P(0)=1}} (x^* - x_1)^T P(A) A P(A)(x^* - x_1). \qquad (16.6)$$

Ist nun $w_1, \ldots, w_n$ eine Orthonormalbasis von $\mathbb{R}^n$ bestehend aus Eigenvek-toren zu den Eigenwerten $\lambda_1, \ldots, \lambda_n$ von A, so folgt mit $x^* - x_1 = \sum \rho_j w_j$, dass

$$P(A)(x^* - x_1) = \sum_{j=1}^{n} \rho_j P(\lambda_j) w_j$$

gilt, was

$$\begin{aligned}
(x^* - x_1)^T P(A) A P(A)(x^* - x_1) &= \sum_{k,j=1}^{n} \rho_k \rho_j P(\lambda_j)^2 \lambda_j w_k^T w_j \\
&= \sum_{j=1}^{n} \rho_j^2 P(\lambda_j)^2 \lambda_j \leq \max_{1 \leq j \leq n} P(\lambda_j)^2 \sum_{j=1}^{n} \rho_j^2 \lambda_j \\
&= \max_{1 \leq j \leq n} P(\lambda_j)^2 \|x^* - x_1\|_A^2
\end{aligned}$$

zur Folge hat. Setzt man dies in (16.6) ein, so erhält man die behauptete Abschätzung. □

Wir haben also das gewichtete ℓ_2-Approximationsproblem in ein diskretes Tschebyscheff-Approximationsproblem umgewandelt. Allerdings kennt man die genauen Eigenwerte von A in der Regel nicht und ersetzt daher dieses diskrete Tschebyscheff-Approximationsproblem durch ein kontinuierliches, indem man weiter abschätzt:

$$\|x - x_i\|_A \leq \min_{\substack{P \in \pi_{i-1}(\mathbb{R}) \\ P(0)=1}} \|P\|_{L_\infty[\lambda_1, \lambda_n]} \|x - x_1\|_A,$$

wobei hier λ_1 und λ_n auch durch Schätzungen für den kleinsten bzw. größten Eigenwert ersetzt werden können.

Die Lösung dieses Tschebyscheff-Approximationsproblems kann wieder mit Hilfe der Tschebyscheff-Polynome ausgedrückt werden. Zur Erinnerung sei erwähnt, dass das n-te Tschebyscheffpolynom auf $[-1, 1]$ definiert ist als $T_n(x) = \cos(n \arccos(x))$. Es erfüllt offensichtlich die Abschätzung $|T_n(x)| \leq 1$ für $x \in [-1, 1]$ und nimmt in den Punkten $t_k = \cos(\pi k / n)$, $0 \leq k \leq n$, den Wert $T_n(t_k) = (-1)^k$ an. Ferner gilt für $x \in [0, 1)$ die untere Schranke

$$\frac{1}{2} \left(\frac{1 + \sqrt{x}}{1 - \sqrt{x}} \right)^n \leq T_n \left(\frac{1 + x}{1 - x} \right). \tag{16.7}$$

Diese Dinge hatten wir in Satz 8.6 bzw. Lemma 8.21 bewiesen, und sie erlauben es uns jetzt, das verbleibende Approximationsproblem zu lösen.

Satz 16.12. *Das Problem* $\min\{\|P\|_{L_\infty[\lambda_1, \lambda_n]} : P \in \pi_{i-1}(\mathbb{R}), P(0) = 1\}$ *hat für* $\lambda_n > \lambda_1 > 0$ *die Lösung*

$$P^*(t) = T_{i-1} \left(\frac{\lambda_n + \lambda_1 - 2t}{\lambda_n - \lambda_1} \right) / T_{i-1} \left(\frac{\lambda_n + \lambda_1}{\lambda_n - \lambda_1} \right), \qquad t \in [\lambda_1, \lambda_n].$$

Beweis. Setzen wir $x = \lambda_1 / \lambda_n \in (0, 1)$, so folgt $(\lambda_n + \lambda_1)/(\lambda_n - \lambda_1) = (1 + x)/(1 - x)$. Also ist P^* nach (16.7) wohldefiniert. Da es Grad $i - 1$ hat und $P^*(0) = 1$ erfüllt, ist es auch zulässig. Ferner nimmt es in i verschiedenen Stellen $s_j \in [\lambda_1, \lambda_n]$ sein betragsmäßiges Maximum $M := 1/T_{i-1}((\lambda_n + \lambda_1)/(\lambda_n - \lambda_1))$ mit alternierendem Vorzeichen an. Gäbe es ein weiteres zulässiges Polynom $Q \in \pi_{i-1}(\mathbb{R})$ mit $Q(0) = 1$ und $|Q(t)| < M$ auf $[\lambda_1, \lambda_n]$, so hätte $P - Q$ in den s_j alternierendes Vorzeichen und damit mindestens $i - 1$ Nullstellen in $[\lambda_1, \lambda_n]$. Da $P - Q$ aber auch in Null verschwindet, muss $P = Q$ gelten, was nicht sein kann. □

Fassen wir die einzelnen Schritte zusammen und benutzen noch einmal (16.7), so erhalten wir:

Folgerung 16.13. *Ist* $A \in \mathbb{R}^{n \times n}$ *symmetrisch und positiv definit, so gilt für die Folge* $\{x_i\}$ *des CG-Verfahrens die Abschätzung*

$$\|x^* - x_i\|_A \le 2\|x^* - x_1\|_A \left(\frac{1 - \sqrt{\gamma}}{1 + \sqrt{\gamma}}\right)^{i-1} \le 2\|x^* - x_1\|_A \left(\frac{\sqrt{\kappa_2(A)} - 1}{\sqrt{\kappa_2(A)} + 1}\right)^{i-1},$$

wobei $\gamma = 1/\kappa_2(A) = \lambda_1/\lambda_n$ *ist. Die Konvergenz ist also mindestens linear.*

Das Verfahren konvergiert auch bei (fast)singulärer Matrix A, d.h. falls $\lambda_1 \approx \ldots \approx \lambda_{d+1} \approx 0$. Die Konvergenzgeschwindigkeit wird dann von $[\lambda_d, \lambda_n]$ bestimmt. Es folgt, dass man durch geeignete Manipulationen versuchen sollte, die Kondition von A zu verkleinern bzw. bei fast singulärem A eine Transformation der "kleinen" Eigenwerte auf Null und der "großen" Eigenwerte auf ein Intervall der Form $(\lambda, \lambda(1+\varepsilon)) \subset (0, \infty)$ mit möglichst kleinem ε zu bewirken (*Vorkonditionierung* oder auch *Präkonditionierung*). Ändert man dabei den Rang der Matrix, so hat man einen zusätzlichen (i.Allg. kleinen) Verfahrensfehler, aber die Konvergenzgeschwindigkeit des Verfahrens konjugierter Gradienten kann sich drastisch erhöhen.

Zur (theoretischen) Durchführung der Vorkonditionierung ersetzt man das gegebene System $Ax^* = b$ mit einer geeigneten nichtsingulären Transformationsmatrix S durch $S^T A S u^* = S^T b$ mit $Su^* = x^*$. Angewandt auf dieses System erhält das Verfahren konjugierter Gradienten mit Anfangswert u_1 und $r_1 := g_1 := S^T b - S^T A S u_1$ die Form

a) $t_i := r_i^T g_i / r_i^T S^T A S r_i$
b) $u_{i+1} := u_i + t_i r_i$
c) $g_{i+1} := g_i - t_i S^T A S r_i$
d) $\gamma_i := -g_{i+1}^T S^T A S r_i / r_i^T S^T A S r_i$
e) $r_{i+1} := g_{i+1} + \gamma_i r_i$,

wobei (16.4) zur Definition von g_{i+1} eingesetzt wurde, um den Vektor b aus der Iteration zu entfernen. Mit $s_i := S r_i$, $v_i := S u_i$, $h_i := S g_i$ und $z_i := (S^T)^{-1} g_i$ folgt dann

a) $t_i := s_i^T z_i / s_i^T A s_i$
b) $v_{i+1} := v_i + t_i s_i$
c) $z_{i+1} := z_i - t_i A s_i$
c') $h_{i+1} := S S^T z_{i+1}$ (16.8)
d) $\gamma_i := -h_{i+1}^T A s_i / s_i^T A s_i$
e) $s_{i+1} := h_{i+1} + \gamma_i s_i$,

wobei ein neuer Zwischenschritt c') auftritt und

$$z_{i+1} := b - A v_{i+1}, \quad h_{i+1} := S S^T z_{i+1}, \quad s_{i+1} := h_{i+1}$$

als Start in v_{i+1} zu nehmen ist. Löst $u^* = u_j$ das System $S^T A S u^* = S^T b$, so löst $v^* = S u^* = S u_j$ das System $A v^* = b$. Deshalb ist keine Rücktransformation der Iterierten nötig. In der Praxis arbeitet man nicht mit S, sondern ausschließlich mit A und der Matrix $M := (S S^T)^{-1}$. Dann schreibt man den Startschritt und c') aus (16.8) als Gleichungssystem

$$Mh_i = z_i, \tag{16.9}$$

das wegen günstiger Struktureigenschaften von M leicht auflösbar sein sollte. Diese Zusatzschritte lassen sich ohne weiteres in die effiziente Formulierung des Verfahrens konjugierter Gradienten nach Algorithmus 8 einbeziehen.

Eine Standardmethode zur Konstruktion brauchbarer Vorkonditionierungen ist die *unvollständige Cholesky-Zerlegung*

$$A = LL^T + B, \tag{16.10}$$

bei der man die Schritte der normalen Cholesky-Zerlegung nur für eine geeignete Teilmenge aller Indizes ausführt, z.B. nur für einige Nebendiagonalen oder nur für die ℓ_{ij} mit $a_{ij} \neq 0$, um eine eventuelle dünne Besetzung von A nicht zu zerstören. Die restlichen Matrixelemente von L setzt man einfach auf Null. Ferner kann man eine Pivotisierung mit Rangentscheidung einbauen, um bei fast singulärer Matrix A die berechneten Diagonalelemente von L auf Null zu setzen, wenn sie "zu klein" werden. Dies kann man dann interpretieren als eine kleine Änderung an den Diagonalelementen von A. Im Falle $\det L \neq 0$ folgt

$$L^{-1}A(L^{-1})^T = E + L^{-1}B(L^{-1})^T,$$

und wenn die Restmatrix B klein ist, wird $S = (L^{-1})^T$ mit $M = (SS^T)^{-1} = LL^T$ eine gute Vorkonditionierungsmatrix sein. Das System (16.9) ist dann leicht lösbar, weil es aus zwei gestaffelten Systemen besteht. Wie schon in der Formulierung (16.8) des Verfahrens der konjugierten Gradienten ist das Ergebnis davon unabhängig, ob S regulär ist oder nicht.

Verallgemeinert man (16.10) zu

$$A = M + B \tag{16.11}$$

mit einer beliebigen, symmetrischen, nichtsingulären Matrix M, so ergibt sich M als Vorkonditionierungsmatrix in (16.9), und der Lösung von (16.9) entspricht ein Schritt des Iterationsverfahrens

$$Mx_{i+1} = -Bx_i + b \tag{16.12}$$

zur Lösung von $Ax = b$. Deshalb liefert jedes symmetrische Iterationsverfahren des Typs (16.12) mit einer Matrixaufspaltung (16.11) auch eine Vorkonditionierungsmethode. Beispiele sind das Gesamtschrittverfahren und das symmetrisierte Einzelschrittverfahren aus Kapitel 6.

16.3 GMRES

Bleiben wir noch bei dem Problem, ein lineares Gleichungssystem $Ax = b$ zu lösen. Allerdings wollen wir jetzt allgemeiner Matrizen $A \in \mathbb{R}^{n \times n}$ betrachten, die weder symmetrisch noch positiv definit sind. Eine Möglichkeit in diesem Fall vorzugehen, besteht darin die Normalgleichung $A^T A x = A^T b$ zu betrachten, die bei invertierbarem A zur gleichen Lösung führt. Da $A^T A$ nun symmetrisch und positiv definit ist, könnten wir das CG-Verfahren benutzen. Da für die Lösung x^* und eine Iterierte $x_j \in x_1 + \mathcal{K}_{j-1}(A^T r_1, A^T A)$ die Identität

$$\|x^* - x_j\|^2_{A^T A} = (x^* - x_j)^T A^T A(x^* - x_j) = (Ax^* - Ax_j)^T(Ax^* - Ax_j)$$
$$= \|b - Ax_j\|_2$$

gilt, nennt man dieses Verfahren auch CGNR-Verfahren, was für "Conjugate Gradient on the Normal equation to minimize the Residual" steht. Es ist allerdings nur von beschränktem Nutzen. Wir hatten in Abschnitt 4.4 ja schon auf die Problematik der Normalgleichungen hingewiesen. Dennoch lässt sich diese Idee sinnvoll erweitern.

Definition 16.14. *Sei $A \in \mathbb{R}^{n \times n}$ invertierbar und $b \in \mathbb{R}^n$. Die j-te Iterierte des GMRES-Verfahrens (Generalized Minimum Residual) ist bei gegebenem $x_1 \in \mathbb{R}^n$ und $r_1 := b - Ax_1$ definiert als die Lösung des Problems*

$$\min\{\|b - Ax\|_2 : x \in x_1 + \mathcal{K}_{j-1}(r_1, A)\}.$$

Die Analyse des GMRES-Verfahrens verläuft zunächst wie beim CG-Verfahren. Da sich jedes $x \in x_1 + \mathcal{K}_{j-1}(r_1, A)$ schreiben lässt als $x_j = x_1 + \sum_{k=1}^{j-1} a_k A^{k-1} r_1$, folgt wieder

$$b - Ax_j = b - Ax_1 - \sum_{k=1}^{j-1} a_k A^k r_1 =: P(A) r_1$$

mit einem Polynom $P \in \pi_{j-1}(\mathbb{R})$ mit $P(0) = 1$, und Minimieren über x ist gleichbedeutend mit Minimieren über P.

Satz 16.15. *Ist $A \in \mathbb{R}^{n \times n}$ invertierbar und bezeichnet $\{x_j\}$ die durch das GMRES-Verfahren definierte Folge, so gilt*

$$\|b - Ax_j\|_2 = \min_{\substack{Q \in \pi_{j-1}(\mathbb{R}) \\ Q(0)=1}} \|Q(A) r_1\|_2 \le \|P(A) r_1\|_2 \le \|P(A)\|_2 \|r_1\|_2.$$

für jedes $P \in \pi_{j-1}(\mathbb{R})$ mit $P(0) = 1$. Ferner findet das Verfahren die Lösung von $Ax = b$ nach spätestens n Schritten.

Beweis. Es bleibt zu zeigen, dass das Verfahren abbricht. Ist $\varphi(t) = \det(A - tE)$ das charakteristische Polynom von A, so gilt $\varphi \in \pi_n(\mathbb{R})$ und, da A invertierbar ist $\varphi(0) = \det A \ne 0$. Also ist $P := \varphi/\varphi(0)$ ein zulässiges Polynom im n-ten Schritt. Nach dem Satz von Cayley-Hamilton gilt aber $\varphi(A) = 0$, sodass bei nicht vorzeitigem Abbruch $b = Ax_{n+1}$ folgt. □

Im Fall des CG-Verfahrens haben wir dann ausgenutzt, dass es zu A eine Orthonormalbasis des $\mathbb{R}^n$ aus Eigenvektoren gibt. Darauf können wir hier nicht hoffen. Wir werden aber zumindest voraussetzen, dass A diagonalisierbar ist. Dann existiert eine Matrix $V \in \mathbb{C}^{n \times n}$ und eine Diagonalmatrix $D = \mathrm{diag}(\lambda_1, \ldots, \lambda_n) \in \mathbb{C}^{n \times n}$, sodass

$$A = VDV^{-1}$$

gilt. Die Diagonalelemente von D sind die Eigenwerte von A. Von nun an müssen wir also mit komplexwertigen Matrizen arbeiten. Ist $P \in \pi_{j-1}(\mathbb{R})$ als $P(t) = 1 + \sum_{k=1}^{j-1} a_k t^k$ gegeben, so folgt

$$P(A) = P(VDV^{-1}) = 1 + \sum_{k=1}^{j-1} a_k (VDV^{-1})^k = 1 + \sum_{k=1}^{j-1} a_k VD^k V^{-1}$$
$$= VP(D)V^{-1},$$

und wir erhalten die im Vergleich zum CG-Verfahren um den Faktor $\kappa_2(V)$ schlechtere Fehlerabschätzung:

Folgerung 16.16. *Ist $A \in \mathbb{R}^{n \times n}$ diagonalisierbar mit Eigenwerten $\lambda_j \in \mathbb{C}$, so gilt für die j-te Iterierte des GMRES-Verfahrens*

$$\|b - Ax_j\|_2 \leq \kappa_2(V) \min_{\substack{P \in \pi_{j-1}(\mathbb{R}) \\ P(0)=1}} \max_{1 \leq k \leq n} |P(\lambda_k)|.$$

Bei dem hier noch verbleibendem Minimierungsproblem muss man beachten, dass im Gegensatz zu Satz 16.12, die Eigenwerte λ_j komplex sein können. Das soll hier nicht weiter vertieft werden. Stattdessen wollen wir uns jetzt den implementationsspezifischen Details zuwenden.

Die Implementation beruht auf der Idee, eine Orthonormalbasis für $\mathcal{K}_j(r_1, A)$ zu finden und dann das Minimierungsproblem in dieser Basis auszurechnen. Die spezielle Form des Raumes $\mathcal{K}_j(r_1, A)$ legt es nahe, das Schmidtsche Orthonormalisierungsverfahren zu verwenden. Man setzt also $r_1 = b - Ax_1$ und $v_1 = r_1/\|r_1\|_2$ und dann für $1 \leq k \leq j-1$ noch

(1) $w_k = Av_k - \sum_{\ell=1}^{k} (Av_k, v_\ell)_2 v_\ell$,
(2) $v_{k+1} = w_k / \|w_k\|_2$.

Dieses Verfahren wird auch *Arnoldi-Verfahren* genannt, und wir nehmen zunächst einmal an, dass es durchführbar ist, d.h. in jedem Schritt $w_k \neq 0$ gilt.

Lemma 16.17. *Ist das Arnoldi-Verfahren bis zum j-ten Schritt durchführbar, so ist $\{v_1, \ldots, v_j\}$ eine Orthonormalbasis von $\mathcal{K}_j(r_1, A)$.*

Beweis. Man rechnet leicht nach, dass die v_k ein Orthonormalsystem bilden. Dass sie eine Basis für $\mathcal{K}_j(r_1, A)$ bilden, beweist man per Induktion nach j. Für $j = 1$ ist nichts zu zeigen. Im Induktionsschritt folgt aus der Definition $v_{j+1} \in \operatorname{span}\{v_1, \ldots, v_j, Av_j\}$ und die Induktionsvoraussetzung liefert $v_{j+1} \in \mathcal{K}_{j+1}(r_1, A)$. Gleichheit der Räume folgt dann durch Dimensionsvergleich. $\square$

Setzen wir $h_{\ell k} = (Av_k, v_\ell)_2$ für $1 \leq \ell \leq k$ und $1 \leq k \leq j$ sowie $h_{k+1,k} = \|w_k\|_2$ für $1 \leq k \leq j$, so erhalten wir

$$Av_k = \sum_{\ell=1}^{k+1} h_{\ell k} v_\ell,$$

was sich mit der $(j+1) \times j$ Hessenbergmatrix $H_j = (h_{\ell k})$, deren Einträge ungleich Null wir gerade definiert haben, und der $(n \times j)$-Matrix $V_j = (v_1, \ldots, v_j)$ auch schreiben lässt als

$$AV_j = V_{j+1}H_j = V_j \widetilde{H}_j + w_j e_j^T, \tag{16.13}$$

wobei $\widetilde{H}_j$ aus H_j entsteht, indem man dort die letzte Zeile streicht.

Lemma 16.18. *Sei A invertierbar. Bricht das Arnoldi-Verfahren im j-ten Schritt ab, so ist die Lösung x^* von $Ax = b$ in $x_1 + \mathcal{K}_j(r_1, A)$ enthalten.*

Beweis. Aus (16.13) folgt $AV_j = V_j \widetilde{H}_j$. Also lässt A den Raum $\mathcal{K}_j(r_1, A)$ invariant. Ferner muss mit A auch $\widetilde{H}_j$ invertierbar sein. Ist $x \in x_1 + \mathcal{K}_j(r, A)$ gegeben, so gibt es ein $y \in \mathbb{C}^j$ mit $x - x_1 = V_j y$. Da ferner $r_1 = \beta V_j e_1$ mit $\beta = \|r_1\|_2$ gilt, haben wir

$$\|b - Ax\|_2 = \|r_1 - A(x - x_1)\|_2 = \|r_1 - AV_j y\|_2 = \|V_j(\beta e_1 - \widetilde{H}_j y)\|_2$$
$$= \|\beta e_1 - \widetilde{H}_j y\|_2,$$

wobei wir noch die Orthogonalität von V_j ausgenutzt haben. Da $\widetilde{H}_j$ invertierbar ist, können wir $y = \beta \widetilde{H}_j^{-1} e_1$ setzen und erhalten damit $x^* = x_1 + V_j y \in x_1 + \mathcal{K}_j(r_1, A)$. $\square$

Mit der Vorgehensweise aus dem Beweis von Lemma 16.18 können wir auch die Iterierten des GMRES-Verfahrens berechnen. Aus (16.13) folgt nämlich mit $\beta = \|r_1\|_2$ und $x = x_1 + V_j y \in x_1 + \mathcal{K}_j(r_1, A)$ wie eben

$$b - Ax = r_1 - AV_j y = \beta V_{j+1} e_1 - V_{j+1} H_j = V_{j+1}(\beta e_1 - H_j)y.$$

Daher ist $x_{j+1} = x_1 + V_j y_j$ mit y_j als Lösung des Minimierungsproblems $\|\beta_1 e_1 - H_j y\|_2$. Letzteres kann z.B. mit Hilfe der QR-Zerlegung der "kleinen" Matrix H_j gelöst werden. Damit ergibt sich Algorithmus 9. Natürlich lässt sich das GMRES-Verfahren durch Vorkonditionierung noch numerisch verbessern. Ferner lässt sich der Schmidtsche Orthogonalisierungsprozess durch eine stabilere Householder Variante ersetzen. Details findet man z.B. in [24] und [17].

Algorithmus 9: *GMRES*-Verfahren

Input   : $A \in \mathbb{R}^{n \times n}$ invertierbar, $b \in \mathbb{R}^n$, $x_1 \in \mathbb{R}^n$

$r_1 := b - Ax_1$, $\beta = \|r_1\|_2$, $v_1 = r_1/\beta$

for $j = 1, 2, \ldots$ **do**

> $w_j := Av_j$
>
> **for** $k = 1$ **to** j **do**
>
> > $h_{kj} = (w_j, v_k)_2$
> >
> > $w_j = w_j - h_{kj}v_k$
>
> $h_{j+1,j} = \|w_j\|_2$
>
> **if** $h_{j+1,j} = 0$ **then break**
>
> **else** $v_{j+1} = w_j/h_{j+1,j}$
>
> Berechne y_j als Lösung von $\|\beta e_1 - H_j y\|_2$
>
> $x_{j+1} = x_1 + V_j y_j$

Output   : Lösung x^* von $Ax = b$.

16.4 Globale Konvergenz

Kommen wir jetzt zu dem ursprünglichen Optimierungsproblem zurück. Wir wollen also eine allgemeine Funktion $F \in C^2(\mathbb{R}^n)$ minimieren und nehmen an, sie hat ein globales Minimum. Um mit einem Iterationsverfahren der Form $x_{i+1} = x_i + t_i r_i$ zum Ziel zu kommen, setzen wir zusätzlich folgende Schranke an die zweite Ableitung von F voraus. Es gelte

$$|F(x + tr) - F(x) - tF'(x)r| \le Mt^2\|r\|_2^2 \qquad (16.14)$$

mit einem festen $M > 0$ und für alle $x, r \in \mathbb{R}^n$ und $t \in [0, 1]$. Tatsächlich benötigen wir sie nur für x_i und r_i. Dies liefert sofort

$$F(x_i + tr_i) \le F(x_i) + tF'(x_i)r_i + Mt^2\|r_i\|_2^2. \qquad (16.15)$$

Deshalb ist die Richtung r_i eine Abstiegsrichtung für F, sobald $F'(x_i)r_i < 0$ gilt, was wir auch in der Form

$$\cos\theta_i := -\frac{F'(x_i)r_i}{\|r_i\|_2\|F'(x_i)^T\|_2} > 0 \qquad (16.16)$$

schreiben können. Ist dies der Fall, und genügt die Schrittweite t der Abschätzung

$$Mt\|r_i\|_2^2 \le \frac{1}{2}|F'(x_i)r_i|, \qquad (16.17)$$

so erhalten wir einen Abstieg

$$F(x_i + tr_i) \le F(x_i) - \frac{1}{2}t|F'(x_i)r_i| = F(x_i) - \frac{1}{2}t\|r_i\|_2\|F'(x_i)^T\|_2\cos\theta_i.$$

Ausgehend von einer Startschrittweite $\widehat{t}_i$ für den i-ten Schritt, die beispielsweise durch

$$\hat{t}_i := \min\left(1, \frac{|F'(x_i)r_i|}{M_1\|r_i\|_2^2}\right) \tag{16.18}$$

mit einer beliebigen positiven Konstanten M_1 berechenbar ist, halbiert man die Schrittweite so lange, bis (16.17) eintritt. Diese Strategie stellt sicher, dass die tatsächlich verwendete Schrittweite t_i die Schranken

$$\frac{|F'(x_i)r_i|}{M_2\|r_i\|_2^2} \le t_i \le \frac{|F'(x_i)r_i|}{2M\|r_i\|_2^2} \tag{16.19}$$

mit $M_2 = 4M$ erfüllt. Denn wenn die Schrittweite t_i durch Halbieren entstand, kann $2t_i$ nicht (16.17) erfüllt haben, weil sonst nicht halbiert worden wäre. Das ergibt den Abstieg

$$F(x_i) - F(x_{i+1}) \ge \frac{|F'(x_i)r_i|^2}{2M_2\|r_i\|^2} = \frac{\|F'(x_i)^T\|_2^2 \cos^2\theta_i}{2M_2},$$

und durch einfaches Aufsummieren folgt bei Beschränktheit von F nach unten die Endlichkeit der Reihe

$$\sum_{i=1}^{\infty} \|F'(x_i)^T\|_2^2 \cos^2\theta_i < \infty.$$

Daraus kann man auf $\|F'(x_i)^T\|_2 \to 0$ für $i \to \infty$ schließen, wenn die Werte $\cos^2\theta_i$ *nicht* summierbar sind.

Satz 16.19. *Die Funktion $F \in C^2(\mathbb{R}^n)$ sei nach unten beschränkt und erfülle (16.14). Ein allgemeines Iterationsverfahren $x_{i+1} = x_i + t_i r_i$ mit Richtungen r_i, die (16.16) erfüllen, und Schrittweiten t_i, für die (16.19) gilt, liefert eine Folge $\{x_i\}$ mit $\lim_{i \to \infty} \|F'(x_i)^T\|_2 = 0$, sofern zusätzlich*

$$\sum_{i=1}^{\infty} \cos^2\theta_i = \infty \tag{16.20}$$

gilt. Jeder Häufungspunkt von $\{x_i\}$ ist dann ein kritischer Punkt von F.

Obwohl das lokale Konvergenzverhalten schlecht ist, erfüllt das schrittweitengesteuerte Verfahren steilsten Abstiegs wegen $r_i := -F'(x_i)^T$ und damit $\cos\theta_i = 1$ die Voraussetzungen des obigen Satzes. Ferner gilt

Satz 16.20. *Die Funktion $F \in C^2(\mathbb{R}^n)$ sei nach unten beschränkt und erfülle (16.14). Es gebe ferner eine Konstante $M_0 > 0$ mit*

$$\|F'(x)^T\|_2 \le M_0, \qquad x \in \mathbb{R}^n.$$

Ist $\{x_i\}$ die durch das Verfahren von Fletcher-Reeves aus Definition 16.6 definierte Folge, so gilt $\lim_{i \to \infty} \|F'(x_i)^T\|_2 = 0$.

Beweis. Im Gegensatz zur Behauptung gelte $0 < m_0 \leq \|F'(x_i)^T\|_2 \leq M_0$ für alle $i \in \mathbb{N}$. Das Fletcher-Reeves-Verfahren erfüllt $-F'(x_{i+1})r_i = g_{i+1}^T r_i = 0$, weil die Schrittweitensteuerung optimal ist. Ferner folgt

$$-F'(x_i)r_i = g_i^T r_i = g_i^T (g_i + \gamma_{i-1} r_{i-1}) = \|g_i\|_2^2, \qquad (16.21)$$

und unter erneuter Benutzung von (16.5e) erhalten wir

$$\|r_i\|_2^2 = r_i^T r_i = (g_i + \gamma_{i-1} r_{i-1})^T (g_i + \gamma_{i-1} r_{i-1}) = \|g_i\|_2^2 + \gamma_{i-1}^2 \|r_{i-1}\|_2^2,$$

woraus sukzessiv mit $g_1 = r_1$ auch

$$\|r_i\|_2^2 = \|g_i\|_2^2 + \sum_{j=1}^{i-1} \left(\|g_j\|_2^2 \prod_{k=j}^{i-1} \gamma_k^2 \right) \qquad (16.22)$$

folgt. Aus (16.5d) ergibt sich

$$\prod_{k=j}^{i-1} \gamma_k = \prod_{k=j}^{i-1} \frac{\|g_{k+1}\|_2^2}{\|g_k\|_2^2} = \frac{\|g_i\|_2^2}{\|g_j\|_2^2},$$

was (16.22) in

$$\|r_i\|_2^2 = \|g_i\|_2^2 + \sum_{j=1}^{i-1} \frac{\|g_i\|_2^4}{\|g_j\|_2^2} \leq \|g_i\|_2^2 \left(1 + (i-1)\frac{M_0^2}{m_0^2} \right)$$

überführt und erlaubt, den Winkel zwischen $g_i = -F'(x_i)^T$ und r_i unter Benutzung von (16.21) durch

$$\cos^2 \theta_i = \frac{(r_i^T g_i)^2}{\|r_i\|_2^2 \|g_i\|_2^2} = \frac{\|g_i\|_2^4}{\|r_i\|_2^2 \|g_i\|_2^2} \geq \frac{1}{(1 + (i-1)M_0^2/m_0^2)}$$

abzuschätzen. Damit ist die Bedingung (16.20) bewiesen. Als nächstes zeigen wir, dass die optimalen Schrittweiten auch (16.19) erfüllen. Minimiert man die rechte Seite von (16.15), so ergibt sich, dass die optimale Schrittweite mindestens

$$F(x_{i+1}) \leq F(x_i) - \frac{1}{4M} \frac{|F'(x_i)r_i|^2}{\|r_i\|_2^2}$$

liefern muss, was über

$$F(x_i) - F(x_{i+1}) \geq \frac{\|F'(x_i)^T\|_2^2 \cos^2 \theta_i}{4M} \geq \frac{m_0^2}{4M(1 + (i-1)M_0^2/m_0^2)}$$

durch Summation auf den Widerspruch $\lim_{i \to \infty} F(x_i) = -\infty$ führt. $\square$

Natürlich wird die exakte Schrittweite nur in den seltesten Fällen realisiert werden können. Allerdings haben wir auch gesehen, dass jede Schrittweite, die (16.19) erfüllt, in Frage kommt. Näheres über mögliche andere Schrittweitenwahlen entnimmt man der Literatur über unrestringierte Optimierung.

16.5 Quasi-Newton-Verfahren

Ist $F : \mathbb{R}^n \to \mathbb{R}$ eine dreimal stetig differenzierbare Funktion, so wird das Newton-Verfahren

$$x_{i+1} := x_i - (F''(x_i))^{-1} F'(x_i)^T$$

lokal quadratisch gegen eine Lösung x^* von $F'(x^*) = 0$, d.h. gegen einen kritischen Punkt von F konvergieren, falls $\det F''(x^*) \neq 0$ gilt. Dies folgt aus einer geeigneten Anwendung von Satz 7.6 und Folgerung 7.7. Verallgemeinert man $(F''(x_i))^{-1}$ und $-F'(x_i)^T$ durch symmetrische Matrizen $H_i \in \mathbb{R}^{n \times n}$ und Vektoren $g_i \in \mathbb{R}^n$, so erhält man Verfahren der Form

$$x_{i+1} := x_i + t_i H_i g_i,$$

wobei der Parameter $t_i \in (0, 1]$ aus einer zusätzlichen Schrittweitensteuerung stammt. Die Konstruktion von g_i und H_i bleibt zunächst offen, ist aber zwecks Vermeidung der Berechnung aller $n(n+1)/2$ verschiedenen Elemente von $F''(x_i)$ möglichst simpel zu halten.

Die Grundidee der verschiedenen Verfahrensvarianten vom *Quasi-Newton-Typ* besteht aus der Taylor-Entwicklung

$$F'(x_i)^T = F'(x_{i+1})^T + F''(x_{i+1})(x_i - x_{i+1}) + \mathcal{O}(\|x_i - x_{i+1}\|_2)$$

mit der Umformung

$$x_{i+1} - x_i = (F''(x_{i+1}))^{-1}(F'(x_{i+1})^T - F'(x_i)^T + \mathcal{O}(\|x_i - x_{i+1}\|_2)),$$

falls $\det F''(x)$ in einer Umgebung des Minimums von F nicht verschwindet. Weil H_{i+1} eine Approximation von $(F''(x_{i+1}))^{-1}$ sein soll, verlangt man deshalb die *Quasi-Newton-Gleichung*

$$x_{i+1} - x_i = H_{i+1}(F'(x_{i+1})^T - F'(x_i)^T), \tag{16.23}$$

wenn man aus x_i, x_{i+1}, $F'(x_i)$ und $F'(x_{i+1})$ die für den neuen Iterationsschritt benötigte Matrix H_{i+1} berechnen will. Mit den Abkürzungen

$$y_i := F'(x_{i+1})^T - F'(x_i)^T$$
$$s_i := x_{i+1} - x_i = t_i H_i g_i$$

hat (16.23) die vereinfachte Form

$$H_{i+1} y_i = s_i, \tag{16.24}$$

und man kann versuchen, die Matrix H_{i+1} aus H_i unter Erfüllung der Quasi-Newton-Gleichung (16.24) aus den verfügbaren Daten y_i, s_i und $H_i y_i$ auf möglichst einfache Weise, etwa durch Addition dreier Rang-1-Matrizen der Form $\alpha u u^T$ mit $u \in \mathbb{R}^n$ und $\alpha \in \mathbb{R}$ zu konstruieren. Der Ansatz

$$H_{i+1} = H_i + \sigma_i s_i s_i^T + \eta_i (H_i y_i)(H_i y_i)^T + \rho_i \left(H_i y_i - \vartheta_i s_i\right)\left(H_i y_i - \vartheta_i s_i\right)^T$$

mit geeigneten reellen Parametern σ_i, η_i, ρ_i und ϑ_i erfüllt die Quasi-Newton-Gleichung $H_{i+1} y_i = s_i$ für allgemeine y_i und s_i, wenn man wegen

$$
\begin{aligned}
H_{i+1} y_i &= H_i y_i + \sigma_i s_i s_i^T y_i + \eta_i (H_i y_i) y_i^T H_i y_i \\
&\quad + \rho_i (H_i y_i - \vartheta_i s_i)\left(y_i^T H_i y_i - \vartheta_i s_i^T y_i\right) \\
&= \left(1 + \eta_i y_i^T H_i y_i + \rho_i \left(y_i^T H_i y_i - \vartheta_i s_i^T y_i\right)\right) H_i y_i \\
&\quad + \left(\sigma_i s_i^T y_i - \rho_i \vartheta_i \left(y_i^T H_i y_i - \vartheta_i s_i^T y_i\right)\right) s_i
\end{aligned}
$$

die Gleichungen

$$
\begin{aligned}
0 &= 1 + \eta_i y_i^T H_i y_i + \rho_i \left(y_i^T H_i y_i - \vartheta_i s_i^T y_i\right) \\
1 &= \sigma_i s_i^T y_i - \rho_i \vartheta_i \left(y_i^T H_i y_i - \vartheta_i s_i^T y_i\right)
\end{aligned}
$$

postuliert. Setzt man

$$\vartheta_i = \frac{y_i^T H_i y_i}{s_i^T y_i},$$

so sind die ρ_i beliebig wählbar, weil deren Faktoren verschwinden, und man wird einfach

$$\sigma_i = \frac{1}{s_i^T y_i}, \qquad \eta_i = \frac{-1}{y_i^T H_i y_i}$$

nehmen. Das führt auf die einparametrige Broyden-Familie von Verfahren

$$
\begin{aligned}
H_{i+1} = H_i &+ \frac{s_i s_i^T}{s_i^T y_i} - \frac{(H_i y_i)(H_i y_i)^T}{y_i^T H_i y_i} \\
&+ \rho_i \left(H_i y_i - \frac{y_i^T H_i y_i}{s_i^T y_i} s_i\right)\left(H_i y_i - \frac{y_i^T H_i y_i}{s_i^T y_i} s_i\right)^T
\end{aligned}
\tag{16.25}
$$

mit beliebigem $\rho_i \in \mathbb{R}$. Für den Fall $\rho_i = 0$ erhält man das Davidon-Fletcher-Powell-Verfahren, während $\rho_i := (y_i^T H_i y_i)^{-1}$ das nach Broyden, Fletcher, Goldfarb und Shanno benannte BFGS-Verfahren liefert. In beiden Fällen setzt man $g_i = -F'(x_i)^T$ und verwendet eine geeignete Schrittweitensteuerung. Nach einem Ergebnis von Dixon erzeugen bei optimaler Schrittweitensteuerung alle Verfahren der Broyden-Klasse dieselbe Folge $\{x_i\}$. Bei nichtoptimaler Steuerung wird dem BFGS-Verfahren in der Praxis der Vorzug gegeben.

Lemma 16.21. *Im Falle $\rho_i \geq 0$ ist die durch eine der Update-Formeln (16.25) der Broyden-Familie erzeugte Matrix H_{i+1} positiv definit, wenn H_i positiv definit war und t_i als optimale Schrittweite berechnet wurde.*

Beweis. Im Falle $\rho_i \geq 0$ gilt für alle $x \in \mathbb{R}^n$ die Abschätzung

$$x^T H_{i+1} x = x^T H_i x + \frac{(x^T s_i)^2}{s_i^T y_i} - \frac{(x^T H_i y_i)^2}{y_i^T H_i y_i} + \rho_i \left(x^T H_i y_i - \vartheta_i x^T s_i \right)^2$$

$$\geq x^T H_i x + \frac{(x^T s_i)^2}{s_i^T y_i} - \frac{(x^T H_i y_i)^2}{y_i^T H_i y_i}.$$

Weil mit der Cholesky-Zerlegung $H_i = (\sqrt{H_i})^T \sqrt{H_i}$ von H_i und der Cauchy-Schwarzschen Ungleichung auf

$$x^T H_i y_i = (x, H_i y_i)_2 = (\sqrt{H_i} x, \sqrt{H_i} y_i)_2$$
$$\leq \|\sqrt{H_i} x\|_2 \|\sqrt{H_i} y_i\|_2 = \sqrt{x^T H_i x} \sqrt{y_i^T H_i y_i} \qquad (16.26)$$

geschlossen werden kann, folgt

$$x^T H_{i+1} x \geq \frac{(x^T s_i)^2}{s_i^T y_i},$$

und die Schrittweitenoptimalität liefert

$$t_i F'(x_{i+1}) H_i g_i = 0 = F'(x_{i+1}) s_i,$$

weil der Gradient von F in x_{i+1} auf der Suchrichtung $H_i g_i$ senkrecht stehen muss. Das liefert die Positivität von

$$s_i^T y_i = (F'(x_{i+1}) - F'(x_i)) s_i = -F'(x_i) s_i = g_i^T s_i = t_i g_i^T H_i g_i.$$

Also ist H_{i+1} positiv semi-definit. Aus $x^T H_{i+1} x = 0$ folgt aber nach derselben Technik $x^T s_i = 0$ und $\sqrt{H_i} x$ muss bei Gleichheit in (16.26) parallel zu $\sqrt{H_i} y_i$ sein. Das würde entweder $x = 0$ oder $s_i^T y_i = 0$ zur Folge haben, was schon ausgeschlossen wurde. Also ist H_{i+1} positiv definit, wenn H_i positiv definit war. $\square$

Weil die Untersuchung des lokalen Konvergenzverhaltens von Quasi-Newton-Verfahren $x_{i+1} = x_i - t_i H_i F'(x_i)^T$ mit einer Schrittweitensteuerung gemäß (16.18) ziemlich aufwendig ist, können hier nur einige allgemeine Hinweise gegeben werden; für Details wird auf die Spezialliteratur verwiesen (z.B. [9]). Unter der ziemlich restriktiven Voraussetzung

$$c\|y\|_2^2 \leq y^T H_i^{-1} y \leq C\|y\|_2^2, \qquad 0 < c < C, \qquad (16.27)$$

für alle $y \in \mathbb{R}^n$ und alle $i \in \mathbb{N}$, die man aus der Update-Formel (16.25) und der Voraussetzung der positiven Definitheit aller $F''(x_i)$ erschließen müsste, folgt leicht

$$\frac{1}{C}\|y\|_2^2 \leq y^T H_i y \leq \frac{1}{c}\|y\|_2^2 \qquad (16.28)$$

sowie

$$\|H_i^{-1}\|_2 \leq C, \qquad \|H_i\|_2 \leq \frac{1}{c}.$$

in der Spektralnorm. Die Suchrichtungen $r_i = -H_i F'(x_i)^T$ erfüllen

$$\frac{1}{C}\|F'(x_i)^T\|_2 \leq \|r_i\|_2 = \|H_i F'(x_i)^T\|_2 \leq \frac{1}{c}\|F'(x_i)\|_2$$

$$\cos\theta_i = \frac{-F'(x_i)r_i}{\|r_i\|_2\|F'(x_i)^T\|_2} = \frac{F'(x_i)H_i F'(x_i)^T}{\|H_i F'(x_i)^T\|_2\|F'(x_i)^T\|_2} \geq \frac{c}{C},$$

und nach Satz 16.19 ergibt sich die globale Konvergenzaussage

$$\sum_{i=1}^{\infty} \|F'(x_i)^T\|_2^2 < \infty,$$

wenn die Schrittweitensteuerung den Bedingungen (16.18) genügt. Dabei wurde in keiner Weise von speziellen Eigenschaften der Matrizen H_i Gebrauch gemacht.

Um das lokale Konvergenzverhalten von Quasi-Newton-Verfahren zumindest in stark eingeschränkten Fällen zu untersuchen, wird Folgendes zusätzlich vorausgesetzt:

(1) Die Funktion F sei in einer Umgebung

$$K_{\delta_1}(x^*) := \{x \in \mathbb{R}^n : \|x - x^*\|_2 < \delta_1\}$$

eines Punktes $x^* \in \mathbb{R}^n$ zweimal stetig differenzierbar.

(2) Die zweite Ableitung sei noch Lipschitz-stetig, d.h. es gelte

$$\|F''(x) - F''(y)\|_2 \leq L\|x - y\|_2 \tag{16.29}$$

für alle $x, y \in K_{\delta_1}(x^*)$ mit der Lipschitzkonstanten $L > 0$.

(3) Im Punkte x^* liege ein nicht ausgeartetes lokales Minimum von F vor, d.h. es gelte

$$F'(x^*) = 0 \tag{16.30}$$

$$c\|y\|_2^2 \leq y^T F''(x^*)y \leq C\|y\|_2^2 \tag{16.31}$$

für alle $y \in \mathbb{R}^n$ mit (ohne Einschränkung der Allgemeinheit) denselben Konstanten wie in (16.27).

Dann erhält man (mit hier unterschlagenem Beweis) den folgenden

Satz 16.22. *Ein Quasi-Newton-Verfahren der Form*

$$x_{i+1} = x_i - t_i H_i F'(x_i)^T$$

mit einer Schrittweitensteuerung gemäß (16.18) und gleichmäßig positiv definiten Matrizen H_i im Sinne von (16.27) hat die globale Konvergenzeigenschaft

$$\sum_{i=1}^{\infty} \|F(x_i)\|_2^2 < \infty.$$

Ist ferner $x^* \in \mathbb{R}^n$ ein Häufungspunkt der Folge $\{x_i\}$, in dem die Voraussetzungen (16.29), (16.30) und (16.31) gelten, so konvergiert $\{x_i\}$ mindestens linear gegen x^*.

Der obige Konvergenzsatz macht außer (16.27) keinerlei spezielle Annahmen über die Matrizen H_i. Deshalb ist auch das Ergebnis nicht besser als das für die Methode von Fletcher-Reeves und das Gradientenverfahren. Eine weitergehende Konvergenzaussage geht davon aus, dass die Matrizen H_i des Quasi-Newton-Verfahrens zumindestens auf den Richtungen $x_{i+1} - x_i$ gute Approximationen an $(F''(x_i))^{-1}$ sind, d.h. man setzt voraus, dass es für jedes $\varepsilon > 0$ ein $i_0 \geq 0$ gibt, sodass für alle $i \geq i_0$ die Abschätzung

$$\|(F''(x_i) - H_i^{-1})(x_{i+1} - x_i)\|_2 \leq \varepsilon \|x_{i+1} - x_i\|_2 \qquad (16.32)$$

gilt. Auch diese Aussage müsste eigentlich aus der Update-Formel (16.25) der Quasi-Newton-Methoden erschlossen werden.

Satz 16.23. *Unter der zusätzlichen Voraussetzung (16.32) konvergiert das Quasi-Newton-Verfahren $x_{i+1} = x_i - H_i F'(x_i)^T$ ohne Schrittweitensteuerung lokal superlinear gegen x^*, wenn x^* ein nicht ausgeartetes lokales Minimum von F ist.*

Auch dieses Ergebnis soll hier aus Platzgründen nicht bewiesen werden (vgl. z.B. [9]).

16.6 Aufgaben

16.1 Eine reellwertige Funktion $f : \mathbb{R}^n \to \mathbb{R}$ heißt konvex, wenn

$$f\left(\sum_{j=1}^{k} \alpha_j x_j\right) \leq \sum_{j=1}^{k} \alpha_j f(x_j) \text{ für alle } \alpha_j \in [0,1], \ \sum_{j=1}^{k} \alpha_k = 1$$

gilt. Man zeige:

(1) Minimiert man eine konvexe Funktion auf einer konvexen Menge, so ist die Menge der Lösungen leer oder konvex.
(2) Die Funktion $f(x) := \frac{1}{2}x^T A x - b^T x$ mit einer symmetrischen und positiv semi-definiten $(m \times n)$-Matrix A und einem Vektor $b \in \mathbb{R}^m$ ist konvex.

16.2 Man verwende den Begriff des Krylov-Raums, um sich ein Verfahren zu überlegen, das zu einer quadratischen Matrix das charakteristische Polynom ausrechnet.

16.3 Es sei A eine positiv semi-definite $(n \times n)$-Matrix mit genau $r \leq n$ positiven Eigenwerten. Man zeige: Dann braucht das Verfahren konjugierter Gradienten nur höchstens r Schritte zur Minimierung von $F(x) = \frac{1}{2}x^T A x - b^T x$ bei beliebigem $b \in \mathbb{R}^n$.

Index

Literaturverzeichnis

1. BENDER, M. und M. BRILL: *Computergrafik*. Hanser, München, 2003.
2. BLATTER, C.: *Wavelets - Eine Einführung*. Vieweg, Braunschweig, 2., durchgesehene Auflage, 2003.
3. BUHMANN, M. D.: *Radial Basis Functions*. Cambridge University Press, Cambridge, 2003.
4. CHENEY, E. W. und W. P. LIGHT: *A Course in Approximation Theory*. Brooks/Cole Publishing Company, Pacific Grove, 2000.
5. CHUI, C. K.: *Wavelets: a Mathematical Tool for Signal Analysis*. Siam, Philadelphia, 1997.
6. COLLATZ, L. und W. WETTERLING: *Optimierungsaufgaben*. Springer, Berlin, 2. Auflage, 1971.
7. DAVIS, P. J.: *Interpolation and Approximation*. Dover Publications, New York, 2. Auflage, 1975.
8. DE BOOR, C.: *A Practical Guide to Splines*. Springer, New York, Rev. Auflage, 2001.
9. DENNIS, J. E., JR. und R. B. SCHNABEL: *Numerical Methods for Unconstrained Opitmization and Nonlinear Equations*. Prentice-Hall, Englewood Cliffs, 1983.
10. DEUFLHARD, P. und F. BORNEMANN: *Numerische Mathematik. 2: Gewöhnliche Differentialgleichungen*. de Gruyter, Berlin, 2., vollst. überarb. u. erweit. Auflage, 2002.
11. DEUFLHARD, P. und A. HOHMANN: *Numerische Mathematik. 1: Eine algorithmisch orientierte Einführung*. de Gruyter, Berlin, 3., überarb. u. erweit. Auflage, 2002.
12. FARIN, G. E.: *Curves and Surfaces for Computer Aided Geometric Design: a Practical Guide*. Academic Press, Boston, 4. Auflage, 1997.
13. GOLUB, G. und C. F. VAN LOAN: *Matrix Computations*. John Hopkins University Press, Baltimore, 3. Auflage, 1996.
14. HACKBUSCH, W.: *Iterationsverfahren großer schwachbesetzter Gleichungssysteme*. Teubner, Stuttgart, 1991.
15. HÄMMERLIN, G. und K. H HOFFMANN: *Numerische Mathematik*. Springer, Berlin, 4., nochmals durchges. Auflage, 1994.
16. JARRE, F. und J. STOER: *Optimierung*. Springer, Berlin, 2004.
17. KELLEY, C. T.: *Iterative Methods for Linear and Nonlinear Equations*. Siam, Philadelphia, 1995.
18. KRESS, R.: *Numerical Analysis*. Springer, New York, 1998.
19. LOUIS, A. K., P. MAASS und A. RIEDER: *Wavelets. Theorie und Anwendungen*. Teubner, Stuttgart, 2., überarb. und erweiterte Auflage, 1998.

20. OPFER, G.: *Numerische Mathematik für Anfänger. Eine Einführung für Mathematiker, Ingenieure und Informatiker*. Vieweg, Braunschweig, 3., überarb. u. erweit. Auflage, 2001.

21. PARLETT, B. N.: *The Symmetric Eigenvalue Problem*. Prentice-Hall, Englewood Cliffs, 1980.

22. PHILLIPS, GEORGE M.: *Interpolation and Approximation by Polynomials*. CMS Springer, New York, 2000.

23. QARTERONI, A., R. SACCO und F. SALERI: *Numerische Mathematik 1 und 2*. Springer, Berlin, 2002.

24. SAAD, Y.: *Iterative Methods for Sparse Linear Systems*. Siam, Philadelphia, 2. Auflage, 2003.

25. SAGAN, H.: *Space-filling Curves*. Springer, New York, 1994.

26. SCHÖNHAGE, A.: *Approximationstheorie*. de Gruyter, Berlin, 1971.

27. SCHUMAKER, L. L.: *Spline Functions: Basic Theory*. Wiley, Chichester, 1981.

28. SCHWARZ, H. R.: *Numerische Mathematik*. Teubner, Stuttgart, 4. Auflage, 1997.

29. STOER, J.: *Numerische Mathematik 1. Eine Einführung - unter Berücksichtigung von Vorlesungen von F. L. Bauer*. Springer, Berlin, 8., neu bearb. u. erw. Auflage, 1999.

30. STOER, J. und R. BULIRSCH: *Numerische Mathematik 2. Eine Einführung - unter Berücksichtigung von Vorlesungen von F. L. Bauer*. Springer, Berlin, 4. neu bearb. u. erweit. Auflage, 2000.

31. STRANG, G., V. STRELA und D.-X. ZHOU: *Compactly supported refinable functions with infinite masks*. In: *The functional and harmonic analysis of wavelets and frames*, Seiten 285–296, Providence, 1999. American Mathematical Society.

32. STROUD, A. H.: *Numerical Quadrature and Solution of Ordinary Differential Equations*. Springer, New York, 1974.

33. SÜLI, E. und D. F. MAYERS: *An Introduction to Numerical Analysis*. Cambridge University Press, Cambridge, 2003.

34. WATT, A.: *3D-Computergrafik*. Pearson, Addison Wesley, München, 2. Auflage, 2002.

35. WENDLAND, H.: *Scattered Data Approximation*. Cambridge University Press, Cambridge, 2005.

36. WERNER, J.: *Numerische Mathematik. Band 1: Lineare und nichtlineare Gleichungssysteme, Interpolation, numerische Integration*. Vieweg, Braunschweig, 1992.

37. WERNER, J.: *Numerische Mathematik. Band 2: Eigenwertaufgaben, lineare Optimierungsaufgaben, unrestringierte Optimierungsaufgaben*. Vieweg Studium, Braunschweig, 1992.

Printed in the United States
By Bookmasters